Gischel

EPLAN Electric P8 Artikelverwaltung

Bernd Gischel

EPLAN Electric P8 Artikelverwaltung

2., vollständig überarbeitete Auflage

HANSER

Der Autor:
Bernd Gischel, Lünen

Bibliografische Information der deutschen Nationalbibliothek:
Die Deutsche Nationalbibliothek verzeichnet diese Publikation in der Deutschen Nationalbibliografie; detaillierte bibliografische Daten sind im Internet unter *http://dnb.d-nb.de* abrufbar.

www.hanser-fachbuch.de
Lektorat: Julia Stepp
Herstellung: Melanie Zinsler
Titelmotiv: © Bernd Gischel
Coverkonzept: Marc Müller-Bremer, www.rebranding.de, München
Coverrealisation: Max Kostopoulos
Satz: Eberl & Koesel Studio, Altusried-Krugzell
Druck und Bindung: CPI books GmbH, Leck
Printed in Germany

Print-ISBN: 978-3-446-46454-4
E-Book-ISBN: 978-3-446-47205-1
ePub-ISBN: 978-3-446-47384-3

Inhalt

Vorwort

Ein Buch zum Thema EPLAN Electric P8 Artikelverwaltung – lohnt sich das oder will es am Ende keiner haben? Ich sage „Das lohnt sich!“, und viele Anwender sehen es genauso. Der Wunsch nach einem Buch, das sich ausführlicher mit dem Thema der Artikelverwaltung beschäftigt, ist nach wie vor in der Community vorhanden. Deshalb habe ich mich für die Veröffentlichung einer zweiten Auflage entschieden.

Das Buch erhebt nicht den Anspruch, jede Funktion oder jeden Lösungsansatz zu beschreiben oder zu erklären. Dafür sind die Artikelverwaltung und damit zusammenhängende Bereiche zu umfangreich und zu sehr ineinander verzahnt. Das Buch versucht, dem EPLAN-Anwender die Artikelverwaltung näherzubringen und dabei vor allem auch ihren Sinn und Nutzen deutlich zu machen. Anhand einiger praktischer Beispiele erläutert es den Aufbau und die Vielzahl an Möglichkeiten, welche die Artikelverwaltung im Zusammenhang mit der Erstellung professioneller Elektrodokumentation bietet.

Das Buch wendet sich an alle, die ihre elektrotechnischen Konstruktionen mit EPLAN Electric P8 durchführen und dabei auf die Artikelverwaltung und somit auf Artikeldaten zurückgreifen müssen. Sicherlich wird dabei auch der Profi noch das ein oder andere entdecken, was er bisher nicht kannte oder beachtet hatte.

An dieser Stelle möchte ich mich bei Frau Julia Stepp und ihrem Team vom Carl Hanser Verlag bedanken, die mir die Möglichkeit gegeben haben, dieses Buch in einer Neuauflage zu veröffentlichen. Ganz herzlich möchte ich mich auch bei meiner Familie, insbesondere bei meiner Frau Susanne, bedanken.

Zu guter Letzt danke ich der Firma EPLAN Software & Service GmbH & Co. KG für die gewohnt freundliche Unterstützung und Zusammenarbeit beim Zusammentragen einiger Informationen für dieses Buch.

Wichtige Hinweise zur Nutzung des Buches

Alle Beispiele und Erläuterungen gehen im Normalfall von einer lokalen Installation und einem lokalen Betrieb von EPLAN aus. Weiterhin wird vorausgesetzt, dass der Anwender alle Rechte in EPLAN besitzt und als lokaler Administrator am Rechner selbst angemeldet ist.

Zum erfolgreichen Nachvollziehen der Beschreibungen und Beispiele werden Grundkenntnisse in EPLAN Electric P8 sowie dessen Funktionen und Begrifflichkeiten vorausgesetzt.

Es kann vorkommen, dass je nach vorhandener Lizenz, Ausbaustufe und/oder Einstellungen der Rechteverwaltung innerhalb EPLAN Electric P8 die eine oder andere beschriebene Funktionalität bzw. Funktion für den Anwender nicht vorhanden bzw. nicht so durchführbar ist, wie es stellenweise erklärt und gezeigt wird. Daher sollte immer zuerst überprüft werden, welche Ausbaustufe und welcher Lizenzumfang vorhanden ist (über DATEI/HILFE/PRODUKT BZW. LIZENZUMFANG ...) und ob die Rechteverwaltung innerhalb von EPLAN aktiv ist.

HINWEIS: Für das vorliegende Buch wurde eine EPLAN Electric P8 Professional Edition 2022 mit weiteren Add-ons genutzt. Daher können, je nach benutztem Lizenzumfang und je nach Ausbaustufe von EPLAN Electric P8, Unterschiede in den beschriebenen Funktionen auftreten.

Gewisse Teile der beschriebenen Funktionen sind in den EPLAN Electric P8-Versionen ab 1.7.x bis 1.9.x sowie 2.0.x bis 2.9.x zwar eventuell auch vorhanden, aber die Bedienung, die Einstellungen bzw. der Umfang der Funktionalität können von Version 2022 abweichen.

Die im Buch benutzten Beispieldaten (das EPLAN-Buchprojekt und die EPLAN-Artikeldatenbank des Projekts) stehen unter *plus.hanser-fachbuch.de* zum Download zur Verfügung (ab EPLAN Electric P8 Version 2022).

Dialog Hilfe/Info

Um Hinweise, Tipps etc. optisch hervorzuheben, kommen folgende Kästen im Buch zum Einsatz:

HINWEIS: In diesem Kasten finden Sie wichtige Hinweise, die im Umgang mit der EPLAN Electric P8-Artikelverwaltung zu beachten sind.

TIPP: In diesem Kasten finden Sie hilfreiche Tipps für die tägliche Arbeit mit der EPLAN Electric P8-Artikelverwaltung.

In diesem Kasten finden Sie weiterführende Informationen und Hinweise.

1 Einführung

Mit der Artikelverwaltung werden in EPLAN Electric P8 alle Geräte (Artikel) mit ihren technischen und kaufmännischen Daten, wie technische Kenngrößen, Abmessungen wie Breite, Höhe, Tiefe oder Preise, verwaltet. Dabei werden nicht nur die gerätespezifischen Daten verwaltet. Für jedes Gerät können in der Artikelverwaltung entsprechende Hersteller, Lieferanten, Funktionsdefinitionen, Symbole, Dokumente oder auch Makros hinterlegt werden.

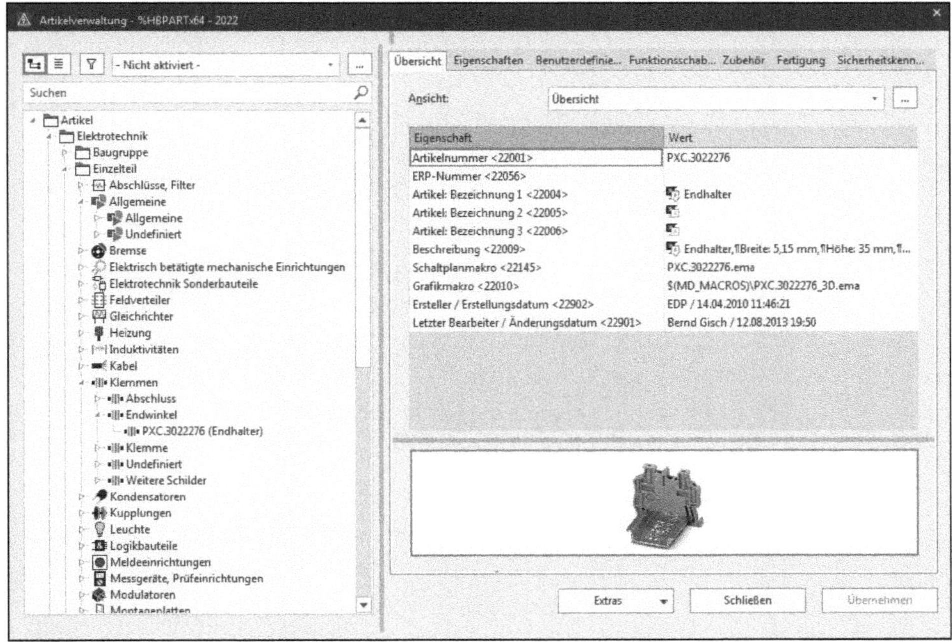

Bild 1.1 Auszug der Artikelverwaltung in EPLAN

1.1 Warum ist eine Artikelverwaltung sinnvoll?

Warum sollte man eine Artikelverwaltung benutzen? Grundsätzlich kann man Stromlaufpläne auch ohne die Angaben von Artikeln und deren technischen Daten, also ohne eine Artikelverwaltung, erstellen. Doch spätestens, wenn man gezwungen ist, beispielsweise eine Artikelstückliste mit dem Projekt auszuliefern, steht der Ersteller vor dem Problem, diese manuell ausfertigen zu müssen, wenn keine Artikelverwaltung vorhanden ist. Das wäre zwar realisierbar, aber der Zeitaufwand wäre nicht unerheblich.

Die Projektbearbeitung wird also ohne eine vorhandene und mit korrekten Artikeldaten gefüllte Artikelverwaltung erheblich verlängert. Dass neben dem manuellen Erstellen von Listen mit diversen Artikeldaten weitere manuelle Arbeiten wie das Übersetzen von Artikelbezeichnungen oder Beschreibungen folgen, liegt auf der Hand. Da der Zeitfaktor eine nicht unwesentliche Rolle bei der heutigen Projektarbeit spielt, kommt der professionelle Anwender von EPLAN Electric P8 um das Erstellen und Pflegen einer Artikelverwaltung inklusive aller darin enthaltenen Artikeldaten nicht herum.

1.2 Hintergründe und Arbeitsweise

Ähnlich wie bei anderen Stammdaten (Formulare etc.) werden auch Artikel respektive deren Daten beim erstmaligen Benutzen bzw. bei der ersten Verwendung in das Projekt mit eingelagert. Somit stehen alle Daten, die an einem Artikel in der Artikelverwaltung eingetragen worden sind, auch vollständig im Projekt zur Verfügung. In EPLAN gibt es also eine redundante Datenhaltung. Zum einen werden die Artikeldaten in der zentralen Systemartikeldatenbank (Bild 1.2) und zum anderen in einer projektbezogenen Artikeldatenbank abgelegt.

Im Gegensatz zur zentralen Systemartikeldatenbank, die alle Artikel enthält, sind in der projektbezogenen Artikeldatenbank nur diejenigen Artikel eingelagert (enthalten), die im Projekt benutzt worden sind. Werden in der Systemartikeldatenbank Artikeldaten geändert, können diese mit den projektbezogenen eingelagerten Artikeldaten abgeglichen werden. Das erfolgt entweder durch manuelles Abgleichen, oder man überlässt EPLAN durch diverse Einstellmöglichkeiten (siehe auch Kapitel 2) automatisch diese Aufgabe, beispielsweise beim Öffnen eines Projekts.

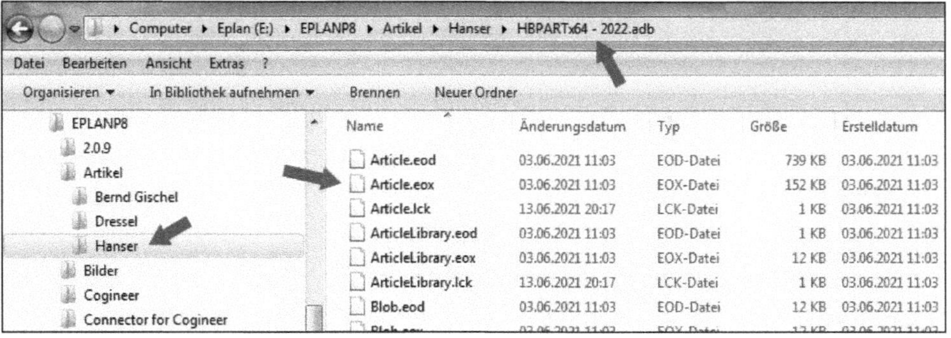

Bild 1.2 (Zentrale) Systemartikeldatenbank

■ 1.3 Welche Artikel sollten enthalten sein?

Beim Erstellen einer Systemartikeldatenbank, die für alle Mitarbeiter gültig sein soll bzw. von allen benutzt werden soll, stellt sich grundsätzlich die Frage, welche Artikel benötigt werden. Sollten beispielsweise alle Artikel diverser Hersteller eingetragen werden, oder reichen vorerst nur bevorzugte Artikel oder einzelne Artikelproduktgruppen der Hersteller aus? Kurz gefasst kann man sagen, dass es hier keine allgemeingültigen Regelungen oder Festlegungen gibt und geben kann. Die Anforderungen einer Projektbearbeitung bzw. die Vorgehensweise bei einer Auftragsabwicklung sind hierbei entscheidend. Auch darf der Zeitfaktor zum Erstellen von Artikeldaten nicht unterschätzt werden.

TIPP: Eine Systemartikeldatenbank sollte nur diejenigen Artikel enthalten, die auch real in einer Projektbearbeitung eingesetzt werden. Dazu ist es empfehlenswert, ähnliche oder gleiche Artikelgruppen möglichst gleich vollständig mit anzulegen, also beispielsweise alle verfügbaren Motorschutzschalter einer Baugröße. Da diese alle ähnliche Artikeldaten wie beispielsweise die gleichen Abmessungen haben (Breite, Höhe, Tiefe), reduziert sich der Arbeits- und Zeitaufwand beim Anlegen dieser Artikel. ■

Der Vorteil dieser Vorgehensweise ist, dass die Systemartikeldatenbank innerhalb eines relativ kurzen Zeitraums nach und nach mit den benötigten Artikeldaten gefüllt und nicht gleich zu Beginn mit Tausenden unnötigen Artikeldaten „vollgestopft“ wird. Das komplette Einlesen vieler Herstellerdaten und aller ihrer Artikel erzeugt naturgemäß sehr viele Datenleichen in der Systemartikeldatenbank, was sich am Ende auch bei der Performance bemerkbar macht. Hier gilt der Spruch: Weniger ist mehr!

■ 1.4 Pflege und Wartung

Pflege und Wartung der Systemartikeldatenbank sind ein wichtiger Bestandteil der effizienten Artikelverwaltung. Es ist nicht damit getan, Artikeldaten anzulegen und anschließend deren Pflege zu vergessen. Natürlich ist es so, dass einmal angelegte Artikeldaten direkt zur Verfügung stehen. Neben dem bloßen Anlegen bzw. Importieren neuer Artikel ist es aber auch möglich, die vorhandenen Artikeldaten fortlaufend zu aktualisieren und zu erweitern. Nicht immer ist alles im ersten Schritt zu schaffen. Aus zeitlichen Gründen ist das auch nicht immer sinnvoll. Zur späteren Pflege und Wartung gehören beispielsweise Übersetzungen der Artikelbezeichnungen (Bild 1.3) oder aktualisierte und neu erstellte Makros, die dem Artikel hinzugefügt werden.

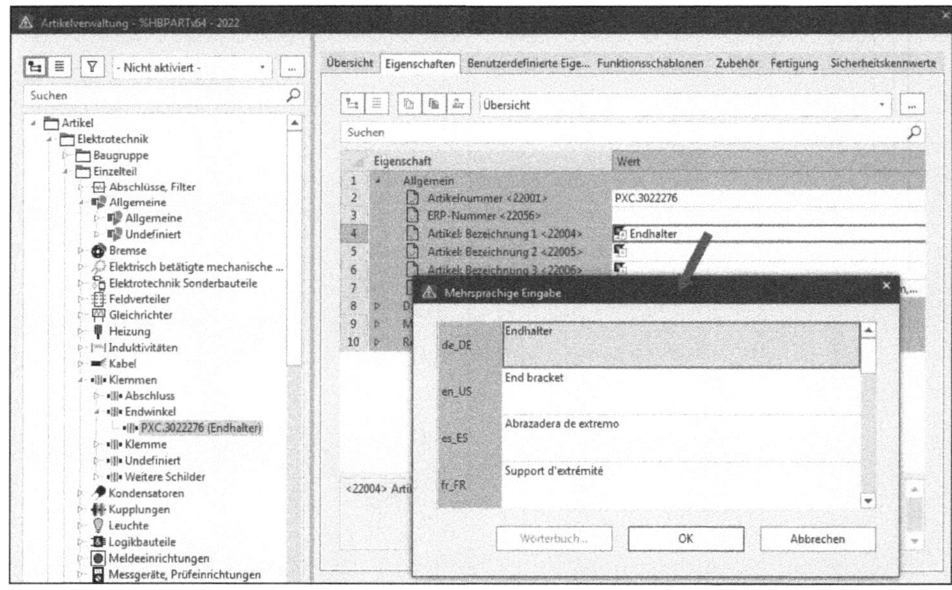

Bild 1.3 Beispiel: Übersetzung von Artikelbezeichnungen

Neben dem Erstellen von Artikeldaten sind also auch die beständige Pflege derselben, eine erweiterte Dokumentation sowie eine regelmäßige Wartung unerlässlich. Alle Artikeldaten sollten nach festen Vorgaben mit einer Reihe von Mindestanforderungen erfasst werden und nicht in einer Art „Wildwuchs“ mit lauter Ausnahmen ausarten wie z.B. Sonderartikeln ohne realen Bezug, Artikeln ohne weitere Daten, nur „weil es mal wieder schnell gehen musste“ etc. Tritt dieser Fall ein, ist die erhoffte Zeitersparnis schnell dahin, da am Ende doch wieder manuell eingegriffen werden muss. Daher gehören die Pflege und Wartung der Systemartikeldatenbank in wenige Hände, die sich streng an die Vorgaben halten. Auf diese Weise entsteht eine Artikelverwaltung, die am Ende sehr viel Zeit spart, da man sich als Anwender auf deren Daten verlassen kann.

■ 1.5 Woher bekommt man fertige Artikeldaten?

Natürlich bietet eine Reihe von Herstellern fertige Artikeldaten für EPLAN und speziell für EPLAN Electric P8 an. Damit hat der EPLAN-Anwender einen großen Vorteil gegenüber anderen CAE-Tools, die sich auf dem Markt befinden.

Bild 1.4 Beispiel: EPLAN-Daten eines Herstellers im Internet

Der „Nachteil“ an dieser Methode ist, dass die vorhandenen Artikeldaten manuell in die eigene Artikelverwaltung importiert werden müssen. Prinzipiell ist aber gegen diese Vorgehensweise nichts einzuwenden. Die vorhandenen Daten sollten jedoch in Bezug auf Funktionalität, Brauchbarkeit und praktischen Einsatznutzen geprüft werden. „Blind“ sollte man die Daten aus dem Internet nicht übernehmen, sondern sie sollten immer den eigenen Vorgaben und Qualitätsansprüchen entsprechen oder nach einem Import in die eigene Artikelverwaltung entsprechend angepasst werden.

Komfortabler ist es, wenn man die EPLAN-eigenen Dienste nutzt. EPLAN bietet mit dem EPLAN Data Portal eine große Plattform mit Artikeldaten vieler Hersteller an. Das Data Portal erreicht man über das Menü ePULSE und über die Schaltfläche DATA PORTAL. Voraussetzung ist natürlich die korrekte Anmeldung im ePULSE-Konto (Bild 1.5 und Bild 1.6).

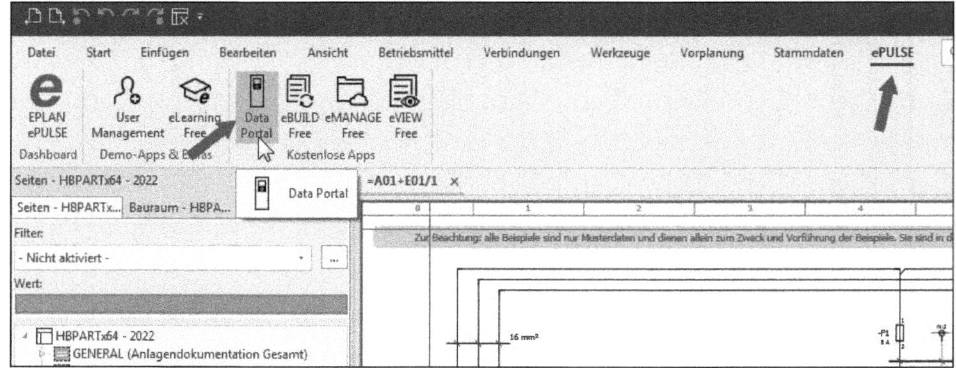

Bild 1.5 Startseite des EPLAN Data Portals

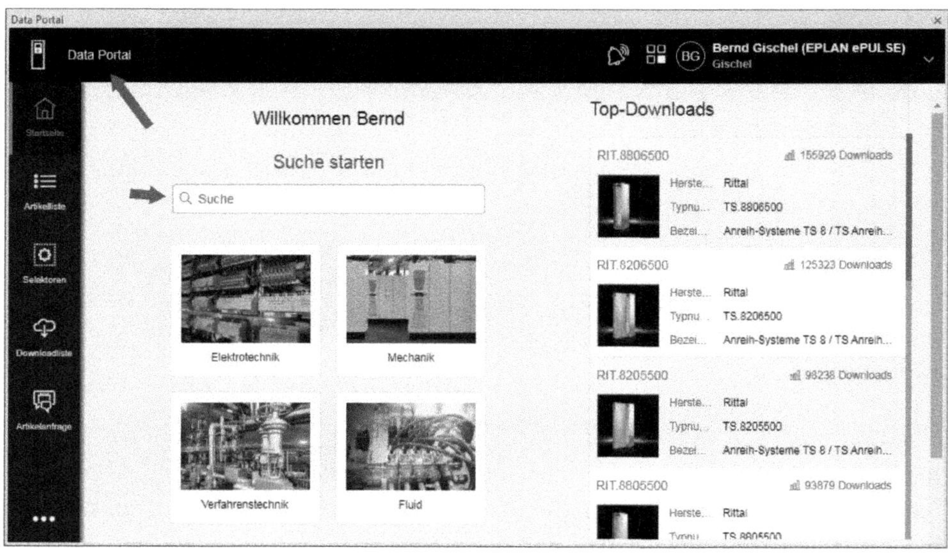

Bild 1.6 Startseite des EPLAN Data Portals

Das Portal wächst ständig, und es kommen immer wieder neue Hersteller dazu, sodass der Pool an vorhandenen Daten im Portal immer umfangreicher wird.

Ein Vorteil des EPLAN Data Portals ist es, dass EPLAN hier Daten zur Verfügung stellt, die gewisse Qualitätsstandards besitzen müssen bzw. bei denen die Hersteller der Geräte (die diese Artikeldaten erzeugen und dann zum Download im EPLAN Data Portal bereitstellen) gewisse Qualitätsmerkmale erfüllen müssen. Dadurch ist eine „Nachpflege" importierter Daten in die eigene Artikelverwaltung gering, wenn nicht gar unnötig, und die Zeitersparnis ist enorm.

HINWEIS: Das EPLAN Data Portal können nur EPLAN-Anwender nutzen, die einen gültigen Softwarevertrag besitzen.

Es wird also schon eine Reihe Daten für EPLAN und die Artikelverwaltung zur Verfügung gestellt. Was aber tut man, wenn sich die benötigten Daten weder im Internet noch im EPLAN Data Portal befinden? Viele Anwender stellen sich weiterhin die Frage: Woher bekommt man schnell gute Daten für die eigene Artikelverwaltung? Hier gibt es leider keinen Königsweg. Im Normalfall, wenn die Daten nicht in elektronischer Form zur Verfügung stehen, wird man diese selbst manuell in die Artikelverwaltung einpflegen müssen.

Man sollte auch die Begrifflichkeiten nicht außer Acht lassen, wenn man fremde Artikeldaten einfach so übernehmen möchte. Im Normalfall befindet sich „hinter" EPLAN Electric P8 und dessen Stromlaufplanerstellung ein Bestellsystem (Warenwirtschaftssystem), das für die Artikelbeschaffung verantwortlich ist. Diese externen Warenwirtschaftssysteme schreiben im Normalfall schon gewisse Strukturen vor, beispielsweise den Aufbau der Artikel- und/oder der ERP-Nummer. Daran sollte sich am Ende auch die EPLAN-Artikelverwaltung „halten", da sonst Artikeldaten an das Warenwirtschaftssystem übergeben werden, dieses aber mit den Artikeldaten nichts anfangen kann, weil sie im System unbekannt sind. Man sollte also nicht einfach Artikel in die eigene Artikeldatenbank übernehmen, die nicht in die Struktur der vorhandenen Artikeldaten sowie nachgelagerten Systeme passen.

1.6 Systemartikeldatenbank festlegen

Die zu benutzende Systemartikeldatenbank wird global in den benutzerbezogenen Einstellungen festgelegt. Dazu wird über das Menü DATEI/EINSTELLUNGEN/BENUTZER angewählt. Des Weiteren werden, wie in Bild 1.7 zu sehen, der Knoten *Verwaltung* und anschließend der Unterknoten *Artikel* geöffnet.

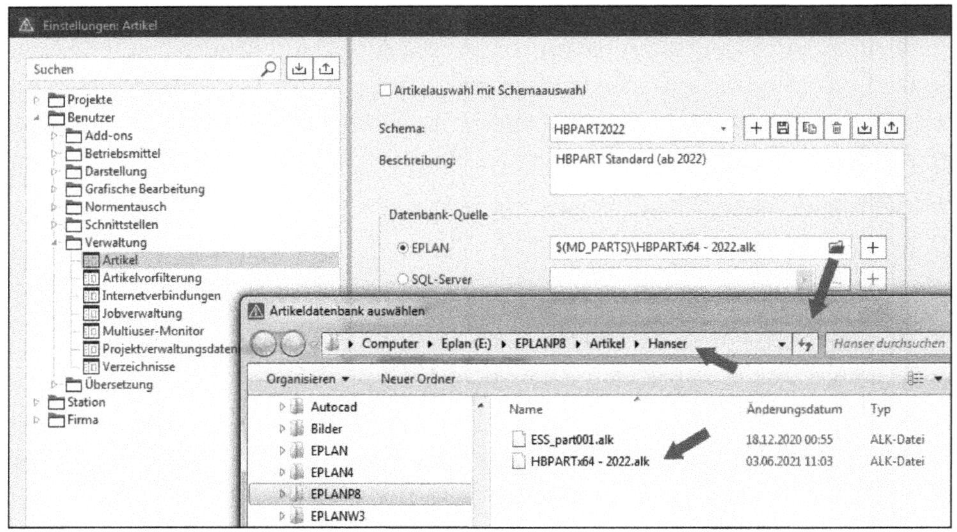

Bild 1.7 Auswahl der Systemartikeldatenbank

Neue Artikeldatenbank anlegen

Um überhaupt einen Artikel anlegen zu können, wird eine Artikeldatenbank in EPLAN Electric P8 benötigt. EPLAN Electric P8 beherrscht verschiedene Datenbanksysteme bzw. deren Anbindung. EPLAN selbst liefert eine Standardartikeldatenbank *ESS_part001* mit der Installation aus (EPLAN-internes Format). Es ist mit EPLAN Electric P8 aber auch möglich, Datenbanksysteme anzubinden bzw. zu benutzen, beispielsweise eine Artikeldatenbank basierend auf einem SQL-Server.

Um eine neue Artikelverwaltung anzulegen, sind, als eine Möglichkeit, die im Folgenden beschriebenen Schritte nötig. Öffnen Sie die bisherige Artikelverwaltung über das Menü STAMMDATEN/VERWALTUNG (Bild 1.8).

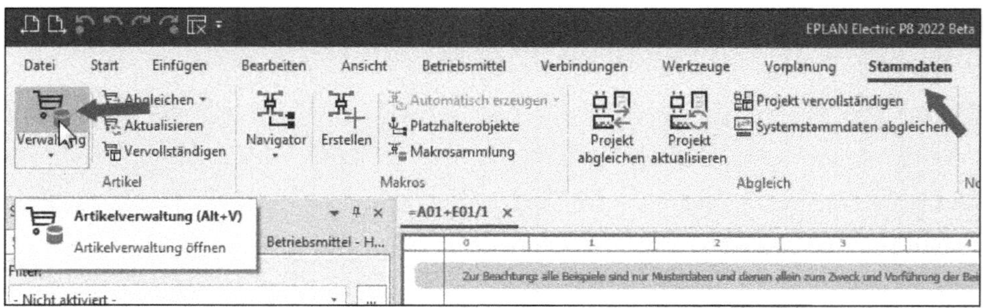

Bild 1.8 Dialog Artikelverwaltung

EPLAN öffnet den Dialog ARTIKELVERWALTUNG mit der aktuell eingestellten Artikeldatenbank. Anschließend klicken Sie auf den Button EXTRAS und wählen den Menüeintrag EINSTELLUNGEN aus (Bild 1.9).

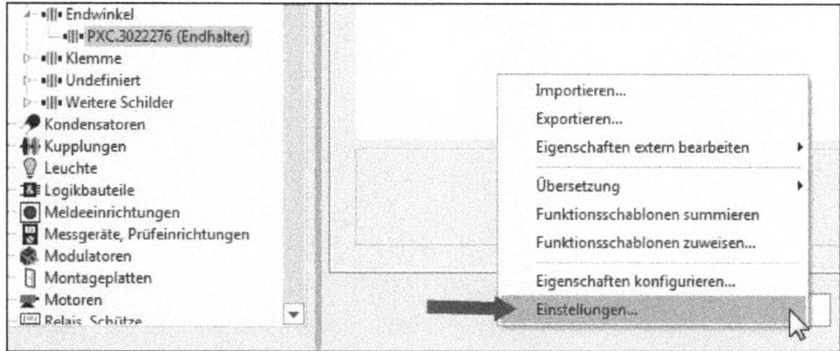

Bild 1.9 Button Extras

EPLAN öffnet den Dialog EINSTELLUNGEN: ARTIKEL (BENUTZER). Anschließend wird im *Bereich Datenbank-Quelle/EPLAN* das Icon NEU angeklickt. EPLAN öffnet den Folgedialog NEUE DATENBANK ERZEUGEN. Jetzt vergeben Sie einen neuen Dateinamen, im Beispiel *Neue Datenbank 2022* (Bild 1.10 und Bild 1.11). Der Dateityp spielt hierbei keine Rolle, da nur einer auswählbar ist (Artikelbibliothek, *.alk).

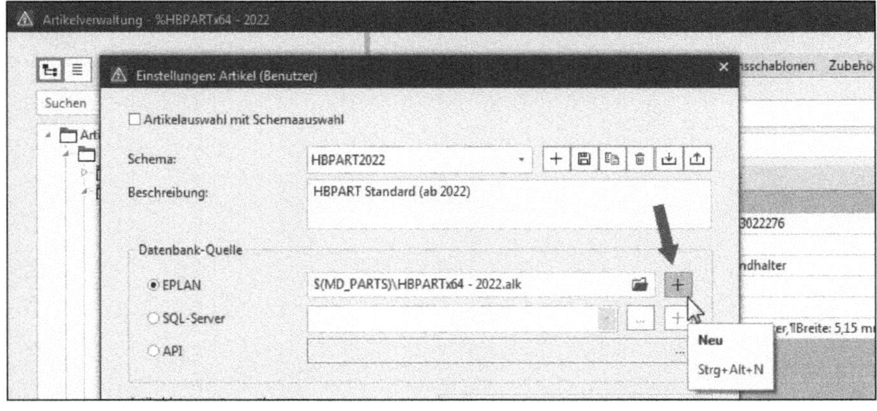

Bild 1.10 Erzeugen der neuen Datenbank

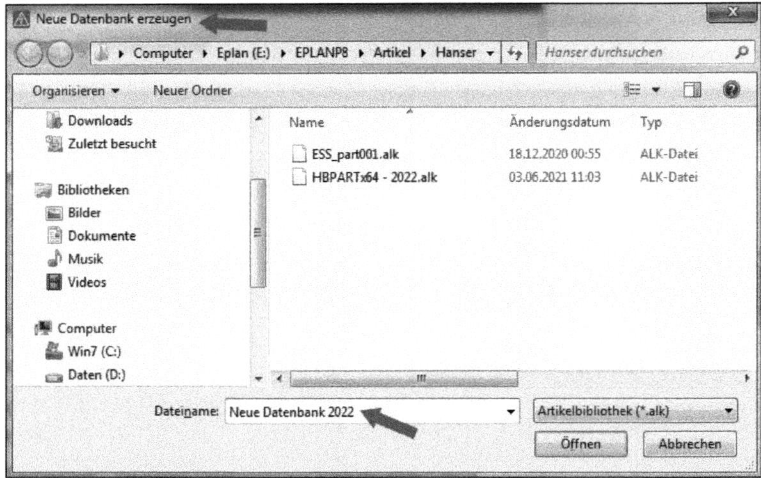

Bild 1.11 Neuer Datenbankname

Nach Klick auf den Button Öffnen schließt EPLAN den Dialog, und im Folgedialog wird die neue Datenbank eingetragen. Diese neue Auswahl wird mit dem Klick auf den Button OK bestätigt. EPLAN schließt nun auch diesen Folgedialog und stellt die neue Datenbank ein (Bild 1.12).

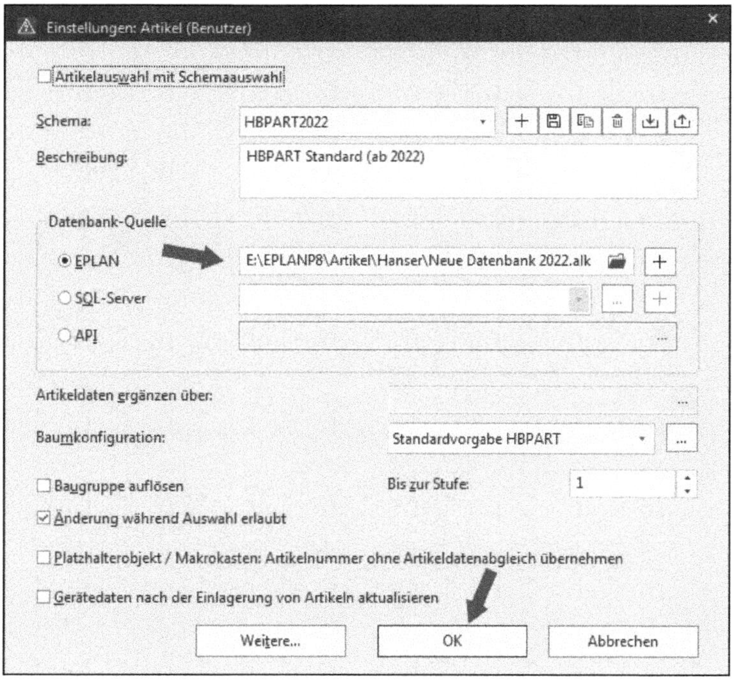

Bild 1.12 Übernahme des neuen Dateinamens

EPLAN öffnet anschließend die neue, aber leere Artikeldatenbank (Bild 1.13). Nun kann diese Datenbank mit Daten gefüllt werden. Dabei sollten gewisse Vorgänge bzw. Reihenfolgen eingehalten werden. Je nach Anforderungen können diese unterschiedlich sein. Die nächsten Schritte, die in den folgenden Kapiteln erläutert werden, sind meine persönlichen Empfehlungen.

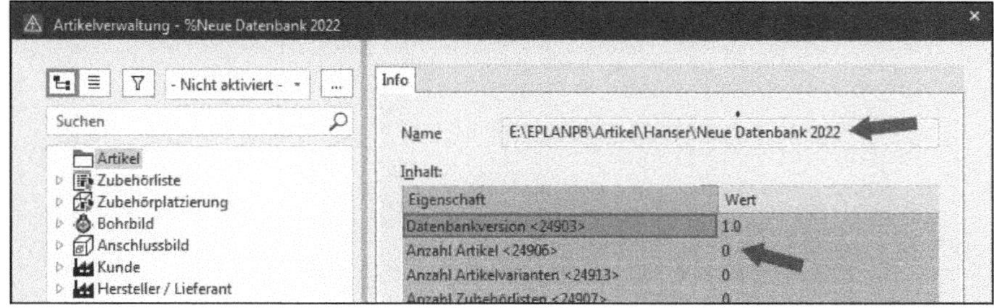

Bild 1.13 Neue (leere) Artikeldatenbank

■ 1.7 Kompatibilität von Versionen

EPLAN optimiert, ändert und erweitert mit jedem neuen EPLAN-Release (in der Regel mit einem Versionssprung an der zweiten Stelle) auch die jeweilige Artikeldatenbank bzw. deren interne Datenbankstruktur. Das hat zur Folge, dass jedes neue EPLAN-Release die bisherige Artikeldatenbank zuerst in die neue Datenbankversion konvertieren muss. Anschließend kann die „neue" Artikeldatenbank wie gewohnt genutzt werden.

Vorgängerversionen von EPLAN Electric P8 können (bis zum angegebenen Versionsstand von EPLAN Electric P8, nachzulesen in den News zum jeweiligen Release) diesen neuen Datenbankstand ebenfalls öffnen bzw. lesen, aber nicht mehr bearbeiten. Eine Projektbearbeitung, also eine Artikel- und/oder Geräteauswahl, ist aber auch in den Vorgängerversionen weiterhin möglich.

2 Funktionen der Artikelverwaltung

Dieses Kapitel befasst sich mit den Dialogen, Einstellungen, Registerkarten und Schemata der Artikelverwaltung sowie deren Aufbau, Bedeutung und zahlreichen Einstellmöglichkeiten, welche die interne EPLAN-Artikelverwaltung betreffen. Damit ist ein erster, zusammenfassender Überblick gewährleistet.

HINWEIS: Grundsätzlich beschränke ich mich in diesem Kapitel auf die allgemeine Erläuterung von Dialogen, Einstellungen, Registerkarten, Schematas u. Ä. der EPLAN-eigenen Artikelverwaltung. Detaillierte Vorgehensweisen, beispielsweise das Anlegen einer neuen Datenbank, eines Kunden oder eines Einzelteils (z. B. eines Leistungsschützes), werden in den folgenden Kapiteln näher erläutert.

2.1 Hauptdialog Artikelverwaltung

Die Artikelverwaltung wird über das Menü STAMMDATEN/ARTIKELVERWALTUNG gestartet (Bild 2.1). Wie in EPLAN üblich, kann zum Öffnen der Artikelverwaltung auch eine Tastenkombination festgelegt werden. In meinem Beispiel wäre das die Tastenkombination ALT+V.

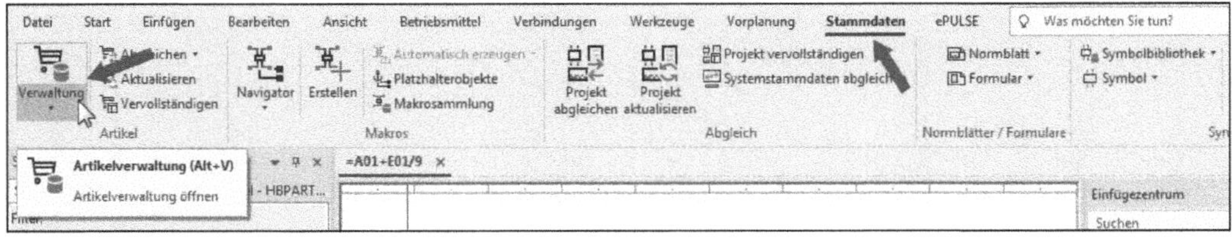

Bild 2.1 Artikelverwaltung öffnen

EPLAN öffnet anschließend den Dialog der Artikelverwaltung. Der Dialog besteht grundsätzlich aus einem linken Teil, mit der Übersicht der verschiedenen Artikeldaten (Struktur), den Kundenangaben sowie Hersteller- oder Lieferantendaten, und einem rechten Teil mit der Anzeige von detaillierten Informationen des markierten linken Teils, soweit dies möglich ist (Bild 2.2).

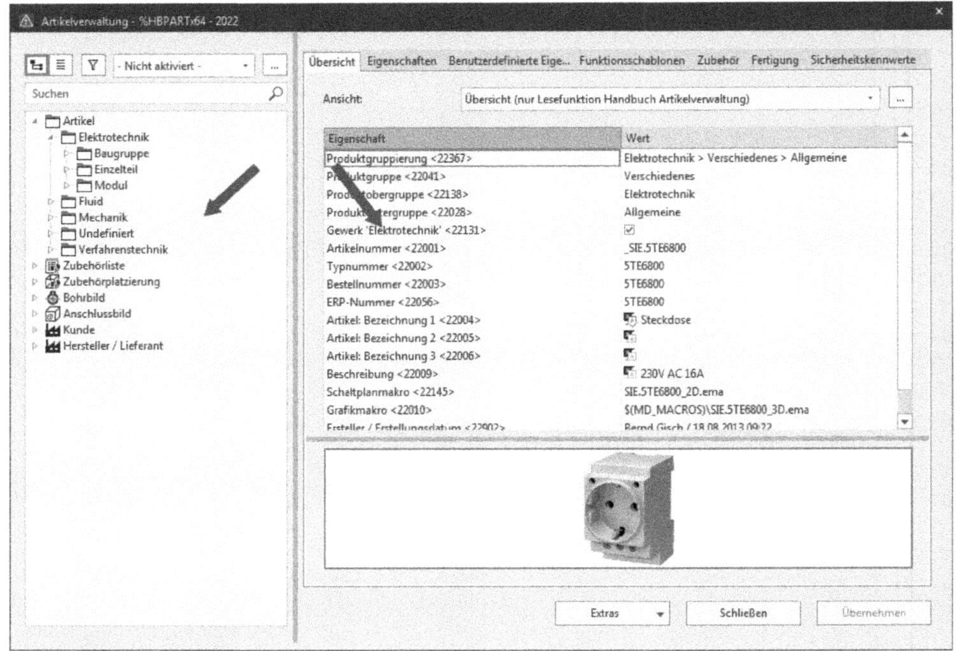

Bild 2.2 Dialog Artikelverwaltung

Beide Teile sind durch den „Splitter“ getrennt und daher (fast) beliebig in der Größe einstellbar (Bild 2.3).

Der linke Teil ist durch die Auswahl der im oberen Bereich vorhandenen Buttons variabel einstellbar (Bild 2.4).

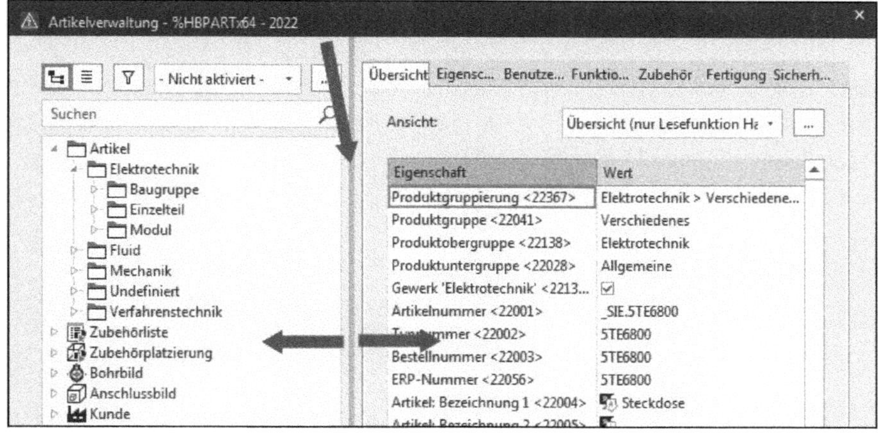

Bild 2.3 Die (Fenster-)Größe ist durch „Splitter" veränderbar.

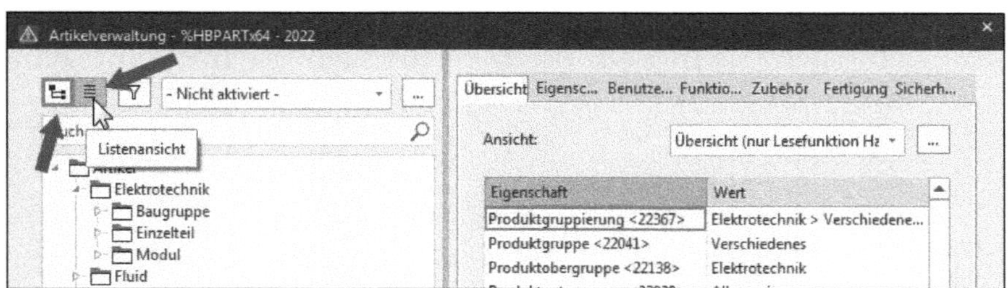

Bild 2.4 Auswahlmöglichkeiten der Anzeige

Der rechte Teil bezieht sich immer auf einen (oder mehrere) markierte Artikel aus dem linken Teil, d.h. die Artikel-, Kunden- bzw. Hersteller-/Lieferantendaten (Bild 2.5).

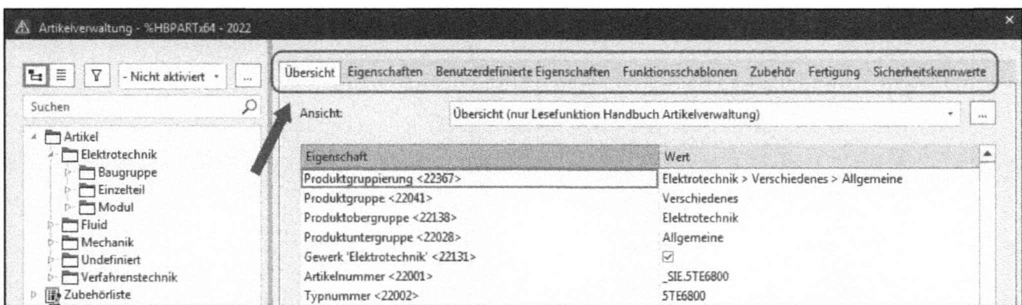

Bild 2.5 Registerkarten eines Artikels

Im rechten Teil befinden sich die eigentlichen Daten eines Artikels. Diese werden unterteilt in mehrere Registerkarten, die weitere Daten des Artikels enthalten können (Bild 2.6). Innerhalb der Registerkarten gibt es eine Reihe von Buttons, es existieren u.a. Möglichkeiten, Filter oder Schemata zu benutzen, und in den jeweiligen Darstellungsarten gibt es mögliche Kontextmenüs im Hauptdialog ARTIKELVERWALTUNG. Je nach Anzeige werden diese in den nachfolgenden Abschnitten entsprechend erläutert.

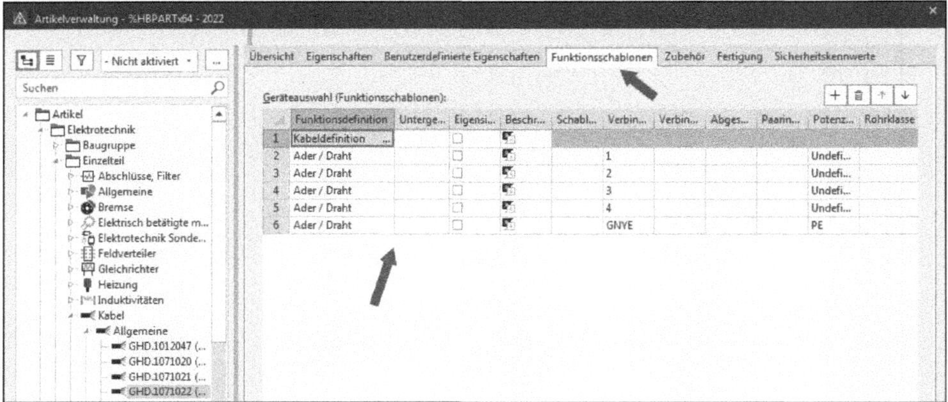

Bild 2.6 Weitere Daten eines Kabelartikels

2.1.1 Baumdarstellung (linker Bereich)

Wird der Button BAUM im linken unteren Bereich angeklickt, wechselt die Anzeige im linken Bereich auf die Baumdarstellung (Bild 2.7). Die Baumdarstellung zeigt den Artikelstamm nach einer eingestellten Baumkonfiguration an. EPLAN liefert ein Schema „Standardvorgabe EPLAN“ mit, doch es können auch eigene Schemata erstellt werden. Einer individuellen Anzeige der Baumdarstellung steht also nichts im Weg.

Die Anzeigeeinstellung, also wie der „Baum“ aussehen soll, kann u.a. in den benutzerbezogenen Einstellungen festgelegt werden (Bild 2.8). Dazu wird über das Menü DATEI/EINSTELLUNGEN/BENUTZER der Knoten VERWALTUNG und anschließend der Unterknoten ARTIKEL geöffnet.

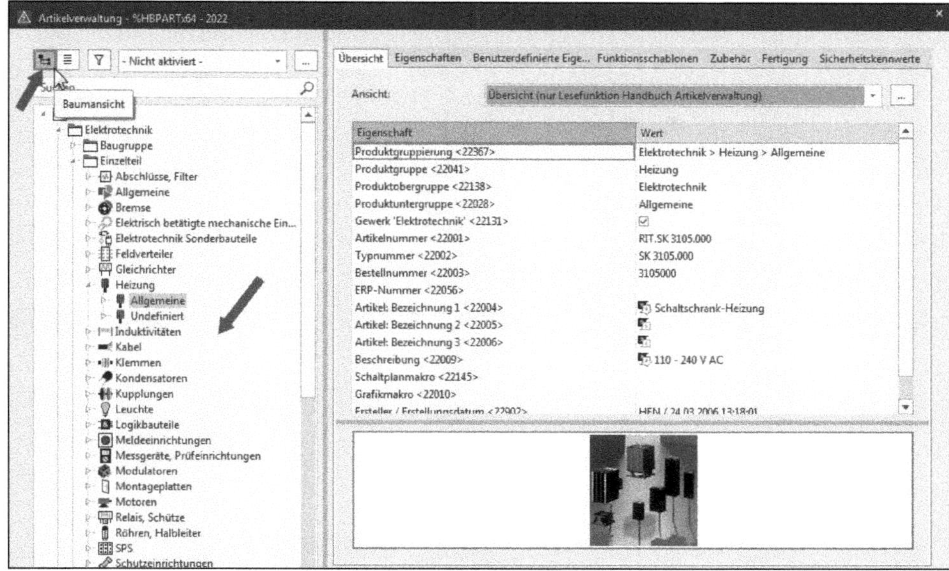

Bild 2.7 Anzeige der Baumdarstellung

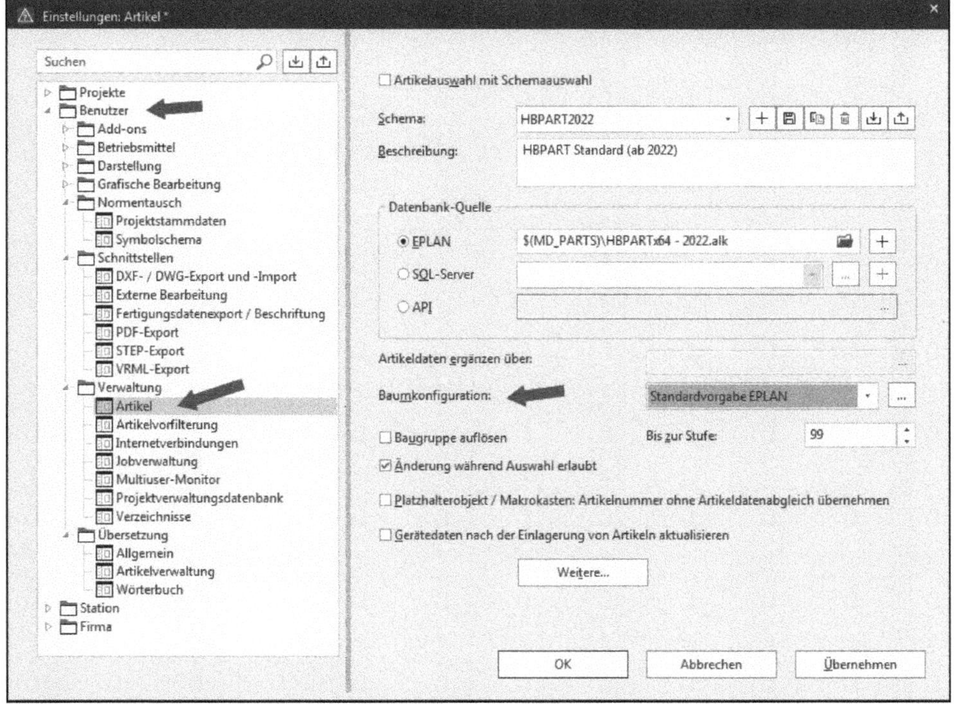

Bild 2.8 Benutzereinstellungen der Artikelverwaltung

2.1.1.1 Schema Baumkonfiguration

Neben der Nutzung des Standardschemas von EPLAN („Standardvorgabe EPLAN“) ist es möglich, sich eigene Konfigurationen für die Baumdarstellung, und somit der Anzeige im Baum, zu erstellen. Dabei sind der Fantasie bezüglich der Konfiguration kaum Grenzen gesetzt. Dies können von EPLAN vorgegebene Eigenschaften wie die ERP-Nummer oder der Lieferant sein, möglich sind aber auch eigene Werte, die beispielsweise in den Artikeleigenschaften *Attribute* eingetragen sind (Bild 2.9).

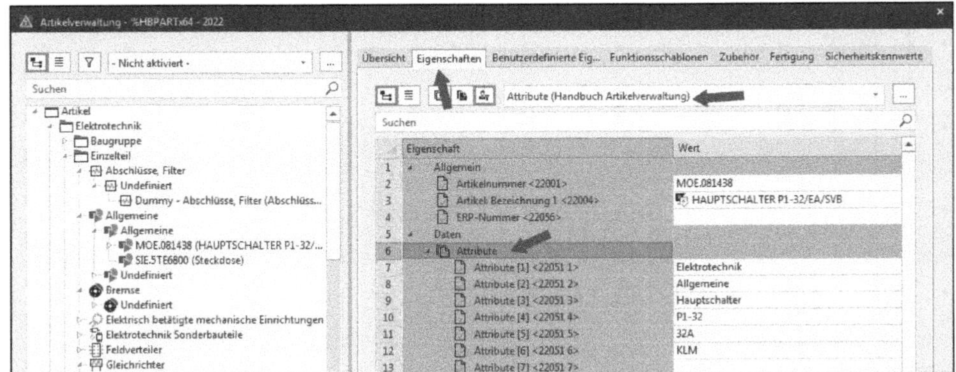

Bild 2.9 Artikeleigenschaften Attribute

Bild 2.10 veranschaulicht, wie im Schema der Baumkonfiguration diese Werte der Registerkarte genutzt werden.

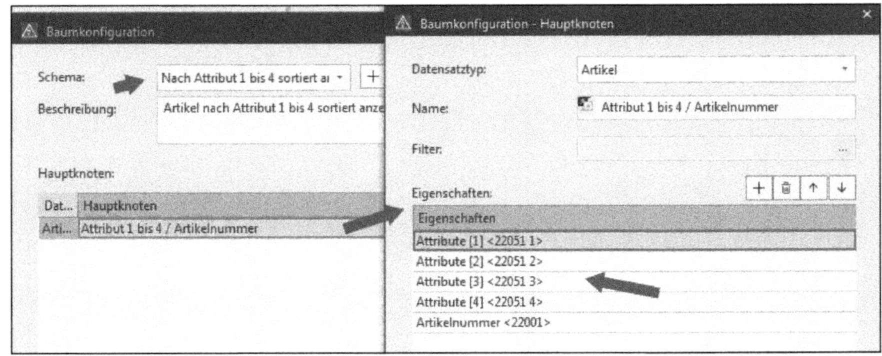

Bild 2.10 Baumkonfiguration – Hauptknoten

2.1.1.1.1 Eigene Baumkonfigurationen erstellen

Um eigene Darstellungen der Baumkonfigurationen zu erstellen, sind die im Folgenden beschriebenen Schritte zu befolgen.

Schritt 1.1

Zunächst öffnen Sie die Artikelverwaltung über das Menü STAMMDATEN/ARTIKELVERWALTUNG (Bild 2.11).

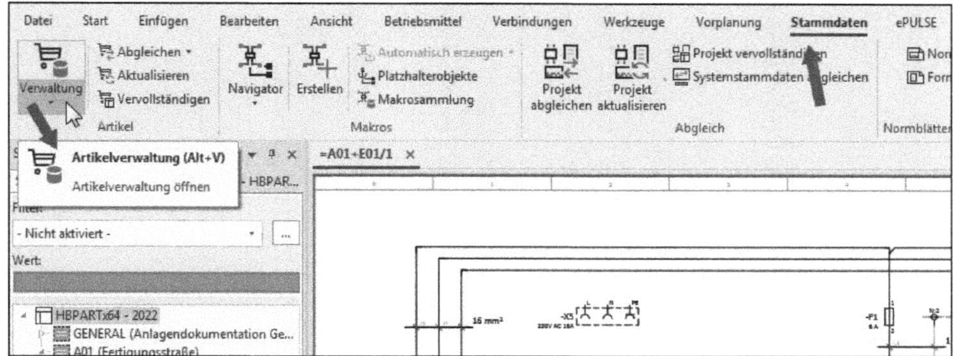

Bild 2.11 Artikelverwaltung öffnen

Schritt 1.2

Dann klicken Sie auf den Button EXTRAS und im sich öffnenden Menü auf den Menüeintrag EINSTELLUNGEN (Bild 2.12 und Bild 2.13).

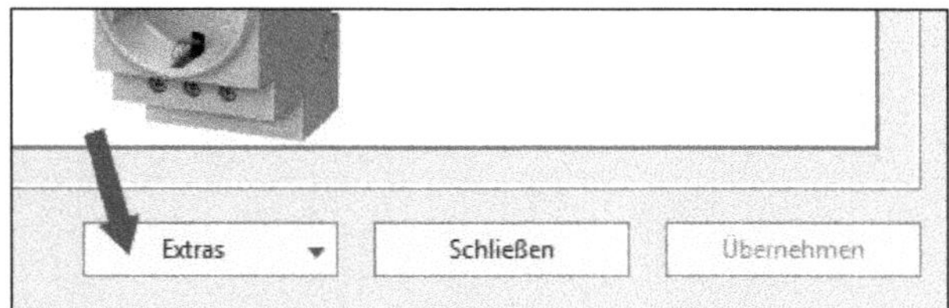

Bild 2.12 Button Extras

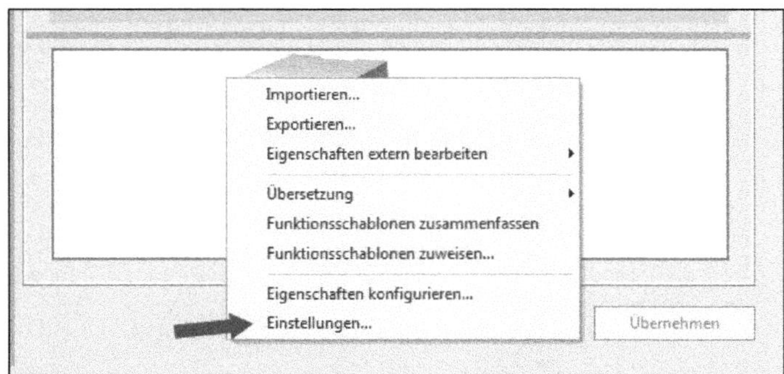

Bild 2.13 Kontextmenü des Buttons Extras

Schritt 1.3

EPLAN öffnet anschließend den Dialog Einstellungen Artikelverwaltung (Bild 2.14).

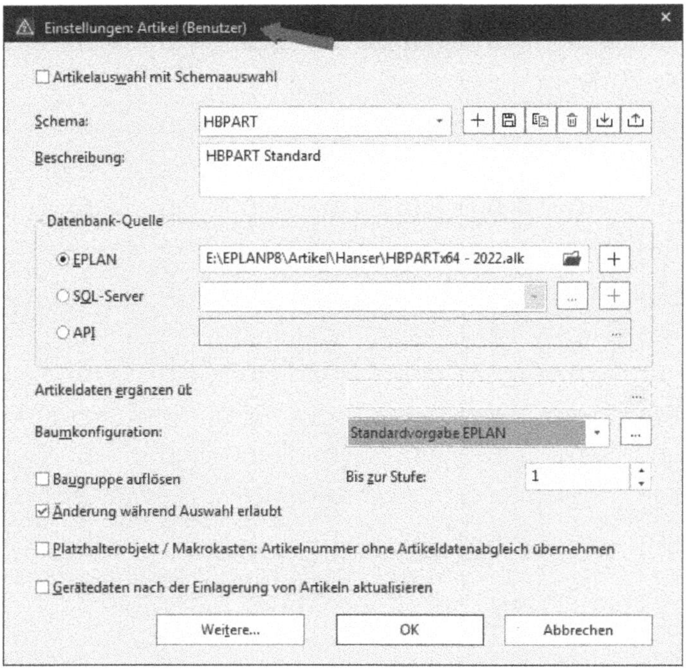

Bild 2.14 Dialog Einstellungen: Artikel (Benutzer)

Schritt 1.4

Nun klicken Sie auf den More-Button, der sich neben dem Auswahlfeld für die Baumkonfiguration befindet.

EPLAN öffnet den Dialog Baumkonfiguration (Bild 2.15).

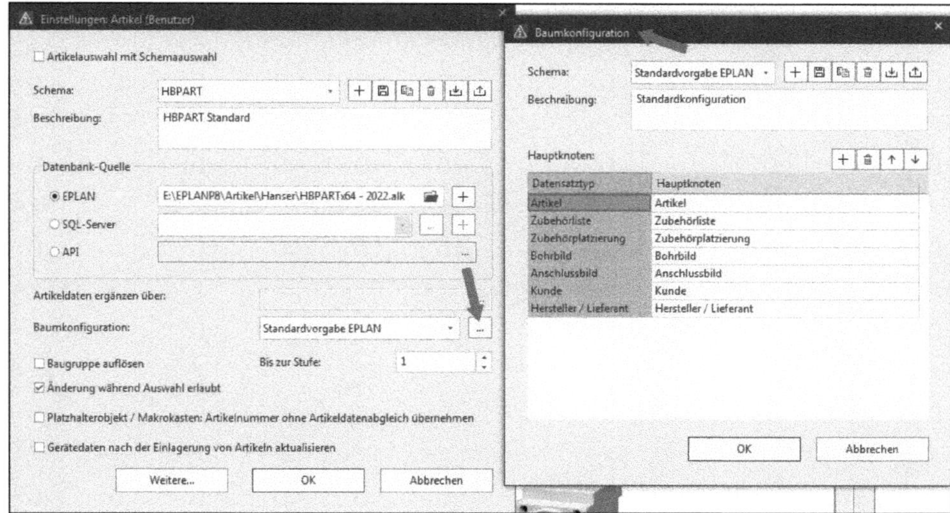

Bild 2.15 Dialog Baumkonfiguration

Schritt 1.5

Bild 2.16 veranschaulicht, wie über den Button Neu ein neues, noch leeres Schema erstellt wird.

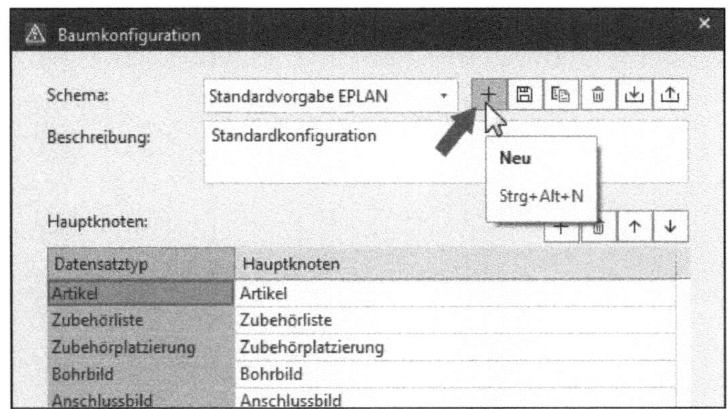

Bild 2.16 Neues Schema Baumkonfiguration erstellen

EPLAN öffnet nun den Dialog Neues Schema. Anschließend werden ein Schemaname und eine Beschreibung festgelegt. Die Beschreibung des Schemas selbst ist optional, aber zu empfehlen (Bild 2.17).

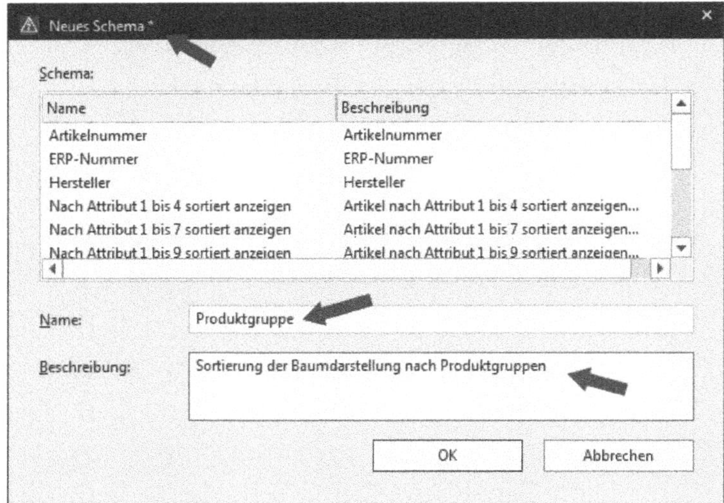

Bild 2.17 Neues Schema Baumkonfiguration benennen

Schritt 1.6

Der Dialog NEUES SCHEMA wird mit Klick auf den Button OK gespeichert und geschlossen. EPLAN kehrt zum Dialog BAUMKONFIGURATION zurück und übernimmt zugleich den neuen Schemanamen in die Auswahl *Schema* (Bild 2.18).

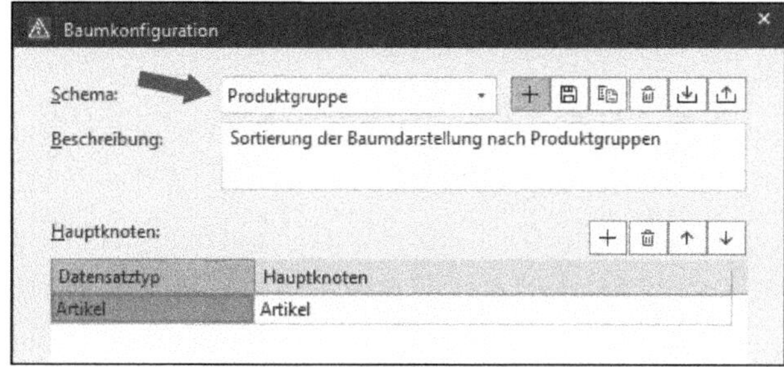

Bild 2.18 Baumkonfiguration Schemaauswahl

Schritt 1.7

Jetzt wird der sogenannte Hauptknoten festgelegt. EPLAN schlägt als Hauptknoten den Eintrag *Artikel* vor. Dieser Eintrag kann mit dem LÖSCHEN-Button auch komplett gelöscht werden, und es kann ein selbst bestimmter Hauptknoten festgelegt werden (Bild 2.19).

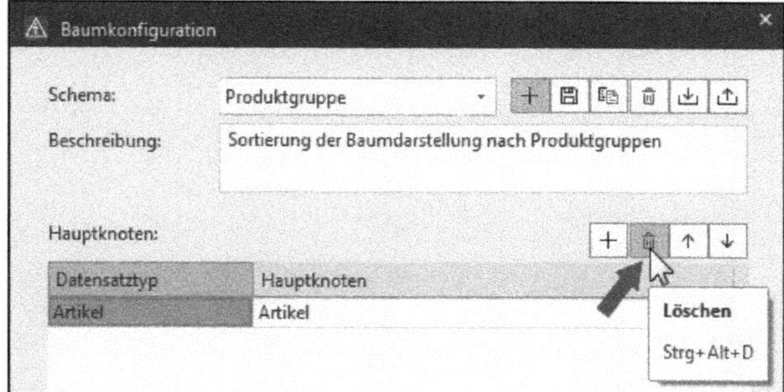

Bild 2.19 Hauptknoten löschen

Ein neuer Hauptknoten wird über den Button Neu erzeugt (Bild 2.20). EPLAN öffnet nach einem Klick auf den Button Neu den Dialog Baumkonfiguration - Hauptknoten (Bild 2.21).

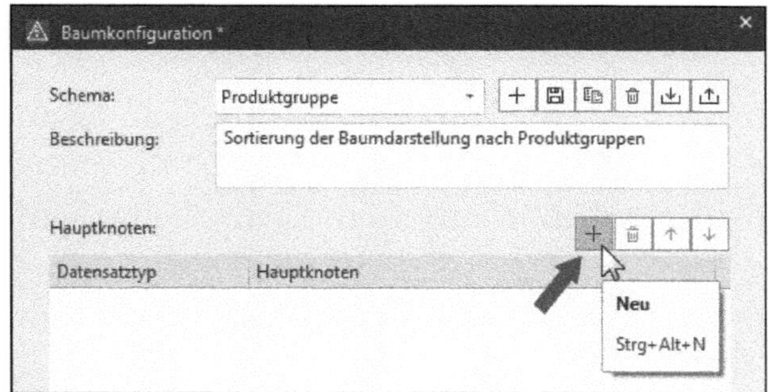

Bild 2.20 Neuen Hauptknoten einfügen

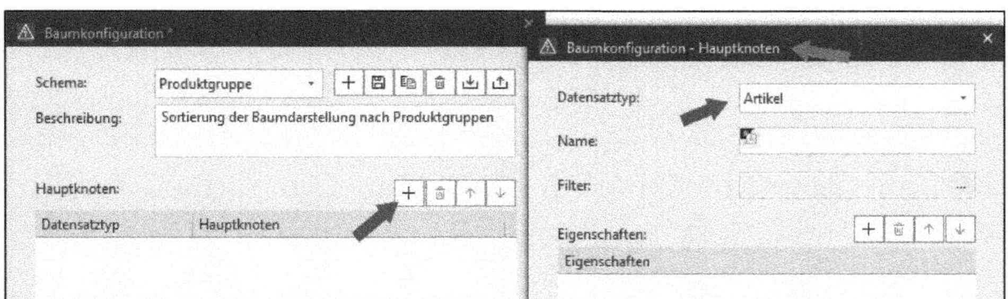

Bild 2.21 Dialog Hauptknoten, Auswahl des Datensatztyps

Der Datensatztyp *Artikel* ist hier schon voreingestellt. Es besteht aber die Möglichkeit, aus der Auswahlliste einen anderen Datensatztyp auszuwählen.

Im Beispiel wird der Datensatztyp *Artikel* gewählt (Bild 2.22).

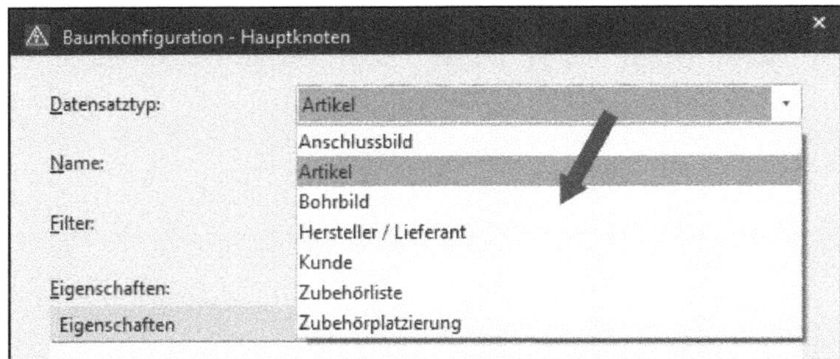

Bild 2.22 Auswahlliste des Datensatztyps

Danach werden für diesen Datensatztyp Eigenschaften (das Kriterium, wonach die Sortierung in der Baumdarstellung erfolgt) festgelegt. Das erfolgt durch das Anklicken des Buttons NEU im unteren Bereich des Dialogs BAUMKONFIGURATION – HAUPTKNOTEN (Bild 2.23).

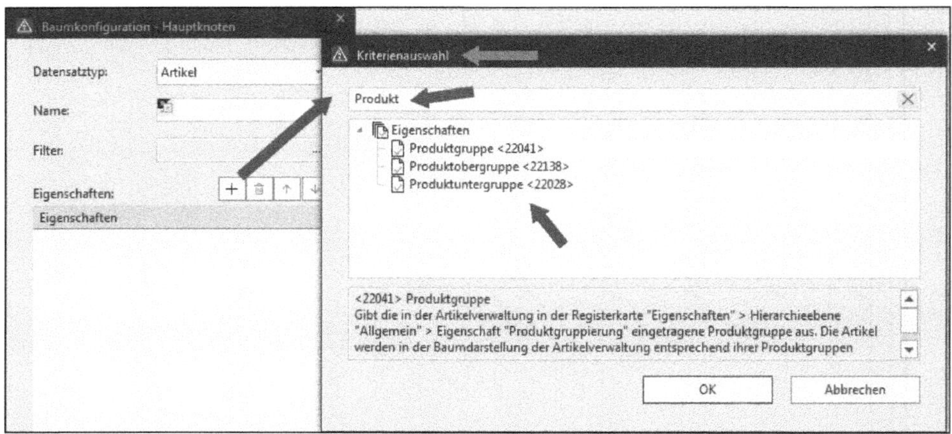

Bild 2.23 Hauptknoten Kriterienauswahl

EPLAN öffnet den Dialog KRITERIENAUSWAHL. In Bild 2.23 kann die Eigenschaft *Produktgruppe* gewählt und mit Klick auf den Button OK in das Schema übernommen werden (Bild 2.24).

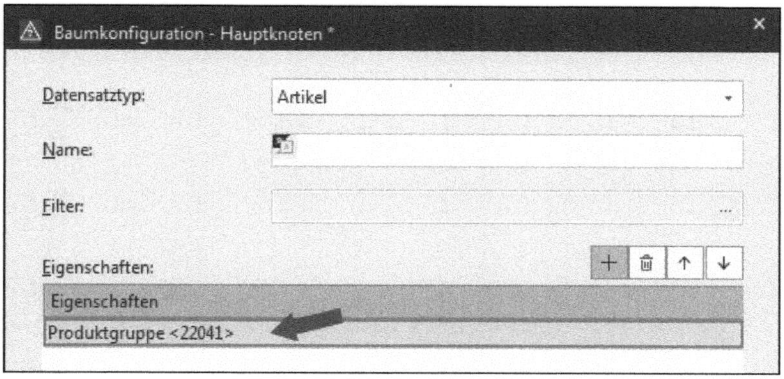

Bild 2.24 Neues Hauptknoten-Kriterium

Anschließend lassen sich dem Schema weitere Eigenschaften hinzufügen. Dabei werden die gleichen Schritte wie eben beschrieben durchgeführt.

Schritt 1.8

Nach erfolgtem Bearbeiten sollten Sie dem Hauptknoten inklusive seiner Eigenschaften einen sinnvollen Namen geben (Bild 2.25). Die Eingabe ist jedoch grundsätzlich beliebig und taucht später in der Baumkonfiguration wieder auf. Somit ist eine Zuordnung, nach welchen Kriterien hier sortiert wird, auf den ersten Blick gewährleistet.

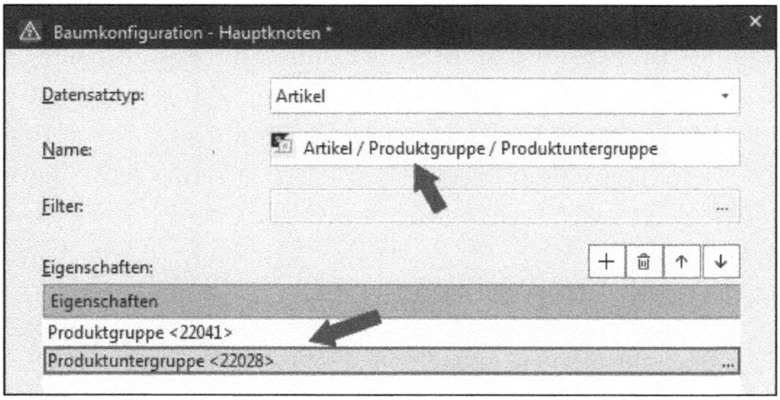

Bild 2.25 Beschreibung des Schemas Hauptknoten

Der Dialog BAUMKONFIGURATION – HAUPTKNOTEN kann mit Klick auf den Button OK übernommen und verlassen werden (Bild 2.26). EPLAN trägt den Hauptknoten in das Schema *Baumkonfiguration* ein (Bild 2.27).

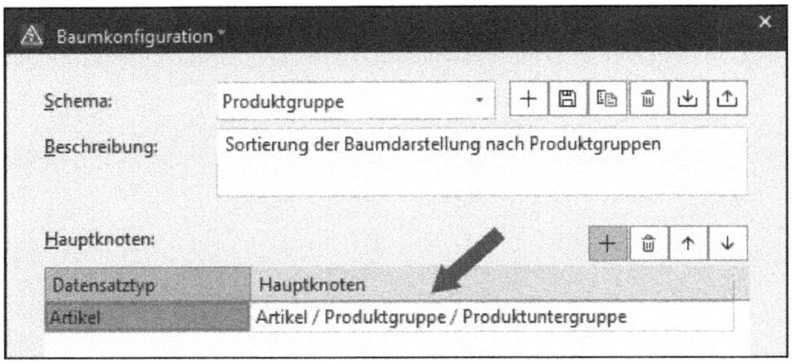

Bild 2.26 Dialog Baumkonfiguration

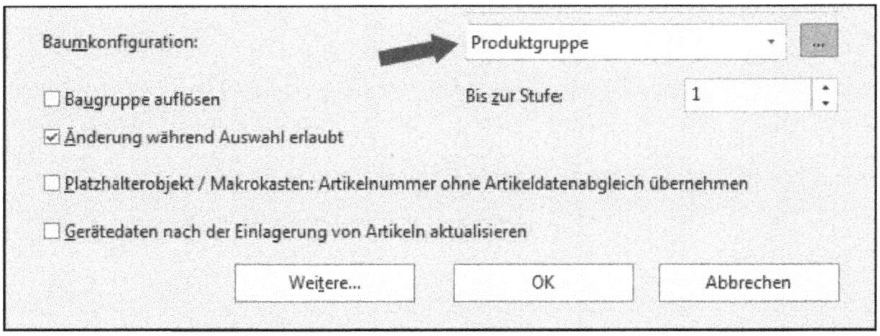

Bild 2.27 Einstellung im Schema Baumkonfiguration

Damit wäre ein Schema für die Darstellung der Anzeige in der Baumdarstellung erstellt. Der Dialog BAUMKONFIGURATION kann mit Klick auf den Button OK verlassen werden. EPLAN schließt diesen Dialog und kehrt zum Dialog EINSTELLUNGEN zurück. Dieser kann ebenfalls mit Klick auf den Button OK gespeichert und verlassen werden.

EPLAN sortiert nun die Anzeige der Baumdarstellung wie im Schema der Baumkonfiguration vorgegeben (Bild 2.28).

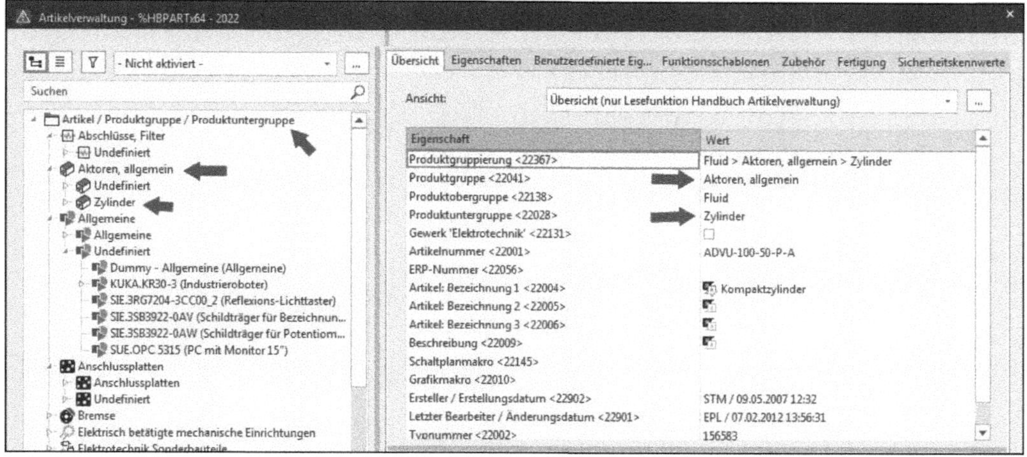

Bild 2.28 Sortierung der Baumdarstellung

In Bild 2.28 ist das erste Sortierkriterium die Produktgruppe (hier *Aktoren, allgemein*). Danach folgt die Sortierung nach der Produktuntergruppe (hier *Zylinder*). Die Produktgruppen *Undefiniert* enthalten Artikel, die noch nicht oder nicht zugeordnet werden können.

Möchten Sie nun beispielsweise diese undefinierten Produktgruppen bzw. Produktgruppen aus der Anzeige der Baumkonfiguration ausfiltern, sind die folgenden Schritte durchzuführen.

Schritt 2.1

Das Schema der eingestellten Baumkonfiguration wird erneut zum Bearbeiten geöffnet. Dazu klicken Sie den Button EXTRAS an und wählen den Eintrag EINSTELLUNGEN aus. EPLAN öffnet daraufhin den Dialog EINSTELLUNGEN: ARTIKEL (BENUTZER).

Schritt 2.2

Über den MORE-Button neben dem eingestellten Schema der Baumkonfiguration wird diese zum Bearbeiten geöffnet. Im Dialog BAUMKONFIGURATION klicken Sie ins Feld HAUPTKNOTEN und klicken danach auf den MORE-Button. EPLAN öffnet den Dialog BAUMKONFIGURATION – HAUPTKNOTEN (Bild 2.29).

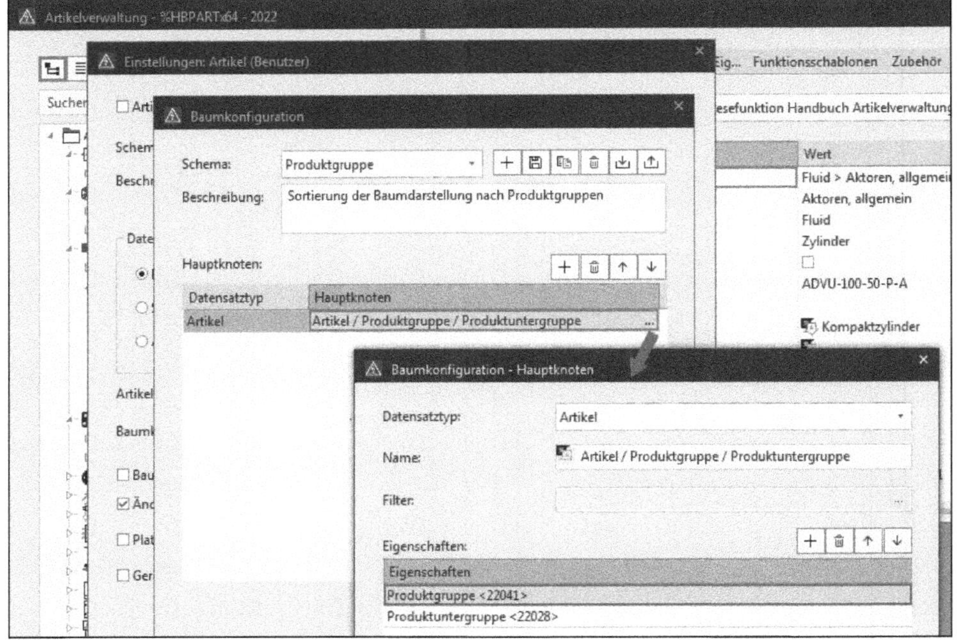

Bild 2.29 Schema Baumkonfiguration zum Bearbeiten öffnen

Schritt 2.3

Der Dialog BAUMKONFIGURATION – HAUPTKNOTEN besitzt eine Filtermöglichkeit. Dazu wird der MORE-Button neben dem Feld *Filter* angeklickt. EPLAN öffnet den Dialog FILTER (Bild 2.30).

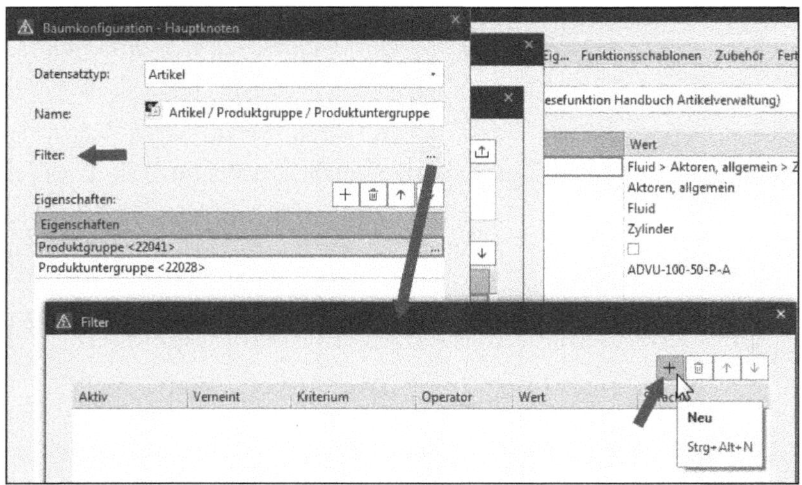

Bild 2.30 Dialog Filter

Im Dialog Filter können nun über den Button Neu entsprechende Filterkriterien erstellt werden. In unserem Beispiel sollen keine undefinierten Produktgruppen bzw. Produktuntergruppen in der Baumdarstellung der Artikelverwaltung angezeigt werden. Dazu gehen Sie wie in Bild 2.31 gezeigt vor.

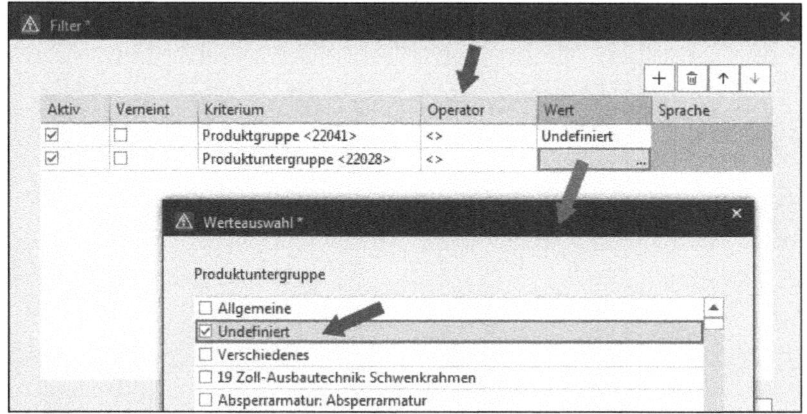

Bild 2.31 Dialog Werteauswahl

Schritt 2.4

Nach erfolgter Auswahl der Filterung können alle Dialoge mit dem Button OK geschlossen werden. EPLAN schließt alle Dialoge und stellt die Anzeige der Baumdarstellung auf die gewünschten Filterungen um. Das Ergebnis zeigt Bild 2.32.

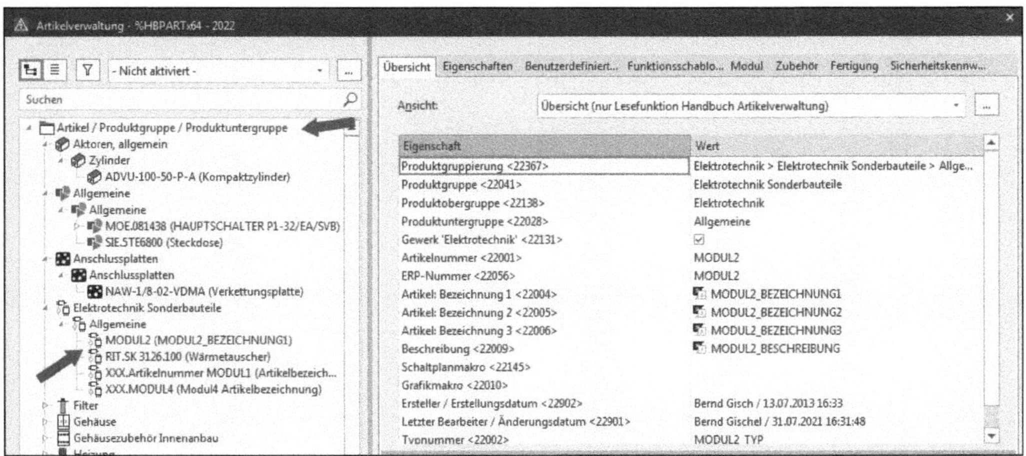

Bild 2.32 Ansicht der Baumdarstellung (ohne Artikel Undefiniert)

Damit wären alle Schritte zum Erzeugen einer eigenen Baumkonfiguration abgeschlossen.

TIPP: Wurde ein neues Schema erstellt, sollte dieses Schema nach einem ersten Test gleich einmal exportiert werden. Es steht dann auch allen anderen EPLAN-Anwendern zur Verfügung.

In den nächsten Abschnitten folgt eine Reihe möglicher Konfigurationen der Baumdarstellung.

2.1.1.1.2 Beispiel Standardeinstellung (Eigenschaft Artikelnummer)

Die normalerweise benutzte Standardeinstellung der Baumansicht ist die Anzeige nach dem Wert bzw. der Eigenschaft *Artikelnummer* (Bild 2.33).

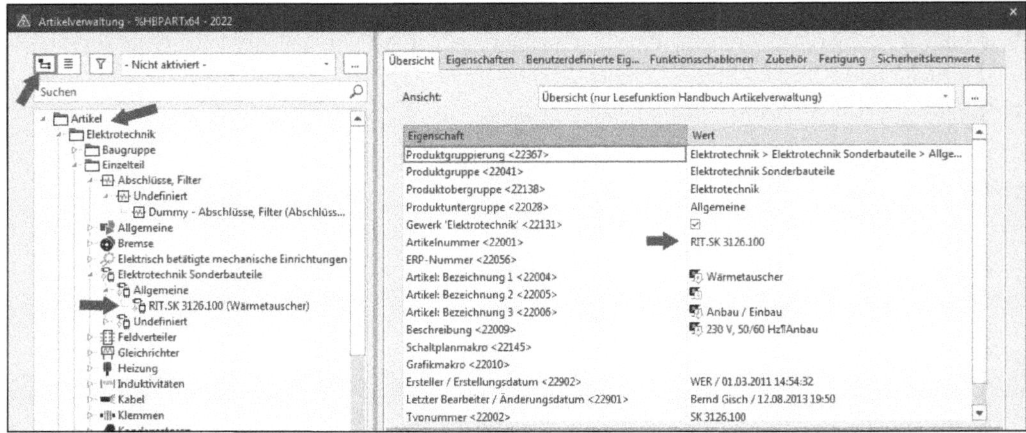

Bild 2.33 Standardanzeige

Das Schema der Baumkonfiguration *Standardvorgabe EPLAN* sieht demzufolge wie in Bild 2.34 aus.

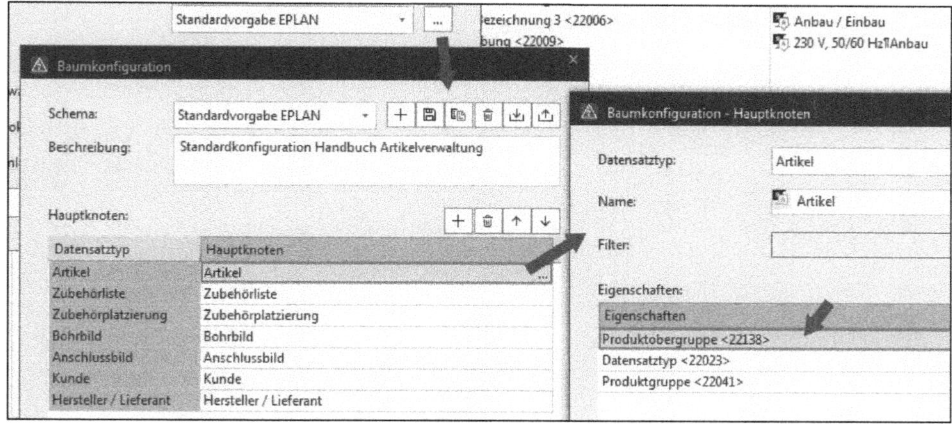

Bild 2.34 Schema Standardkonfiguration EPLAN

2.1.1.1.3 Beispiel Einstellung nach Hersteller

Eine Anzeige der Baumdarstellung nach Hersteller (z.B. ABB) würde wie in Bild 2.35 aussehen. Artikel, zu denen kein Hersteller vorhanden bzw. eingetragen ist, wurden in der Baumdarstellung per Filter ausgeblendet.

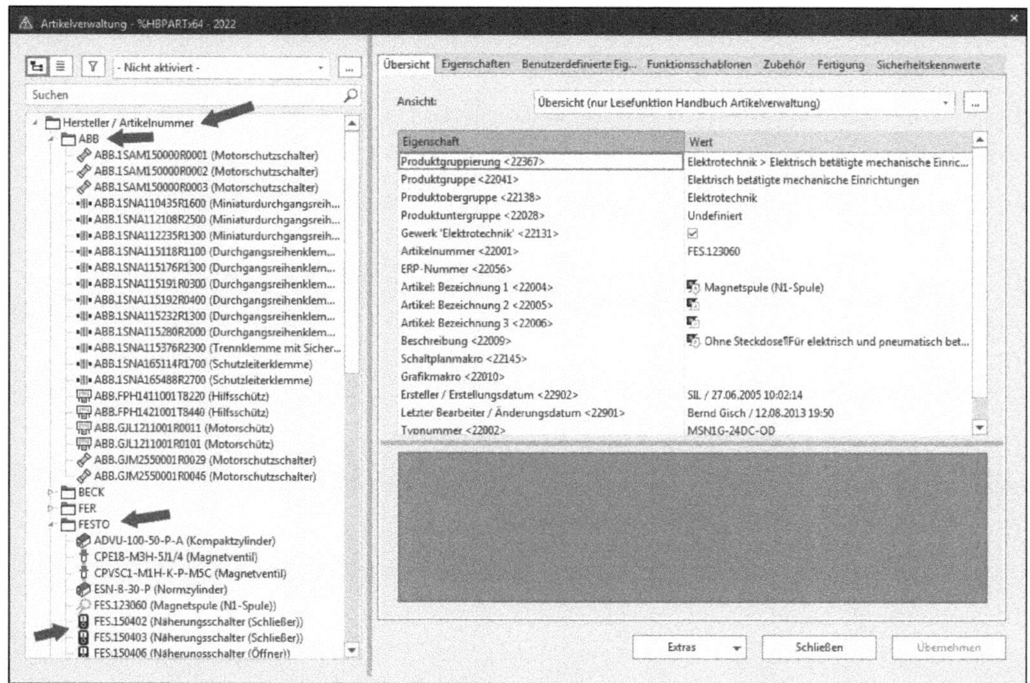

Bild 2.35 Ansicht der Baumdarstellung nach Hersteller

Die Einstellungen der Baumkonfiguration nach Hersteller werden wie in Bild 2.36 vorgenommen.

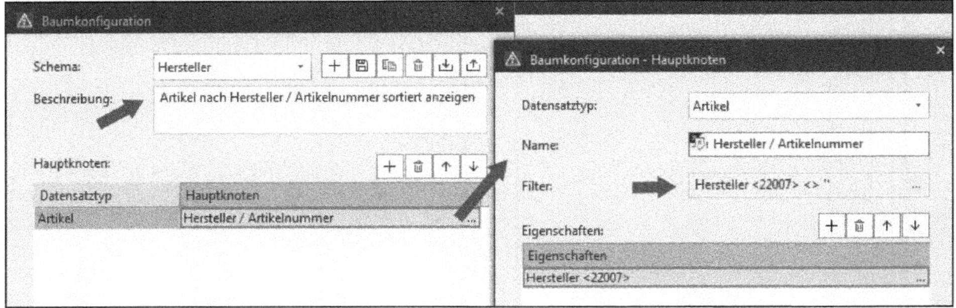

Bild 2.36 Einstellungen im Hauptknoten nach Hersteller

Um alle Artikel auszublenden, die keinen Hersteller tragen, wird der Filter für den Hauptknoten *Hersteller* wie in Bild 2.37 eingetragen, der Operator auf <> (ungleich) dem Wert „“ gesetzt und anschließend aktiviert.

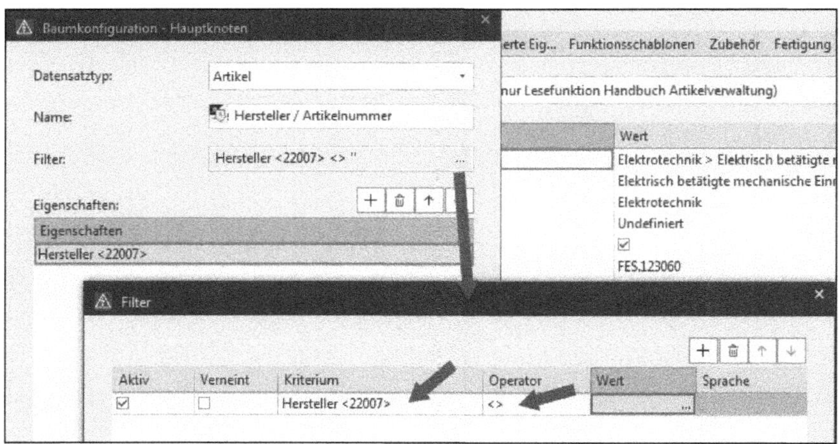

Bild 2.37 Einstellung des Filters Hersteller

2.1.1.1.4 Beispiel nach ERP-Nummer

Eine Anzeige der Baumdarstellung nach ERP-Nummer würde wie in Bild 2.38 aussehen.

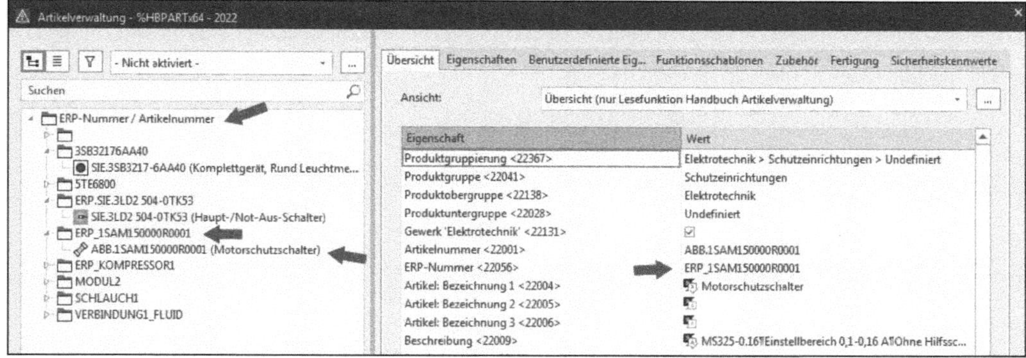

Bild 2.38 Ansicht der Baumdarstellung nach ERP-Nummer

Das Schema für die Baumkonfiguration muss wie in Bild 2.39 eingestellt werden.

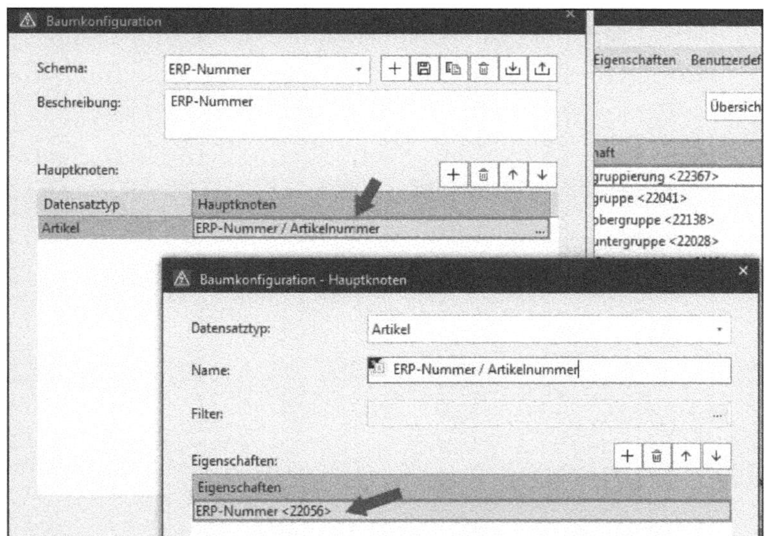

Bild 2.39 Schema der Baumdarstellung nach ERP-Nummer

2.1.1.2 Schema Baumkonfiguration (Artikelauswahl im GED)

Die eben genannten Baumkonfigurationen und deren Einstellungen wirken sich ebenfalls direkt nach Einstellen auch für die Anzeige im GED (Grafischen Editor) aus. Möchte man also spezielle Anzeigen (Baumkonfigurationen) der Baumdarstellung auch während der Projektbearbeitung in der Artikelauswahl nutzen, wird also einfach die gewünschte Baumkonfiguration entsprechend eingestellt (Bild 2.40 und Bild 2.41). Dies kann jeweils in den Einstellungen der Artikelverwaltung oder in den allgemeinen Benutzereinstellungen vorgenommen werden.

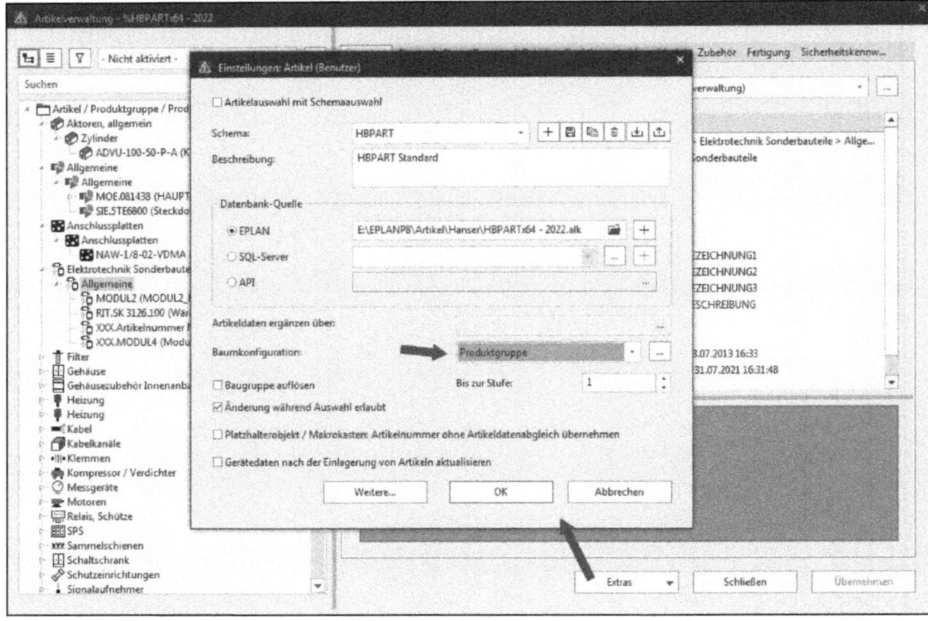

Bild 2.40 Einstellung der Baumkonfiguration: Artikelverwaltung/Extras/Einstellungen

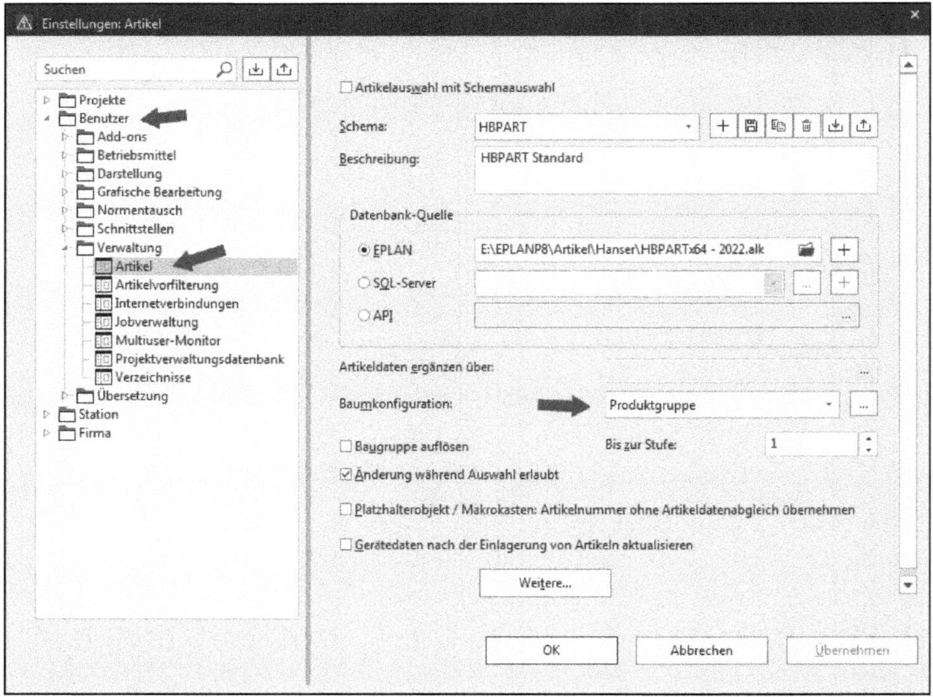

Bild 2.41 Einstellung der Baumkonfiguration: Artikelverwaltung/Einstellung/Benutzer

2.1.2 Listendarstellung (linker Bereich)

Neben der Baumdarstellung kann in der Artikelverwaltung auch auf eine Listendarstellung umgeschaltet werden. Die Listendarstellung (Auswahl per Reiter *Liste*, siehe Bild 2.42) ermöglicht es, schnell und einfach beispielsweise nach der Artikelnummer oder der Bezeichnung zu sortieren.

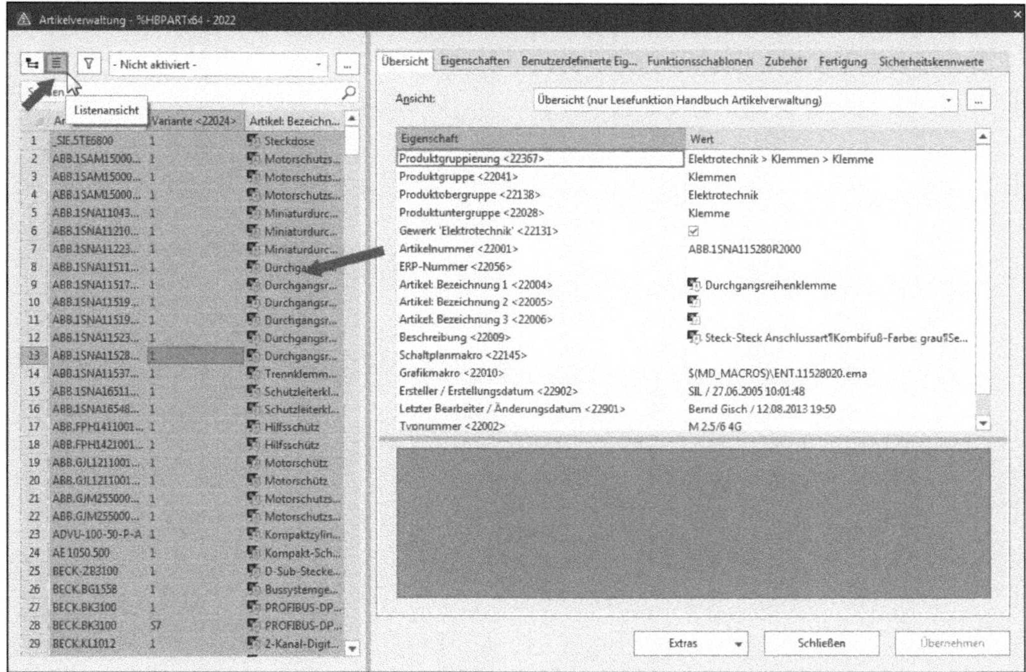

Bild 2.42 Reiter Listendarstellung

Dazu wird auf dem Spaltenkopf einfach ein Doppelklick mit der linken Maustaste durchgeführt (Bild 2.43). Anschließend sortiert EPLAN nach genau diesem Wert entweder aufsteigend oder absteigend.

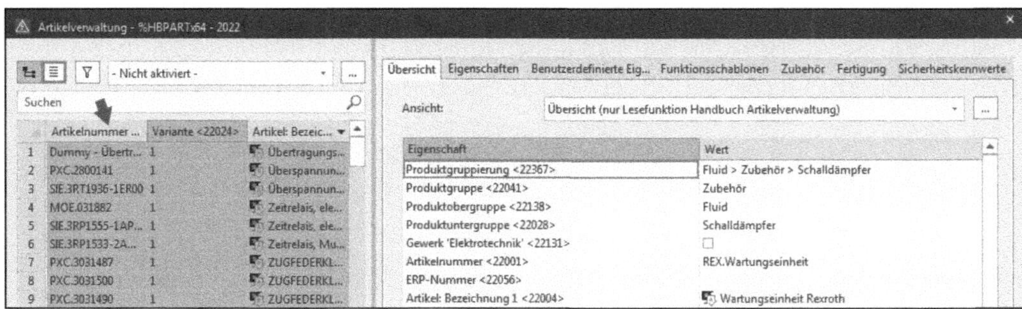

Bild 2.43 Ansicht Listendarstellung

Wurde per Spaltenkopf eine Sortierung durchgeführt, kann man das an einem kleinen Dreieck über der Spaltenbezeichnung erkennen. Das Dreieck zeigt, je nach Sortierausrichtung, entweder nach unten oder nach oben (Bild 2.44 und Bild 2.45).

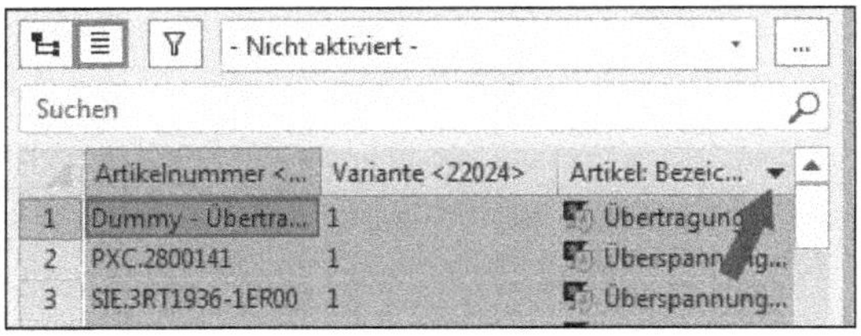

Bild 2.44 Sortierung nach Spalte absteigend

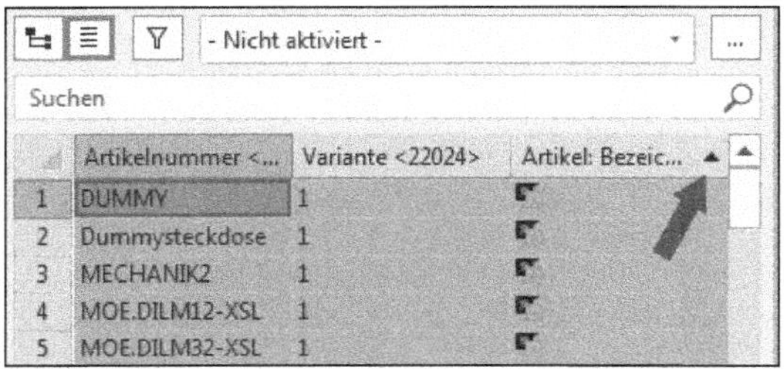

Bild 2.45 Sortierung nach Spalte aufsteigend

Ein dritter Klick auf den Spaltenkopf hebt jede Sortierung auf, und das kleine Dreieck verschwindet wieder (Bild 2.46).

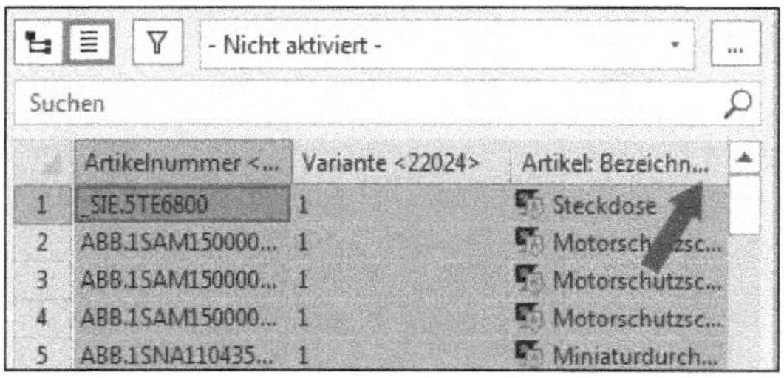

Bild 2.46 Spalte ohne Sortierung

2.1.3 Kontextmenü (linker Bereich)

Zur weiteren Bearbeitung von Artikeldaten existiert ein Kontextmenü im linken Bereich der Artikelverwaltung. Das Kontextmenü wird u.a. mit der rechten Maustaste aufgerufen (Bild 2.47).

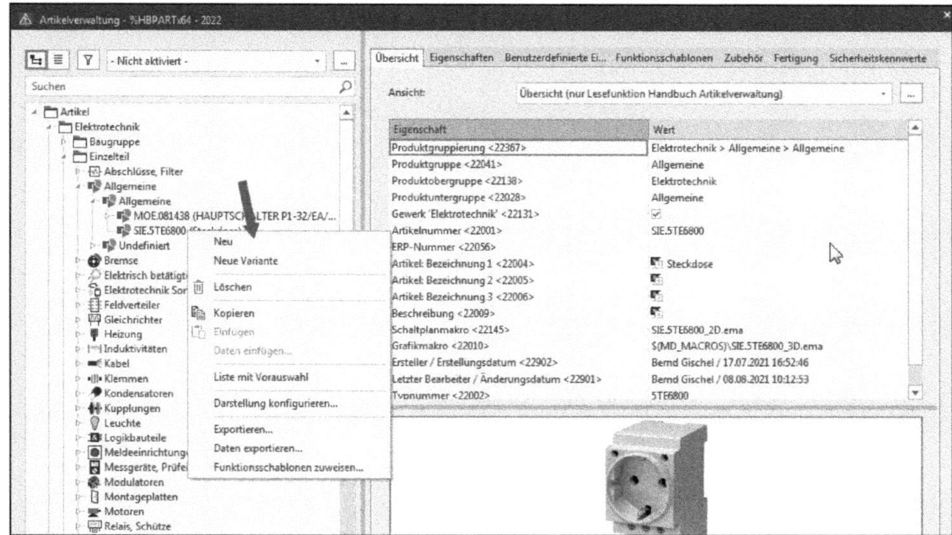

Bild 2.47 Kontextmenü im linken Bereich der Artikelverwaltung

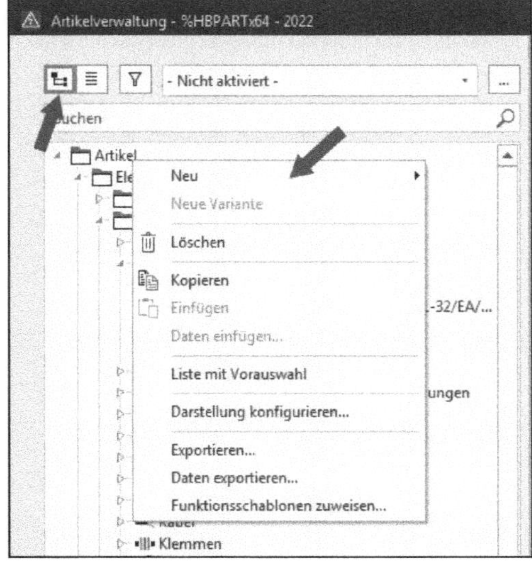

Bild 2.48 Kontextmenü der Baumdarstellung

Je nach gewählter Darstellung der Artikelverwaltung (Baum oder Liste) sind, neben den üblichen Funktionen, auch weitere spezielle Möglichkeiten im Kontextmenü vorhanden (Bild 2.48 und Bild 2.49).

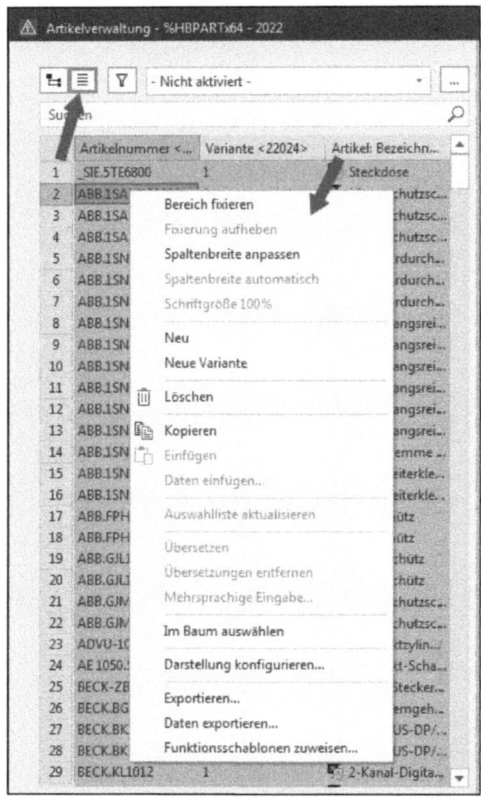

Bild 2.49 Kontextmenü der Listendarstellung

Im Folgenden erläutere ich die verschiedenen Funktionen des Kontextmenüs.

2.1.3.1 Neu (Baumdarstellung oberste Stufe: Artikel)

Je nachdem, an welcher Stelle man in der Baumstruktur steht, sind verschiedene Möglichkeiten vorhanden. Steht man in der obersten Stufe, ist es möglich, neue Einzelteile oder Baugruppen anzulegen (Bild 2.50).

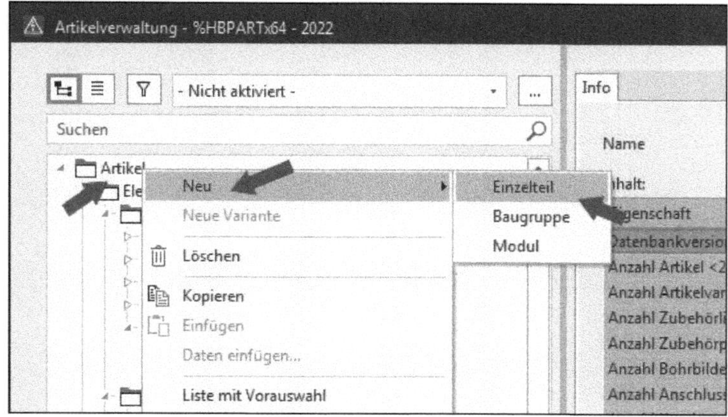

Bild 2.50 Kontextmenü zum Hinzufügen eines neuen Einzelteils

Nach einem Klick auf den Menüeintrag EINZELTEIL wird eine Artikelnummer nach dem Schema *Neu(lfd. Nr.)* erzeugt, das Einzelteil wird in die Baumstruktur unter *Undefiniert/Einzelteil* einsortiert, und alle anderen Felder (wie beispielsweise die Produktobergruppe oder die Produktgruppe) werden auf *Undefiniert* gestellt. Die Auswahl von *Gewerk/Untergewerk* ist ebenfalls noch nicht aktiv gesetzt, da hier noch keine Zuordnung durch EPLAN stattfinden konnte (Bild 2.51).

Das Gleiche gilt für eine neue Baugruppe. Hier besteht nur der Unterschied, dass die Baugruppe in die Baumstruktur unter *Undefiniert/Baugruppe* einsortiert wird (Bild 2.52).

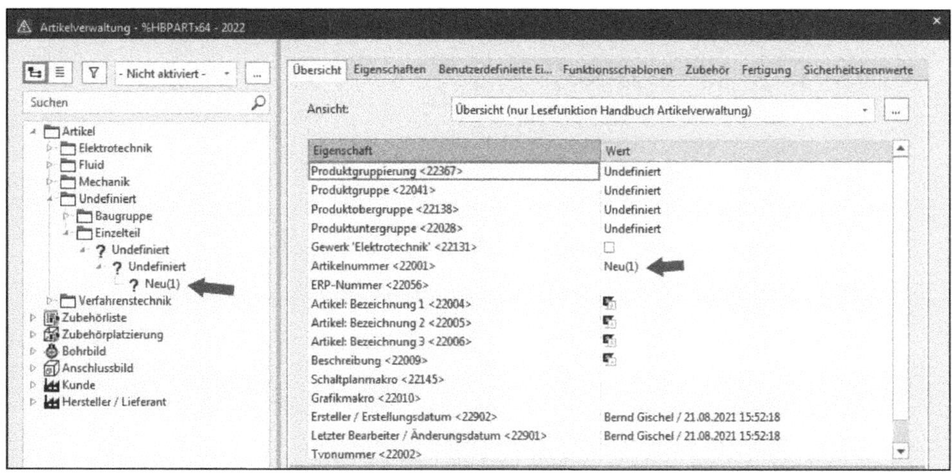

Bild 2.51 Neues Einzelteil

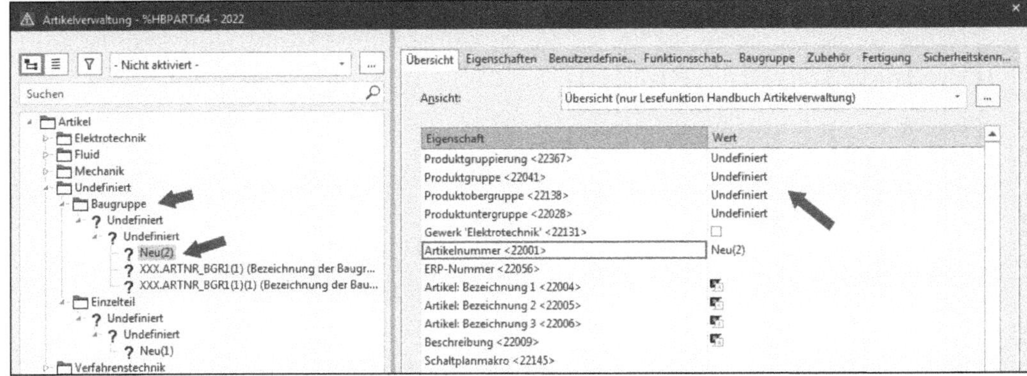

Bild 2.52 Neue Baugruppe

Für Module wiederholt sich diese Vorgehensweise. Auch hier kann über die oberste Ebene mit der rechten Maustaste ein neues Modul erzeugt werden. Dieses Modul wird von EPLAN in die Struktur *Undefiniert* einsortiert (Bild 2.53).

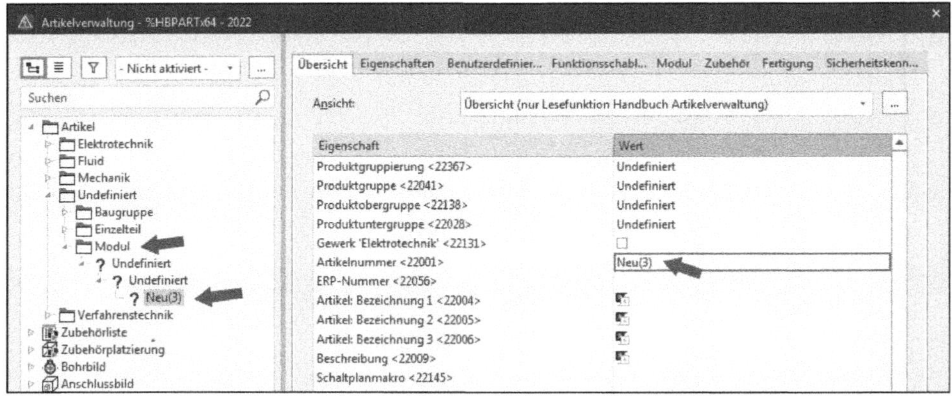

Bild 2.53 Neues Modul

2.1.3.2 Neu (Baumdarstellung Stufe: Struktur wie beispielsweise Elektrotechnik)

Wird der Cursor eine Stufe niedriger in der Baumdarstellung platziert (auf einer „Struktur“ wie beispielsweise *Elektrotechnik*), ist es möglich, neue Einzelteile, neue Baugruppen oder neue Module anzulegen, aber direkt mit der Voreinstellung, hier in die Struktur *Elektrotechnik* (Bild 2.54).

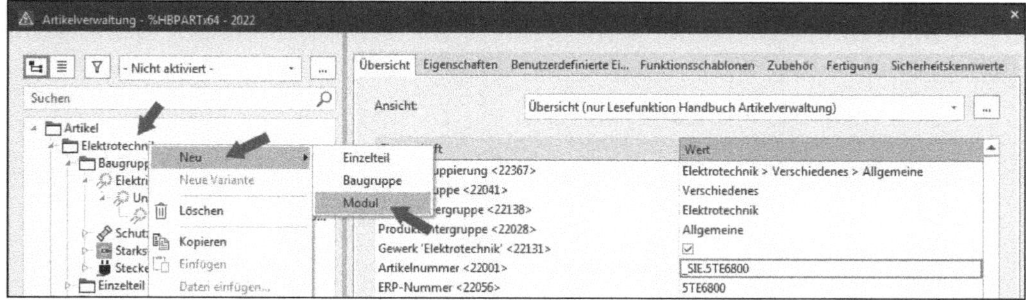

Bild 2.54 Neues Modul in der Struktur Elektrotechnik

Grundsätzlich gilt die gleiche Vorgehensweise wie bei der obersten Strukturstufe. Der Unterschied gegenüber der obersten Stufe ist folgender: EPLAN erzeugt das Einzelteil, die Baugruppe oder auch ein Modul in die markierte Struktur, also beispielsweise in Bild 2.55 in die Struktur *Elektrotechnik*. Auf diese Weise wird ein Einzelteil, eine Baugruppe oder ein Modul direkt in die gewünschte (richtige) Struktur einsortiert.

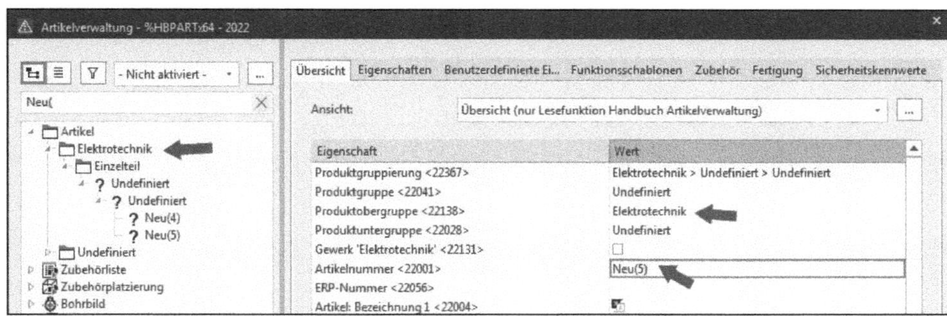

Bild 2.55 Angabe der Struktur

2.1.3.3 Neu (Baumdarstellung Stufe: Einzelteil, Baugruppe oder Modul wie beispielsweise Heizung)

Wird der Cursor noch eine Stufe niedriger in der Baumdarstellung platziert (auf einem Einzelteil wie beispielsweise *Heizung*), erzeugt EPLAN nach Klick auf den Menüeintrag NEU direkt ein Einzelteil mit der markierten Produktgruppe (Bild 2.56 und Bild 2.57).

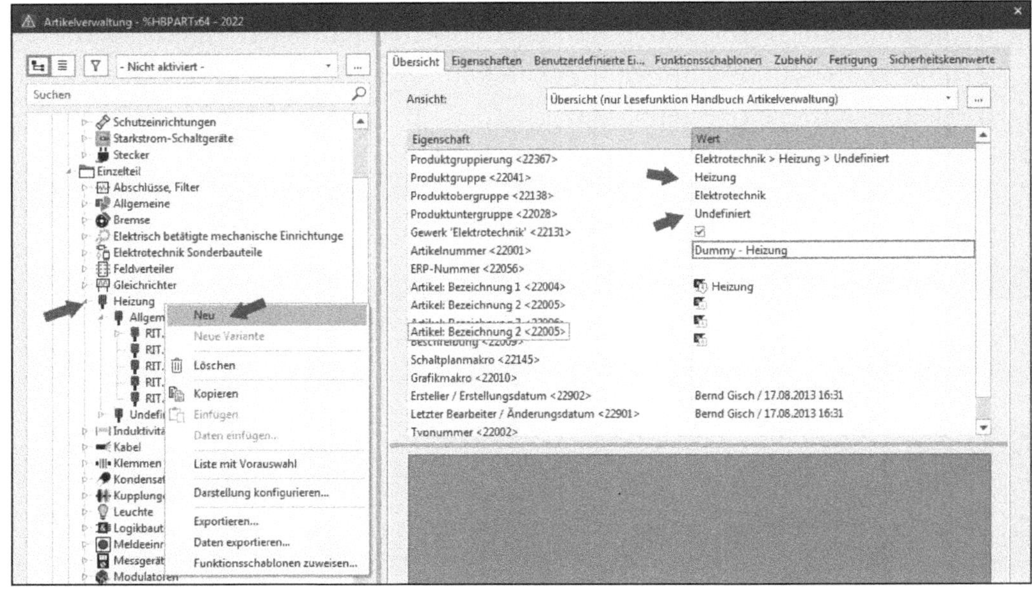

Bild 2.56 Neu mit Übernahme des Eintrags Knotenstruktur

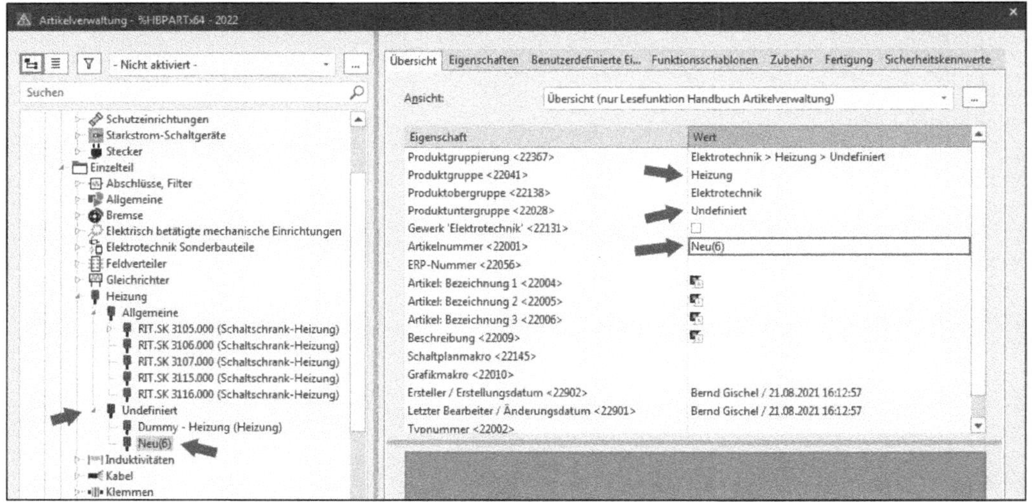

Bild 2.57 Neu mit Änderung des Eintrags Knotenstruktur

2.1.3.4 Neu (Baumdarstellung Stufe: Artikelnummer, Baugruppennummer oder Modulnummer wie beispielsweise RIT.SK ...)

Wird der Cursor an der letzten Stufe in der Baumstruktur platziert, also auf einer Artikel-, Baugruppen- oder Modulnummer, wird diese Nummer als Vorlage für die neue Artikelnummer herangezogen und mit der Zählnummer (1), (2) etc. versehen

(Bild 2.59). Alle restlichen Felder werden entsprechend der Baumstruktur als Vorlage gefüllt, also in der Reihenfolge Produktobergruppe, Produktgruppe, Produktuntergruppe und Gewerk.

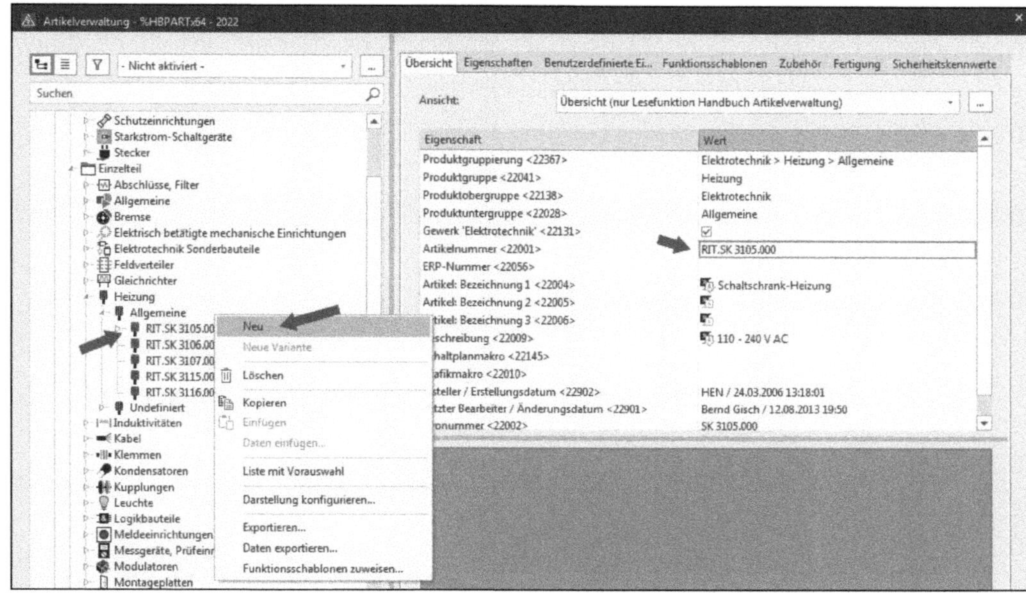

Bild 2.58 Auf der letzten Ebene wird ein neuer Artikel erzeugt.

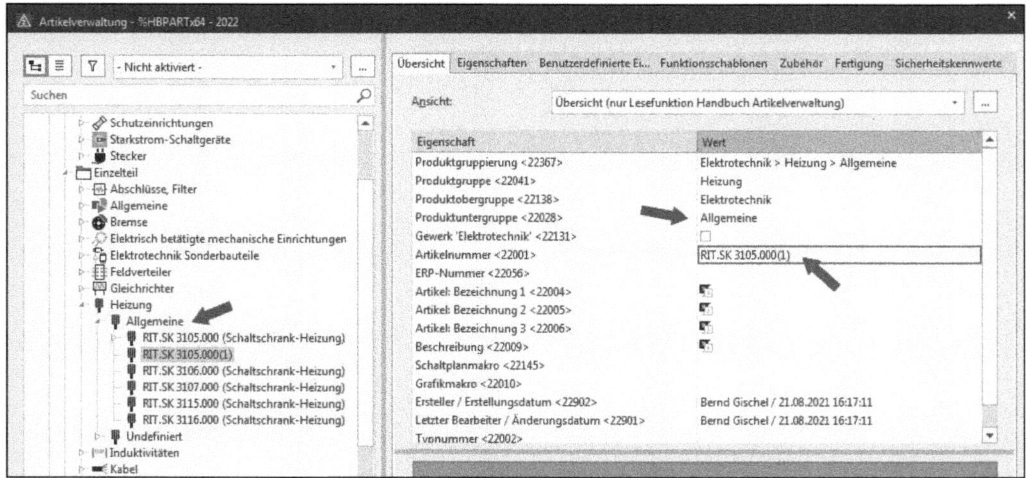

Bild 2.59 Angelegter neuer Artikel auf der letzten Ebene

2.1.3.5 Neu (Listendarstellung Stufe: Artikelnummer, Baugruppennummer oder Modulnummer wie beispielsweise RIT.SK ...)

In der Listendarstellung gibt es die Abstufungen der Baumstruktur nicht. Diese Zuordnung zu Produktobergruppe, Produktgruppe, Produktuntergruppe und Gewerk ist hier zwar ebenfalls am Artikel vorhanden, aber es gibt in der Ansicht nur eine einzige Stufe: die Artikelnummer. Somit befindet sich EPLAN schon auf der untersten Stufe. Artikel werden in die oberste Ebene (*Undefiniert*) eingefügt. An diese Artikel wird dann ebenfalls ein (1), (2) etc. angehängt, wie Bild 2.61 zeigt.

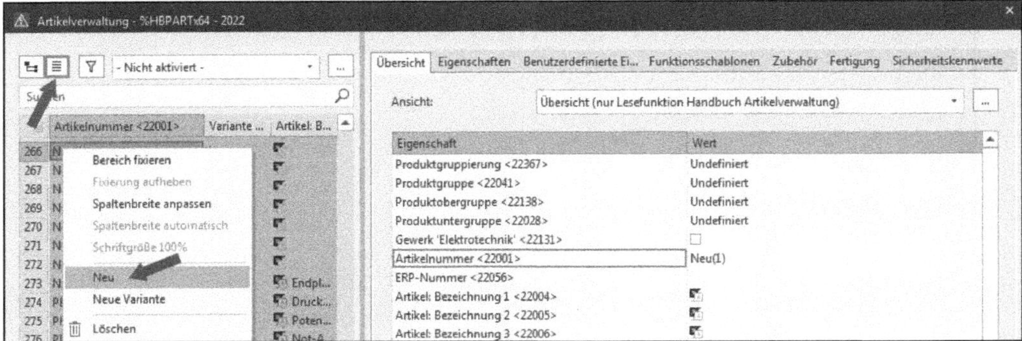

Bild 2.60 Neu in der Listendarstellung

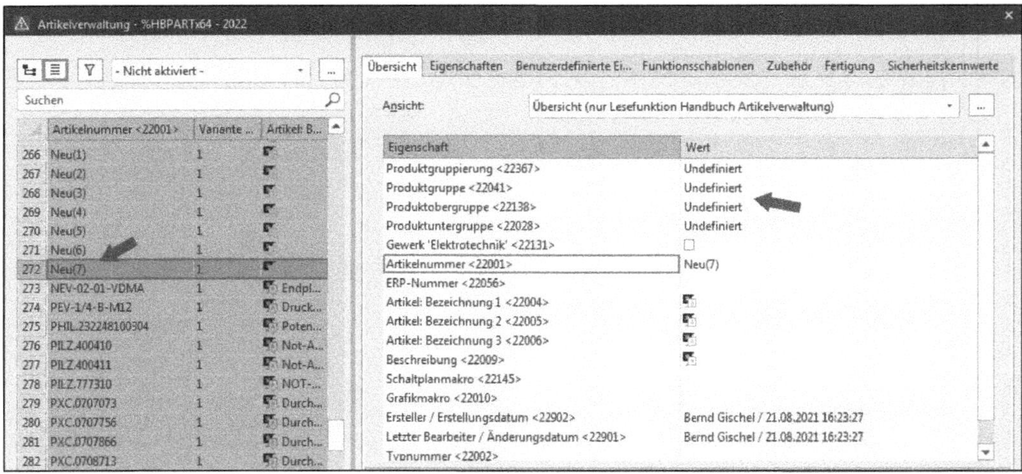

Bild 2.61 Neu angelegter Artikel in der Listendarstellung

2.1.3.6 Neue Variante

Eine neue Variante kann nur auf der untersten Stufe in der Artikelverwaltung erzeugt werden. Alle Einzelteile, Baugruppen oder Module haben (intern) immer die Variante 1. Gibt es nur die Variante 1, dann wird diese Variantennummer nicht in der Artikelverwaltung (Ansicht der Baumdarstellung) angezeigt (Bild 2.62), kann aber als Eigenschaft mit eingeblendet werden (auf der rechten Dialogseite, beispielsweise über ein Schema in der Registerkarte *Übersicht*).

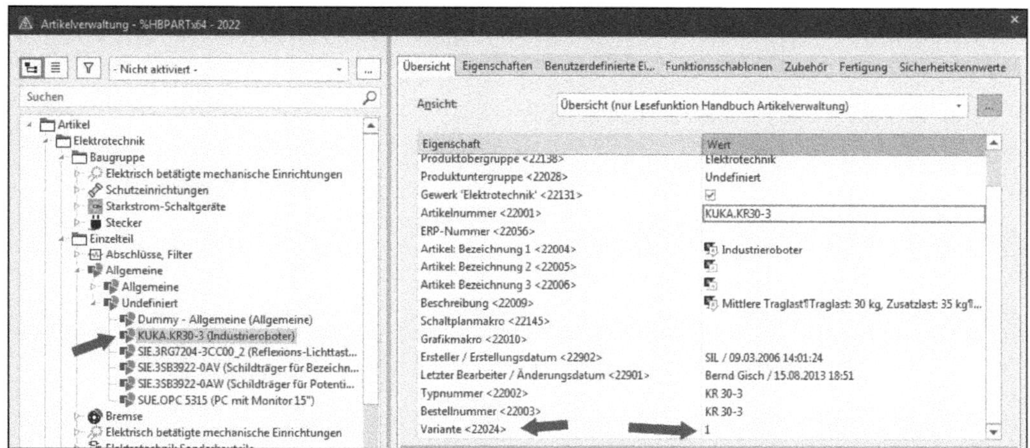

Bild 2.62 Variante 1 in der Baumdarstellung

In der Listendarstellung ist es ebenfalls möglich, sich die Variantennummer anzeigen zu lassen (Bild 2.63).

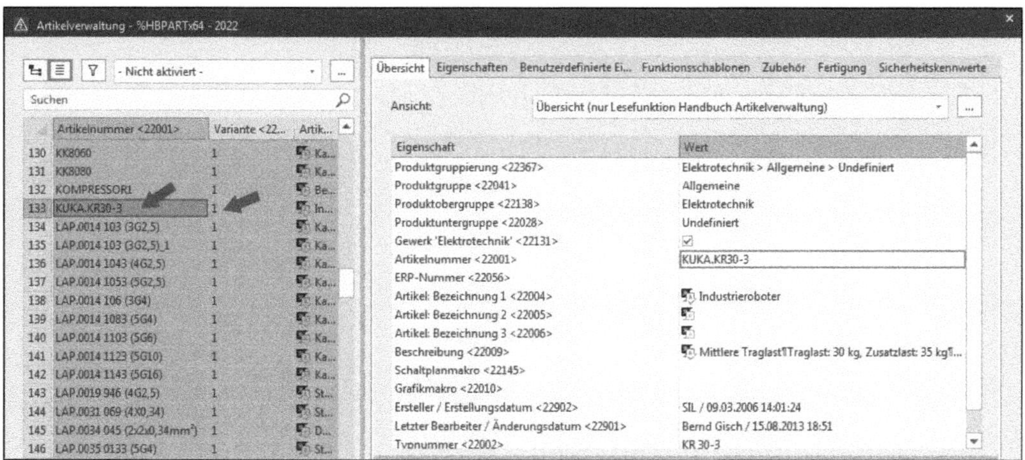

Bild 2.63 Variante 1 in der Listendarstellung

Grundsätzlich sind Varianten Ausprägungen eines einzelnen Artikels, der gemeinsame kaufmännische Daten besitzt, aber unterschiedliche technische Kenngrößen. Als Beispiel nenne ich hier Messumformer, die je nach Bestellung mit anderen Messbereichen ausgeführt sein können.

Um eine Variante anzulegen, wird der entsprechende Artikel in der Baum- oder Listendarstellung markiert. Dann rufen Sie über das Kontextmenü den Eintrag Neue Variante ... auf (Bild 2.64).

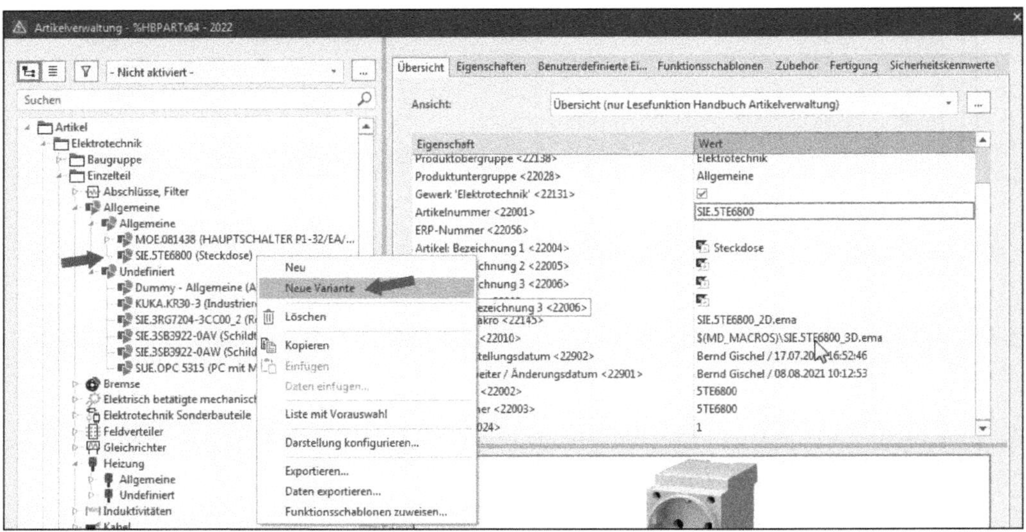

Bild 2.64 Neue Variante

EPLAN öffnet anschließend den Dialog Neue Variante und fügt direkt eine neue hochgezählte (Varianten-)Nummer ein (Bild 2.65).

Als Eingabe sind hier bis zu drei Zeichen als Unterscheidung möglich. Dabei können Zahlen, Buchstaben oder auch gemischte Werte eingegeben werden. Erlaubt sind bisher auch Sonderzeichen wie Klammern, Raute etc. Davon würde ich persönlich aber abraten, da es hier eventuell zu Problemen bei einem Ex- bzw. Import von Artikeldaten kommen könnte.

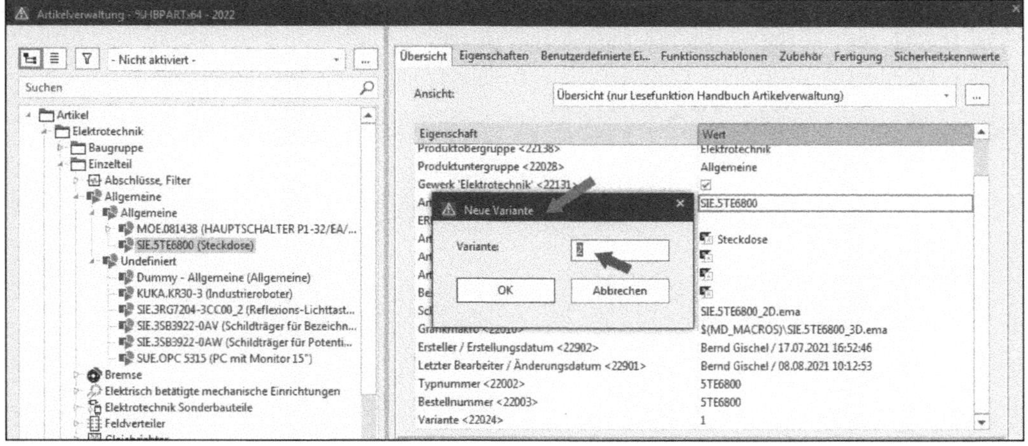

Bild 2.65 Dialog Neue Variante

Einzig die Eingabe einer Variante mit der Ziffer 1 ist nicht möglich, da diese Variante ja schon vorhanden ist. EPLAN würde diese Eingabe also mit der Hinweismeldung quittieren, dass es diese Variante schon gibt (Bild 2.66). Das gilt übrigens generell für alle Varianten, die schon vorhanden sind. Auch eine Variante 3, die als Variante am Artikel vorhanden ist, würde EPLAN nicht neu erzeugen, sondern nur die Hinweismeldung bringen, dass es diese Variante schon gibt. Der Dialog muss mit Klick auf den Button OK bestätigt werden. EPLAN steht nun mit dem Fokus wieder auf dem gewünschten Artikel.

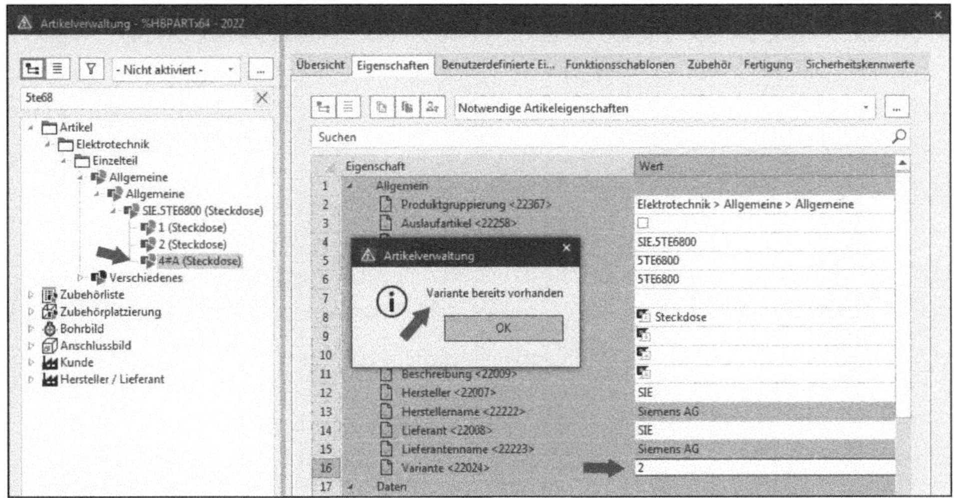

Bild 2.66 Hinweismeldung Variante schon vorhanden

Wird die Variante korrekt bezeichnet, legt EPLAN diese Variante, inklusive der Variante 1, unterhalb des Artikels ab (Bild 2.67 und Bild 2.68).

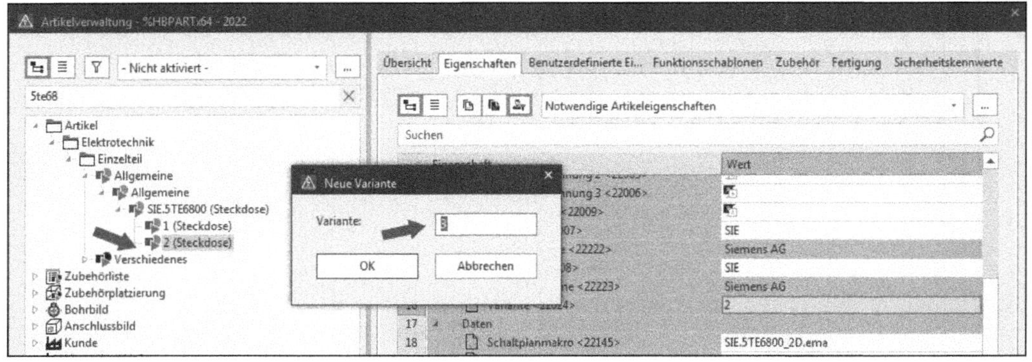

Bild 2.67 Neue Variante 2 erzeugen

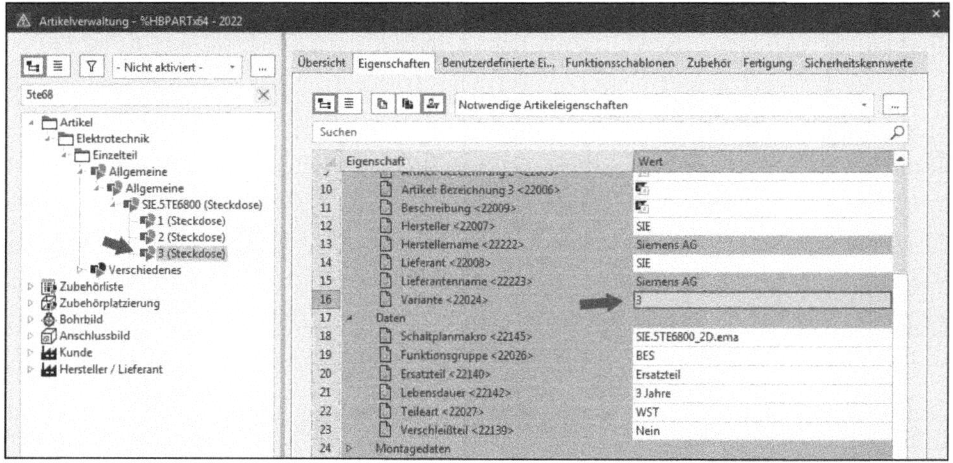

Bild 2.68 Variante 2 am Artikel

Bei allen Varianten sind die Einträge auf der Registerkarte *Übersicht* u. a. immer gleich. Hier kann demnach keine Unterscheidung getroffen werden, egal ob es sich um die Bezeichnungen oder beispielsweise die Typnummer handelt. Die technischen Daten wie u. a. Einträge in der Registerkarte *Funktionsschablonen* oder in den Eigenschaften (Schemata) *Einzelteildaten* können hingegen pro Variante Unterschiede aufweisen (Bild 2.69 bis Bild 2.71).

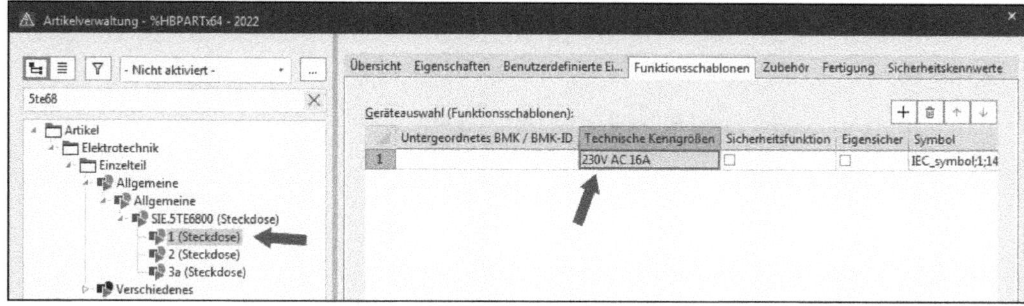

Bild 2.69 Daten der Funktionsschablone, Variante 1

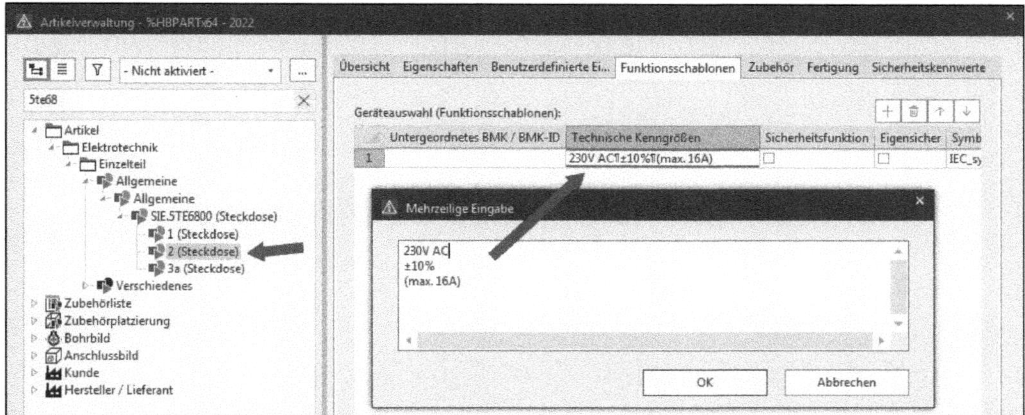

Bild 2.70 Daten der Funktionsschablone, Variante 2

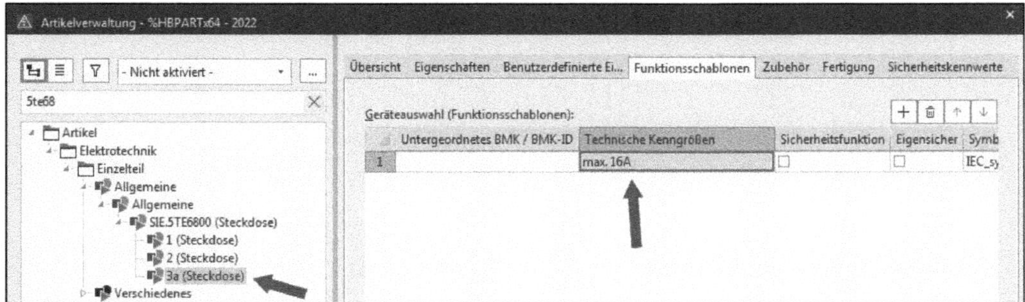

Bild 2.71 Daten der Funktionsschablone, Variante 3a

Die Bezeichnung einer Variante kann, wenn nötig, nachträglich in der Eigenschaft (Registerkarte *Eigenschaften* und hier über ein Schema mit der Eigenschaft *Variante <22024>*) umbenannt werden (Bild 2.72). Dies gilt auch für die Variante 1.

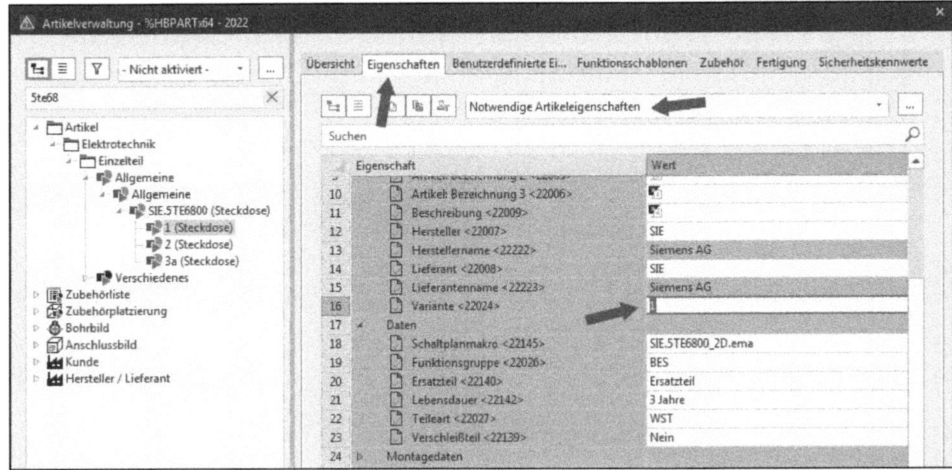

Bild 2.72 Variantenbezeichnung umbenennen

Varianten können nur unterschiedliche Bezeichnungen bekommen. Das gilt auch für das Umbenennen von Varianten. Eine Variante 2 nach 1 umzubenennen, wenn diese Variante 1 schon vorhanden ist, würde EPLAN nicht zulassen und den Vorgang mit einer Hinweismeldung abbrechen.

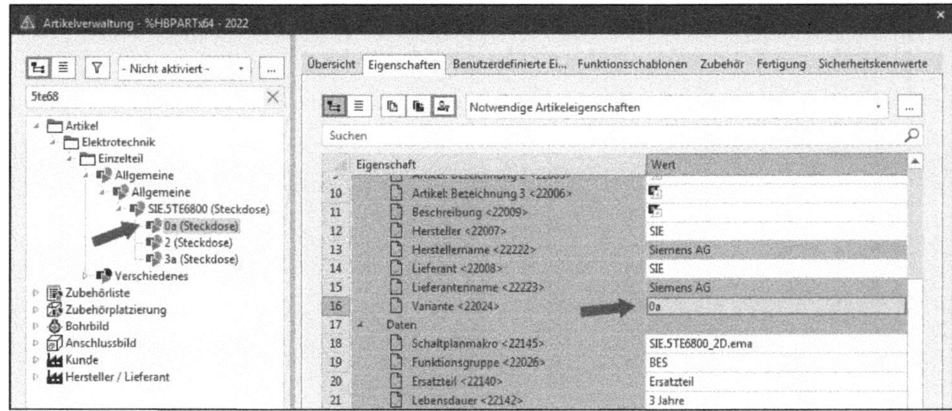

Bild 2.73 Umbenannte Variantenbezeichnung

2.1.3.7 Löschen

Dieser Menüeintrag ist mehr oder weniger selbsterklärend. Wird der Menüeintrag ausgewählt, werden die markierten Elemente, nach einer Sicherheitsabfrage, gelöscht (Bild 2.74 bis Bild 2.77).

Diese Funktion im Kontextmenü gilt für alle Darstellungsarten (Baum- und/oder Listendarstellung).

HINWEIS: Wird die letzte Variante gelöscht, wird der gesamte Artikel gelöscht.

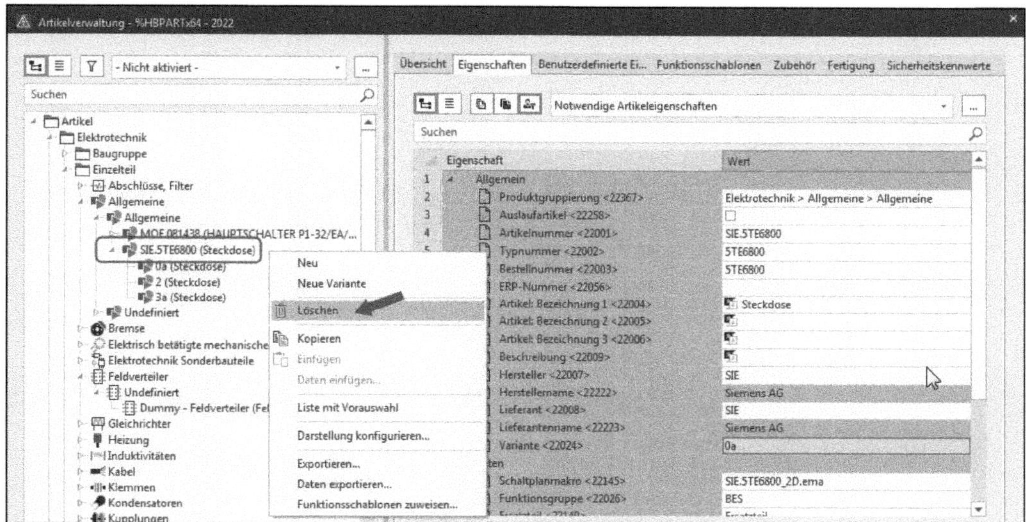

Bild 2.74 Löschen eines kompletten einzelnen Artikels inklusive Varianten

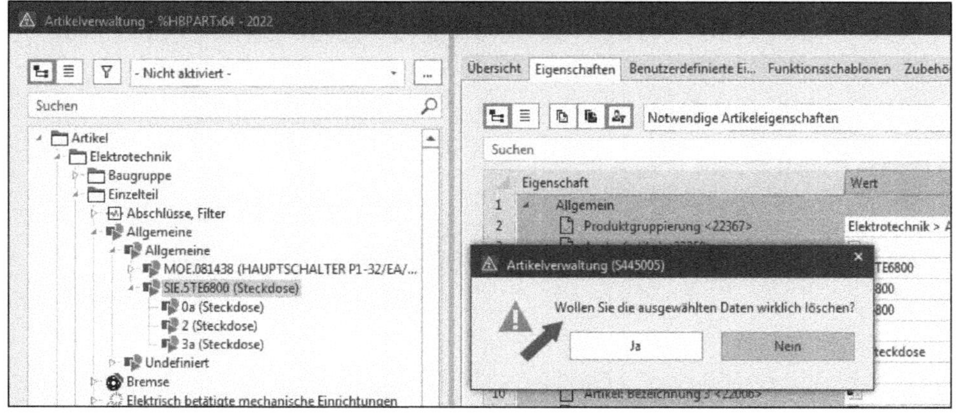

Bild 2.75 Sicherheitsabfrage

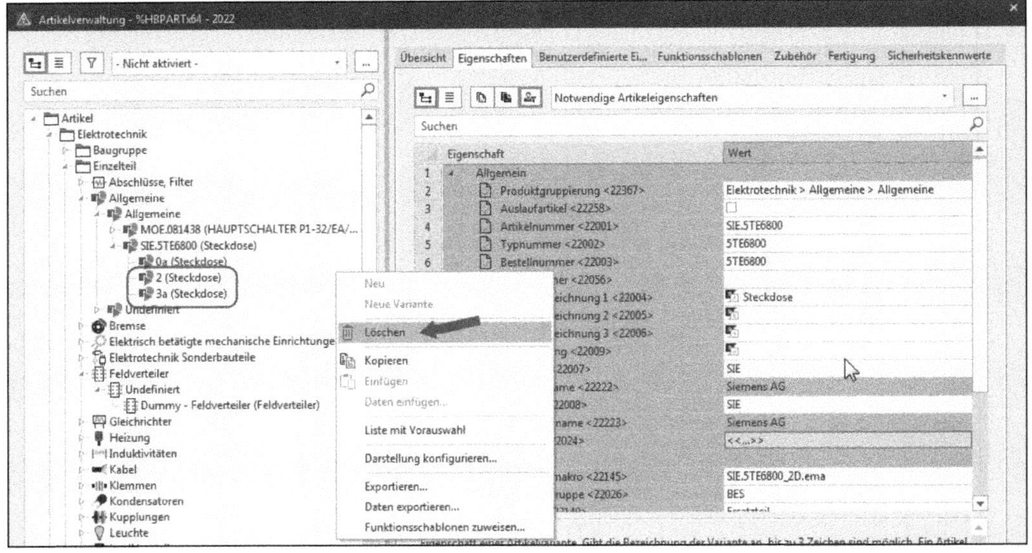

Bild 2.76 Löschen von zwei Varianten

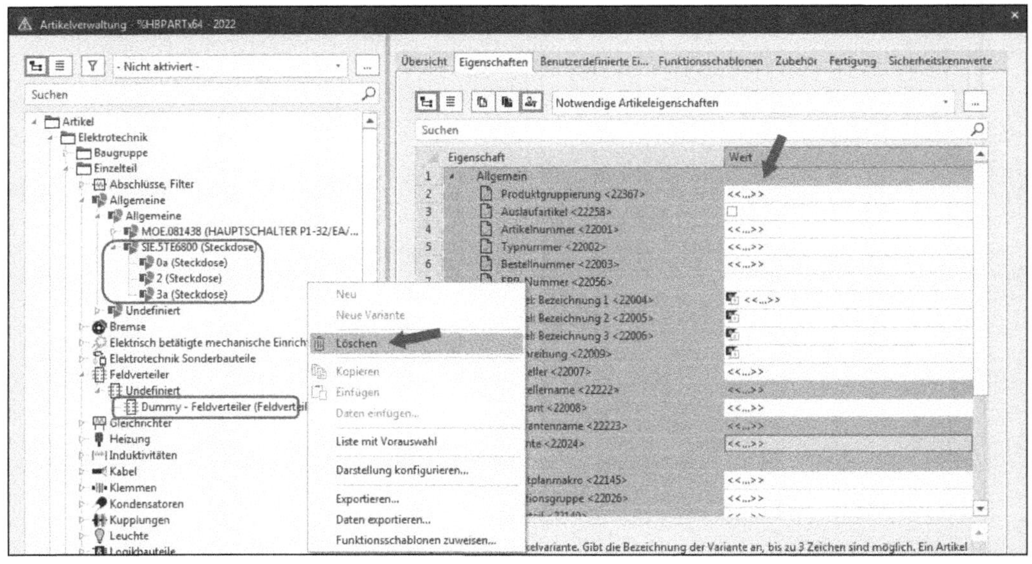

Bild 2.77 Löschen von mehreren Artikeln

HINWEIS: Ganze Produktober-, Produktunter- und Produktgruppen können mit dieser Funktion nicht gelöscht werden.

2.1.3.8 Kopieren

Mit der Funktion KOPIEREN im Kontextmenü ist es möglich, Artikel zu kopieren und wieder einzufügen (Bild 2.78 bis Bild 2.80). Dabei wird nach dem Einfügen ein Zusatz an die Artikelnummer angehängt. Je nachdem, welche Zusätze schon vorhanden sind, wäre das im Normalfall eine (1).

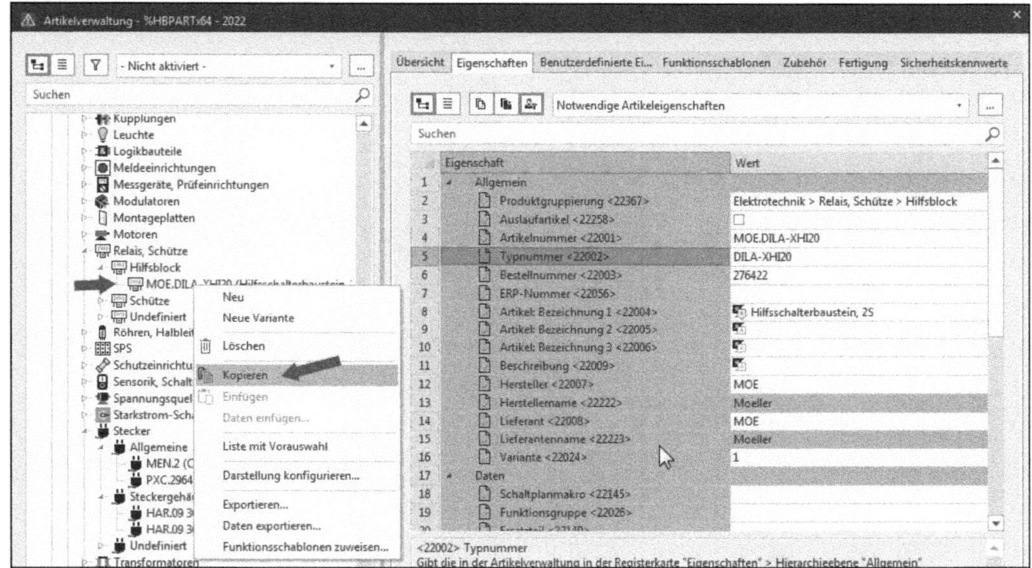

Bild 2.78 Artikel zum Kopieren markieren

Zum Kopieren kann der Fokus auf dem gleichen Artikel stehen bleiben. Das spielt für EPLAN keine Rolle.

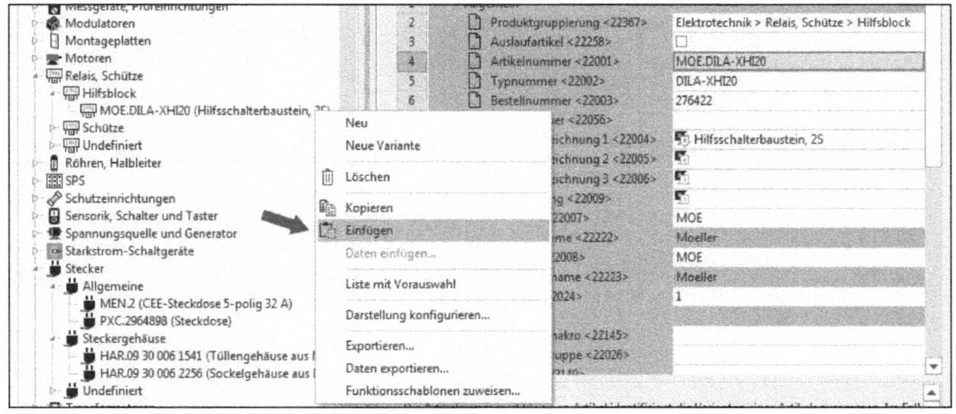

Bild 2.79 Kopierten Artikel einfügen

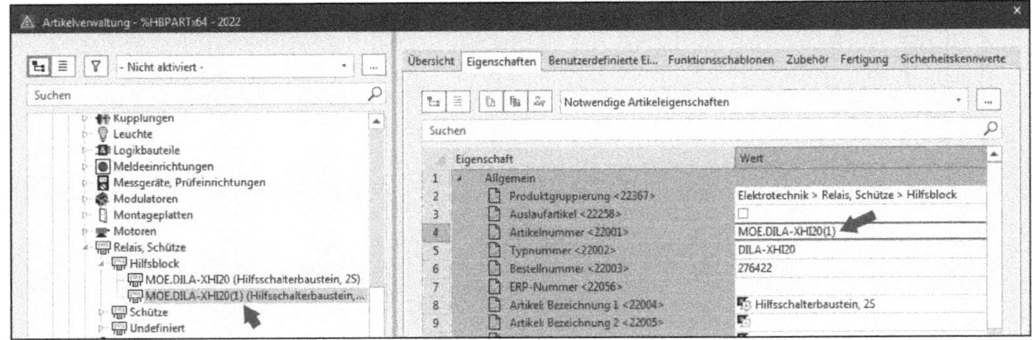

Bild 2.80 Eingefügter kopierter Artikel mit Zusatz (1)

HINWEIS: Varianten können einzeln kopiert werden. Hier gilt: Wenn kopiert wird, wird immer die Selektion des Artikels kopiert, doch eine mögliche eingetragene ERP-Nummer wird nicht mit kopiert.

2.1.3.9 Einfügen

Die Funktion Einfügen im Kontextmenü ergibt sich aus der bisher genannten Funktion Kopieren. Wurde also kein Artikel markiert und ausgeschnitten bzw. kopiert, kann diese Funktion nicht aufgerufen werden.

2.1.3.10 Daten einfügen (allgemein)

Neben dem Einfügen von kopierten Artikeln ist es möglich, nur spezielle Daten von einem Artikel auf einen anderen zu übertragen. Das kann beispielsweise Sinn ergeben, wenn man Artikel anlegt, deren technische Daten erst später, mit weiteren Artikeln, nachgepflegt werden sollen.

Der Kontextmenüeintrag Daten einfügen (Bild 2.82) ermöglicht es, die technischen Daten eines Artikels auf einen anderen zu kopieren (Registerkarte *Übersicht*, u. a. Eigenschaften der *Einzelteildaten* und/oder Registerkarte *Funktionsschablonen*).

Nach Klick auf den Kontextmenüeintrag Daten einfügen (Bild 2.82) folgt die Abfrage, welche Daten am Zielartikel auf die entsprechenden Registerkarten bzw. Artikeleigenschaften eingefügt werden sollen (Bild 2.83).

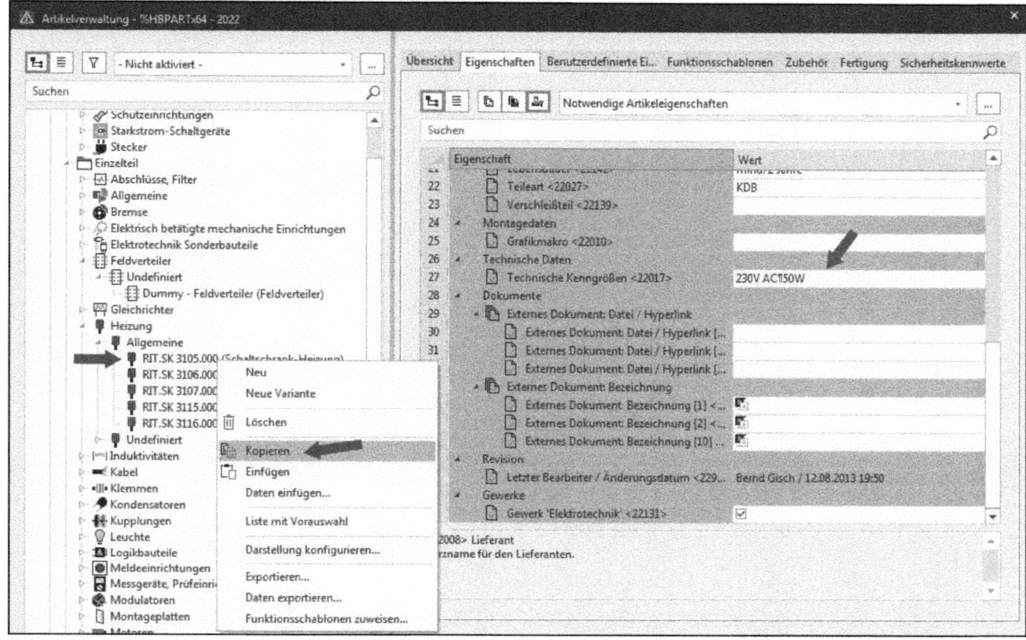

Bild 2.81 Artikel markieren und kopieren

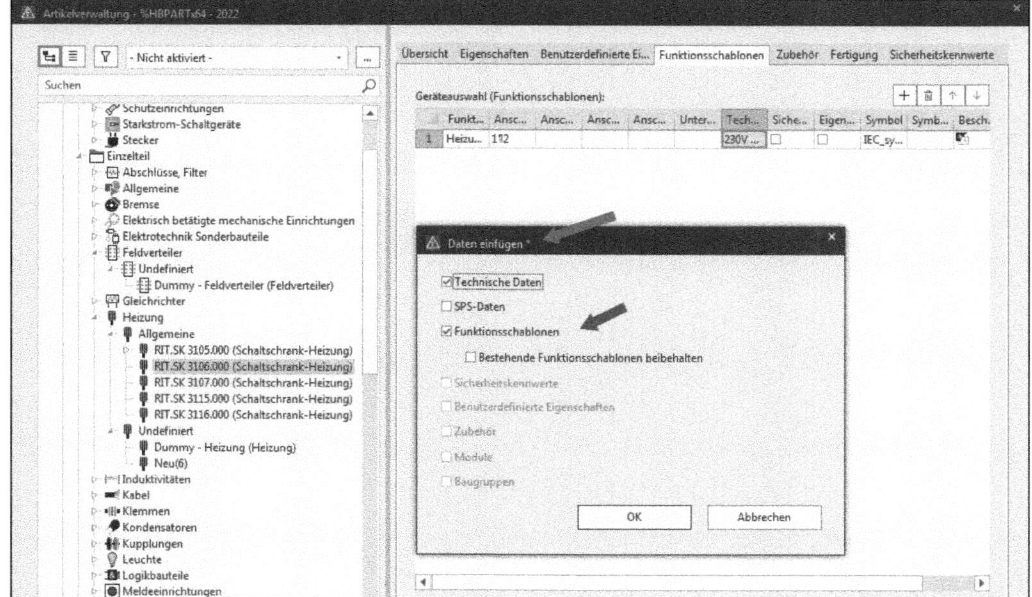

Bild 2.82 Zu erweiternden Artikel markieren

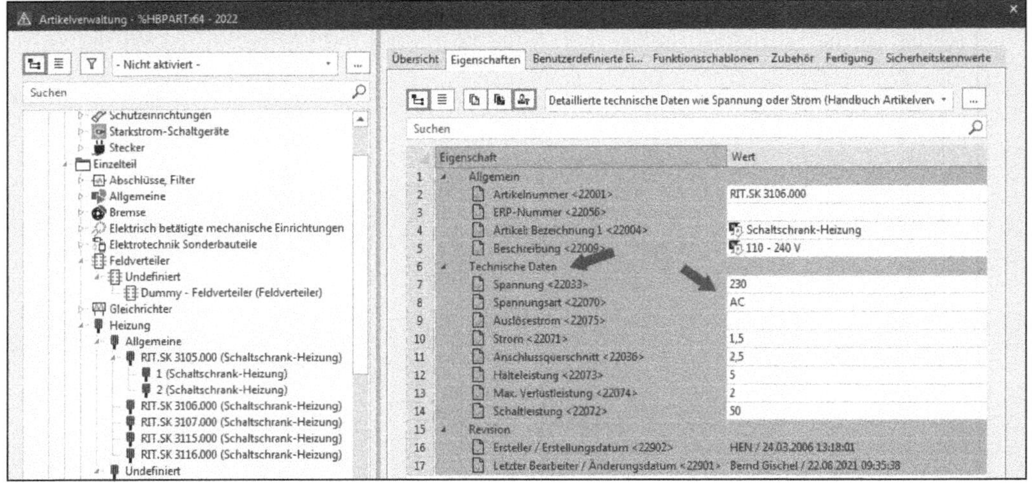

Bild 2.83 Übertragene technische Daten

HINWEIS: Es können nur technische Daten an andere Artikel weitergegeben werden, die diese auch verarbeiten können. Ein Schütz hat beispielsweise nicht die gleichen Funktionen wie ein Kabel. Somit ergibt ein Übertragen technischer Daten an dieser Stelle keinen Sinn und wird auch durch EPLAN nicht durchgeführt.

EPLAN unterscheidet im Dialog DATEN EINFÜGEN grundsätzlich zwischen Daten, die für allgemeine Artikel gelten, wie *Technische Daten*, und speziellen Daten (Bild 2.84).

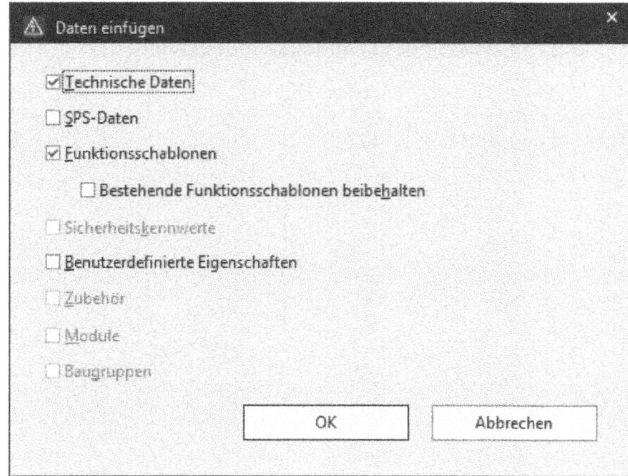

Bild 2.84 Dialog Daten einfügen

Auch speziellere Daten können schnell von einem Artikel auf den anderen Artikel übertragen werden. Die Auswahlmöglichkeiten *Zubehör*, *Module* und *Baugruppen* können, wie die Namen schon sagen, nur auf gleiche Strukturen, also beispielsweise für die Übertragung von Daten eines Moduls auf ein anderes Modul, genutzt werden, d. h., diese Bereiche sind nicht ausgegraut, wenn die Quelle und das Ziel jeweils ein Modul sind.

2.1.3.11 Daten einfügen (Funktionsschablonen)

Eine ähnliche Funktion beinhaltet der Eintrag FUNKTIONSSCHABLONEN im Dialog DATEN EINFÜGEN. Hiermit kann eine gefüllte Funktionsschablone eines Artikels auf einen anderen übertragen werden. Mögliche Anwendungsfälle sind beispielsweise Funktionsschablonen von Kabeln, die dann nur entsprechend ergänzt oder reduziert werden. Die Vorgehensweise ist wie folgt: Der Quellartikel wird markiert, die Funktion KOPIEREN aus dem Kontextmenü wird ausgeführt, und anschließend werden die Funktionsschablonen anhand des Dialogs DATEN EINFÜGEN und hier mittels des Eintrags FUNKTIONSSCHABLONEN auf den Zielartikel übertragen (Bild 2.85 bis Bild 2.88).

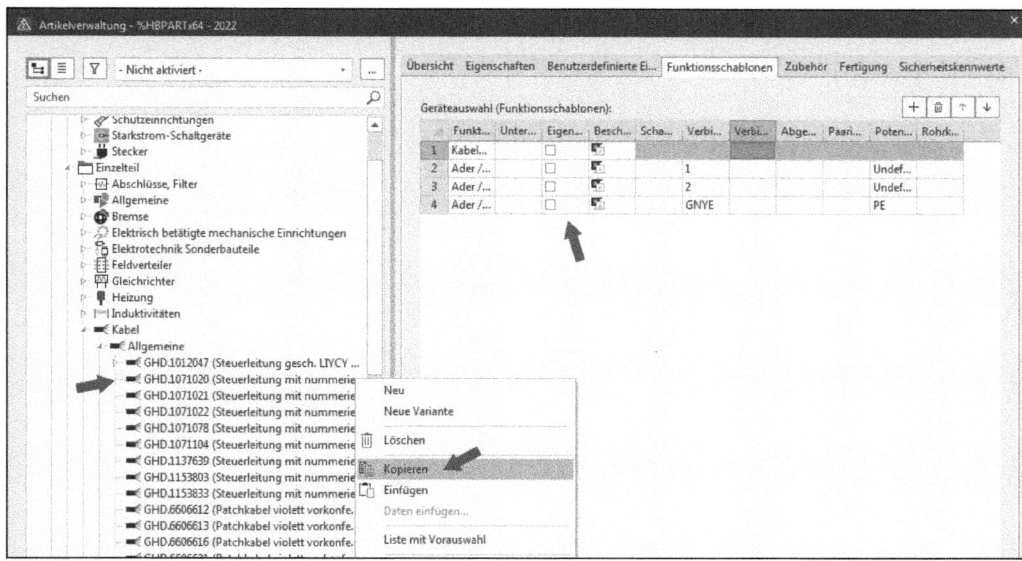

Bild 2.85 Kopieren von Daten des Quellartikels

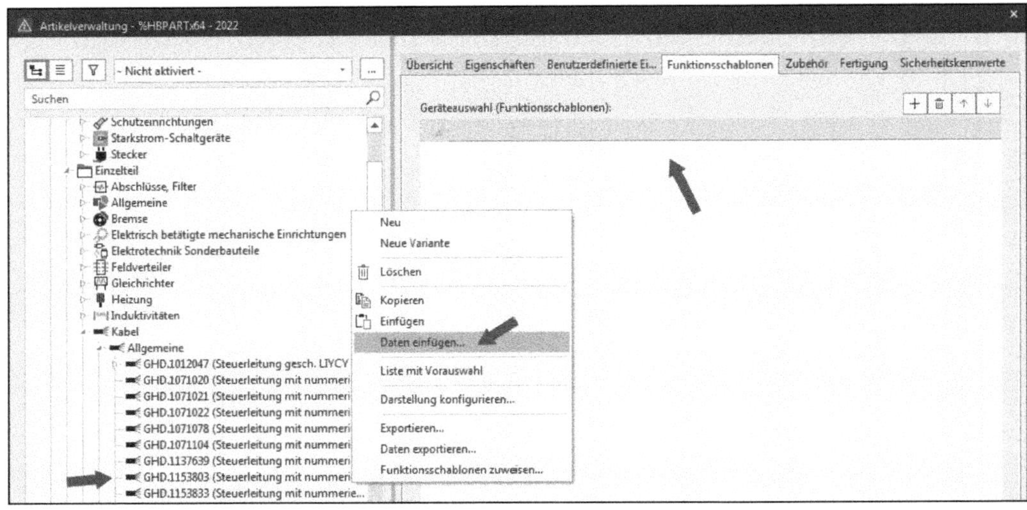

Bild 2.86 Markieren des Zielartikels und Ausführen der Funktion Daten einfügen

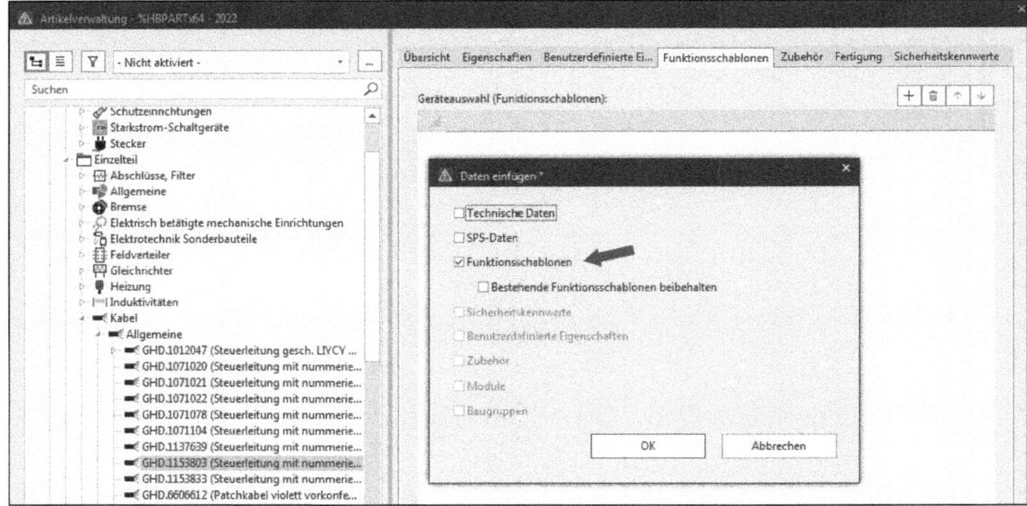

Bild 2.87 Festlegen, welche Daten für den Zielartikel eingefügt werden sollen

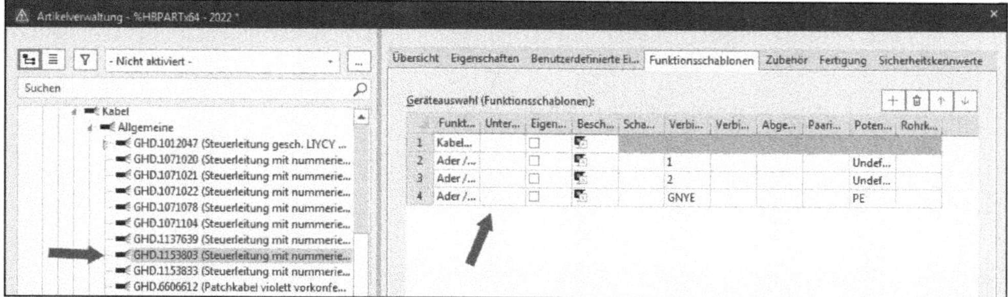

Bild 2.88 Ergebnis: die gefüllte Funktionsschablone

Befinden sich am gewählten Artikel schon Funktionsschablonen, fragt EPLAN nicht, ob diese überschrieben oder beibehalten werden sollen. EPLAN überschreibt dann die vorhandenen Funktionsschbalonen ohne weitere Rückfrage. Das gilt es zu beachten.

Wird hingegen im Dialog Daten einfügen der Eintrag *Bestehende Funktionsschablonen beibehalten* gewählt, hängt EPLAN die einzufügenden Funktionsschablonen an die schon vorhandenen an (Bild 2.89 und Bild 2.90).

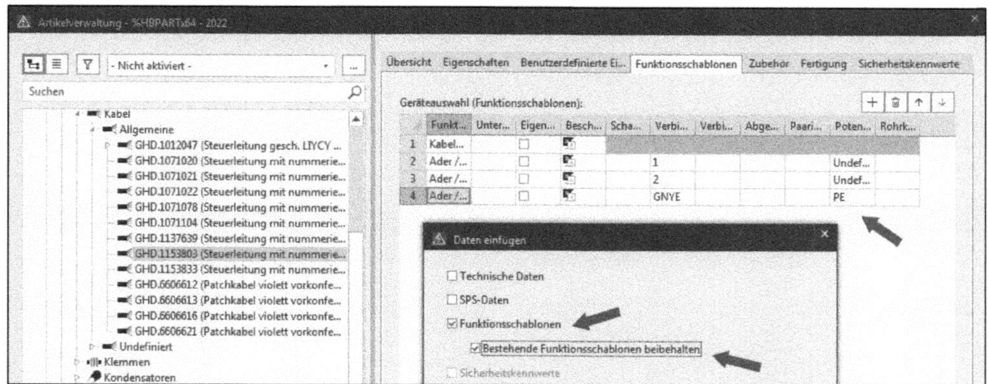

Bild 2.89 Aktivieren des Eintrags Bestehende Funktionsschablonen beibehalten

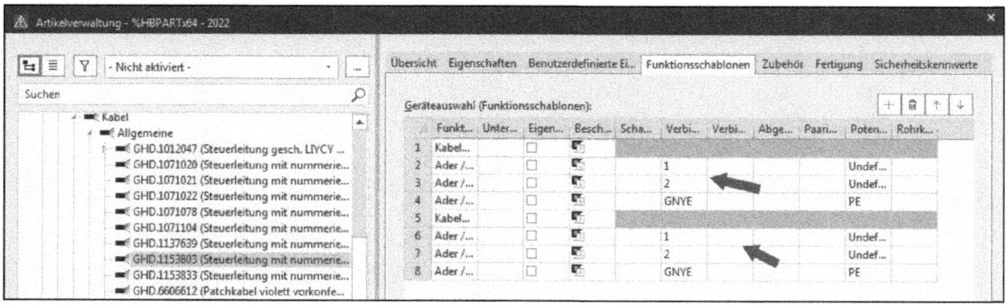

Bild 2.90 Zusätzlich eingefügte Funktionsschablonen

2.1.3.12 Daten einfügen (Sicherheitskennwerte)

Eine weitere Möglichkeit, Daten von einem Artikel auf einen anderen zu übertragen, bietet der Eintrag *Sicherheitskennwerte* im Dialog DATEN EINFÜGEN. Diese Funktion überträgt die Daten, die sich auf der Registerkarte *Sicherheitskennwerte* befinden. Die Vorgehensweise ist identisch wie bei den bereits erläuterten anderen EINFÜGEN-Funktionen (Bild 2.91 bis Bild 2.94).

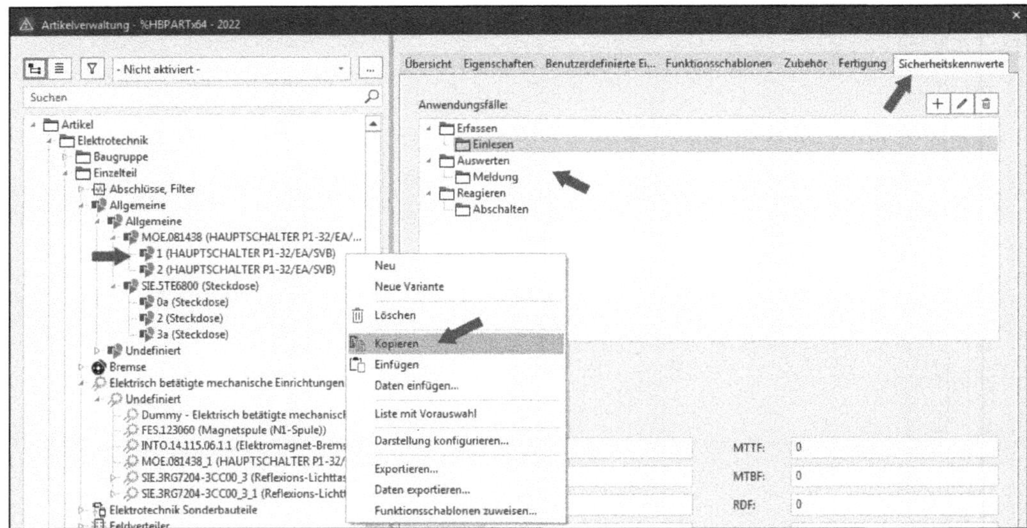

Bild 2.91 Markieren und Kopieren des Quellartikels

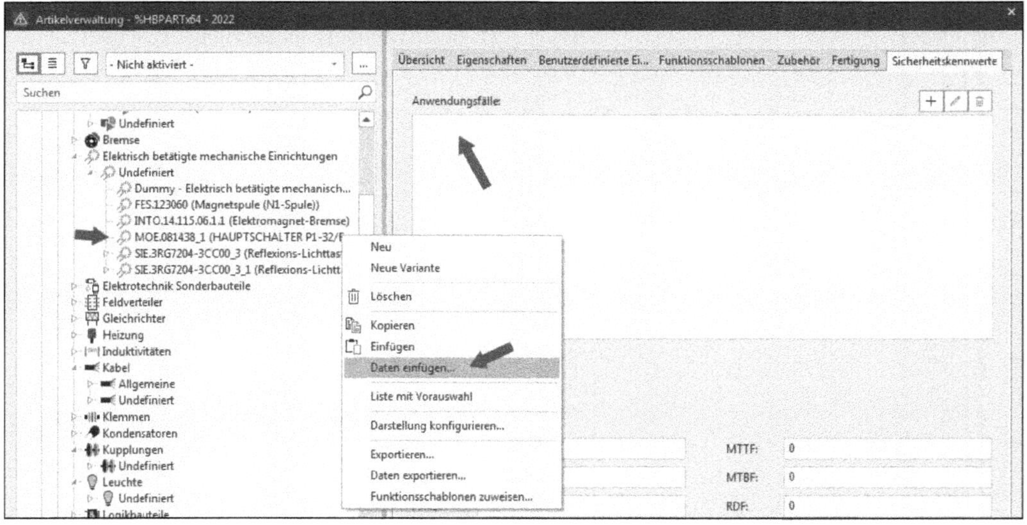

Bild 2.92 Markieren des Zielartikels und Menüaufruf des Dialogs Daten einfügen

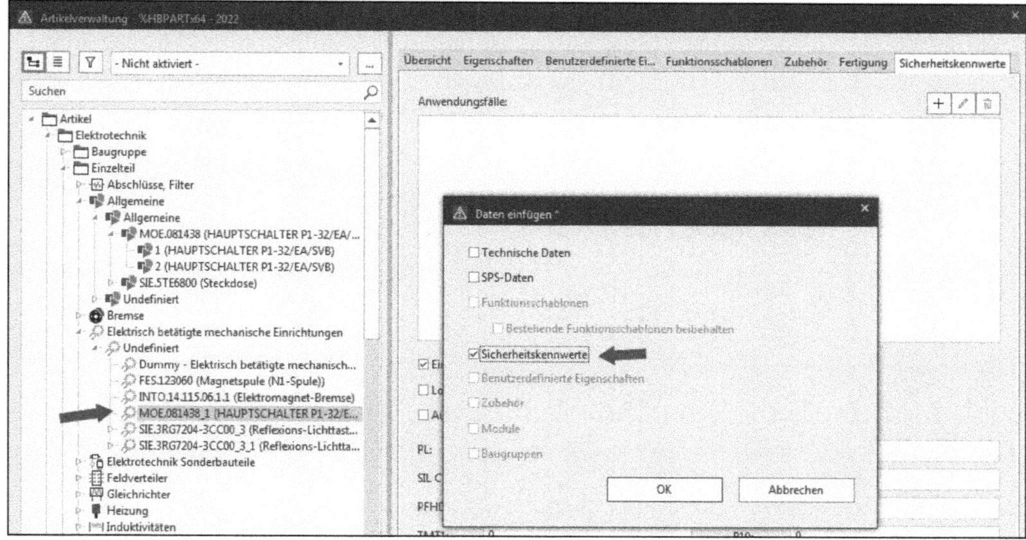

Bild 2.93 Auswahl der einzufügenden Daten im Dialog Daten einfügen

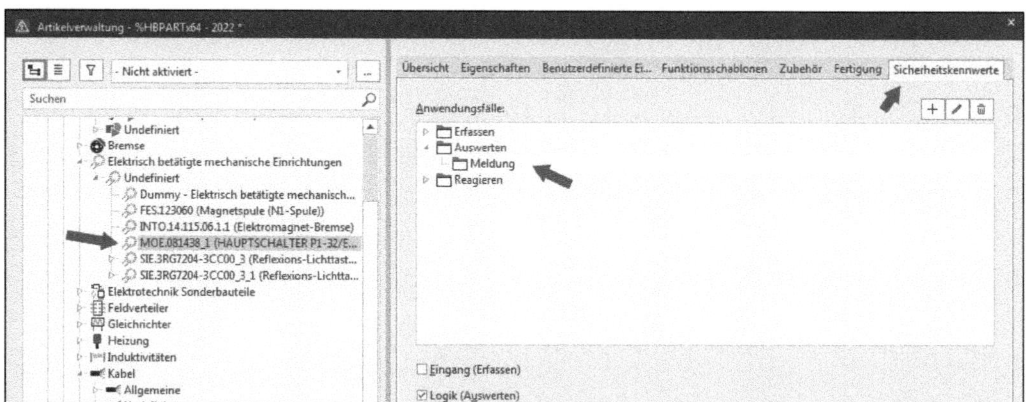

Bild 2.94 Ergebnis

2.1.3.13 Liste mit Vorauswahl (Listendarstellung)

EPLAN ermöglicht es, die Ansicht der Artikel mit einem einfachen Mausklick auf eine gewisse Vorauswahl zu reduzieren. Dazu werden in der Baumdarstellung Teile der Artikel markiert. Anschließend wird im Kontextmenü die Funktion LISTE MIT VORAUSWAHL aufgerufen (Bild 2.95).

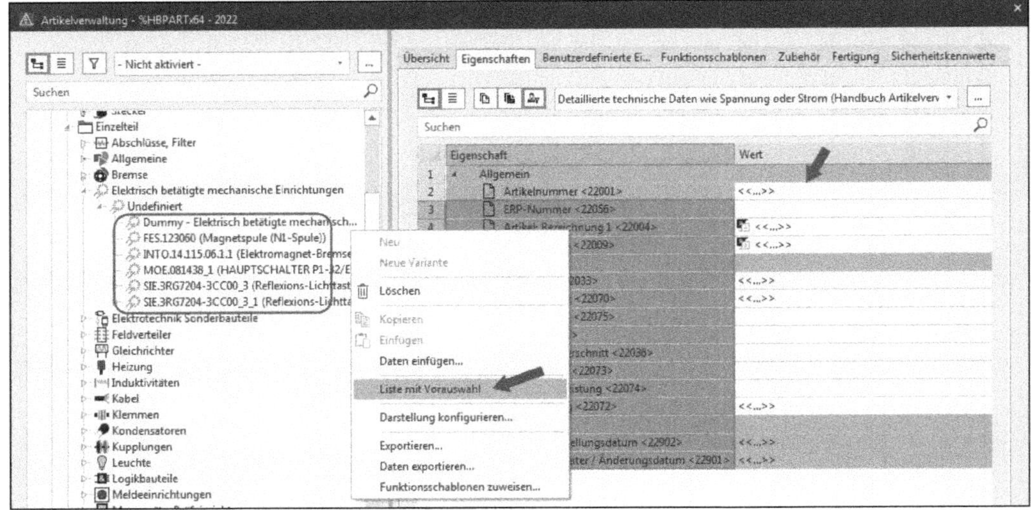

Bild 2.95 Markierung für eine Liste mit Vorauswahl vorbereiten

Nach dem Ausführen der Funktion wechselt EPLAN zur Listendarstellung, setzt einen automatischen feldbasierten Filter auf *Aktiv* und zeigt nur noch die markierten Artikel an (Bild 2.96).

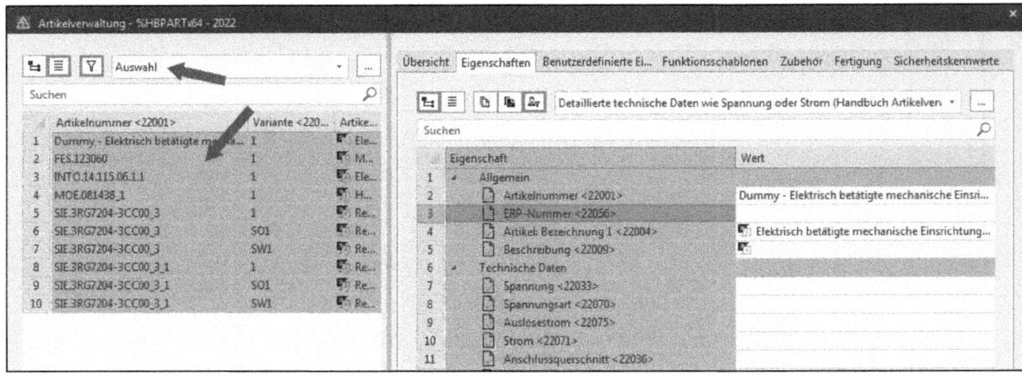

Bild 2.96 Listendarstellung mit den vorgewählten Artikeln

Im feldbasierten Filter, der bei Ausführen dieser Funktion aktiv ist, wurden alle markierten Artikel entsprechend automatisch eingetragen (Bild 2.97).

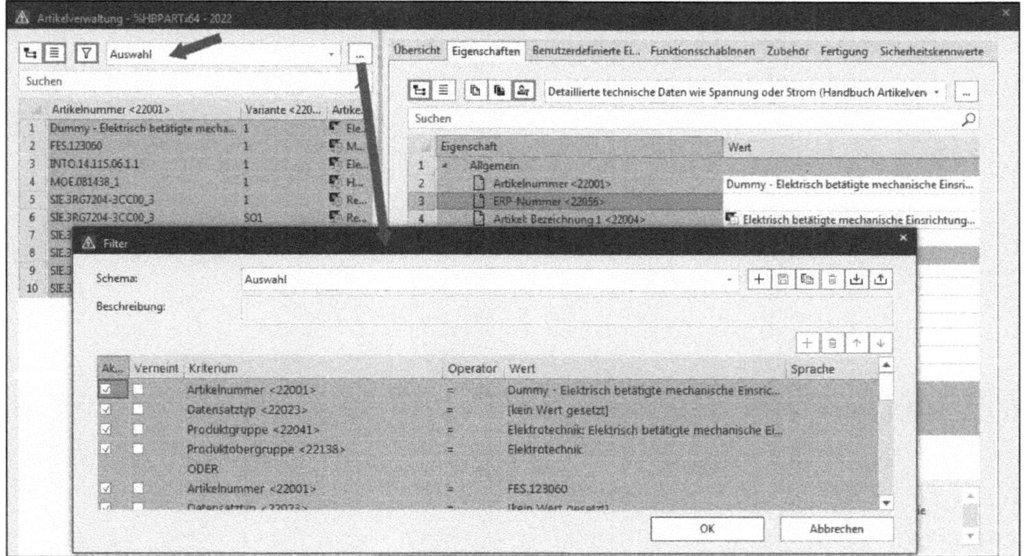

Bild 2.97 Automatikfilter Auswahl (erstellt von EPLAN)

TIPP: Diese Funktion kann man sehr schön nutzen, um sich Filtervorlagen durch EPLAN automatisch erstellen zu lassen, sie zu kopieren und anschließend zu ergänzen oder abzuändern (Bild 2.98).

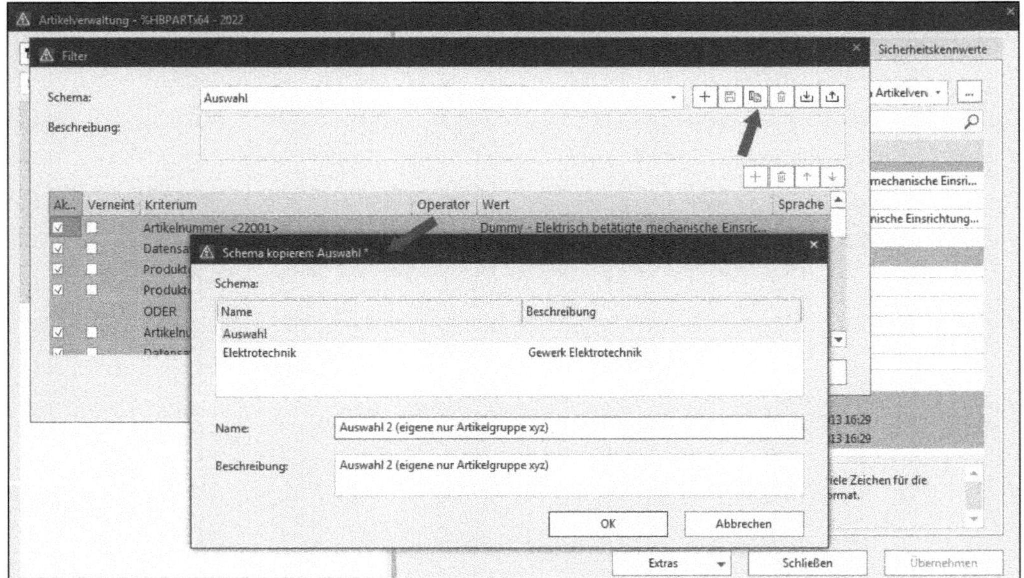

Bild 2.98 Eigene Filter aus Vorlagenfilter erzeugen: Auswahl

2.1.3.14 Darstellung konfigurieren (Baumdarstellung)

Der Menüeintrag DARSTELLUNG KONFIGURIEREN ermöglicht es, die Anzeige in der Baumdarstellung zu konfigurieren (Bild 2.99). Auch in der Baumdarstellung besteht die Möglichkeit, durch die umfangreichen Möglichkeiten der Schematechnik die Anzeige von diversen Artikeleigenschaften ein- bzw. ausblenden zu lassen.

EPLAN startet den Dialog DARSTELLUNG KONFIGURIEREN. Hier besteht nun die Möglichkeit, über die vorangehend erwähnte Schematechnik in EPLAN die Anzeige der Baumdarstellung auf die eigenen Bedürfnisse entsprechend anzupassen (Bild 2.100).

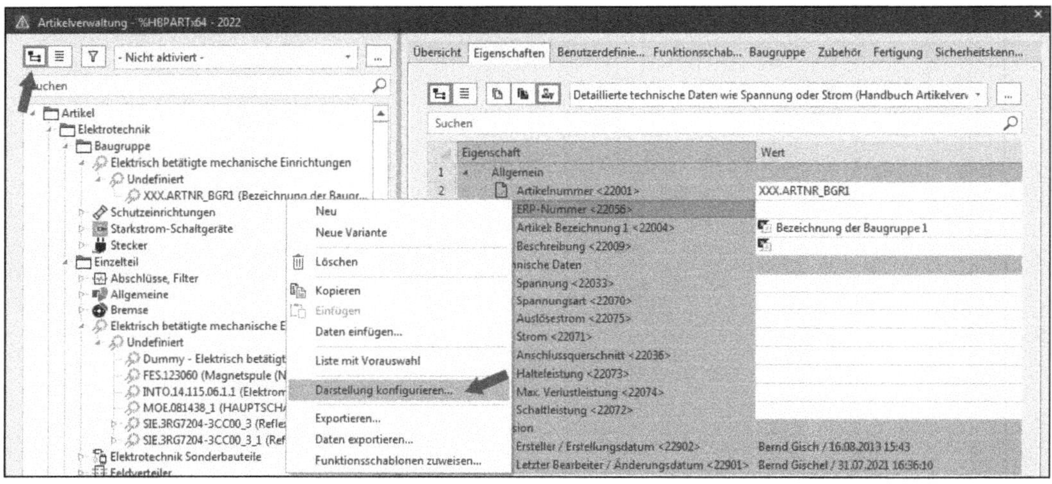

Bild 2.99 Auswahl des Menüeintrags

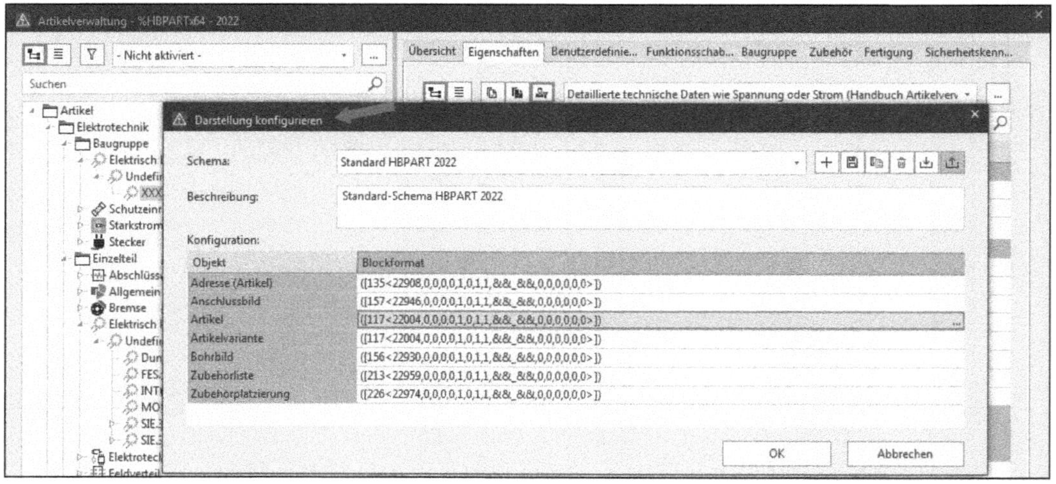

Bild 2.100 Dialog Darstellung konfigurieren

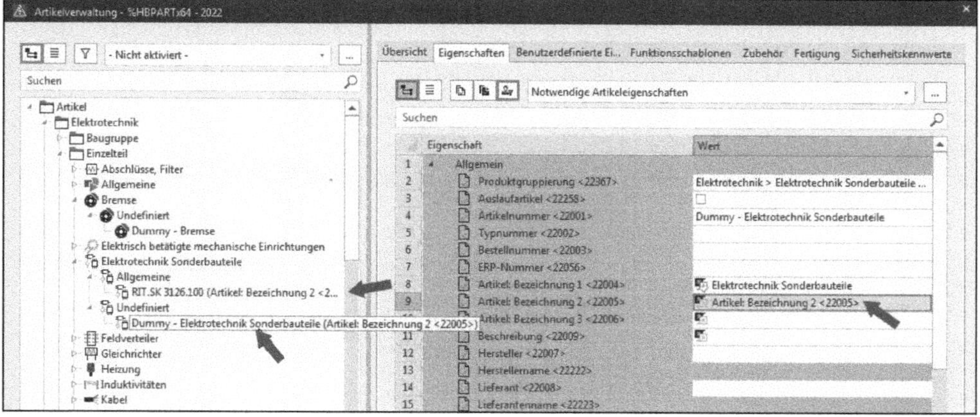

Bild 2.101 Anzeige der Artikel mit Artikelbezeichnung 2

2.1.3.15 Darstellung konfigurieren (Listendarstellung)

In der Listendarstellung sind weitere Möglichkeiten gegeben, um die Anzeige der Artikel zu konfigurieren. Je nach Wunsch kann die Listendarstellung um entsprechende Spalten ergänzt oder reduziert werden. Auch die Möglichkeit, die Spalten in der Reihenfolge zu verändern, besteht im Dialog DARSTELLUNG KONFIGURIEREN. Mit einem Klick auf den Button OK werden die geänderten Einstellungen in die Listendarstellung übernommen (Bild 2.102 und Bild 2.103).

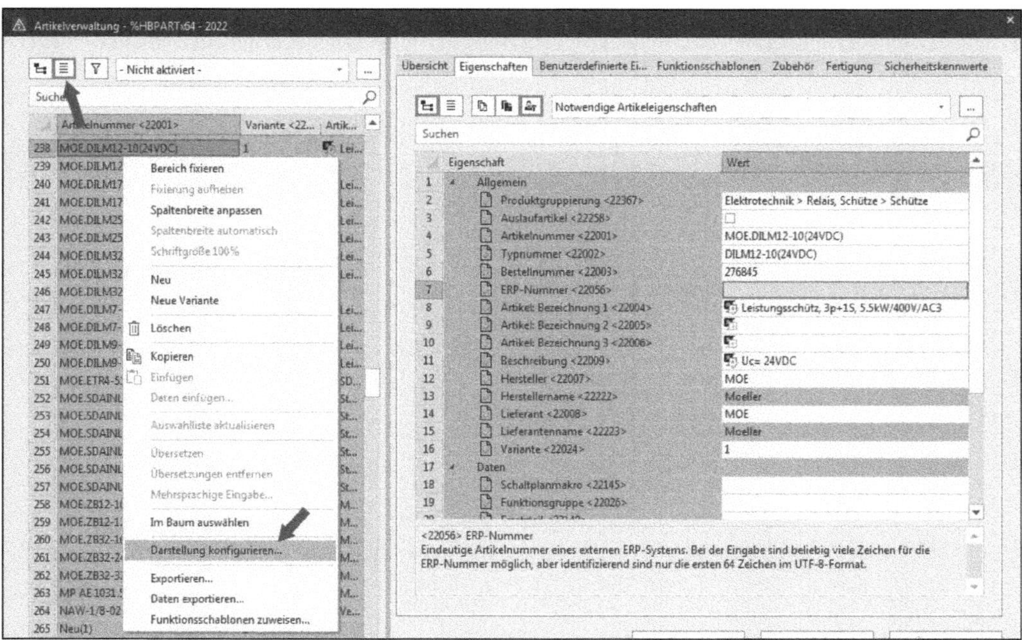

Bild 2.102 Aufruf des Dialogs Darstellung konfigurieren in der Listendarstellung

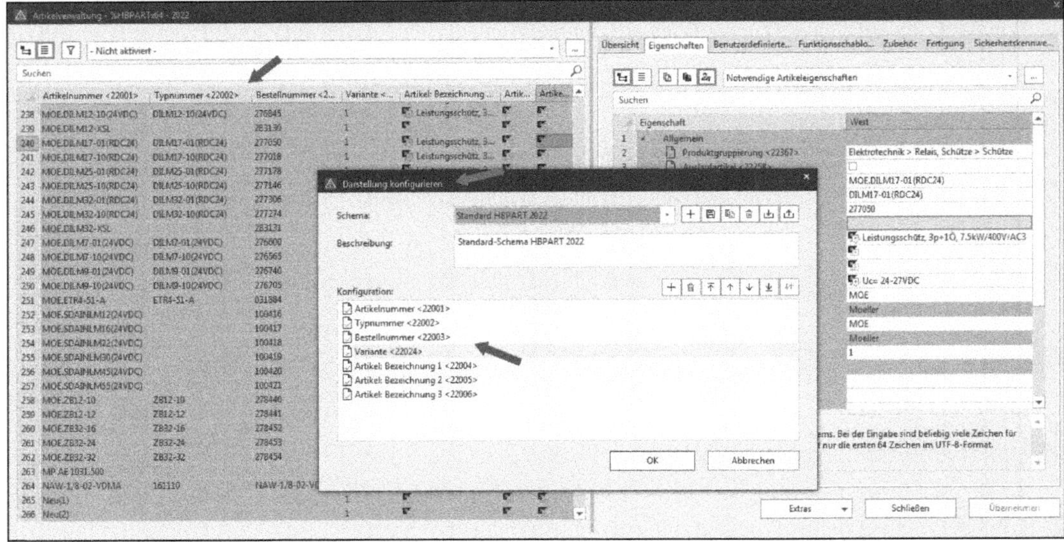

Bild 2.103 Möglichkeiten der Listendarstellung (Anzeige Eigenschaften über Schematechnik)

2.1.3.16 Exportieren

Der Menüeintrag Exportieren bietet die Möglichkeit, markierte Daten (das können einzelne Artikel, aber auch gesamte Produktgruppen sein) aus der Artikelverwaltung zu exportieren (Bild 2.104). Dabei sind verschiedene Formate möglich.

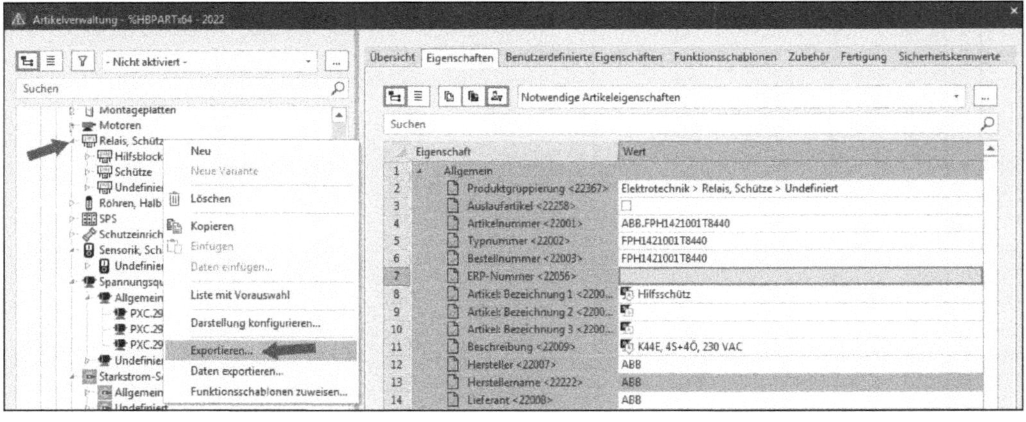

Bild 2.104 Exportieren

Nach der Auswahl der Funktion öffnet EPLAN den Dialog Datensätze exportieren, den Sie in Bild 2.105 sehen. Hier besteht die Möglichkeit, aus der Auswahlliste einen Datentyp auszuwählen. Ich empfehle hier immer, den Dateityp XML zu benutzen, da mit diesem Dateityp alle Artikeldaten exportiert werden.

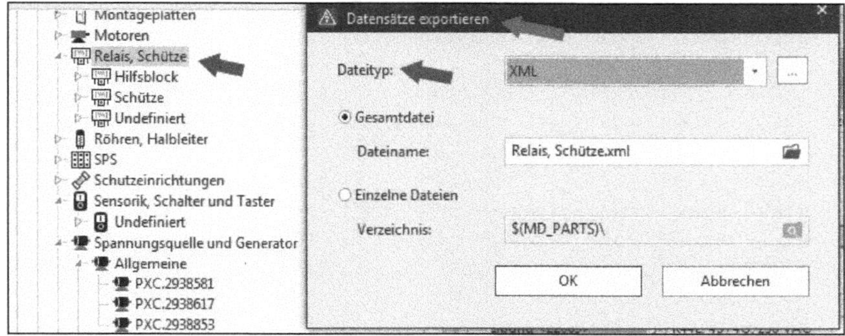

Bild 2.105 Dialog Datensätze exportieren

Der Export kann in eine Gesamtdatei geschrieben werden oder über Einzeldateien erfolgen. Für die Gesamtdatei kann über den More-Button ein Dateiname inklusive eines Datenverzeichnisses vorgegeben bzw. ausgewählt werden (Bild 2.106).

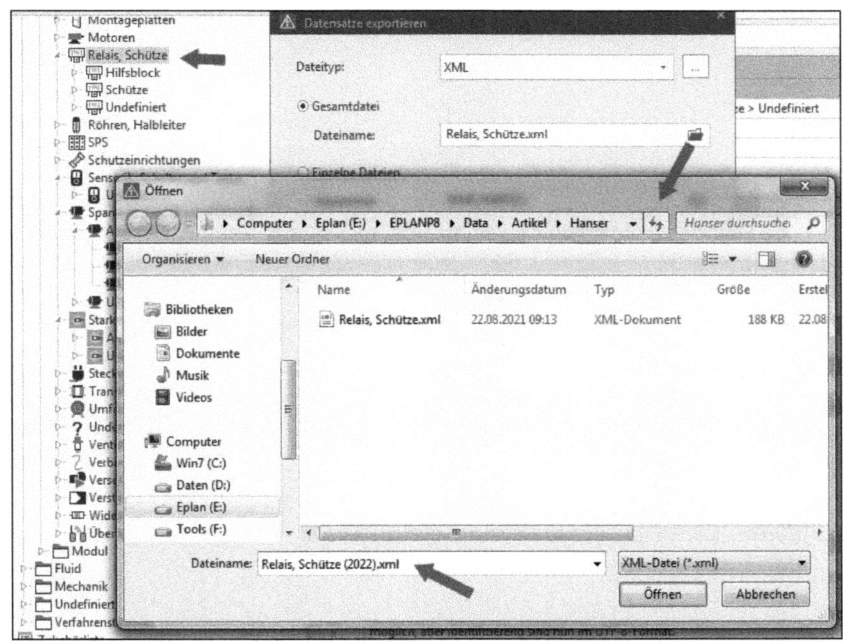

Bild 2.106 Vorgabe der Exportinformationen

Für die Einzeldateien kann nur das Ausgabeverzeichnis festgelegt werden. Die Dateinamen erzeugt EPLAN aus den Artikelnummern selbst (Bild 2.107).

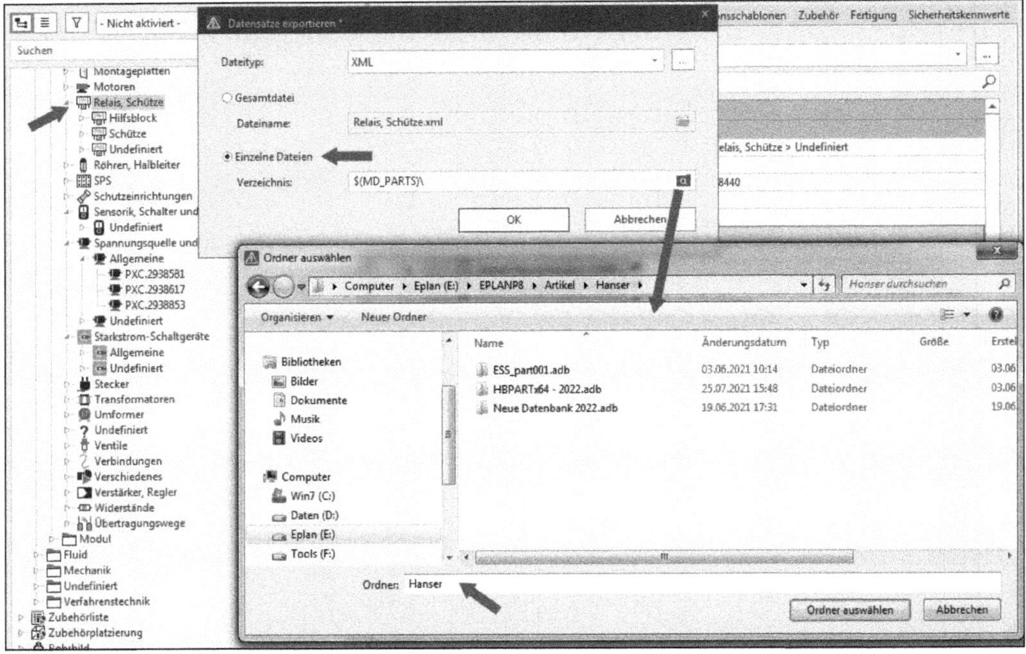

Bild 2.107 Auswahl des Datensicherungsverzeichnisses

Computer ▸ Eplan (E:) ▸ EPLANP8 ▸ Artikel ▸ Hanser ▸

Datei Bearbeiten Ansicht Extras ?

Organisieren ▾ In Bibliothek aufnehmen ▾ Brennen Neuer Ordner

Artikel, Bernd Gischel, Dressel, Hanser, Bilder, Cogineer, Connector for Cogineer, Connector for eVIEW, Data, Dokumente, Download Manager, Dxf_Dwg

Name	Änderungsdatum	Typ	Größe	Erstelldatum
ABB.FPH1421001T8440.xml	22.08.2021 10:55	XML-Dokument	5 KB	22.08.2021 10:55
ABB.GJL1211001R0011.xml	22.08.2021 10:55	XML-Dokument	4 KB	22.08.2021 10:55
ABB.GJL1211001R0101.xml	22.08.2021 10:55	XML-Dokument	4 KB	22.08.2021 10:55
Dummy - Relais Schütze.xml	22.08.2021 10:55	XML-Dokument	1 KB	22.08.2021 10:55
MOE.010042.xml	22.08.2021 10:55	XML-Dokument	4 KB	22.08.2021 10:55
MOE.010223.xml	22.08.2021 10:55	XML-Dokument	4 KB	22.08.2021 10:55
MOE.021624.xml	22.08.2021 10:55	XML-Dokument	5 KB	22.08.2021 10:55
MOE.021704.xml	22.08.2021 10:55	XML-Dokument	4 KB	22.08.2021 10:55
MOE.031882.xml	22.08.2021 10:55	XML-Dokument	4 KB	22.08.2021 10:55
MOE.043380.xml	22.08.2021 10:55	XML-Dokument	4 KB	22.08.2021 10:55
MOE.045181.xml	22.08.2021 10:55	XML-Dokument	5 KB	22.08.2021 10:55

Bild 2.108 Exportierte Einzeldateien

Die Auswahl des Exportdateityps ist abhängig davon, welche Daten wie nach dem Export weiterbearbeitet werden sollen oder ob es sich nur um einen Austausch handelt. EPLAN bietet an dieser Stelle zwei Möglichkeiten des Exports an (Bild 2.109). Das Format XML und das EPLAN Data Portal-Austauschformat (EDZ) können generell bei allen zu exportierenden Datensätzen eingestellt werden.

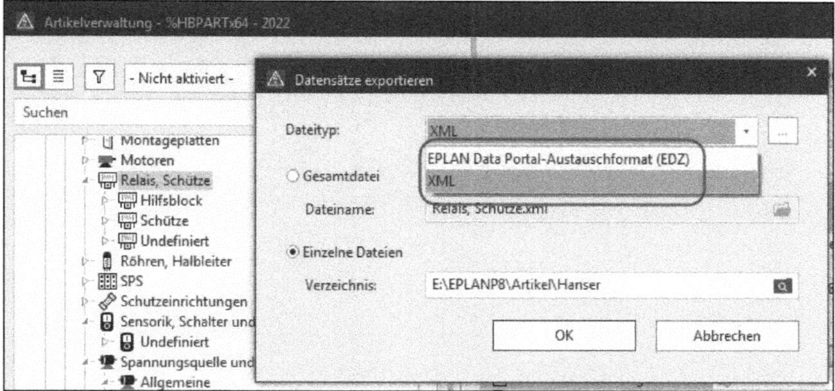

Bild 2.109 Auswahl des Dateityps

2.1.3.17 Daten exportieren

Der Menüeintrag DATEN EXPORTIEREN bietet weitere Möglichkeiten, markierte Daten aus der Artikelverwaltung zu exportieren (Bild 2.110). Dabei ist der Einsatz der Schematechnik möglich.

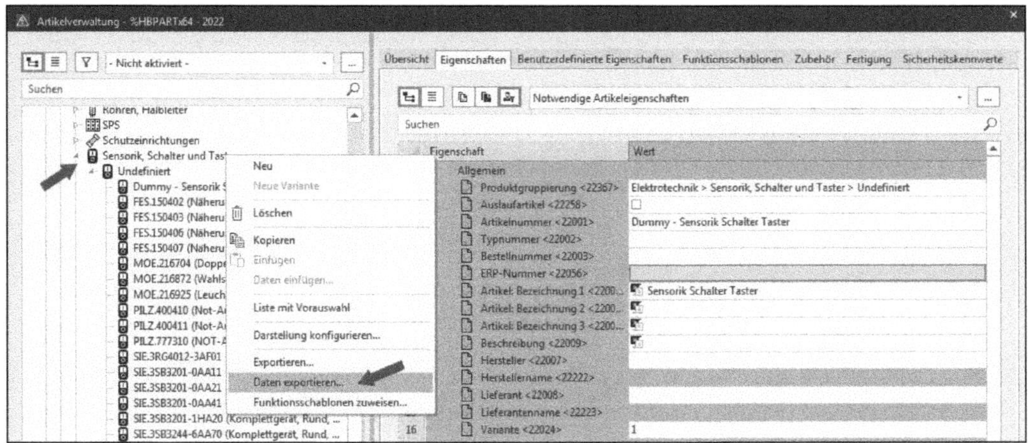

Bild 2.110 Kontextmenüeintrag Daten exportieren

Nach der Auswahl der Funktion öffnet EPLAN den Dialog EXTERN BEARBEITEN (Bild 2.111). In diesem Dialog kann man nun über eigene Schemata ausgewählte Artikeldaten exportieren.

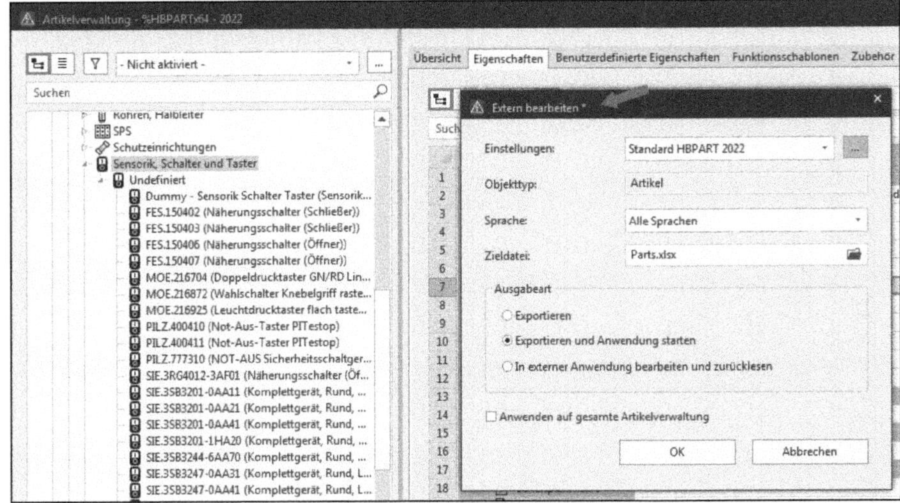

Bild 2.111 Dialog Extern exportieren

EPLAN bietet an dieser Stelle die Möglichkeit der bewährten Schematechnik. Damit sind der Ausgabe von Daten prinzipiell keine Grenzen gesetzt (Bild 2.112).

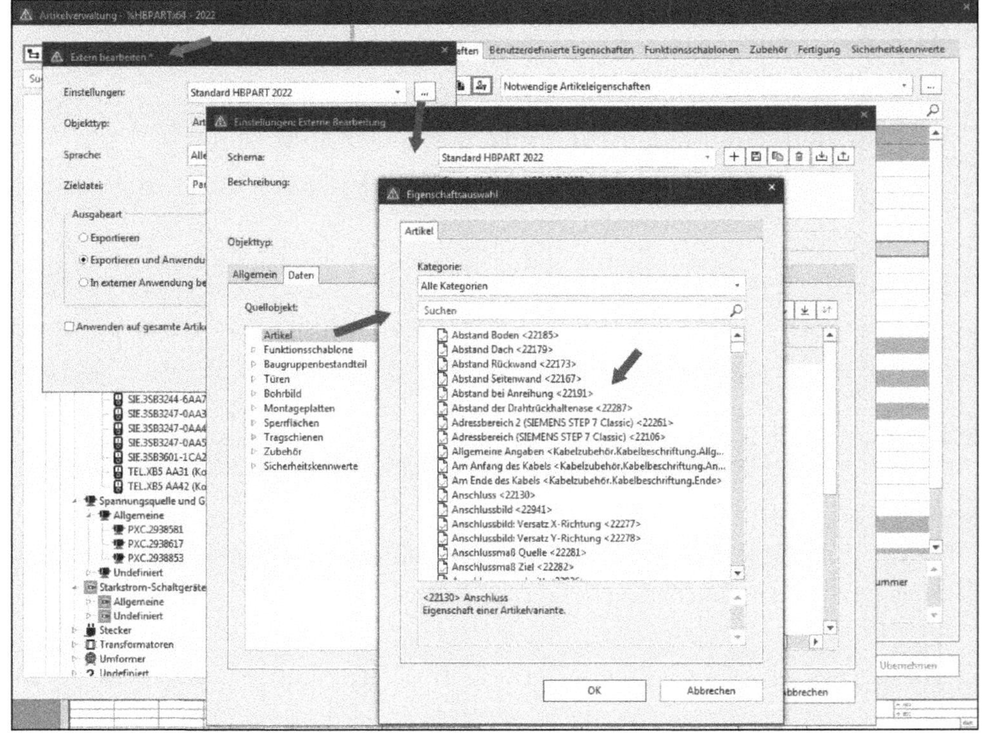

Bild 2.112 Diverse Möglichkeiten der Schematechnik

Grundsätzlich sind folgende Dateitypen zum Export der Artikeldaten möglich: Excel, Textdateien oder XML-Daten (Bild 2.113).

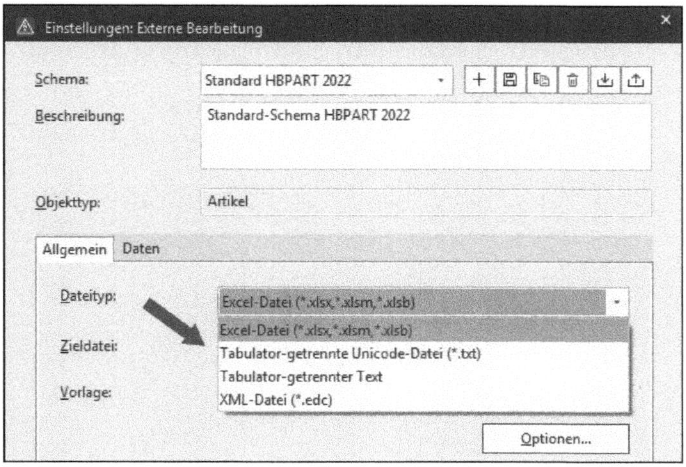

Bild 2.113 Dateitypen der Ausgabe

2.1.3.18 Funktionsschablonen zuweisen

Mit dem Menüpunkt FUNKTIONSSCHABLONEN ZUWEISEN besteht die Möglichkeit, aus vorgegebenen Makros die fehlenden Funktionen, Anschlussbezeichnungen, Anschlussbeschreibungen etc. automatisch durch EPLAN an die vorhandenen Artikeldaten schreiben oder ergänzen zu lassen.

Folgende Vorbedingungen müssen erfüllt sein:

- Das Makro (Fenstermakro *.ema oder Symbolmakro *.ems) wurde schon erstellt und entsprechend abgelegt (gespeichert).
- Der Artikel wurde schon in der Artikelverwaltung angelegt, ob mit oder ohne Funktionsschablonen. Das spielt an dieser Stelle keine Rolle.

Das Makro wird am Artikel in der Artikelverwaltung auf der Registerkarte *Eigenschaften* beispielsweise im Schema *Makro* in der Eigenschaft *Schaltplanmakro* <22145> eingetragen (Bild 2.114).

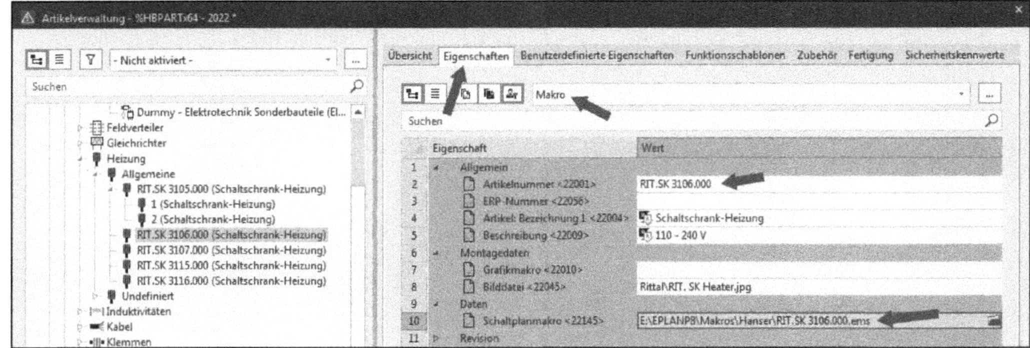

Bild 2.114 Registerkarte Eigenschaften

Nun kann der Artikel markiert und die Funktion FUNKTIONSSCHABLONEN ZUWEISEN aus dem Kontextmenü aufgerufen werden (Bild 2.115).

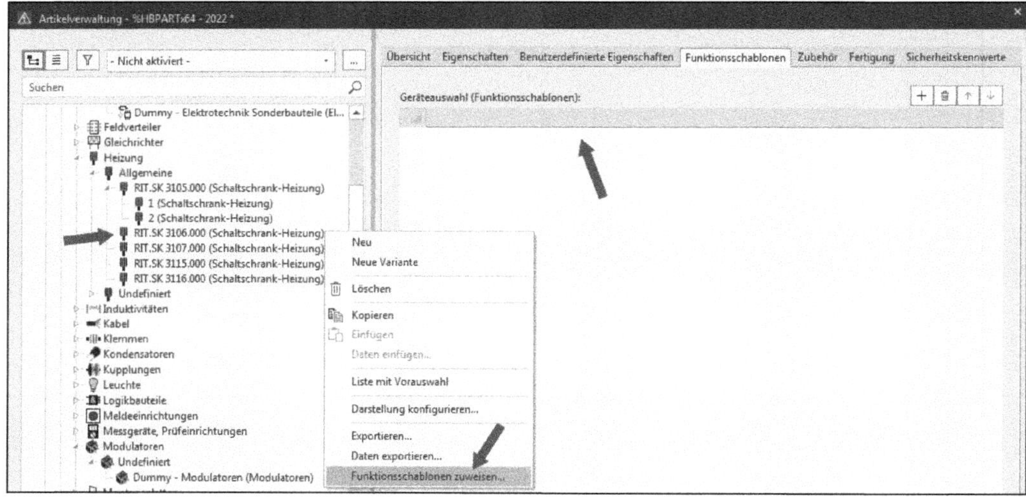

Bild 2.115 Aufruf der Funktion Funktionsschablonen zuweisen

Vor dem Zuweisen der Funktionsschablonen aus dem Makro sieht die Funktionsschablone im Beispiel wie in Bild 2.116 aus (leer).

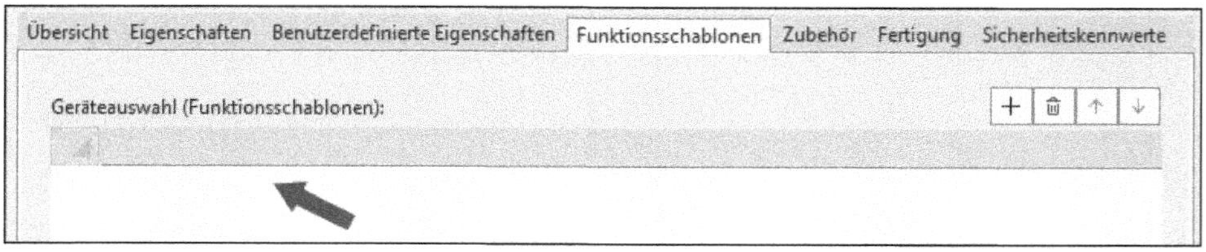

Bild 2.116 Funktionsschablone (leer) vor dem Zuweisen

Wird nun die Funktion FUNKTIONSSCHABLONEN ZUWEISEN ausgeführt, öffnet EPLAN den gleichnamigen Dialog. Hier muss entschieden werden, wie diese Aktion durchgeführt wird (Bild 2.117).

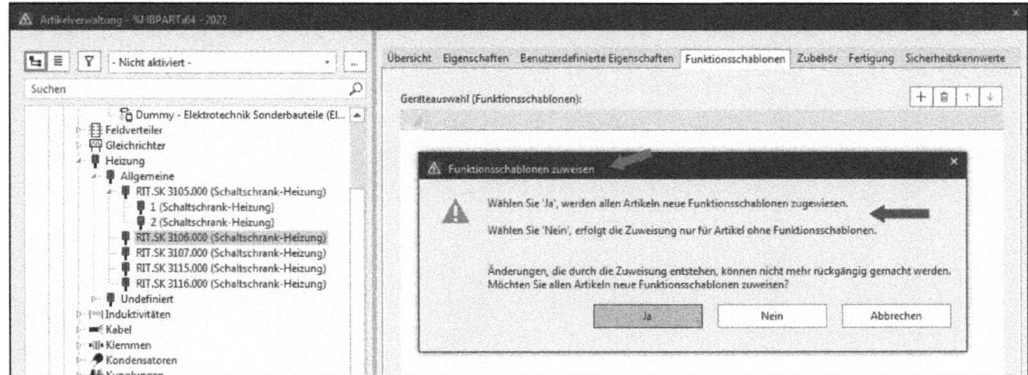

Bild 2.117 Abfrage, wie Daten übertragen werden sollen

Wird der Dialog mit Klick auf den Button JA bestätigt, ändert EPLAN die Funktionsschablone des markierten Artikels und schreibt die Daten aus dem Makro komplett in den Artikel. Dabei werden auch vorhandene Daten überschrieben bzw. ergänzt (Bild 2.118).

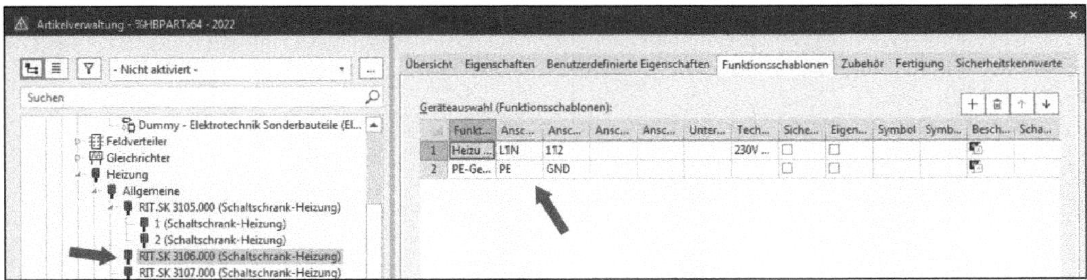

Bild 2.118 Alle Daten wurden an den Artikel aus dem Makro übertragen.

Meine Empfehlung ist es, den Dialog mit JA zu bestätigen. Damit werden alle relevanten Daten aus dem Makro an den Artikel in der Artikelverwaltung übertragen, und es entstehen keine Differenzen zwischen einem Makro und den Daten des Artikels in der Artikelverwaltung. Wird der Dialog hingegen mit NEIN bestätigt, werden nur eventuell vorhandene technische Daten an den Artikel geschrieben. Die Funktionsschablone selbst wird nicht geändert.

HINWEIS: An dieser Stelle gibt es keine UNDO-Funktion. Sind die Daten also einmal an den Artikel übertragen worden, kann dieser Schritt nicht mehr rückgängig gemacht werden. Das gilt es zu beachten, wenn diese Funktion genutzt wird.

2.1.4 Button Extras

Neben den Funktionen des Kontextmenüs der linken Seite gibt es weitere Funktionen. Der Button EXTRAS enthält einige Einträge, die im Kontextmenü nicht aufgelistet sind (Bild 2.119 und Bild 2.120).

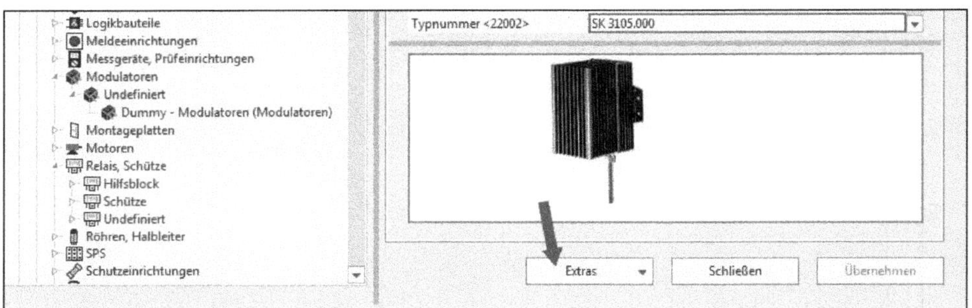

Bild 2.119 Button Extras

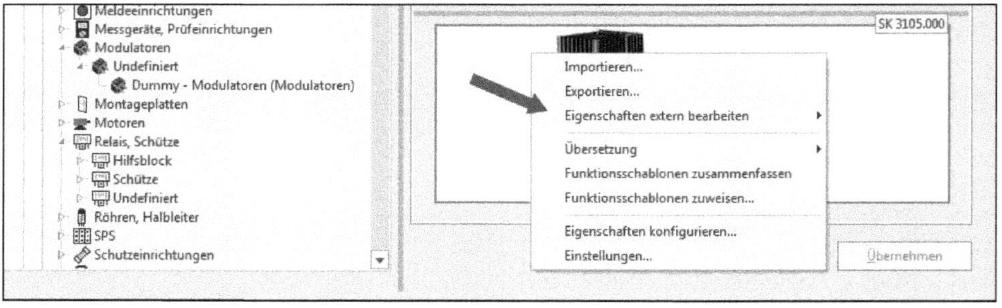

Bild 2.120 Inhalt des Menüs Extras

HINWEIS: Funktionen, die sich auch im Kontextmenü der Baum- oder Listendarstellung befinden und die den gleichen Funktionsumfang besitzen, werden in diesem Abschnitt nicht mehr zusätzlich aufgelistet bzw. beschrieben.

2.1.4.1 Importieren

Die Funktion Importieren bietet die Möglichkeit, externe Datensätze in die Artikelverwaltung zu importieren. Nach Anwahl der Funktion öffnet EPLAN den Dialog Datensätze importieren (Bild 2.121). Hier besteht die Möglichkeit, im Feld *Dateiname* die gewünschte Importdatei aus dem Datensicherungsverzeichnis entsprechend auszuwählen. Einigt man sich auf einen bestimmten Dateityp (Empfehlung: XML), reicht es aus, die gewünschten Optionen zu markieren und den Import mit dem Klick auf den Button OK zu bestätigen. EPLAN importiert dann ohne weitere Abfrage die gewählten Datensätze.

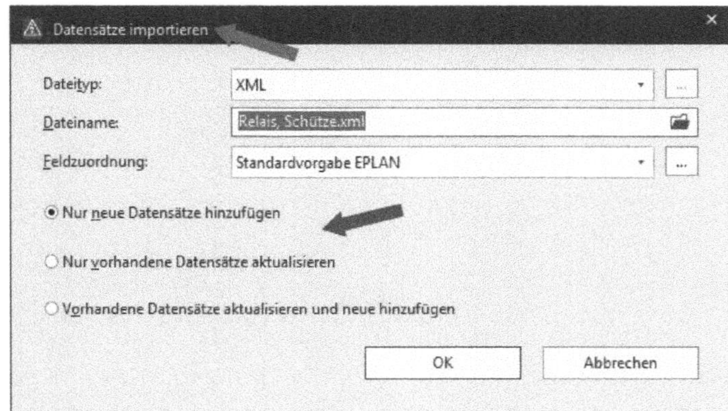

Bild 2.121 Dialog Datensätze importieren

Die möglichen Optionen eines Imports bestehen aus drei Möglichkeiten.

- **Nur neue Datensätze hinzufügen:** Hier werden wirklich nur komplett neue, also nicht vorhandene Datensätze in die Artikelverwaltung importiert.
- **Nur vorhandene Datensätze aktualisieren:** Mit der Wahl dieser Option werden keine neuen Datensätze importiert, sondern die bestehenden werden um weitere Angaben aktualisiert. Hinweis: Freie Eigenschaften und/oder Attribute werden ebenfalls ergänzt, wenn diese Einträge fehlen.
- **Vorhandene Datensätze aktualisieren und neue hinzufügen:** Diese Option ist eine Kombination aus der Option 1 und 2 und bietet sozusagen alles in einer Option.

2.1.4.2 Exportieren

Die Funktion EXPORTIEREN gleicht der aus dem Kontextmenü der Baum- oder Listendarstellung. Sie unterscheidet sich nur in noch feineren Exportmöglichkeiten (Bild 2.122).

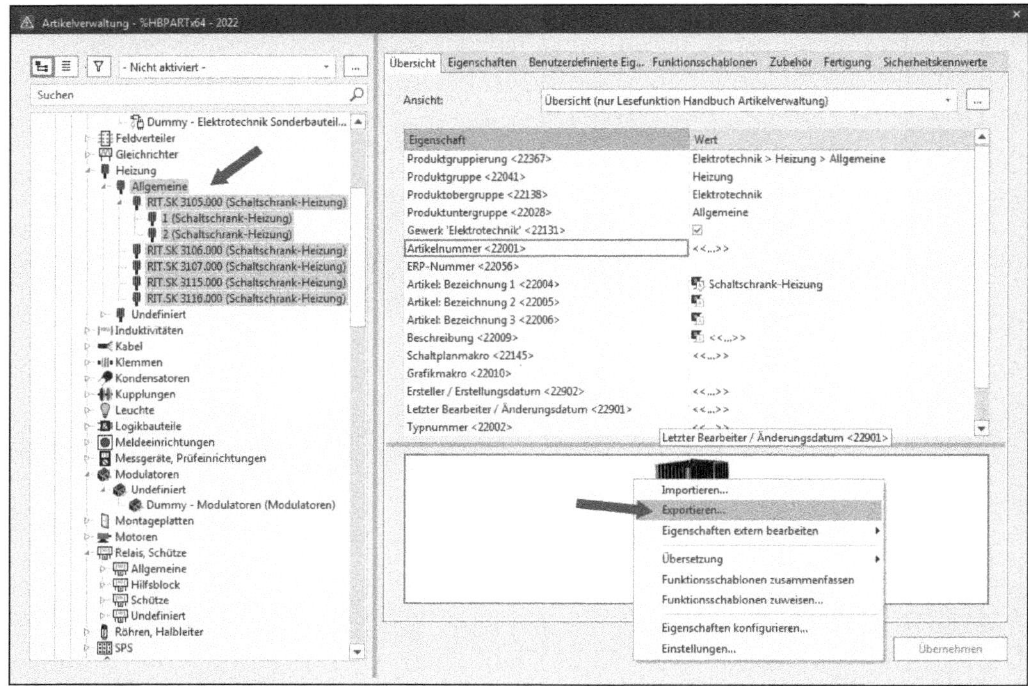

Bild 2.122 Funktion Exportieren im Menü Extras

Nach Anwahl der Funktion öffnet EPLAN den Dialog EXPORTIEREN. Dieser ist umfangreicher als der Dialog EXPORTIEREN aus dem Kontextmenü der Baum- bzw. Listendarstellung. Neben den schon bekannten Funktionen der Auswahl des Dateityps oder des Dateinamens können im Dialog EXPORTIEREN weitere Einstellungen für den Export festgelegt werden (Bild 2.123).

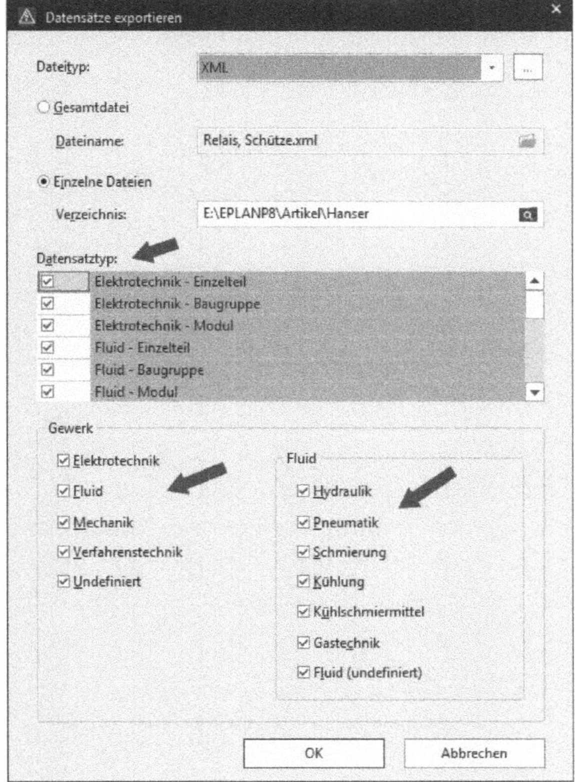

Bild 2.123 Dialog Exportieren

Datensatztyp: Hier kann gewählt werden, welche Datensatztypen (Elektrotechnik, Fluid und die bestehenden Unterstrukturen) grundsätzlich exportiert werden sollen.

Gewerk: Hier kann ausgewählt werden, welche Gewerke exportiert werden sollen.

Fluid: In diesem Bereich kann zusätzlich optional gewählt werden, welche Fluid-Bereiche exportiert werden sollen.

Für diese Einstellungen gilt: Sie können nur genutzt werden, wenn der Export über den Button EXTRAS/EXPORTIEREN gewählt wird. Der „einfache“ Export besitzt diese Möglichkeit nicht, da hier immer mindestens ein Artikel markiert ist.

Nach der Anwahl der verschiedenen Möglichkeiten kann der Export über den Button OK gestartet werden. EPLAN startet den Export ohne eine weitere Abfrage. Sollten sich am Speicherort schon gleichnamige Export-Dateien befinden, fragt EPLAN ab, ob diese überschrieben oder beibehalten werden sollen (Bild 2.124).

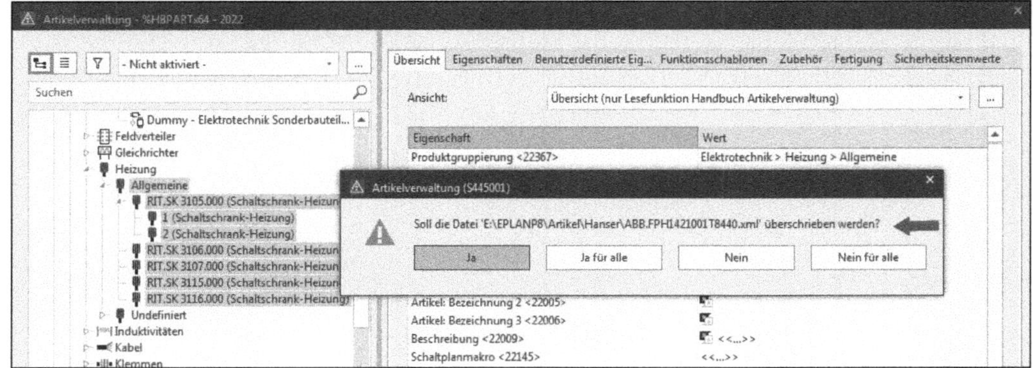

Bild 2.124 Hinweismeldung

2.1.4.3 Eigenschaften extern bearbeiten

Hinter dem Menüpunkt Extras/Eigenschaften extern bearbeiten verbirgt sich ein aufklappbares Untermenü. Dieses Untermenü beinhaltet die eigentlichen Funktionen, um Artikeldaten zu exportieren und auch zu importieren (Bild 2.125).

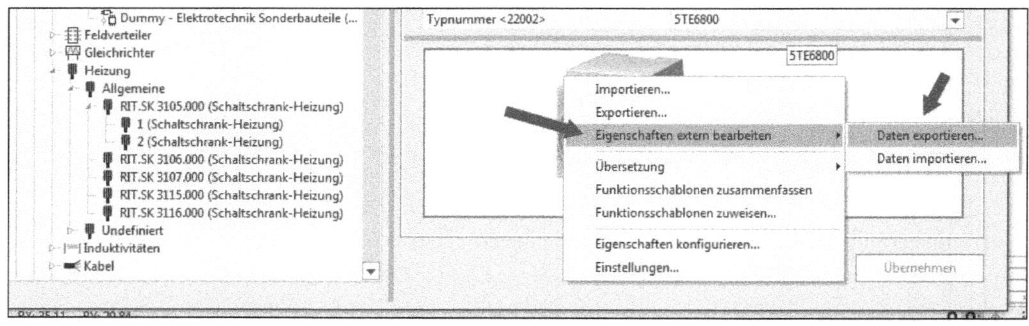

Bild 2.125 Menüeintrag Eigenschaften extern bearbeiten mit Untermenü

2.1.4.3.1 Daten exportieren

Der Menüeintrag Extras/Eigenschaften extern bearbeiten/Daten exportieren öffnet den schon bekannten Dialog Extern bearbeiten (Bild 2.126). Hier können, abhängig vom eingestellten Schema, Artikeleigenschaften exportiert werden. Je nach gewählter Ausgabeart können diese exportierten Daten einfach nur exportiert werden, exportiert und später extern bearbeitet werden, oder extern bearbeitet, aber danach direkt wieder zurückgelesen werden.

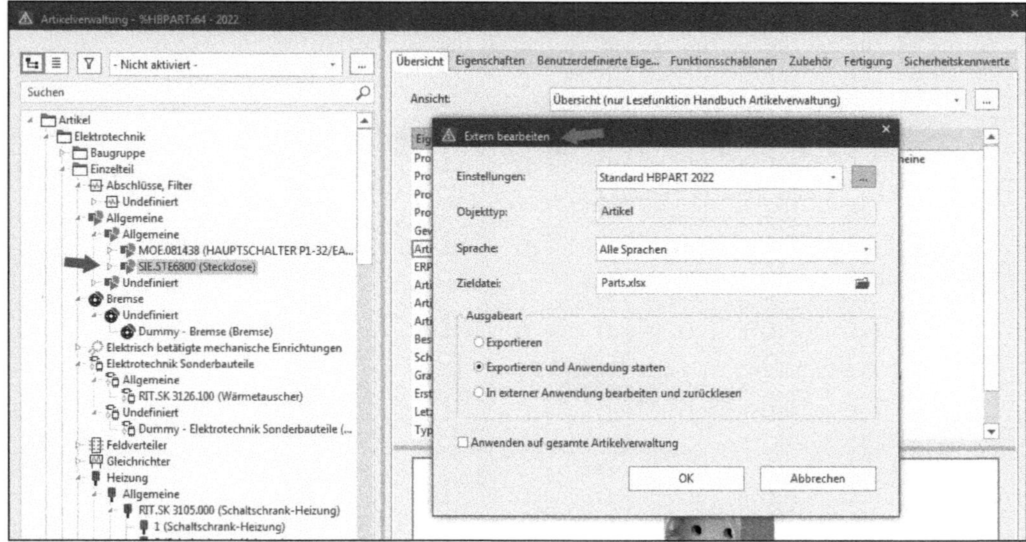

Bild 2.126 Dialog Extern bearbeiten

Die in Bild 2.127 dargestellten Objekttypen sind für das Erstellen von Schemata inklusive der passenden Artikeleigenschaften möglich.

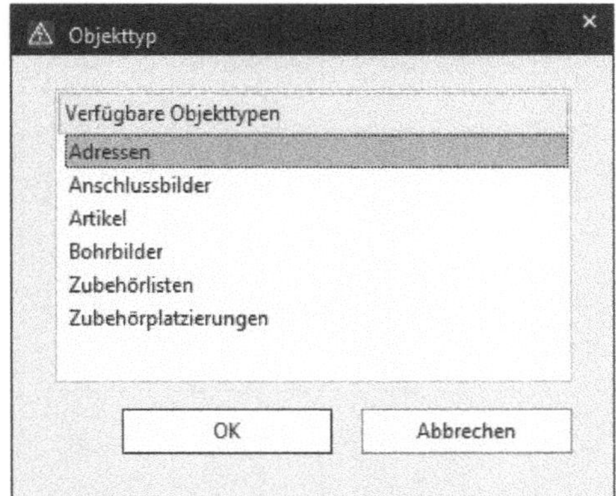

Bild 2.127 Objekttypen

Ein Beispielschema, um Daten der Hersteller und/oder Lieferanten auszugeben und beispielsweise in Excel zu bearbeiten, könnte wie in Bild 2.128 aussehen.

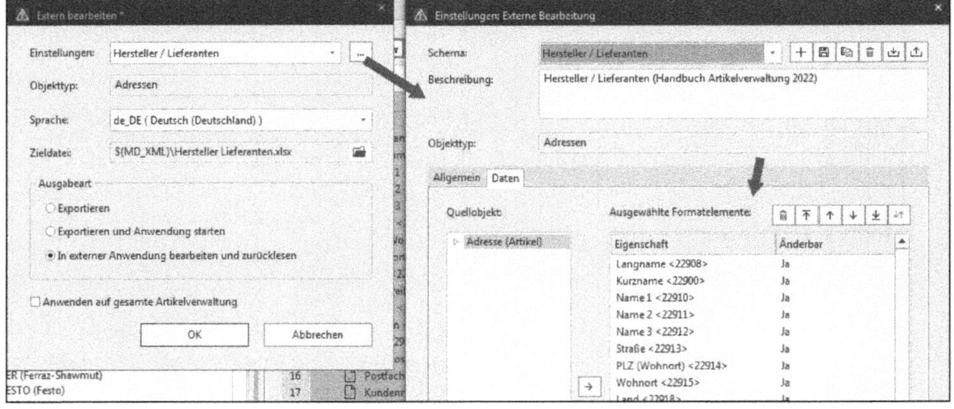

Bild 2.128 Beispiel Exportschema Hersteller/Lieferanten

	Langname	Kurzname	Name 1	Name 2	Name 3	Straße	PLZ (Wohnort)	Wohnort	Land	Besc
135/1281	Beliebiger Hersteller/Lieferant	2XXX	Beliebiger							
135/1282	ABB	ABB	ABB Stotz-Kontakt GmbH			Eppelheimer Str. 82	69123	Heidelberg	Germany	http
135/1283	Beckhoff	BECK	Beckhoff Automation			Eiserstr. 5	33415	Verl	Germany	http
135/1279	Bernd Gischel	BGI	Bernd Gischel			Straße 12	00000	Wohnort	Deutschland	Ohn
135/1284	Block	BLOCK	Block Transformatoren-			Max-Planck-Str. 36-46	27283	Verden	Germany	http
135/1285	Entrelec	ENTREL	Entrelec Schiele GmbH			Max-Planck-Str. 22	50858	Köln	Germany	http
135/1280	EPLAN	EPLAN	EPLAN Software & Service	Stammsitz		An der alten Ziegelei 2	40789	Monheim am Rhein	Germany	http
135/1286	Ferraz-Shawmut	FER	Ferraz Shawmut GmbH			Bahnhofstrasse 55	91330	Eggolsheim	Germany	http
135/1287	Festo	FESTO	Festo AG & Co.			Ruiter Str. 82	73734	Esslingen am Neckar	Germany	http
135/1288	Harting	HAR	Harting KGaA			Marienwerder Str. 3	32339	Espelkamp	Germany	http
135/1289	INTORQ	INTO	INTORQ GmbH & Co. KG			Wülmser Weg 5	31855	Aerzen	Germany	http
135/1290	Kuka	KUKA	KUKA Roboter GmbH			Zugspitzstr. 140	86165	Augsburg	Germany	http
135/1291	LAPP GmbH, U. I.	LAP	LAPP GmbH, U. I.			Schulze-Delitzsch-Str. 25	70565	Stuttgart	Germany	http

Bild 2.129 Ergebnis in Excel zum direkten Bearbeiten

2.1.4.3.2 Daten importieren

Der Menüeintrag EXTRAS/EIGENSCHAFTEN EXTERN BEARBEITEN/DATEN IMPORTIEREN öffnet den Dialog EXTERNE BEARBEITUNG: ARTIKELDATEN IMPORTIEREN (Bild 2.130). Hier können dann, je nach eingestellter Importauswahl, Artikeleigenschaften neu importiert, aktualisiert oder beide Optionen zusammen ausgewählt werden.

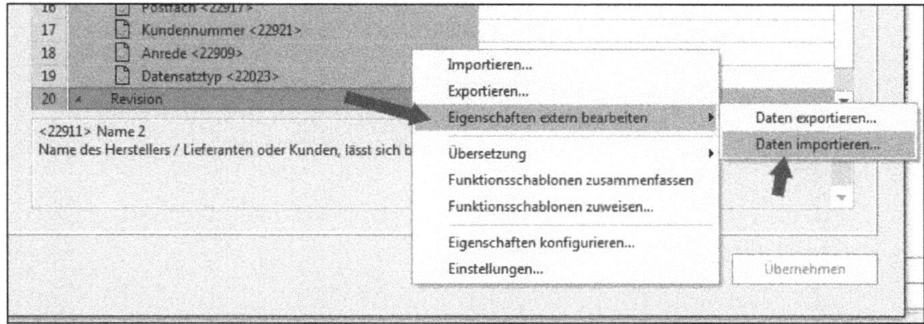

Bild 2.130 Eigenschaften extern bearbeiten/Daten importieren ...

Die Auswahl der Datensatzidentifizierung erfolgt entweder über die Identifizierung der einzulesenden Daten über die vorhandene Objekt-ID oder über die Identifizierung über Namen (Bild 2.131). Bei Artikeldaten geschieht sie beispielsweise über die Artikelnummer. Die Auswahl der Möglichkeiten des Imports (*Nur neue Datensätze hinzufügen, Nur vorhandene Datensätze aktualisieren* oder *Vorhandene Datensätze aktualisieren oder neue hinzufügen*) sind schon bekannt und sprechen für sich. Daher wird hier auf eine weitere Erläuterung verzichtet.

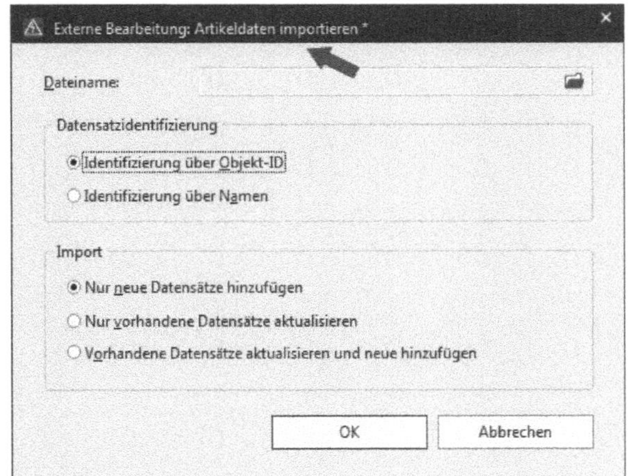

Bild 2.131 Dialog Externe Bearbeitung: Artikeldaten importieren

2.1.4.4 Übersetzung

Hinter dem Menüpunkt EXTRAS/ÜBERSETZUNG verbirgt sich ein weiteres aufklappbares Untermenü. Dieses Untermenü beinhaltet die eigentlichen Funktionen, um beispielsweise Artikeldaten mehrsprachig aufzubereiten oder auch die Übersetzungen in der Artikelverwaltung zu bearbeiten (Bild 2.132).

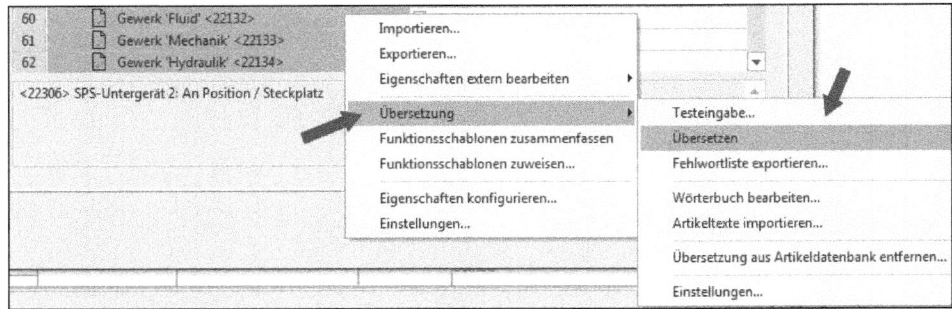

Bild 2.132 Menüeintrag Übersetzung mit Untermenü

2.1.4.4.1 Testeingabe

Der Menüeintrag EXTRAS/ÜBERSETZUNG/TESTEINGABE öffnet den Dialog TESTEINGABE. Hier können vor einer eigentlichen Übersetzung der Artikeldaten Testübersetzungen durchgeführt werden. Dazu wird der Begriff in das Textfeld eingegeben und der Button ÜBERSETZEN gedrückt (Bild 2.133). Je nach Sprache und vorhandener Übersetzung werden die Übersetzungen angezeigt.

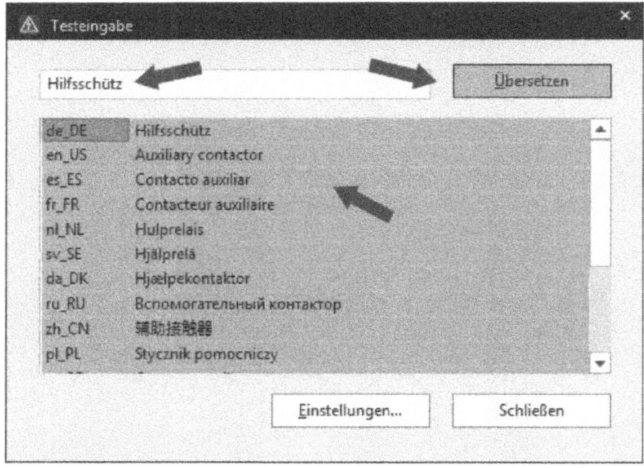

Bild 2.133 Dialog Testeingabe

Mit dem Button EINSTELLUNGEN im Dialog TESTEINGABE öffnet EPLAN den Dialog EINSTELLUNGEN ÜBERSETZUNG (Bild 2.134). Neben den eigentlichen Einträgen/Optionen besteht der Dialog grundsätzlich aus drei Registerkarten.

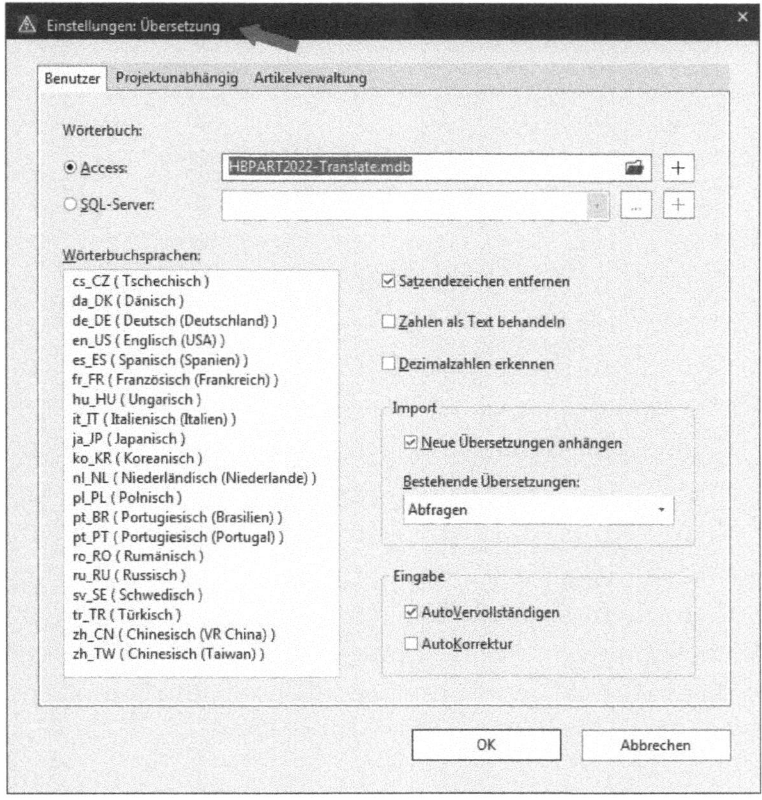

Bild 2.134 Dialog Einstellungen: Übersetzung, Registerkarte Benutzer

Die Registerkarte *Benutzer* stellt Einstellungen bereit, um das Wörterbuch bzw. die Wörterbuchsprachen zu ändern, sowie einige Einstellungen zum Aufbau und zur Eingabe der Übersetzungen und dazu, wie schon bestehende Übersetzungen behandelt werden sollen (Bild 2.135).

Des Weiteren kann an dieser Stelle der Umfang des Imports von Übersetzungen in das Wörterbuch voreingestellt werden. Dazu gehören Einstellungen wie beispielsweise, ob neue Übersetzungen in das Wörterbuch beim Import eingefügt oder ob bestehende Übersetzungen überschrieben werden sollen.

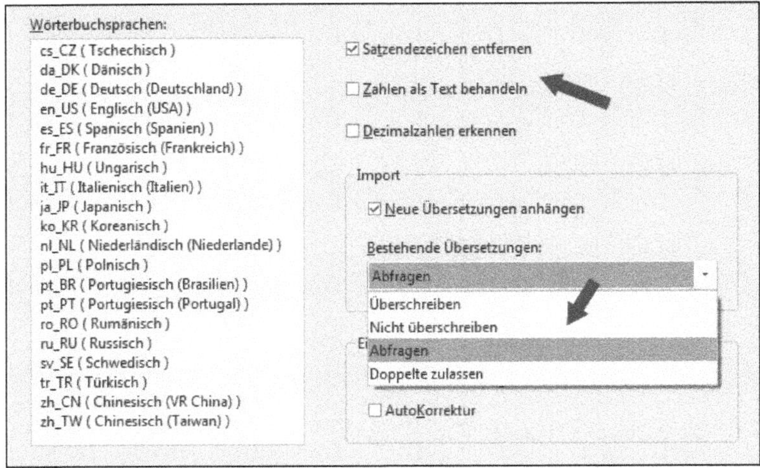

Bild 2.135 Weitere Einstellmöglichkeiten auf der Registerkarte Benutzer

Die Registerkarte *Projektunabhängig* beinhaltet die Auswahl der Sprachen der Übersetzung sowie weitere Einstellungen zum Übersetzen selbst (Bild 2.136). Dazu gehören beispielsweise Fragen wie: Soll ein Text schon während der Eingabe übersetzt werden? Sollen Groß- und Kleinschreibung beachtet werden oder wie soll das Segment, welches übersetzt werden soll, behandelt werden?

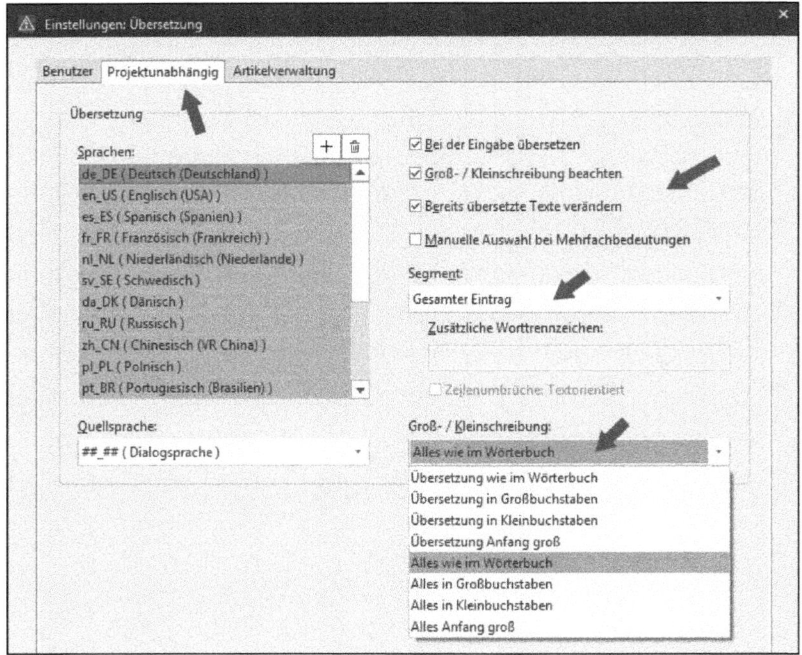

Bild 2.136 Registerkarte Projektunabhängig

Neben den zwei Registerkarten *Benutzer* und *Projektunabhängig* gibt es die dritte Registerkarte *Artikelverwaltung* im Dialog EINSTELLUNGEN: ÜBERSETZUNGEN (Bild 2.137). Auf dieser Registerkarte wird festgelegt, welche Felder in der Artikelverwaltung bzw. welche Felder eines Artikels übersetzt werden sollen bzw. übersetzt werden können.

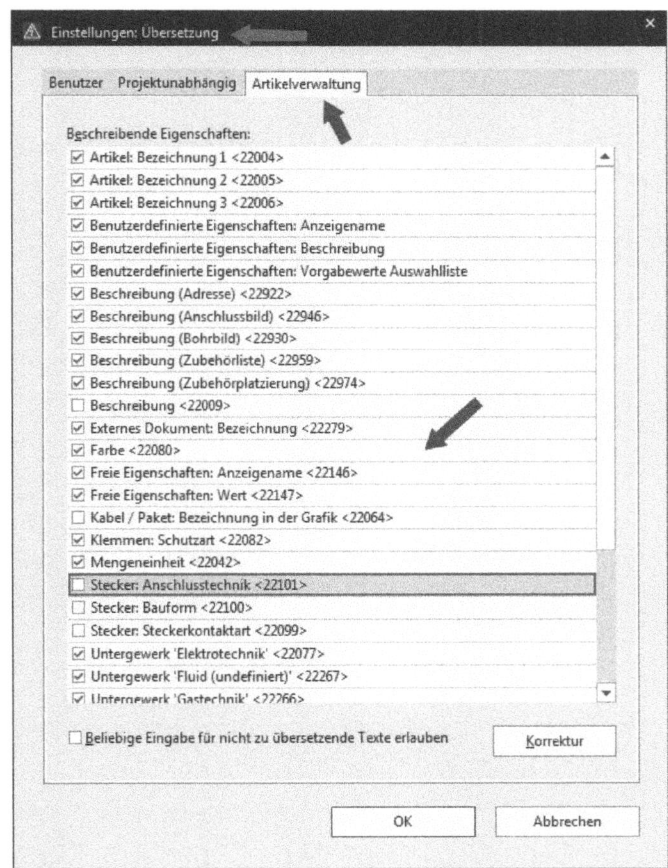

Bild 2.137 Registerkarte Artikelverwaltung

Die Einstellungen auf dieser Registerkarte sind immer benutzerbezogen. Dazu bietet der Button KORREKTUR die Möglichkeiten, Texte in der Artikelverwaltung „glatt zu ziehen" d.h., sie automatisch zu korrigieren. Es kann immer mal vorkommen, dass bei Texten, die keine Übersetzungstexte sein sollen, Übersetzungen eingetragen sind. Es ist sehr mühsam, diese Texte zu lokalisieren. EPLAN bietet daher mit dem Button KORREKTUR die Möglichkeit, das automatisch erledigen zu lassen (Bild 2.138).

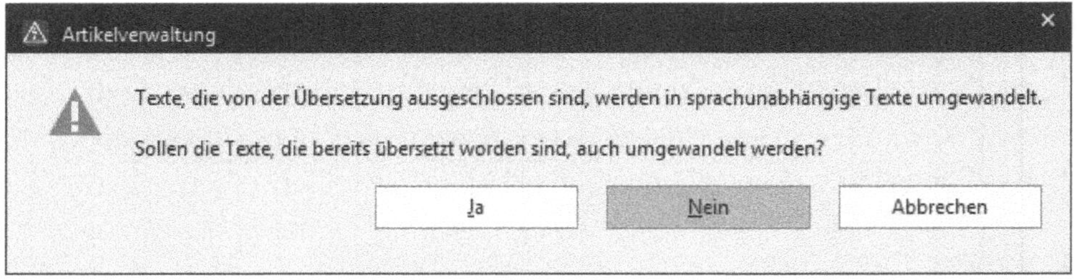

Bild 2.138 Dialog Artikelverwaltung (Korrektur)

Wurde der Button KORREKTUR angeklickt, öffnet EPLAN den Dialog ARTIKELVERWALTUNG. Hier besteht jetzt die Möglichkeit, Texte automatisch korrigieren zu lassen. Beim Klick auf den Button JA würde EPLAN alle Texte, die von einer Übersetzung ausgeschlossen worden sind, in sogenannte sprachneutrale Texte umwandeln und mögliche Übersetzungen an diesen Texten entfernen. Der Klick auf den Button NEIN führt eine ähnliche Funktion aus, aber beschränkt sich auf Texte, die bisher keine Übersetzungen eingetragen haben. Der Klick auf den Button ABBRECHEN beendet die Korrektur ohne weitere Folgen.

2.1.4.4.2 Übersetzen

Mit der Funktion ÜBERSETZEN wird das reine Übersetzen gestartet. Dabei ist entscheidend, wo die Markierung im Artikelstamm steht. Je nach Markierung wird der entsprechende Teil übersetzt. EPLAN startet direkt die Übersetzung, ohne dass eine weitere Abfrage stattfindet (Bild 2.139).

Grundsätzlich können u. a. folgende Eigenschaften (Felder) übersetzt werden:

- Artikelbezeichnung 1 bis 3
- Beschreibung
- Benutzerdefinierte Eigenschaften wie Anzeigename, Beschreibung und Einträge der Auswahlliste
- Externes Dokument und deren Bezeichnung

Für die vorangehend genannten Eigenschaften (Felder) gelten die im Folgenden aufgeführten Menüpunkte. Zusätzlich ist es möglich, in einem dieser Felder das Kontextmenü mit der rechten Maustaste aufzurufen und die dort vorhandenen Menüpunkte direkt auf das betroffene Feld anzuwenden (Bild 2.140).

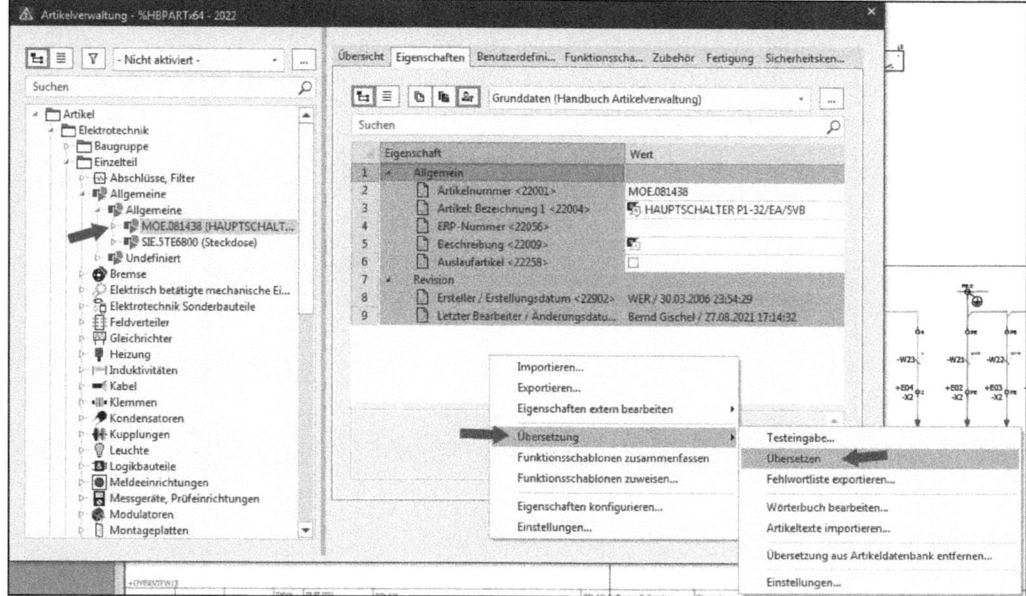

Bild 2.139 Menüpunkt Übersetzen

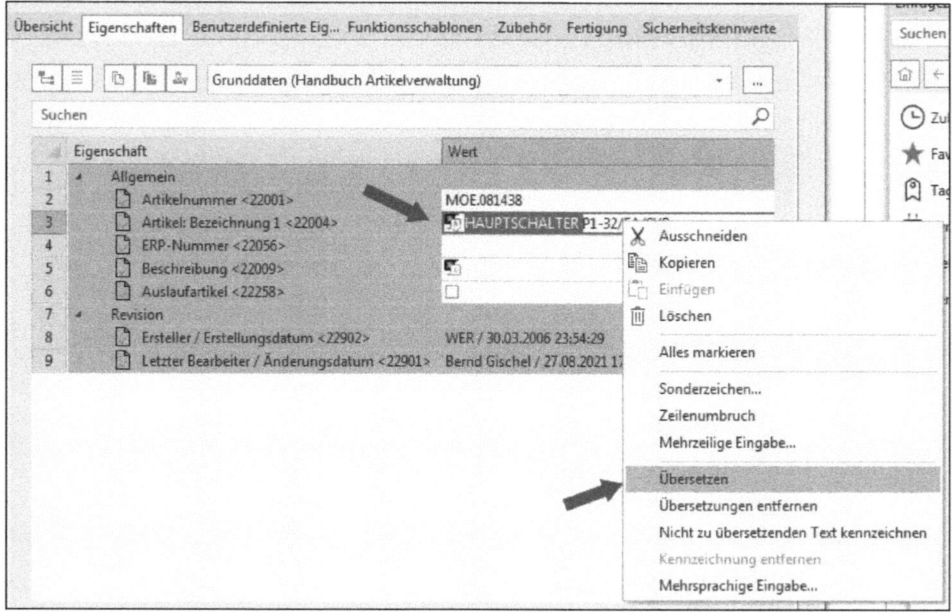

Bild 2.140 Kontextmenü in einem übersetzbaren Feld

Felder, die nicht zur Übersetzung freigegeben sind, besitzen diese Möglichkeiten im Kontextmenü nicht (Bild 2.141).

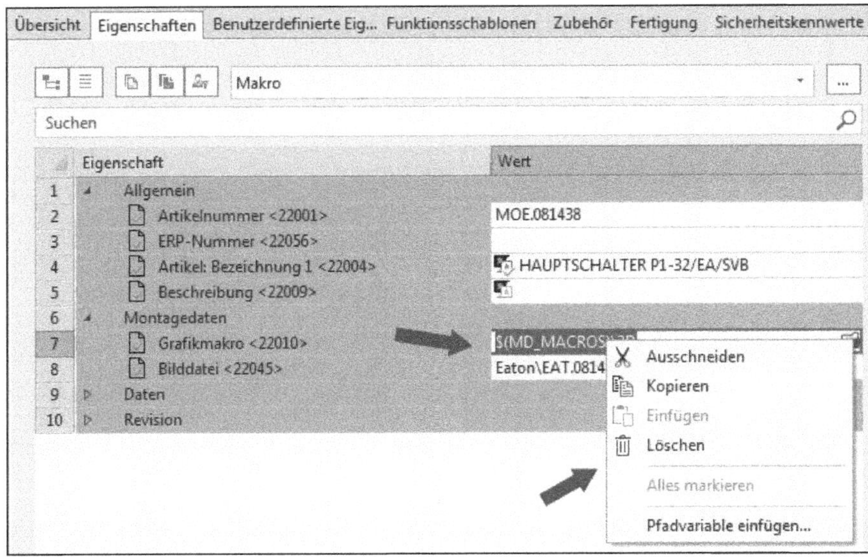

Bild 2.141 Beispiel für das Kontextmenü ohne Fremdsprachenfunktionalität

2.1.4.4.3 Fehlwortliste exportieren

Bei Übersetzungen können Teile oder auch ganze Einträge von Eigenschaften eventuell nicht übersetzt werden. Mit dem Menüpunkt FEHLWORTLISTE EXPORTIEREN ... besteht die Möglichkeit, diese fehlenden Übersetzungen zu exportieren (Bild 2.142).

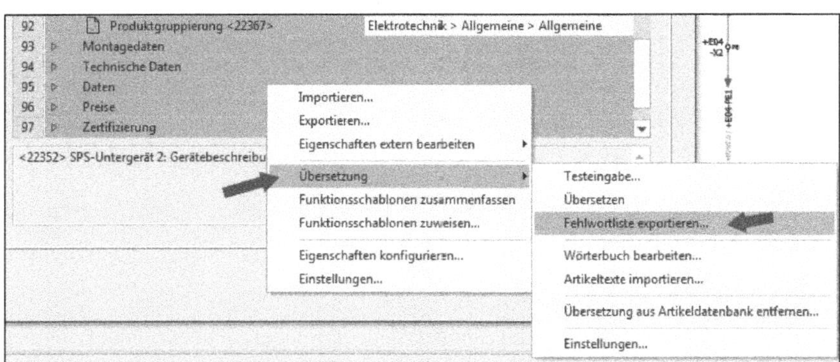

Bild 2.142 Fehlwortliste exportieren

Nach dem Starten der Funktion öffnet EPLAN den Dialog FEHLWORTDATEI EXPORTIEREN. Hier kann der gewünschte Dateityp ausgewählt, ein Dateiname vergeben und die Fehlwortdatei gespeichert werden (Bild 2.143). Danach steht sie zur weiteren Bearbeitung zur Verfügung. Empfehlenswert ist ein Speichern im Unicode-Format. Damit ist eine Weiterarbeit mit Excel beispielsweise problemlos möglich.

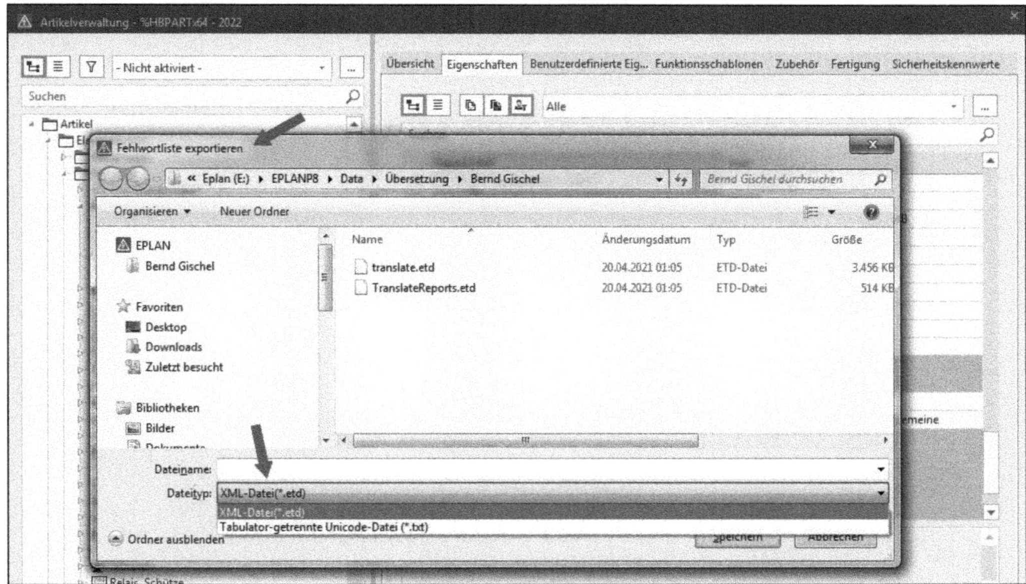

Bild 2.143 Dialog Fehlwortdatei exportieren

Nach der Eingabe eines Dateinamens und der Auswahl des Dateityps kann der Dialog mit dem Button SPEICHERN geschlossen werden. EPLAN öffnet daraufhin den Dialog SPRACHEN AUSWÄHLEN. Hier muss nun die gewünschte Sprache oder Sprachen markiert werden (Bild 2.144).

Nach Klick auf den Button OK erzeugt EPLAN die Fehlwortdatei im gewünschten Format und speichert diese nach Abschluss des Exports automatisch ohne weitere Abfrage ab.

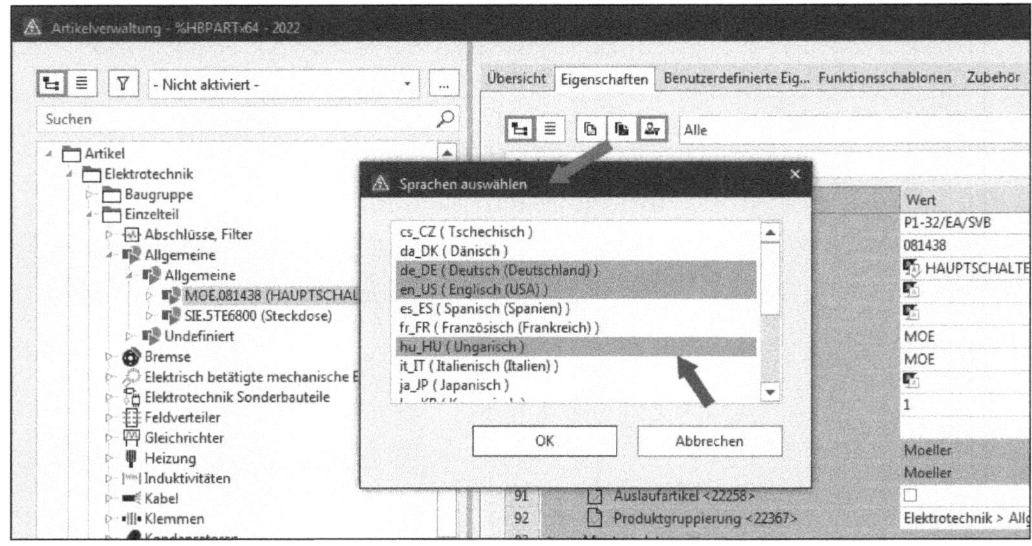

Bild 2.144 Sprachen auswählen

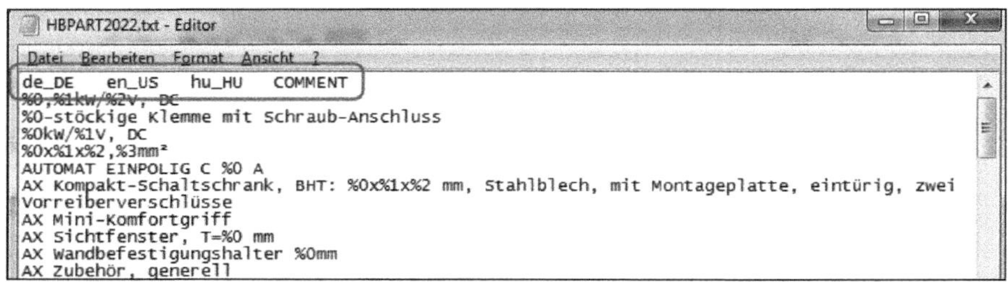
HBPART2022.txt - Editor

Datei Bearbeiten Format Ansicht ?

```
de_DE    en_US    hu_HU    COMMENT
%0,%1kW/%2V, DC
%0-stöckige Klemme mit Schraub-Anschluss
%0kW/%1V, DC
%0x%1x%2,%3mm²
AUTOMAT EINPOLIG C %0 A
AX Kompakt-Schaltschrank, BHT: %0x%1x%2 mm, Stahlblech, mit Montageplatte, eintürig, zwei
Vorreiberverschlüsse
AX Mini-Komfortgriff
AX Sichtfenster, T=%0 mm
AX Wandbefestigungshalter %0mm
AX Zubehör, generell
```

Bild 2.145 Erzeugte Fehlwortdatei im TXT-Format

2.1.4.4.4 Wörterbuch bearbeiten

Der Menüpunkt WÖRTERBUCH BEARBEITEN startet den Dialog WÖRTERBUCH (Bild 2.146). Der Dialog besteht aus mehreren Registerkarten, u. a. der Registerkarte *Wörter bearbeiten* (Bild 2.147). Hier können beispielsweise neue Übersetzungen eingepflegt oder vorhandene Übersetzungen überarbeitet werden. Da das Thema Übersetzung, speziell das Wörterbuch zu bearbeiten, nicht wirklich zum Thema dieses Buches passt, wird hier auf eine weitere Beschreibung verzichtet.

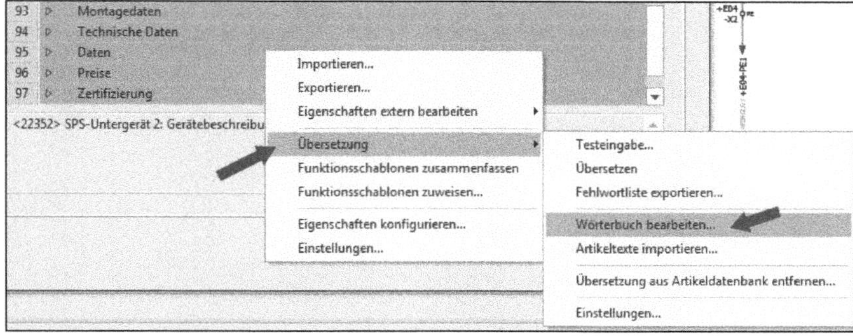

Bild 2.146 Wörterbuch bearbeiten

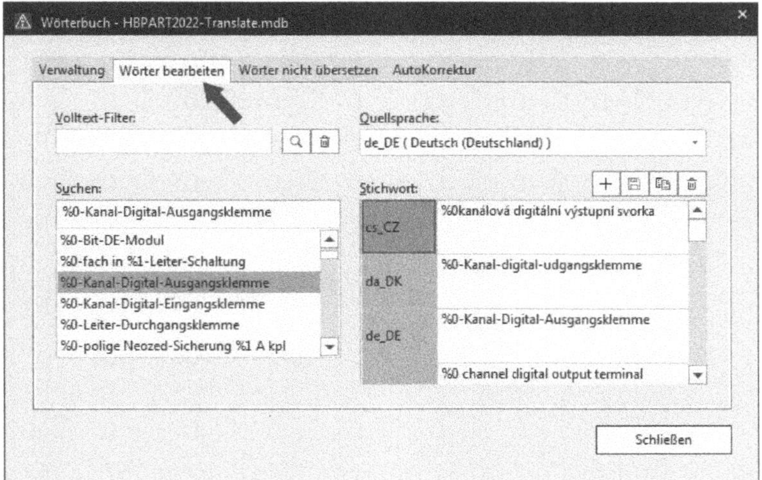

Bild 2.147 Dialog Wörterbuch, Registerkarte Wörterbuch bearbeiten

2.1.4.4.5 Artikeltexte importieren

Wurden Artikeltexte schon übersetzt, aber nicht in das allgemeine Wörterbuch importiert, bietet dieser Menüpunkt die Möglichkeit, diese übersetzten Artikeltexte direkt in das Systemwörterbuch zu importieren. Gestartet wird die Funktion über das Menü EXTRAS/ÜBERSETZUNG/ARTIKELTEXTE IMPORTIEREN (Bild 2.148).

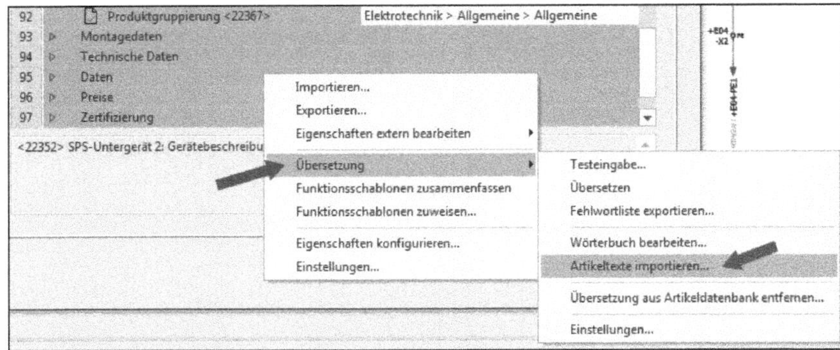

Bild 2.148 Menüaufruf Artikeltexte importieren

Nach dem Menüaufruf öffnet EPLAN den Dialog SPRACHEN AUSWÄHLEN. Hier können alle oder nur die gewünschten Sprachen markiert werden. Nach Klick auf den Button OK startet EPLAN den Import (Bild 2.149).

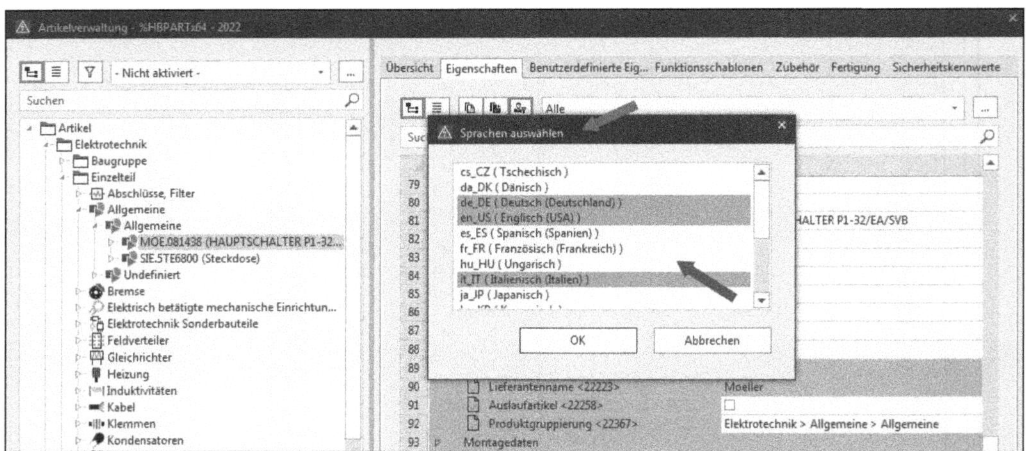

Bild 2.149 Dialog Sprachen auswählen

HINWEIS: EPLAN startet diese Funktion nach der Auswahl der Sprache(n) sofort, d. h. ohne weitere Abfragen. Eine UNDO-Funktionalität gibt es nicht.

2.1.4.4.6 Übersetzung aus Artikeldatenbank entfernen

Über diesen Menüpunkt werden alle Übersetzungen (der ausgewählten Sprachen) aus der Artikeldatenbank entfernt, also gelöscht (Bild 2.150).

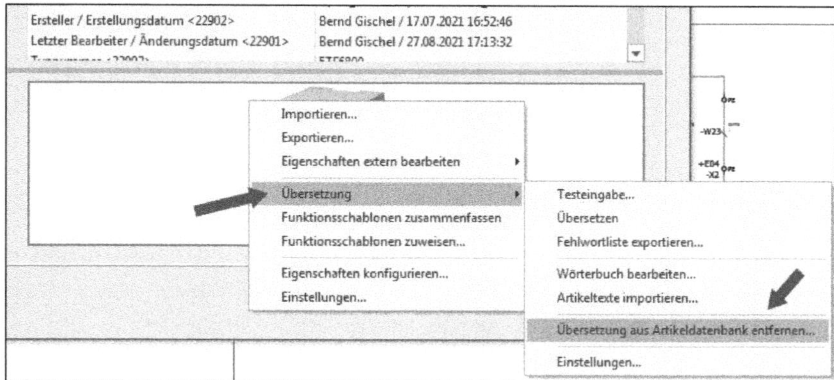

Bild 2.150 Menüaufruf

Nach dem Starten der Funktion öffnet EPLAN den Abfragedialog AUSWAHL SPRACHEN. Hier werden nun diejenigen Sprachen markiert, die anschließend aus den Artikeldaten entfernt werden sollen. Nach Klick auf den Button OK entfernt EPLAN ohne weitere Rückfrage die markierten Sprachen (Bild 2.151). Diese Funktionalität betrifft immer die komplette Artikelverwaltung. Eine Selektion auf bestimmte Artikel oder Bereiche ist nicht möglich. Ebenso ist eine UNDO-Funktion nicht vorgesehen.

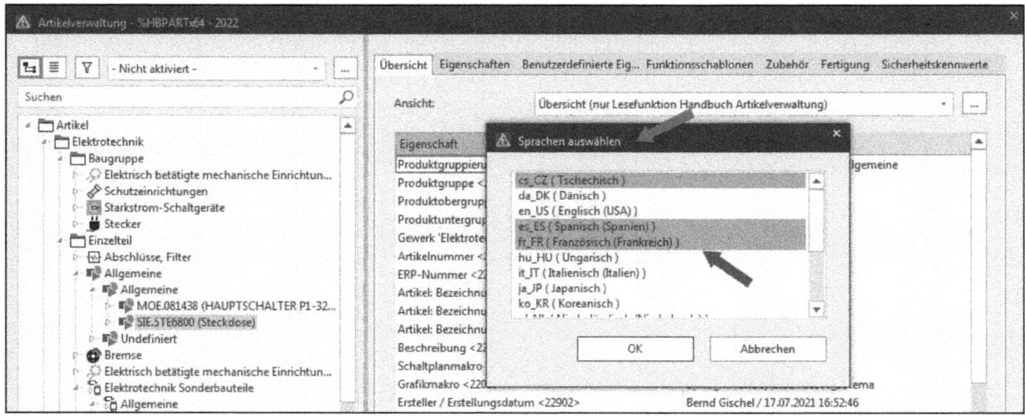

Bild 2.151 Auswahl der zu entfernenden Sprachen

2.1.4.4.7 Einstellungen

Mit diesem Menüpunkt werden Einstellungen zur Übersetzung aufgerufen (Bild 2.152).

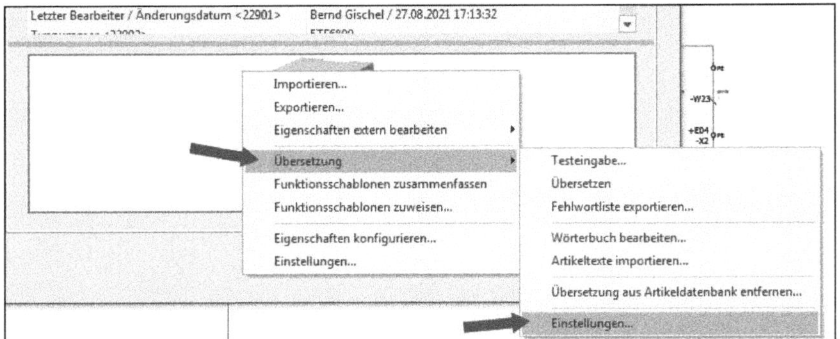

Bild 2.152 Menüaufruf Einstellungen

Neben den schon bekannten Einstellungen zur Auswahl der Übersetzungssprachen sind hier weitere Einstellungen möglich, die das Übersetzen steuern (Bild 2.153). Diese Einstellungen wurden auch schon in Abschnitt 2.1.4.4.1 beschrieben. Daher wird an dieser Stelle auf weitere Informationen verzichtet.

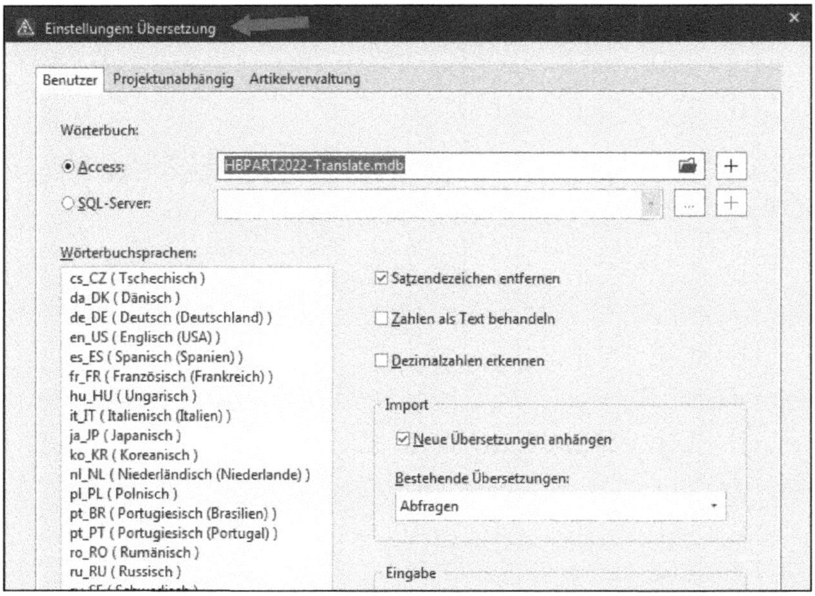

Bild 2.153 Einstellungen zur Übersetzung

2.1.4.5 Funktionsschablonen zusammenfassen

Der Menüeintrag EXTRAS/FUNKTIONSSCHABLONEN ZUSAMMENFASSEN bezieht sich nur auf vorhandene Baugruppen oder Module (Bild 2.154). Für alle anderen Artikel ist dieser Menüeintrag nicht nutzbar. Die Funktionalität wird im Folgenden an einer Baugruppe aufgezeigt. Für die Module ist die Vorgehensweise sinngemäß identisch, allerdings fügt EPLAN hier bei den gelisteten Modulartikeln bzw. deren Funktionsschablonen zusätzlich noch einen Gerätekasten (inklusive dessen Funktionalität) bei, der als umfassendes Element für alle Artikel des Moduls gilt und anschließend die Modulartikelnummer trägt.

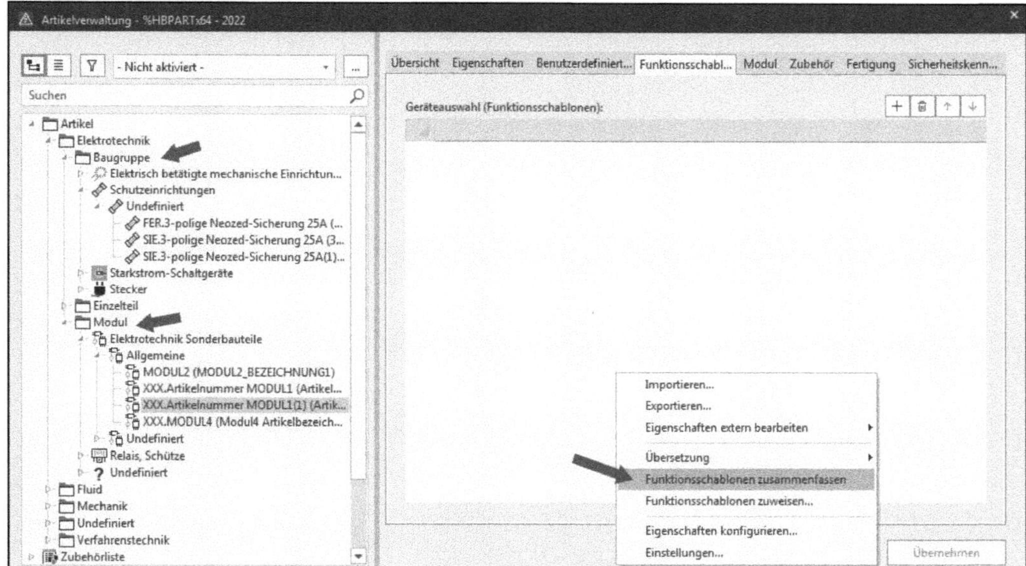

Bild 2.154 Funktionsschablonen zusammenfassen

Eine Baugruppe (oder ein Modul) besteht in der Regel aus mindestens zwei Einzelteilen. Diese werden auf der Registerkarte *Baugruppe* (oder *Modul*) aufgelistet bzw. über sie hinzugefügt (Bild 2.155).

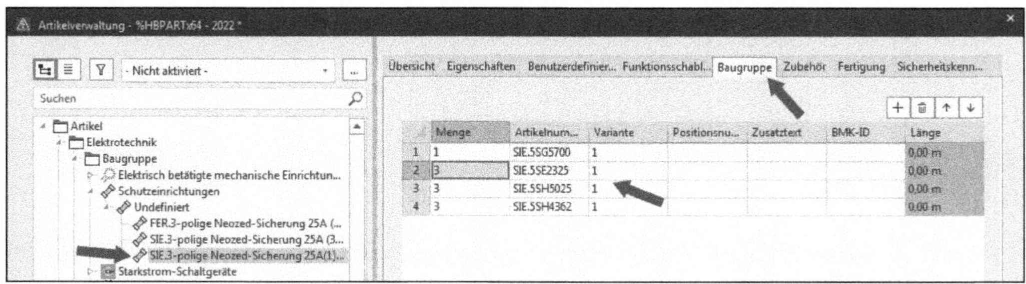

Bild 2.155 Registerkarte Baugruppe

Nach dem Hinzufügen von Artikelnummern zu einer Baugruppe werden die in den einzelnen Artikeln vorhandenen Funktionsschablonen nicht automatisch in die neue Baugruppe übernommen. Die Registerkarte *Funktionsschablone* ist also erst einmal leer (Bild 2.156).

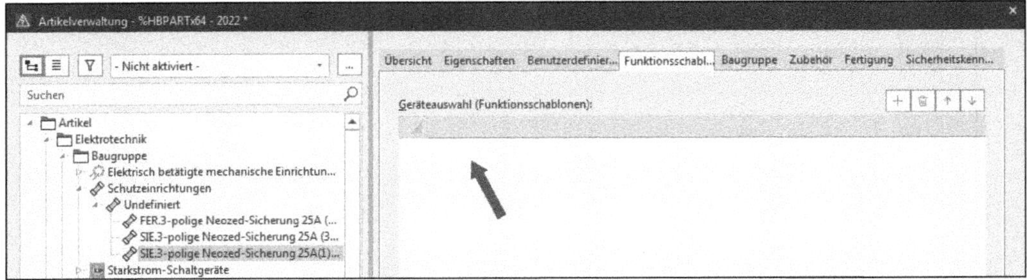

Bild 2.156 Registerkarte Funktionsschablone einer neuen Baugruppe

Um nun die Registerkarte mit den Funktionsschablonen der einzelnen Bestandteile (Artikel) der Baugruppe zu füllen, rufen Sie den Menüpunkt FUNKTIONSSCHABLONEN ZUSAMMENFASSEN auf (Bild 2.157). EPLAN sieht nach Aufruf dieser Funktion die einzelnen Artikel durch, holt sich von dort die Funktionsschablonen und listet diese anschließend alle gemeinsam in der Registerkarte *Funktionsschablonen* der Baugruppe auf.

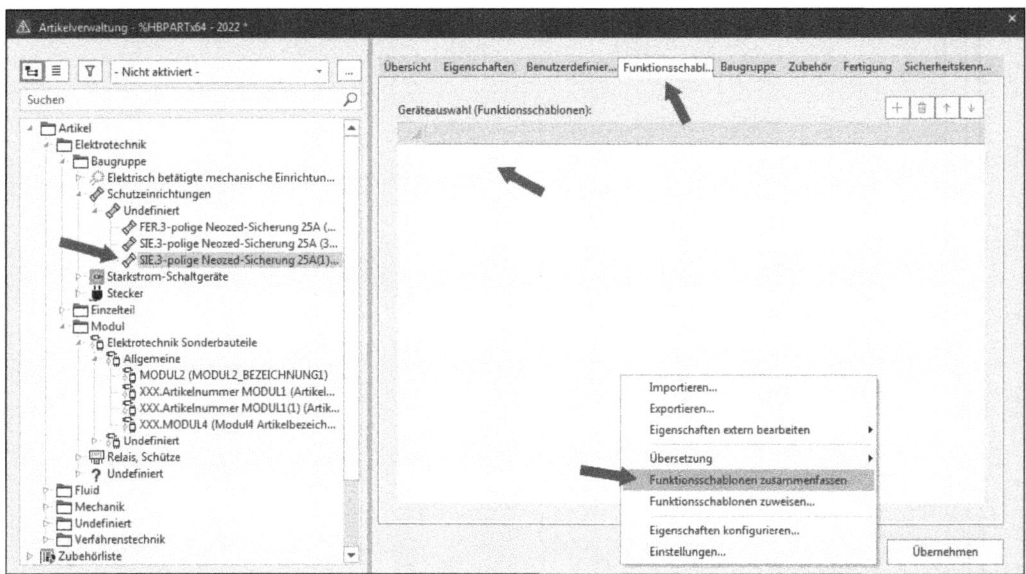

Bild 2.157 Aufruf der Funktion

EPLAN bringt vor dem Ausführen der Funktion noch einen Hinweisdialog, dass diese Änderung für die gesamte Artikelverwaltung gilt und nicht rückgängig gemacht werden kann (Bild 2.158).

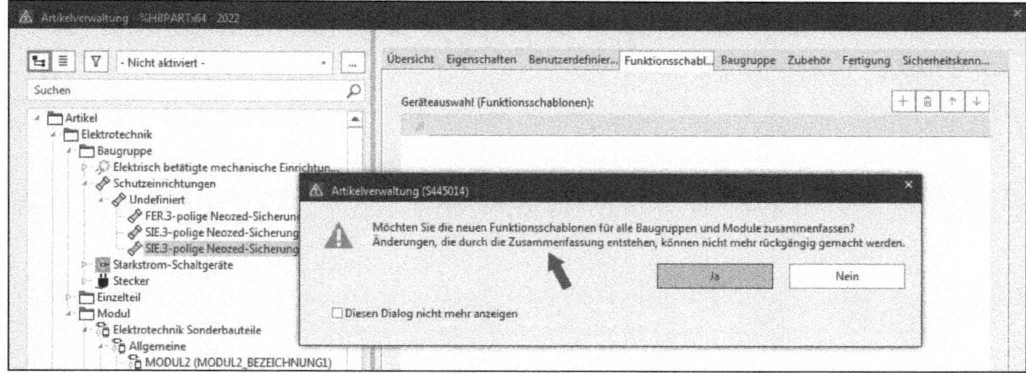

Bild 2.158 Hinweisdialog zum Ausführen der Funktion

Nach dem Klick auf den Button Ja führt EPLAN die Funktion aus. Die Registerkarte im vorangegangenen Beispiel ist nun mit den Funktionsschablonen gefüllt, eine Bearbeitung der einzelnen Funktionen ist an dieser Stelle aber nicht möglich (Bild 2.159).

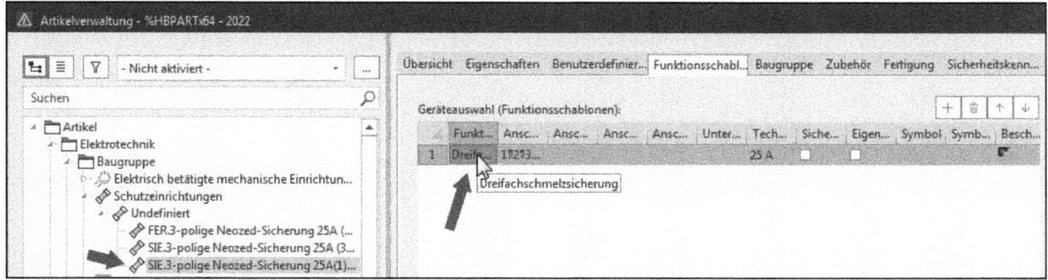

Bild 2.159 Gefüllte Funktionsschablone der Baugruppe

2.1.4.6 Funktionsschablonen zuweisen

Dieser Menüpunkt ist im Funktionsumfang identisch mit dem, der in Abschnitt 2.1.3.18 beschrieben wird. Daher wird hier auf eine weitere Betrachtung verzichtet.

2.1.4.7 Eigenschaften konfigurieren

Über den Menüpunkt EXTRAS/EIGENSCHAFTEN KONFIGURIEREN ist es möglich, benutzerdefinierte Eigenschaften für die Artikeldaten zu bearbeiten oder auch zu erstellen (Bild 2.160).

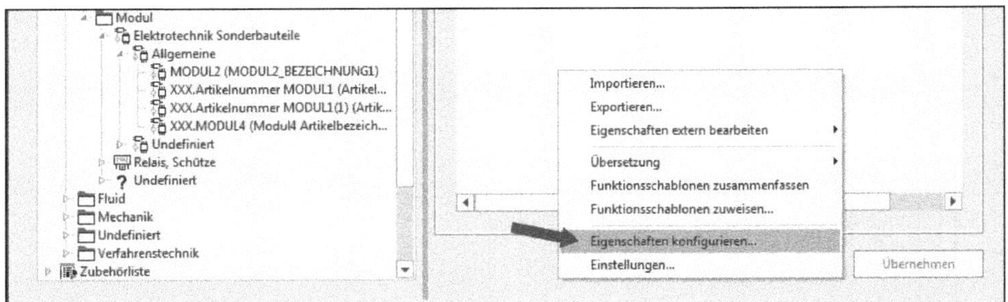

Bild 2.160 Menüaufruf Extras/Eigenschaften konfigurieren ...

Nach dem Klick auf den Menüeintrag öffnet sich daraufhin der Dialog EIGENSCHAFTEN KONFIGURIEREN (Bild 2.161).

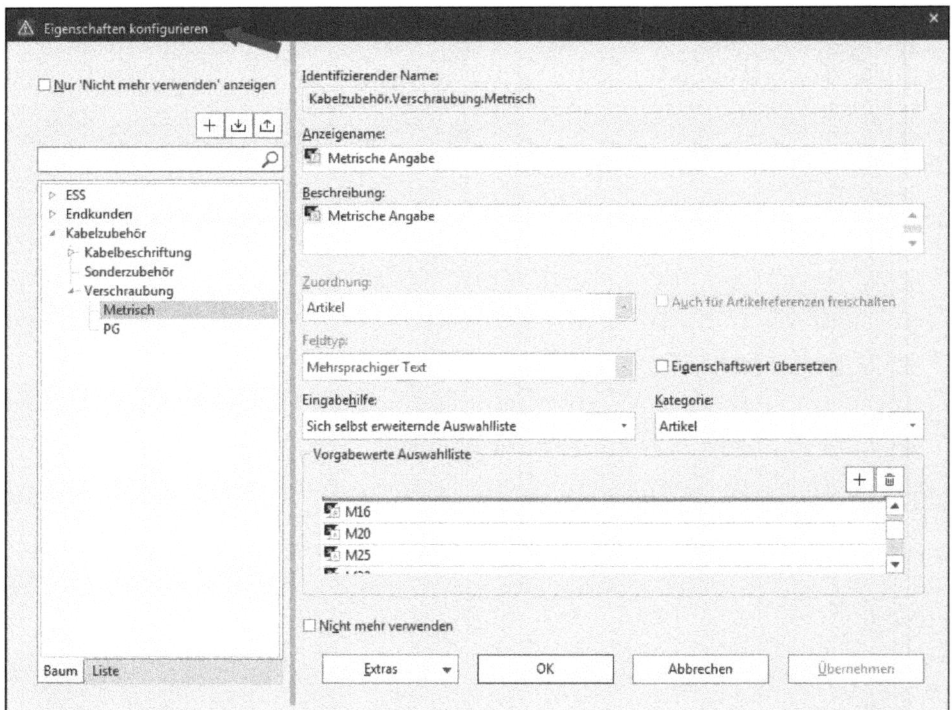

Bild 2.161 Dialog Eigenschaften konfigurieren

An dieser Stelle ist es möglich, für Artikel bestimmte benutzerdefinierte Eigenschaften zu erstellen oder auch später noch zu bearbeiten, die beispielsweise bei einer Neuanlage von Artikeln über Auswahllisten vorgegeben werden können. Als Beispiel sei hier die Eigenschaft *Kabelzubehör.Verschraubung.Metrisch* genannt. Diese Eigenschaft kann nun in diesem Dialog in der Auswahlliste mit Auswahldaten gefüllt werden; im Beispiel mit M16, M20 etc. (Bild 2.162).

Bild 2.162 Daten der Auswahlliste

Die in diesem Dialog erzeugten Daten (beispielsweise der Auswahllisten) können dann einem Artikel über die Registerkarte *Benutzerdefinierte Eigenschaften* (inklusive eines passenden Schemas) zugeordnet werden (Bild 2.163).

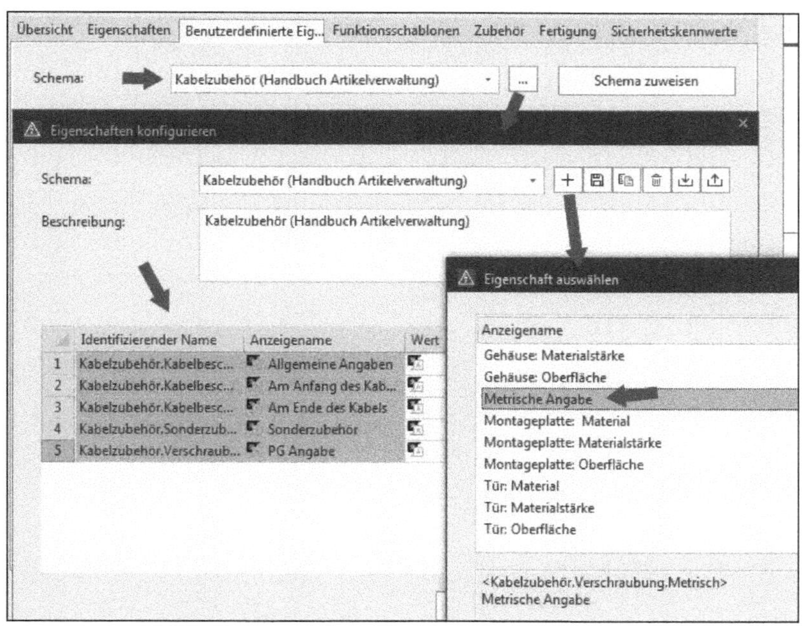

Bild 2.163 Schema mit benutzerdefinierten Eigenschaften

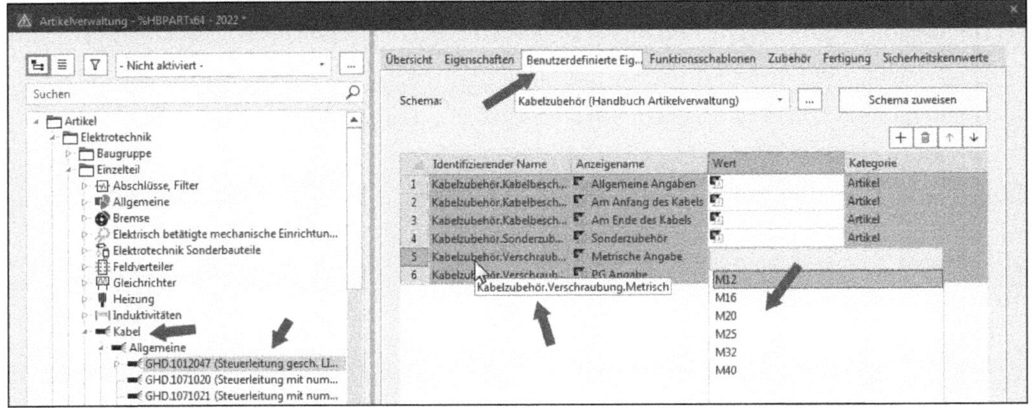

Bild 2.164 Zugewiesenes Schema mit Möglichkeit der Auswahlliste

Grundsätzlich können mit den benutzerdefinierten Eigenschaften weitere Artikeleigenschaften erstellt werden, die EPLAN standardmäßig nicht mitliefert. An dieser Stelle sind der Kreativität also keine Grenzen gesetzt.

2.1.4.8 Einstellungen

Für die Datenbank der Artikelverwaltung gibt es eine Vielzahl von Einstellungen. Diese können mit dem Menüpunkt EXTRAS/EINSTELLUNGEN aufgerufen werden (Bild 2.165).

EPLAN öffnet daraufhin den Dialog EINSTELLUNGEN: ARTIKELVERWALTUNG.

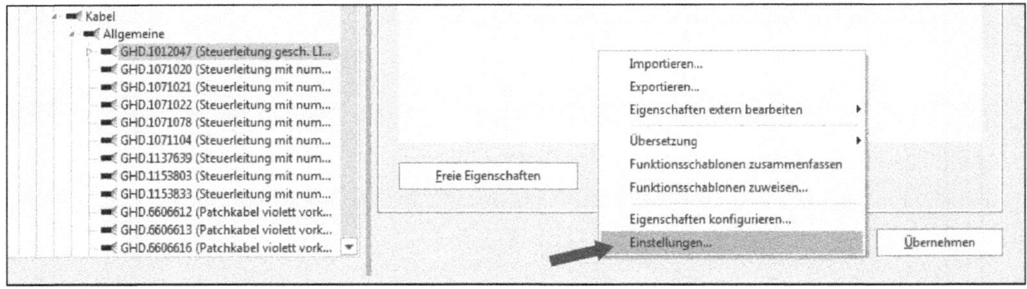

Bild 2.165 Einstellungen

In diesem Dialog sind die in Bild 2.166 dargestellten wesentlichen Einstellungen vorhanden.

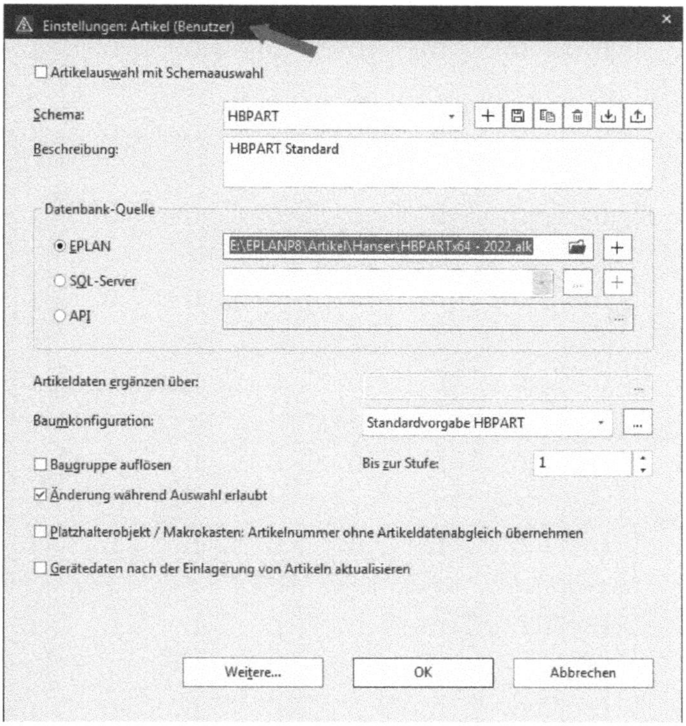

Bild 2.166 Dialog Einstellungen: Artikel (Benutzer)

Schema: An dieser Stelle kann ein Schema erstellt werden, worin alle aktuellen Einstellungen in diesem Dialog gespeichert werden können. Dieses Schema kann wiederum exportiert und auf anderen Arbeitsstationen importiert werden. Somit ist ein einfaches Übertragen der Artikeldatenbank-*Einstellungen* möglich.

Datenbank-Quelle: Hier kann die Artikeldatenbank ausgewählt werden, mit der gearbeitet werden soll. Es besteht die Möglichkeit, EPLAN (Standard), eine SQL-Server Datenbank oder eine Datenbank per API (Programmierschnittstelle) als Datenbank-Quelle einzubinden (Bild 2.167).

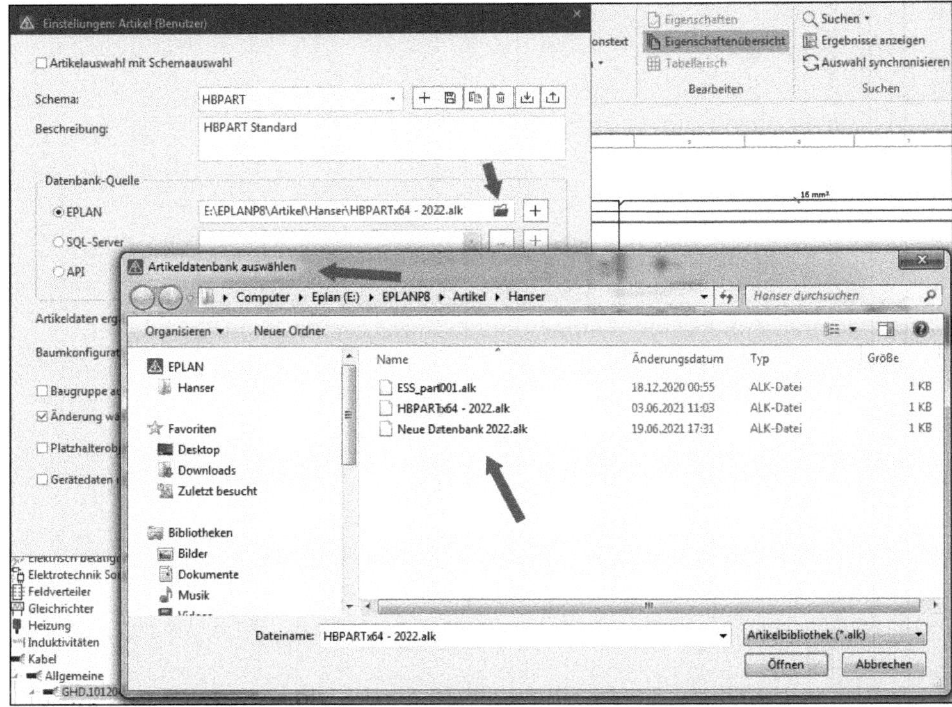

Bild 2.167 Auswahl der zu benutzenden Artikeldatenbank

Baumkonfiguration: Aus einer Auswahlliste kann hier die Sortierung der Artikeldaten voreingestellt werden. Die Auswahl basiert auf diversen Schemata, die im Vorfeld oder auch aktuell über die bekannte Schementechnik mit EPLAN erstellt werden können (Bild 2.168).

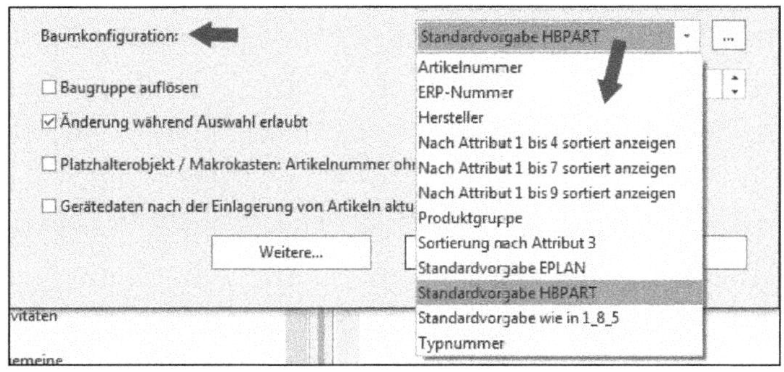

Bild 2.168 Baumkonfiguration wählen

Baugruppe auflösen: An der Stelle ist es möglich, die Auflösung einer Baugruppe bis zu der gewünschten Stufe während der Artikelauswahl einzustellen.

Änderung während Auswahl erlaubt: EPLAN bietet die Möglichkeit, wenn Fehler am Artikel bzw. an dessen Eigenschaften während einer Projektierung auffallen, diese sofort in der Artikelverwaltung zu korrigieren. Wenn dieses „direkte Bearbeiten“ nicht gewünscht ist, sollte dieser Parameter nicht aktiviert werden. Damit ist ein Bearbeiten von Artikeldaten nur über den eigentlichen Aufruf der Artikelverwaltung möglich.

Weitere ...: Nach Anklicken des Buttons wird der Dialog EINSTELLUNG: ARTIKELVERWALTUNG geöffnet. Es besteht die Möglichkeit, zwei Währungen einzutragen sowie verschiedene Maßeinheiten für den Import/Export (Bild 2.169).

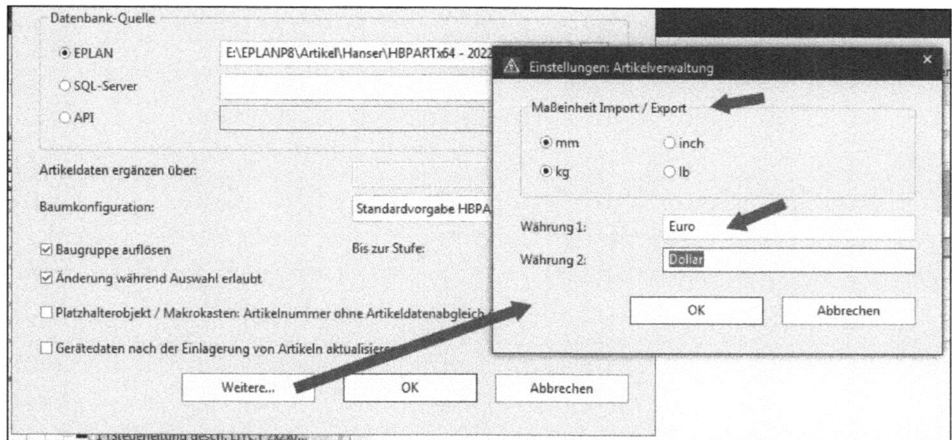

Bild 2.169 Maßeinheiten/Währungen

2.1.5 Schließen/Übernehmen

Die Funktionen der Buttons SCHLIESSEN und ÜBERNEHMEN sind schnell erklärt (Bild 2.170). Der Button SCHLIESSEN schließt die Bearbeitung der Artikeldatenbank. Je nach einer erfolgten Änderung ist es möglich, dass EPLAN mehrere Folgedialoge anzeigt, in denen Änderungen übernommen oder nicht übernommen werden können (Bild 2.171 und Bild 2.172). Je nach Anforderung müssen diese Dialoge dann entsprechend bestätigt werden.

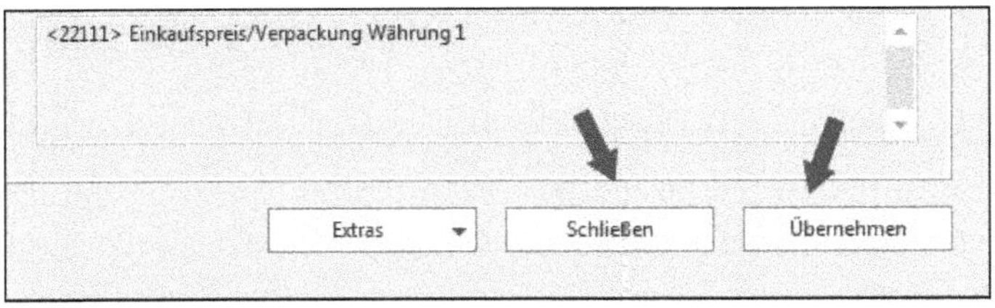

Bild 2.170 Die Buttons Schließen und Übernehmen

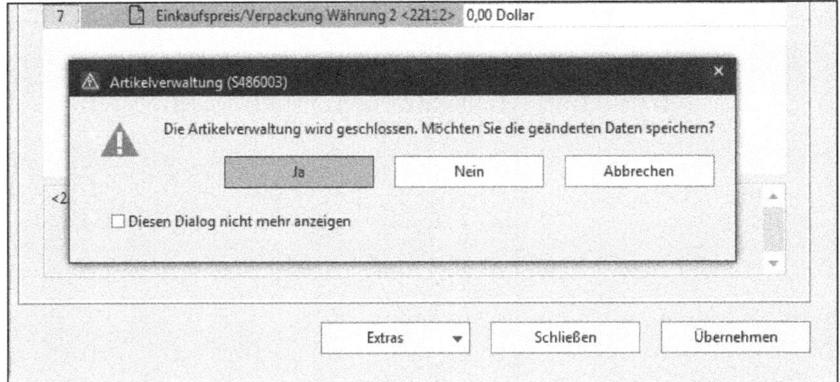

Bild 2.171 Abfrage bei geänderten, aber noch nicht gespeicherten Daten

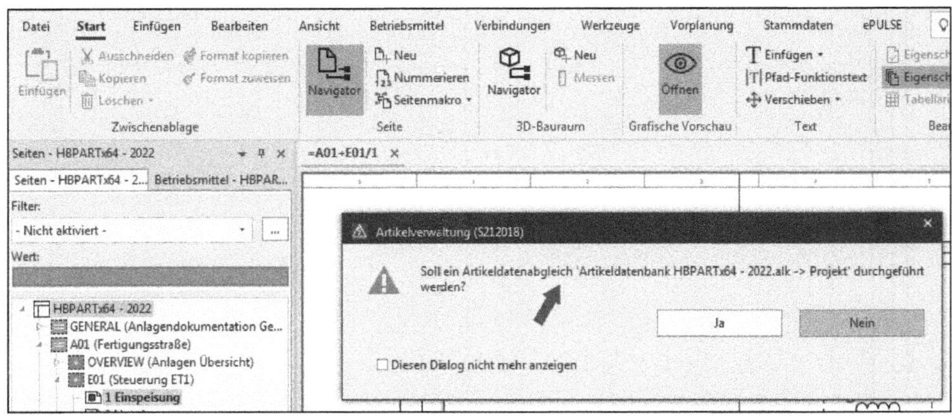

Bild 2.172 Abfrage, ob geänderte Artikeldaten abgeglichen werden sollen

Mit dem Button ÜBERNEHMEN kann man Änderungen, die am Artikeldatenstamm durchgeführt werden, zwischenzeitlich schon in die Datenbank übernehmen, aber die Datenbank wird nicht geschlossen. Der Button ist in diesen Bearbeitungsschritten anklickbar. Bis zur nächsten Änderung wird er dann wieder ausgegraut.

2.2 Hersteller/Lieferanten und Kunden

Jeder Datensatz, ob es sich nun um ein Einzelteil oder eine Baugruppe handelt, sollte, wenn möglich, einen Hersteller- und, wenn davon abweichend, einen Lieferanteneintrag bekommen.

Hersteller und/oder Lieferanten werden von EPLAN als mehr oder weniger gleichwertig betrachtet, was das Anlegen der Datensätze betrifft. Daher wird hier immer nur von Hersteller gesprochen. Zugleich ist immer auch der Datensatz „Lieferant" gemeint.

2.2.1 Hersteller-/Lieferantendaten

Um einen neuen Hersteller anzulegen, wird als Erstes die Artikelverwaltung geöffnet. EPLAN startet nun den Dialog Artikelverwaltung. Klicken Sie jetzt auf den Knoten Hersteller/Lieferant, markieren Sie diesen und betätigen Sie die rechte Maustaste (Bild 2.173).

Wählen Sie aus dem Kontextmenü der rechten Maustaste den Eintrag Neu aus. EPLAN erzeugt jetzt einen neuen Datensatz nach dem Schema *Neu(1)* (Bild 2.174).

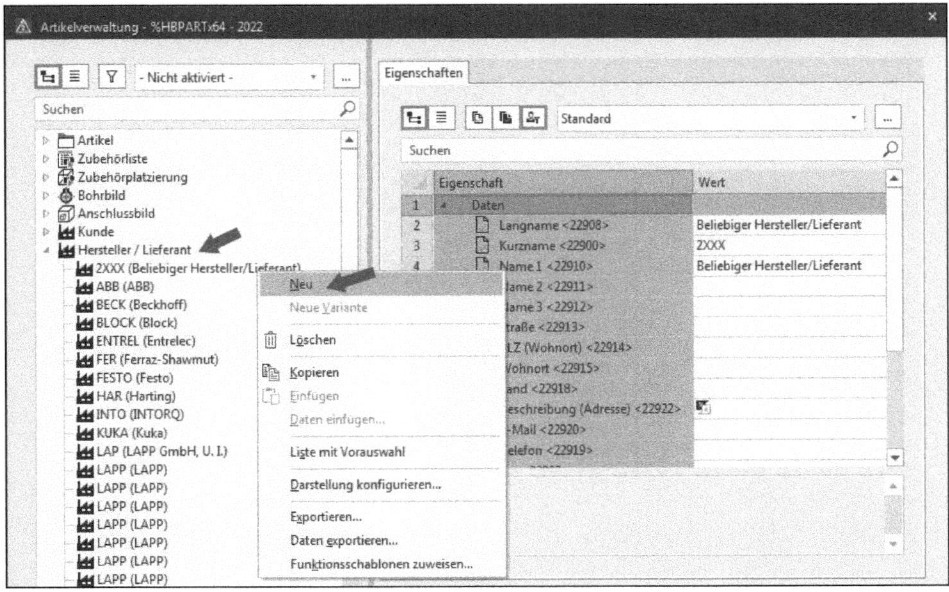

Bild 2.173 Neuer Datensatz Hersteller/Lieferant

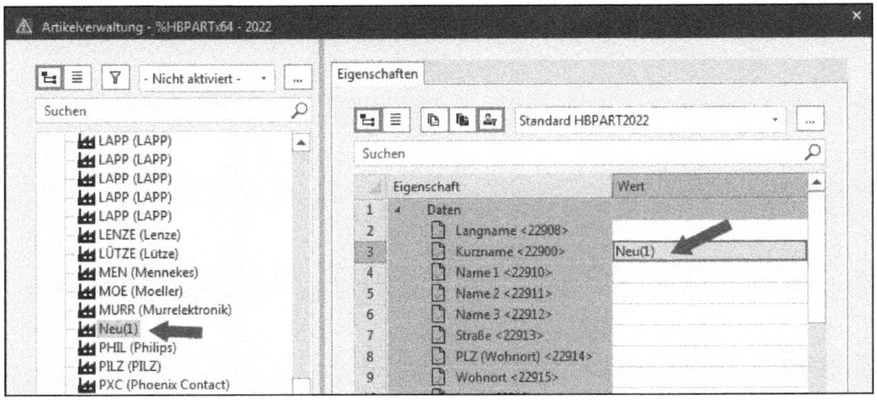

Bild 2.174 Neuer leerer Datensatz

Dieser Datensatz kann nun mit Inhalten gefüllt werden. Dazu stehen einige Felder zur Verfügung, die aber nicht alle zwingend ausgefüllt werden müssen. Mindestangaben als Empfehlung sind der Kurzname und der Langname. Diese beiden Einträge werden später für einen Artikel mit herangezogen und auch in Auswertungen wie der grafischen Ausgabe einer Artikelstückliste genutzt.

Feldname	Inhalt	Beispiel	Besonderheit
Kurzname	Kürzel	**SIE**	-
Langname	Firmenname	**Siemens AG**	-
Anrede	Herr/Frau etc.	–	-
Name 1	Spezielle Einträge	–	-
Name 2	Spezielle Einträge	–	-
Name 3	Spezielle Einträge	–	-
Straße	Straßenname	**Siemensstraße 3**	-
PLZ (Wohnort)	Postleitzahl (Wohnort)	**12345**	-
Wohnort	Ortsangabe	**Siemensstadt**	-
PLZ (Postfach)	Postleitzahl (Postfach)	–	-
Postfach	Postfachangabe	–	-
Land	Länderkennung	**Deutschland**	-
Telefon	Telefonnummer	**+49 123 456 789**	-
Telefax	Telefaxnummer	**+49 123 456 000**	-
E-Mail	E-Mail-Adresse	**info@siemens.com**	-
Kundennummer	Kundennummer	–	-
Beschreibung	Weitere Informationen	**Weitere Vertreterangaben**	Übersetzbares Feld

Der Hersteller/Lieferant wird bei einem Artikel in den Eigenschaften entsprechend ausgewählt bzw. eingestellt (Bild 2.175).

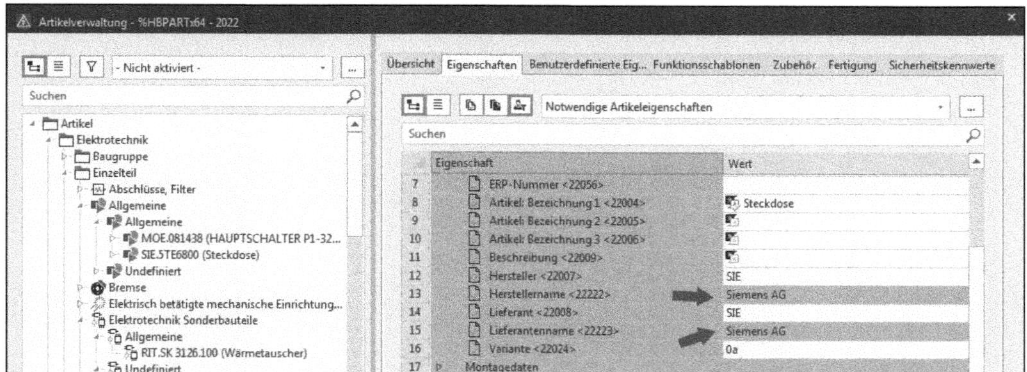

Bild 2.175 Beispielangabe Hersteller/Lieferant

2.2.2 Kundendaten

Kundendatensätze werden in der Artikelverwaltung für Artikeldaten nicht genutzt. Sie sind allerdings für vorgelagerte Eingaben nutzbar wie beispielsweise Angaben des Erstellers oder des Endkunden in den Projekteigenschaften (Bild 2.176).

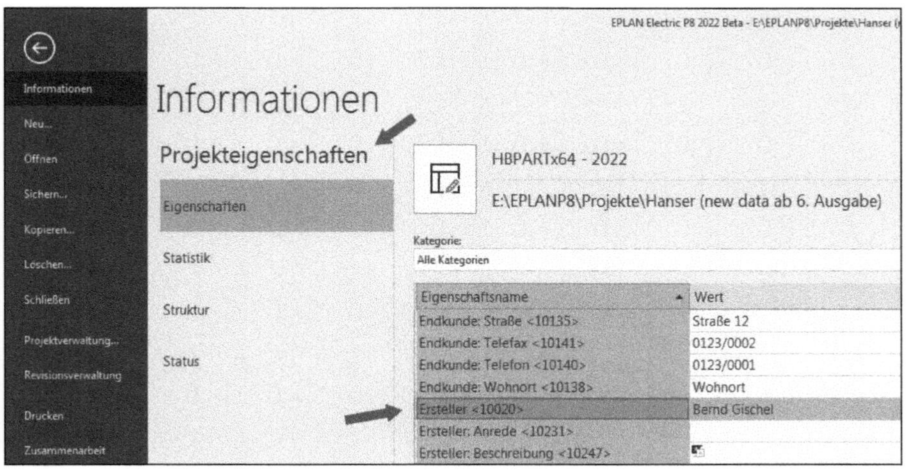

Bild 2.176 Beispielangaben für den Ersteller in den Projekteigenschaften

Die Eingaben bzw. Ausführung für einen Kundendatensatz sind mit dem Anlegen eines Hersteller- und/oder Lieferantendatensatzes identisch. Nur der Knoten in der Artikelverwaltung ist ein anderer (Bild 2.177).

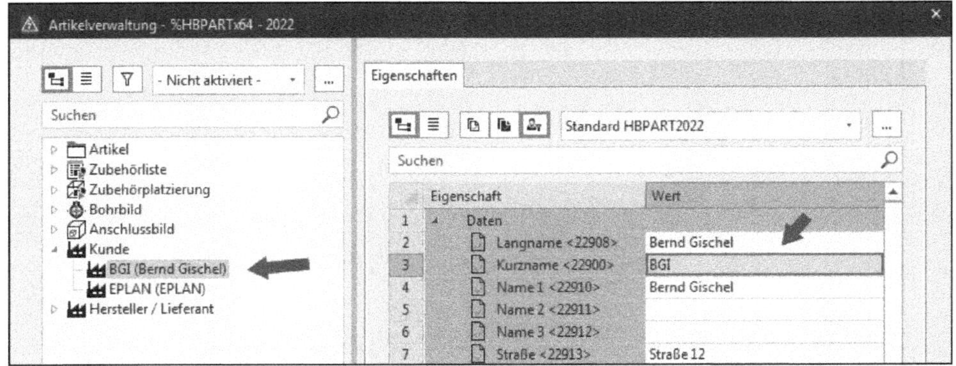

Bild 2.177 Knoten Kunde in der Artikelverwaltung

Diese Kundendaten sind später in der Projektverwaltung automatisch nutzbar. Hier können diese Datensätze automatisch in die Projekteigenschaften eingelesen werden. Bedingung ist natürlich, dass die Kundendatensätze in der Artikelverwaltung angelegt und gefüllt worden sind.

Die Projektverwaltung wird über das Menü DATEI/PROJEKTVERWALTUNG gestartet. Anschließend wird das gewünschte Projekt wie in Bild 2.178 im linken Feld der Projektverwaltung markiert.

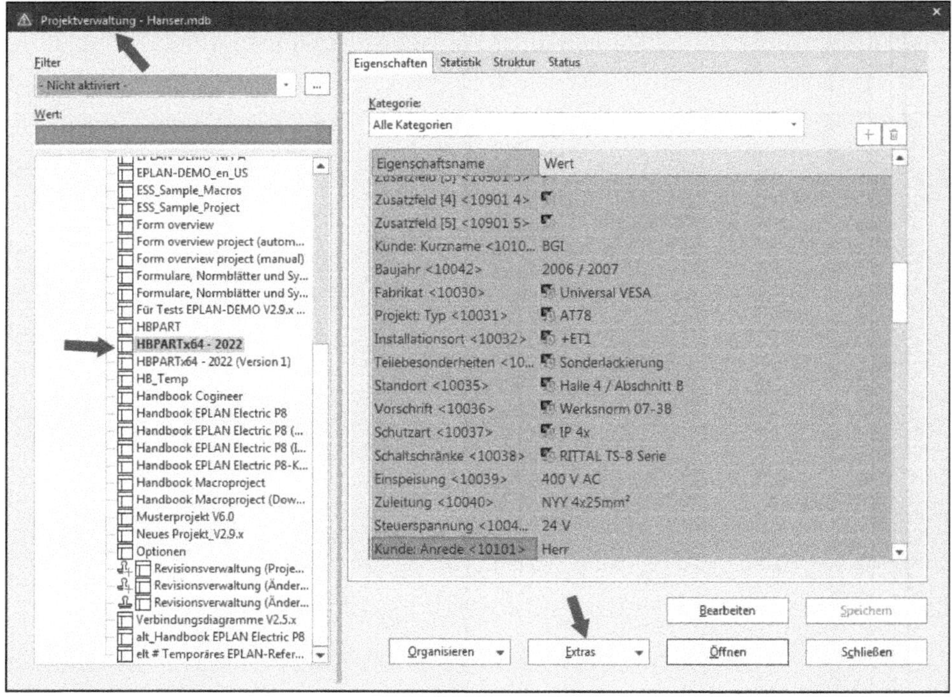

Bild 2.178 Projektverwaltung

Um die Kundendaten einzulesen, klicken Sie auf den Button EXTRAS. Aus dem sich öffnenden Kontextmenü wird nun der Eintrag KUNDENDATEN EINLESEN und dann ENDKUNDE ausgewählt (Bild 2.179).

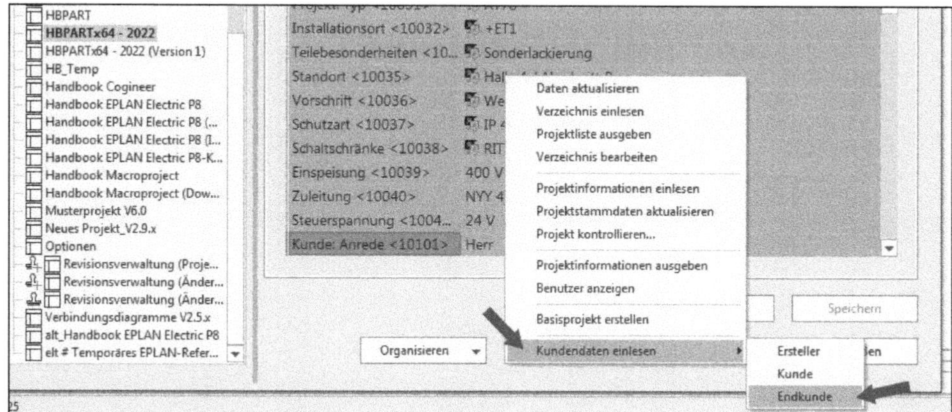

Bild 2.179 Menü Extras und Folgemenüpunkte

Nach der Anwahl des Menüpunktes ENDKUNDE öffnet EPLAN den Dialog KUNDENAUSWAHL. Hier wählen Sie die gewünschte Adresse aus und übernehmen diese mit einem Klick auf den Button OK (Bild 2.180).

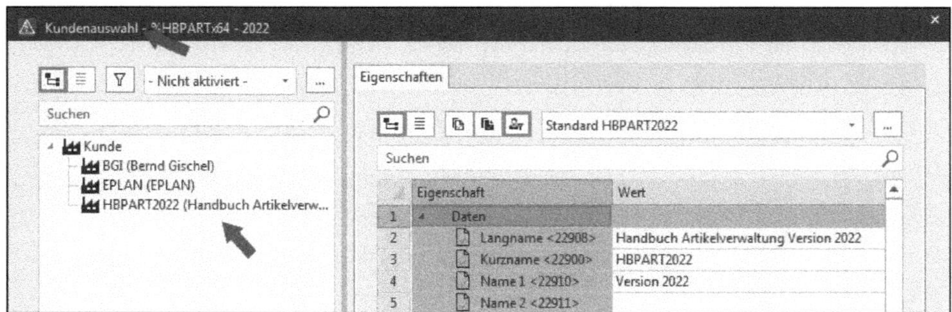

Bild 2.180 Dialog Kundenauswahl

Nach einem Klick auf OK schreibt EPLAN alle gefundenen Daten des Endkunden aus der Artikelverwaltung in die Projekteigenschaften und hier in den Eigenschaften *Endkunde: [...]* automatisch in die Felder (Bild 2.181).

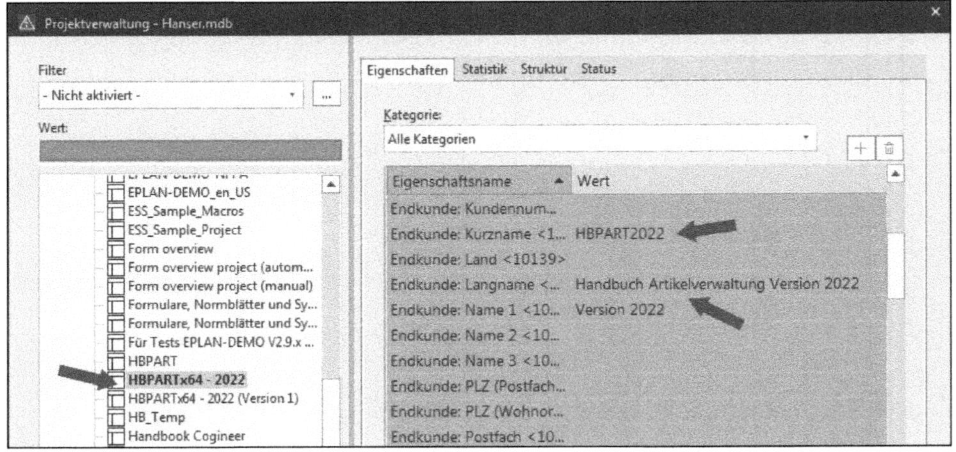

Bild 2.181 Übernommene Daten aus der Artikelverwaltung

Damit wäre das Einlesen beendet. Natürlich kann man diese Daten auch manuell eingeben, aber bei der automatisierten Variante werden die Daten, wenn sie fehlerfrei in der Artikelverwaltung vorhanden sind, ohne Fehler in die entsprechenden Projekteigenschaften geschrieben.

■ 2.3 Detaillierte Informationen (rechter Bereich)

Neben der Auflistung der verschiedenen Artikeldaten (Baum- oder Listendarstellung) auf der linken Seite des Dialogs gehören zu jedem Artikel (egal, ob Einzelteil oder Baugruppe) weitere Informationen. Das können kaufmännische Daten wie Preise, aber auch technische Daten wie Dokumentationen, Zertifikate, Maße oder Gewichte sein (Bild 2.182).

Dieser rechte Bereich besteht im Wesentlichen aus den verschiedenen Registerkarten/Schemata mit weiteren Informationen der Artikeldaten.

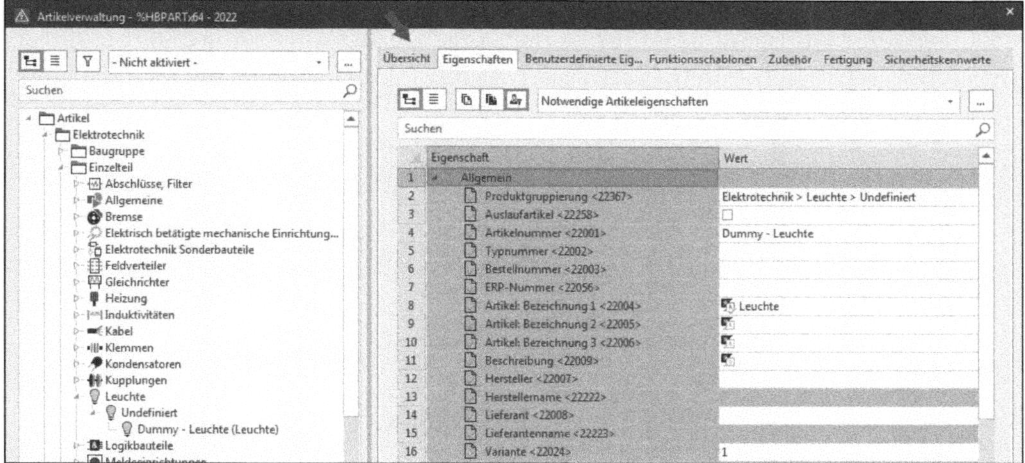

Bild 2.182 Rechter Bereich mit den verschiedenen Registerkarten

Die allgemein gültigen Registerkarten beinhalten allgemeine Artikeleigenschaften, die entweder direkt über die Registerkarte oder über selbst erstellte Schemata mit weiteren Artikeleigenschaften zugänglich sind.

Alle anderen Registerkarten, mögliche Schemata bzw. Artikeleigenschaften werden in späteren Kapiteln behandelt:

- Kapitel 3: Registerkarten/Schemata, die für alle Datensätze gültig sind
- Kapitel 4: Einzelteile wie Schütze, Kabel etc.
- Kapitel 5: Baugruppen
- Kapitel 6: Module
- Kapitel 7: Sonstige Registerkarten/Schemata

Gewerke wie Fluid oder Mechanik werden in diesem Buch nicht berücksichtigt. ■

2.3.1 Registerkarte Übersicht

Auf der Registerkarte *Übersicht* (Bild 2.183) werden allgemeine Informationen angezeigt. Die Anzeige selbst ist abhängig vom eingestellten Schema. Auf dieser Registerkarte sind keine Schreibzugriffe möglich. Sie dient nur zur Anzeige bzw zur schnellen Übersicht von Artikeldaten.

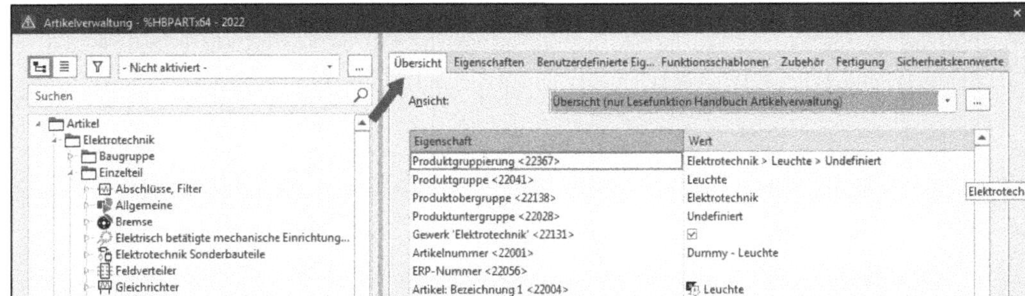

Bild 2.183 Registerkarte Übersicht (nur lesend)

2.3.2 Registerkarte Eigenschaften

Auf der Registerkarte *Eigenschaften* können über selbst erstellte Schemata die Artikeldaten direkt bearbeitet und natürlich auch angezeigt werden (Bild 2.184).

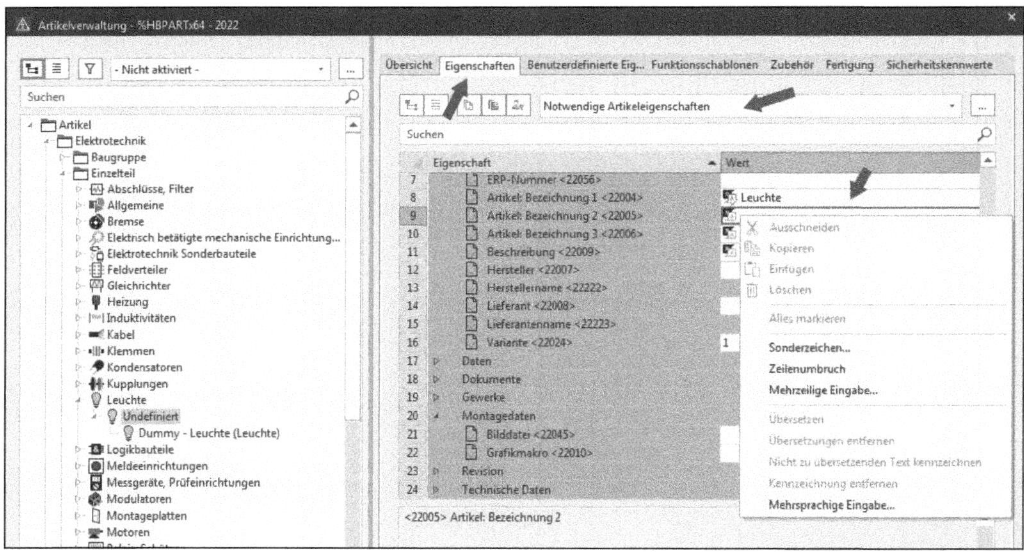

Bild 2.184 Registerkarte Eigenschaften

Einige wichtige Artikeleigenschaften werden nachfolgend kurz erläutert.

2.3.2.1 Produktgruppierung

In diesem Feld kann aus einer Auswahlliste die Produktgruppierung gewählt werden (Bild 2.185).

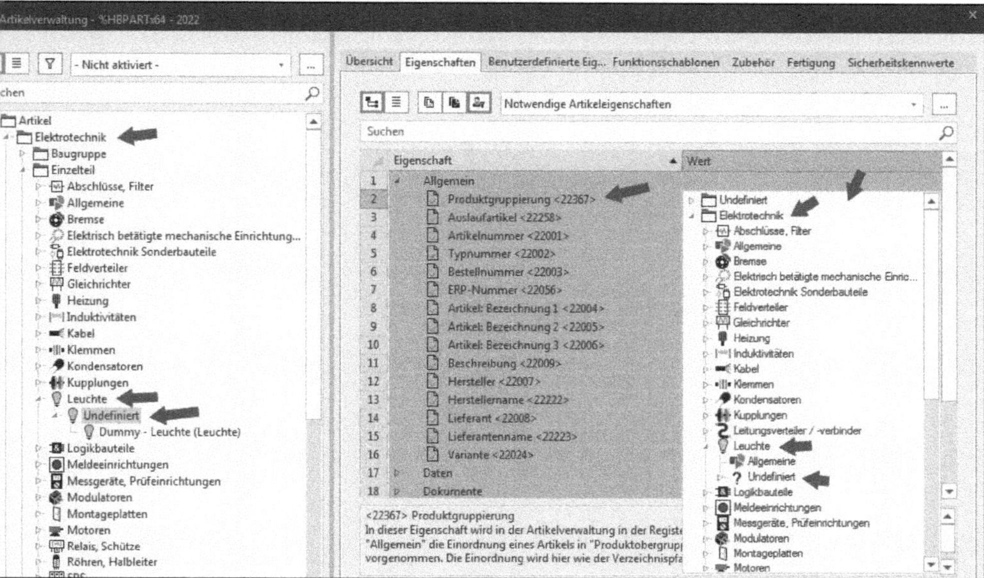

Bild 2.185 Auswahlliste Produktgruppierung

Die Produktgruppierung ist auch in der Baumdarstellung sichtbar. Hier wird der Artikel je nach Auswahl in die Struktur einsortiert.

HINWEIS: Die Auswahlliste der Produktgruppierung kann weder geändert noch ergänzt werden. Die Auswahl unterliegt festen Vorgaben durch EPLAN.

2.3.2.2 Artikelnummer

Der wichtigste Eintrag beim Anlegen eines Artikeltyps ist die Artikelnummer (Bild 2.186). Die Artikelnummer ist das identifizierende Merkmal eines Artikels.

Bild 2.186 Feld Artikelnummer

Wird beispielsweise versucht, einen Artikel mit der gleichen Artikelnummer in der Datenbank anzulegen, quittiert EPLAN das mit einer Fehlermeldung, da beim Speichern geprüft wird, ob sich diese Artikelnummer schon im System befindet (Bild 2.187).

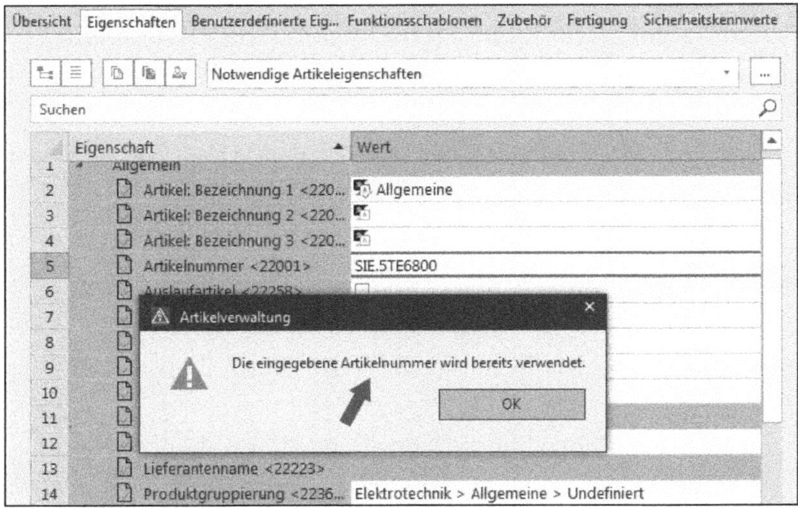

Bild 2.187 Fehlermeldung

Der Aufbau der Artikelnummer sollte nicht im „Wildwuchs" geschehen, alsonicht so gewählt werden, wie man es gerade möchte. Hier sind eine klare Vorgabe und administrative Organisation nötig. Im Normalfall sind Artikelnummern nicht nur auf ein EPLAN-System beschränkt, sondern werden beispielsweise an nachgelagerte Bestellsysteme, Endkunden etc. weitergegeben. Auch dort sind Vorgaben vorhanden, wie Artikelnummern aufgebaut sein müssen. Da die Artikelnummer das identifizierende Merkmal eines Artikeltyps in EPLAN ist, ist das immer vorrangig zu betrachten.

Deshalb ist hier auch der Gesamtverbund *EPLAN - Nachgelagerte Systeme* zu sehen und dementsprechend zu handeln.

2.3.2.3 ERP-Nummer

Das Feld *ERP-Nummer* muss nicht zwingend gefüllt werden. Dies ist abhängig davon, ob ein nachgelagertes ERP-System existiert und die ERP-Nummer wirklich benötigt wird (Bild 2.188).

Bild 2.188 Feld ERP-Nummer

Die Eingabe der ERP-Nummer (so wie die der Artikelnummer) muss immer eindeutig sein. Ob die Nummer eindeutig ist, wird beim Speichern des Artikels oder der Variante geprüft (Bild 2.189).

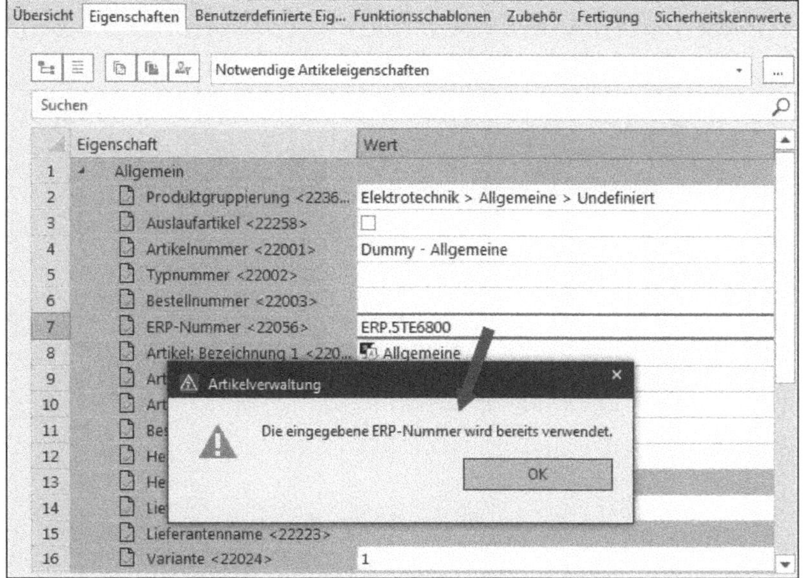

Bild 2.189 Fehlermeldung bei vorhandener ERP-Nummer

2.3.2.4 Typnummer

Im Gegensatz zur Artikel- bzw. ERP-Nummer muss die Typnummer nicht eindeutig in der Artikelverwaltung vorliegen. Dieses Feld ist also sehr gut geeignet, um beispielsweise eine Produktreihe von Kabeltypen anzugeben, bei der die Unterscheidung nach Artikelnummer funktioniert. Der Kabeltyp ist dabei immer gleich.

2.3.2.5 Bezeichnung 1 bis 3

In die Felder Bezeichnung 1, 2 und 3 können weitere beschreibende Angaben zum Artikel gemacht werden (Bild 2.190). Diese Felder können alle übersetzt werden, sind also mehrsprachenfähig.

Artikel: Bezeichnung 1 <22004>	Steckdose
Artikel: Bezeichnung 2 <22005>	
Artikel: Bezeichnung 3 <22006>	

Bild 2.190 Bezeichnungsfelder 1 bis 3

2.3.2.6 Hersteller/Lieferant

Die beiden Auswahlfelder *Hersteller* und *Lieferant* geben den Herstellernamen und den Lieferantennamen an (Bild 2.191). Beide Einträge müssen nicht gleich sein. Der Hersteller kann demnach ein anderer als der Lieferant sein. Grundsätzlich sind diese Felder Direkteingabefelder, in die man einen Hersteller oder Lieferanten direkt eintragen kann, auch wenn es ihn noch nicht in der Datenbank gibt.

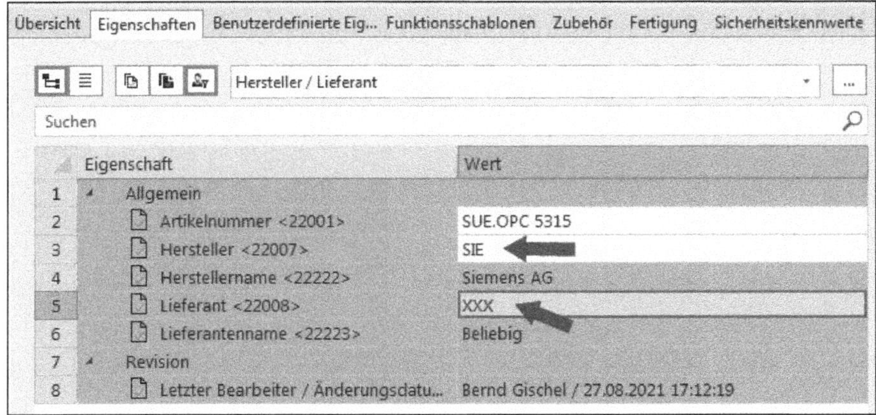

Bild 2.191 Eingabefelder Hersteller/Lieferant

Neben der Direkteingabe ist es auch möglich, einen Hersteller und/oder Lieferanten über den MORE-Button aus der schon bestehenden Datenbasis auszuwählen (Bild 2.192). Nach der Auswahl des Herstellers/Lieferanten und einem Klick auf den Button OK wird der Eintrag beim betreffenden Artikel übernommen.

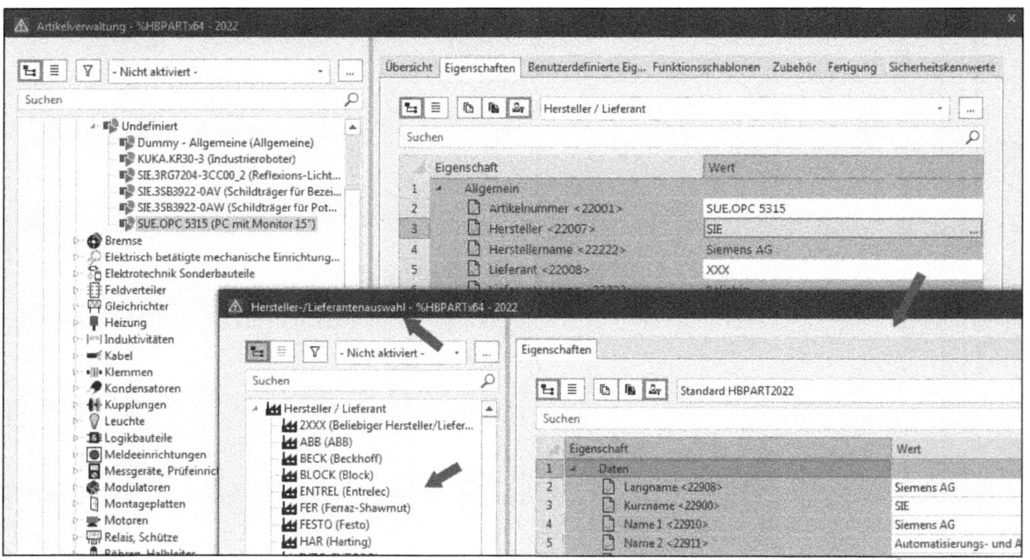

Bild 2.192 Auswahl des Herstellers/Lieferanten

EPLAN unterscheidet in den Dialogboxen zwar nach Hersteller bzw. Lieferant, aber grundsätzlich kommen beide Informationen aus dem Knoten *Hersteller/Lieferant* in der Artikeldatenbank (Bild 2.193).

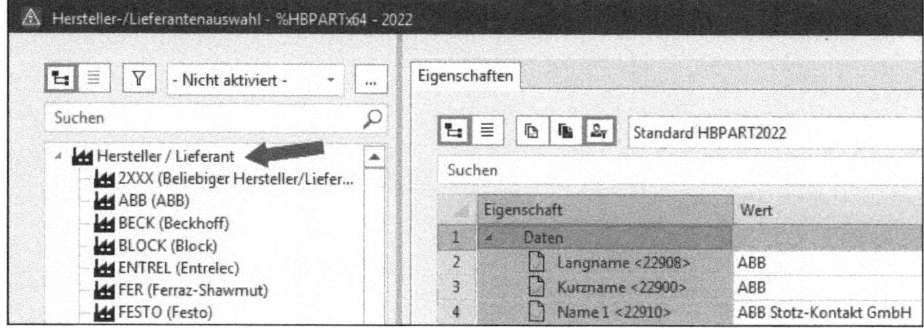

Bild 2.193 Eine Datenbasis für beide Einträge

Der angezeigte Langname am Artikel, neben dem Hersteller- bzw. Lieferantenkürzel, kann nicht direkt an dieser Stelle bearbeitet werden. Möchte man hier Änderungen durchführen, muss man dies im Knoten *Hersteller/Lieferant* erledigen. EPLAN aktualisiert anschließend automatisch den Artikeldatenbestand um die geänderten Daten.

2.3.2.7 Bestellnummer

Im Gegensatz zur Artikel- bzw. ERP-Nummer muss die Bestellnummer ebenfalls, wie die Typnummer, nicht eindeutig in der Artikelverwaltung vorliegen. Hier kann eine beliebige Zeichenkette eingegeben werden, idealerweise sollte diese mit der Bestellnummer des Herstellers übereinstimmen. Das ist aber keine Zwangsvorgabe.

2.3.2.8 Beschreibung

Das Eingabefeld *Beschreibung* kann für zusätzliche Angaben zum Artikel verwendet werden (Bild 2.194). Dabei sind der Fantasie kaum Grenzen gesetzt. Das Feld kann auch übersetzt sowie in den verschiedensten Formularen genutzt werden.

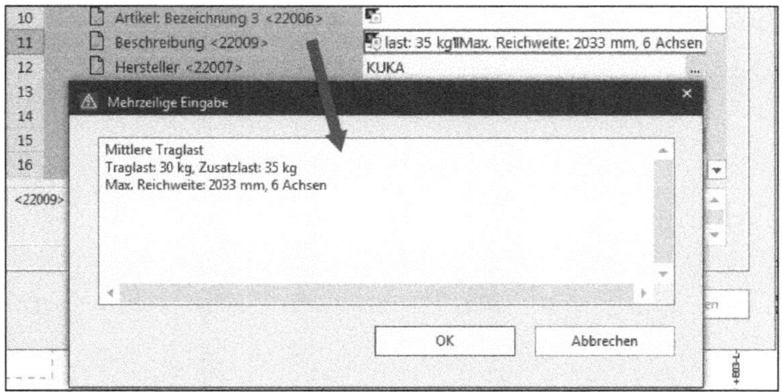

Bild 2.194 Feld Beschreibung

2.4 Globale Funktionen: Filtermöglichkeiten

Neben der Eingabe und Pflege von Artikeldaten ist es natürlich auch wichtig, dass gewünschte Informationen schnell und einfach gefunden werden können, wenn sie einmal benötigt werden. EPLAN hat Filterfunktionen in das System eingebaut, die dies schnell und einfach ermöglichen.

2.4.1 Filter

In der Artikelverwaltung gibt es die Möglichkeit, Filter zu nutzen, die über die möglichen Artikel-Eigenschaften die Anzeige entsprechend filtern (Bild 2.195).

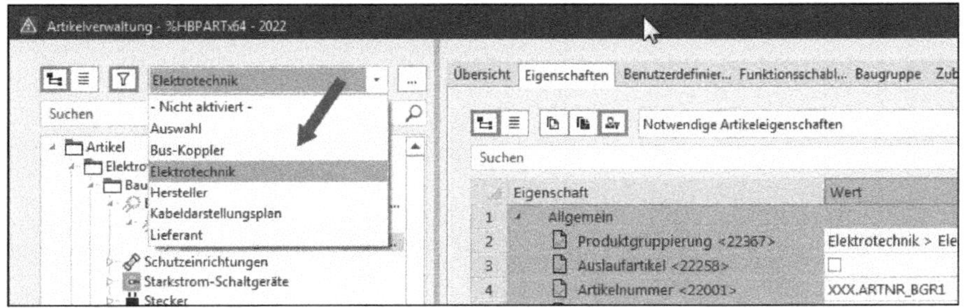

Bild 2.195 Auswahl eines Filters

Diese Filtertechnik bietet weiterhin die Möglichkeit, die Anzeige von Artikeldaten durch bestimmte Filterkriterien zu beschränken (Bild 2.196). Dabei filtert EPLAN nur genau mit dem Feld oder den Eigenschaften, welche im Filter vorgegeben sind.

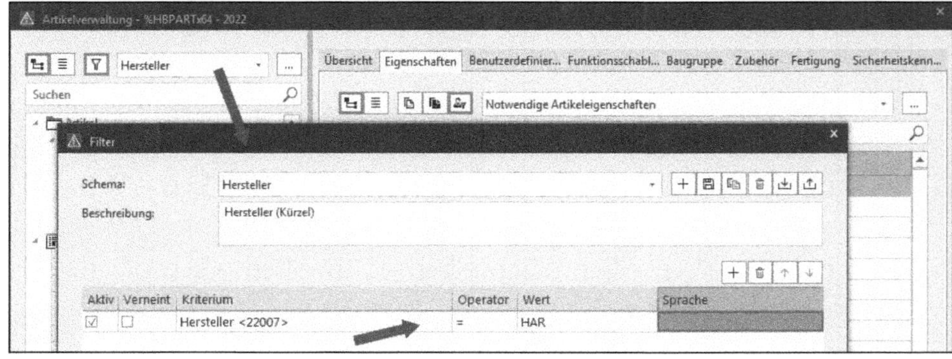

Bild 2.196 Beispielfilter

HINWEIS: In den Knoten *Hersteller/Lieferant* und *Kunde* können keine Filter angewendet werden.

EPLAN liefert schon bei einer Standardinstallation eine Reihe von Filterschemata mit. Grundsätzlich sind aber natürlich weitere persönliche Filterschemata möglich.

Sobald ein Filter aktiv geschaltet wird, wird die gesamte Artikeldatenbank gefiltert, d.h., die Anzahl der Artikel wird entsprechend reduziert und der Name des Schemas in der Auswahlliste links neben dem MORE-Button angezeigt (Bild 2.197).

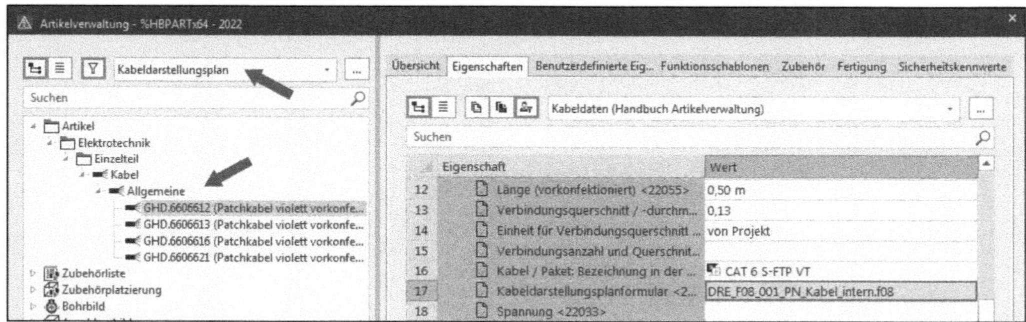

Bild 2.197 Auswahlliste aktiver Filter

2.4.2 Volltext-Filter

Der sogenannte Volltext-Filter sucht über die gesamte Artikeldatenbank hinweg und in allen möglichen Feldern (Bild 2.198).

Die Vorgehensweise ist recht einfach. Der gewünschte Suchbegriff wird komplett oder auch unvollständig eingegeben, und die Suche wird mit der Taste Enter gestartet (Bild 2.199). Dabei spielt es keine Rolle, wie der Suchtext eingegeben wird. Die Suche findet bei Eingabe des Suchtexts „Träger", „träger" oder „Träg" immer alle Artikeldaten, die in einem beliebigen Feld die Zeichenkette „träg" enthalten. Das kann innerhalb eines Wortes (beispielsweise „Bezeichnungsschildträger"), am Anfang oder an einer beliebigen anderen Stelle sein.

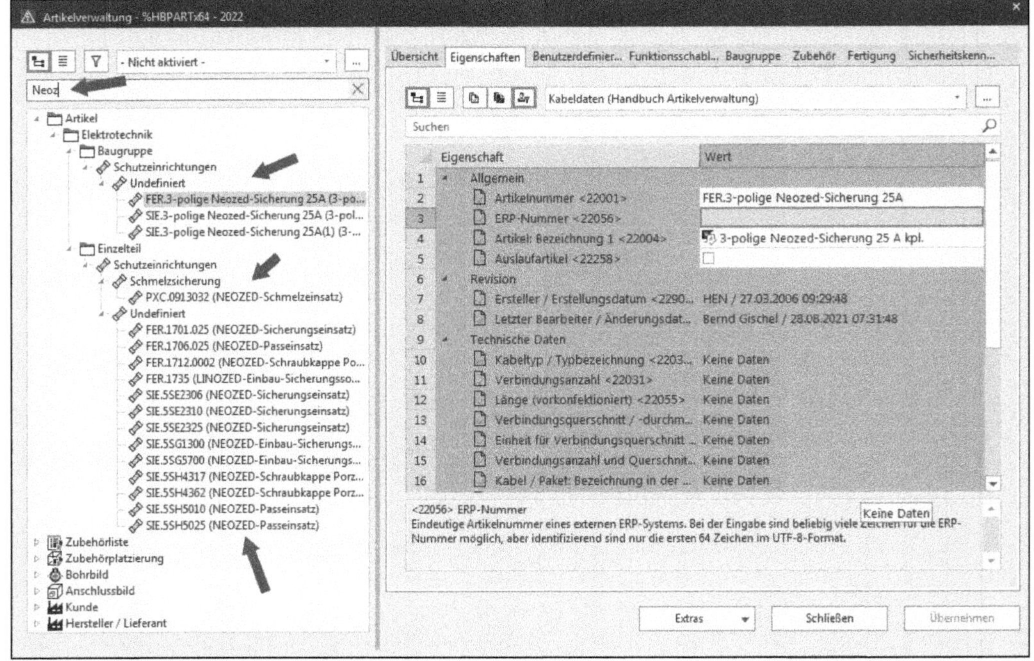

Bild 2.198 Volltext-Filter

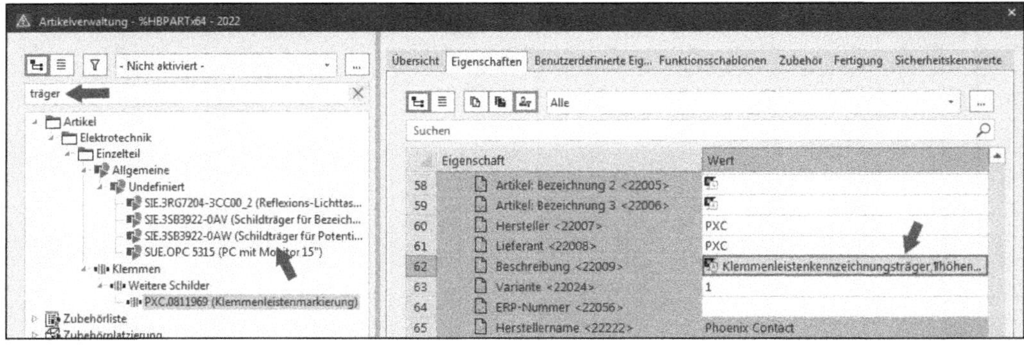

Bild 2.199 Eingabe Suchtext

Der Volltext-Filter sucht in der Baumdarstellung durch alle Knoten, die in der Baumstruktur vorhanden sind. In der Listendarstellung hingegen werden nur die reinen Artikeldaten und beispielsweise keine Zubehörteile durchsucht.

Ein Suchbegriff kann durch einen Klick auf den LÖSCHEN-Button aus dem Suchfeld entfernt werden (Bild 2.200). EPLAN aktualisiert die Baumdarstellung nach einem Klick auf den LÖSCHEN-Button automatisch, und alle Artikeldaten werden nun wieder angezeigt.

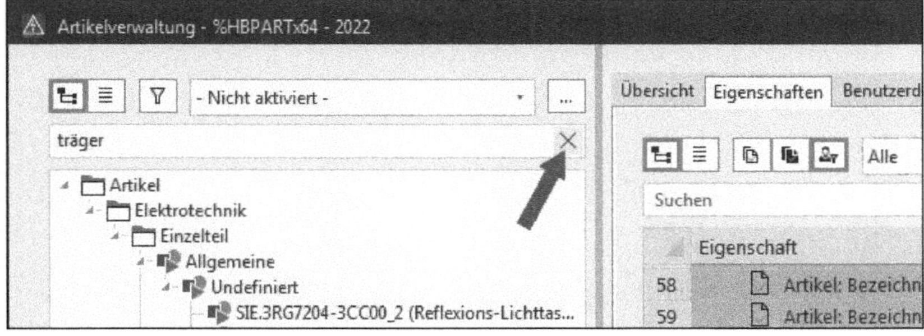

Bild 2.200 Suchbegriff entfernen

3 Allgemeingültige Registerkarten (Schemen)

Dieses Kapitel gibt eine Übersicht über diejenigen Registerkarten (Schemata), welche für alle Datensätze oder Artikeltypen gültig sind.

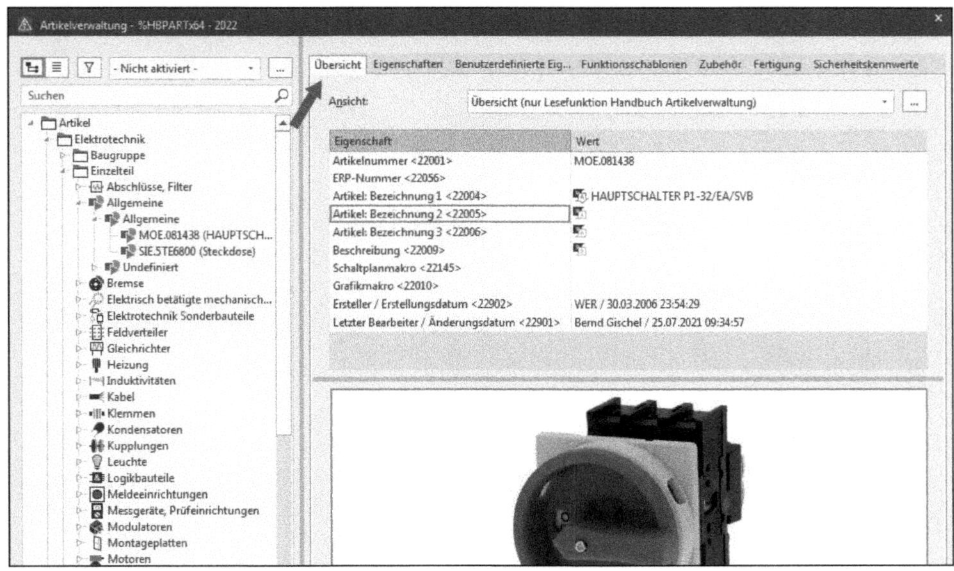

Bild 3.1 Registerkarten in der Artikelverwaltung

■ 3.1 Registerkarte Übersicht

Neben der Registerkarte *Übersicht* gibt es noch weitere Registerkarten in der Artikelverwaltung, die zu einem Datensatz/Artikeltyp gehören. Nicht alle Informationen, die sich auf diesen Registerkarten inklusive der Beispielschemata befinden, sind zwingend notwendig, aber sie können ab und an das Arbeiten in EPLAN Electric P8 wesentlich erleichtern.

In den folgenden Abschnitten werde ich in Kurzform die wichtigsten Informationen zu den jeweiligen Eingabe- und/oder Auswahlfeldern in den betroffenen Registerkarten bzw. möglichen Schemata auflisten.

■ 3.2 Registerkarte Eigenschaften – Schema Preise und Sonstiges

Das Schema *Preise und Sonstiges* (Bild 3.2) ist wie folgt erreichbar: Öffnen Sie die Artikelverwaltung. Anschließend markieren Sie in der Baum- oder Listendarstellung einen Artikel und wechseln auf die Registerkarte *Eigenschaften*. Wählen Sie nun das Schema *Preise und Sonstiges* aus der Auswahlliste.

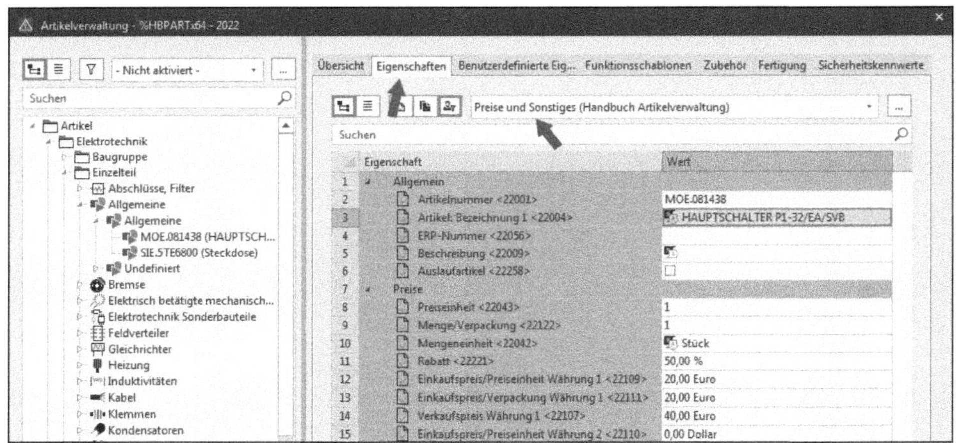

Bild 3.2 Schema Preise und Sonstiges

In diesem Schema können kaufmännische und organisatorische Informationen wie Einkaufspreise, Mengeneinheiten oder Dokumente hinterlegt werden, die jeweils von dem Artikeltyp und den Produktgruppen unabhängig sind. Diese Daten können einmal pro Artikel festgelegt werden. Artikelvarianten können nicht separat betrachtet werden.

Mögliche Eigenschaften/Eingaben

Im Folgenden werden die in Bild 3.3 dargestellten möglichen Eigenschaften erläutert.

7	Preise	
8	Preiseinheit <22043>	1
9	Menge/Verpackung <22122>	1
10	Mengeneinheit <22042>	Stück
11	Rabatt <22221>	50,00 %
12	Einkaufspreis/Preiseinheit Währung 1 <22109>	20,00 Euro
13	Einkaufspreis/Verpackung Währung 1 <22111>	20,00 Euro
14	Verkaufspreis Währung 1 <22107>	40,00 Euro
15	Einkaufspreis/Preiseinheit Währung 2 <22110>	0,00 Dollar
16	Einkaufspreis/Verpackung Währung 2 <22112>	0,00 Dollar
17	Verkaufspreis Währung 2 <22108>	0,00 Dollar

Bild 3.3 Mögliche Eigenschaften

Preiseinheit: Der hier eingegebene Wert wird später vom Einkaufspreis und für den Verkaufspreis als Grundlage benutzt. Die Feldlänge ist auf maximal neun Zeichen beschränkt.

Mengeneinheit: Aus der Auswahlliste (Bild 3.4) kann hier eine passende Mengeneinheit des Artikels ausgewählt werden. Auch manuelle Einträge (Direkteingabe in das Feld) sind möglich. EPLAN schreibt jeden neuen manuellen Eintrag automatisch in die Auswahlliste, wenn der Button ÜBERNEHMEN in der Artikelverwaltung betätigt wird. Dieser Eintrag steht dann sofort für eine Auswahl zur Verfügung.

9	Menge/Verpackung <22122>	1
10	Mengeneinheit <22042>	
11	Rabatt <22221>	METER
12	Einkaufspreis/Preiseinheit Währung 1 <22109>	Paket
13	Einkaufspreis/Verpackung Währung 1 <22111>	STK
14	Verkaufspreis Währung 1 <22107>	Stück
15	Einkaufspreis/Preiseinheit Währung 2 <22110>	m
16	Einkaufspreis/Verpackung Währung 2 <22112>	

Bild 3.4 Mengeneinheiten

TIPP: Ein versehentlich eingetragener Wert kann aus der Auswahlliste entfernt werden. Dazu wird der versehentliche Eintrag ausgewählt, am Artikel übernommen und anschließend mit dem LÖSCHEN-Befehl aus dem Kontextmenü der rechten Maustaste im Eigenschaftsfeld entfernt. Der Eintrag ist nach der Auswahl des Befehls AUSWAHLLISTE AKTUALISIEREN im Kontextmenü der rechten Maustaste ab sofort nicht mehr in der Auswahlliste enthalten.

Menge/Verpackung: Hier wird die Anzahl der Mengen eingetragen, die in einer Verpackungseinheit enthalten sind. Beispiel: Ein Karton kann 100 Beschriftungsschilder enthalten. In diesem Fall ist die Menge/Verpackung „100".

Rabatt: Feld zur Eingabe eines möglichen Rabatts (in Prozent)

Einkaufspreis/Preiseinheit: Hier wird der Einkaufspreis pro Preiseinheit eingegeben. Ist unter *Extras/Währungen* die Option *Einkaufspreis/Preiseinheit* aktiviert, wird der Preis für die Währung 2 automatisch umgerechnet.

Einkaufspreis/Verpackung: Hier wird der Einkaufspreis pro Verpackung eingegeben. Ist unter *Extras/Währungen* die Option *Einkaufspreis/Verpackung* aktiviert, wird der Preis für die Währung 2 automatisch umgerechnet.

Verkaufspreis: Hier wird der Verkaufspreis eingegeben. Ist unter *Extras/Währungen* die Option *Verkaufspreis* aktiviert, wird der Preis automatisch in die Währung 2 umgerechnet.

Strichcode-Nummer/-Typ: Strichcodes dienen dazu, Waren eindeutig zu kennzeichnen. Es können mehrere Codierungsstandards verwendet werden. Im Feld *Strichcode-Nummer* kann ein bis zu 20 Zeichen langer Strichcode hinterlegt werden.

Im Feld *Strichcode-Typ* ist es möglich, aus der Auswahlliste einen Eintrag zu wählen oder über eine manuelle Eingabe einen neuen Wert in der Auswahlliste hinzuzufügen (Bild 3.5).

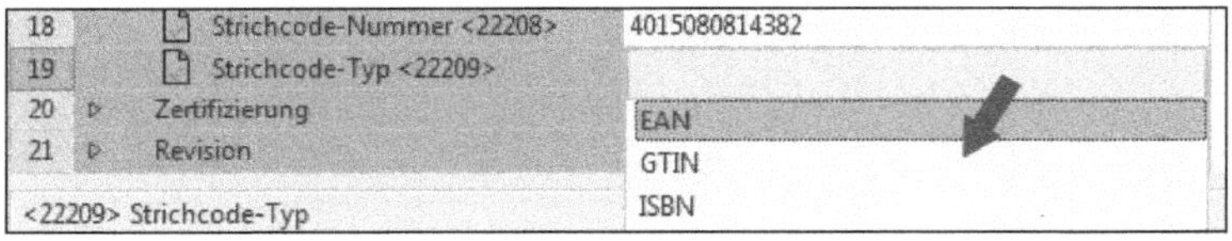

Bild 3.5 Auswahlliste Strichcode-Typ

HINWEIS: Die Strichcode-Nummer wird von EPLAN nicht auf Eindeutigkeit überprüft.

Zu jedem Artikel lassen sich weitere Zertifikate und/oder weitere Kennungen hinterlegen. Die Felder sind im Normalfall reine Eingabefelder und werden nicht auf Plausibilität geprüft (Bild 3.6).

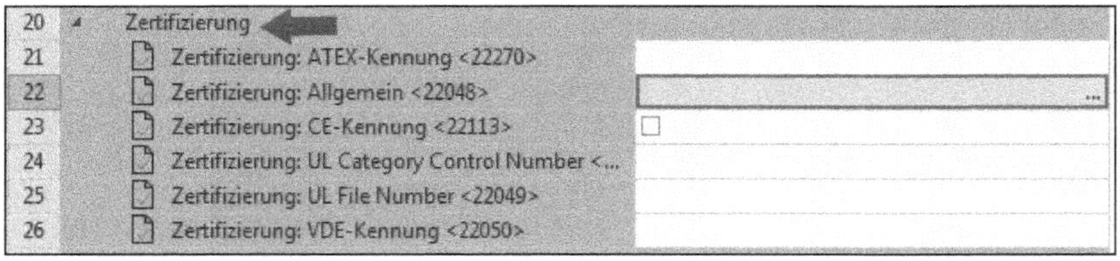

Bild 3.6 Weitere Eigenschaften

Allgemein: Der Eintrag kann aus der vorhandenen Auswahlliste ausgewählt oder manuell eingetragenen werden (Bild 3.7).

Bild 3.7 Auswahlliste Allgemein

UL-File Number: Eingabe der UL-Kennzeichnung (Underwriters Laboratories Inc.) für diesen Artikel.

VDE-Kennung: Für diese Kennzeichnung (Verband der Elektrotechnik, Elektronik, Informationstechnik) steht ebenfalls ein Eingabefeld zur Verfügung.

CE-Kennung: Ist ein Zertifikat der Communauté Européenne für diesen Artikel vorhanden (EU), kann hier das Häkchen gesetzt werden.

U.a. Ersteller: Dieses Feld wird von EPLAN automatisch mit dem Anmeldenamen des Benutzers, der den Datensatz erstellte, sowie Datum und Uhrzeit der Erstellung des Datensatzes gefüllt. Es kann nicht bearbeitet werden (Bild 3.8).

U.a. Letzte Änderung: Dieses Feld wird von EPLAN automatisch mit dem Anmeldenamen des Benutzers, der den Datensatz zuletzt bearbeitete, gefüllt. Das Datum und die Uhrzeit der letzten Änderung werden erfasst und eingetragen. Dieses Feld kann nicht bearbeitet werden (Bild 3.8).

15	Revision	
16	Ersteller / Erstellungsdatum <22902>	WER / 30.03.2006 23:54:29
17	Letzter Bearbeiter / Änderungsdatum <22901>	Bernd Gischel / 25.07.2021 10:10:09

Bild 3.8 Informationen

■ 3.3 Registerkarte Eigenschaften – Schema Montagedaten

Das Schema *Montagedaten* ist wie folgt erreichbar: Öffnen Sie die Artikelverwaltung. Anschließend markieren Sie in der Baum- oder Listendarstellung einen Artikel, wechseln Sie auf die Registerkarte EIGENSCHAFTEN und wählen hier das Schema *Montagedaten* aus (Bild 3.9).

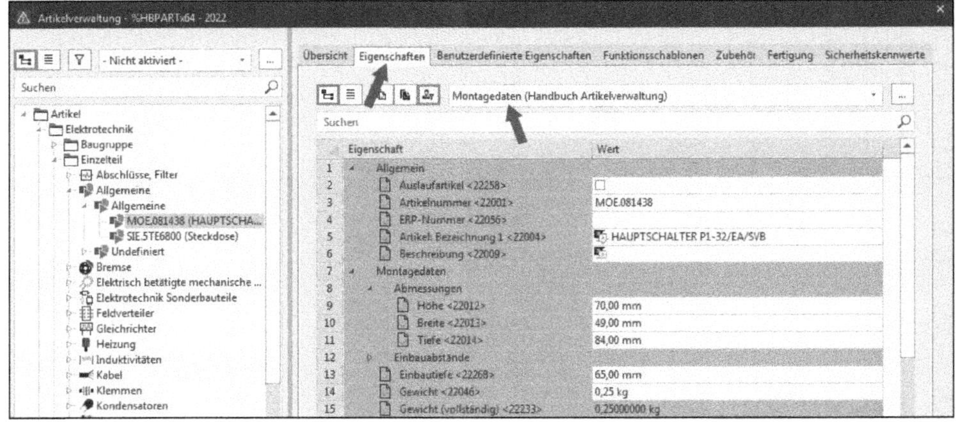

Bild 3.9 Beispielschema Montagedaten

Anhand dieser möglichen Eigenschaften können zusätzliche Montagedaten festgelegt werden. Die Daten sind für alle Varianten eines Artikels identisch. Diese Daten können also nur einmal pro Artikel festgelegt werden. Artikelvarianten werden nicht separat betrachtet.

Mögliche Eigenschaften/Eingaben

Im Folgenden werden die in Bild 3.10 dargestellten möglichen Eigenschaften erläutert.

	Eigenschaft	Wert
7	Montagedaten	
8	Abmessungen	
9	Höhe <22012>	70,00 mm
10	Breite <22013>	49,00 mm
11	Tiefe <22014>	84,00 mm
12	Einbauabstände	
13	Einbautiefe <22268>	65,00 mm
14	Gewicht <22046>	0,25 kg
15	Gewicht (vollständig) <22233>	0,25000000 kg
16	Gewicht in der Anzeigeeinheit <22059>	0,25 kg
17	Mittenversatz <22215>	0,00 mm
18	Externe Platzierung <22220>	☐
19	Montagefläche <22022>	Tür
20	Platzbedarf <22047>	3430,00 mm²

Bild 3.10 Mögliche Eigenschaften Abmessungen, Gewicht und mehr

Gewicht: Dieses Feld dient zur Eingabe des Artikelgewichts in kg.

Breite/Höhe/Tiefe: Diese Felder dienen zur Eingabe der Maße in mm. Die Angabe mm muss nicht eingegeben werden. EPLAN ergänzt sie automatisch beim Verlassen des Feldes.

Platzbedarf: Dieser Wert wird automatisch berechnet, sobald die Funktion aus dem Menü Extras/Platzbedarf gewählt wird. Dabei werden die Werte aus den Feldern *Breite* und *Höhe* verwendet, wobei folgende Berechnung zugrunde gelegt wird: (b * h) mit b = Breite und h = Höhe

Montagefläche: Hier kann aus der Auswahlliste eine Vorgabe für den Schaltschrankaufbau gewählt werden. Die Auswahl *Nicht definiert* ist die Voreinstellung für neue Artikel (Bild 3.11).

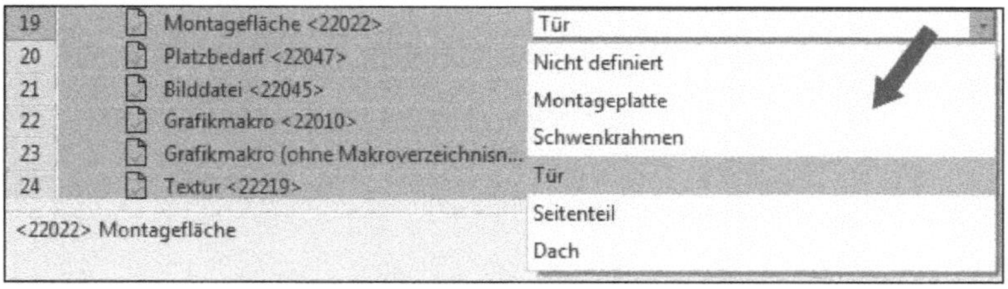

Bild 3.11 Auswahlliste Montagefläche

Externe Platzierung: Diese Option sollte aktiviert werden, wenn es sich bei den Artikeln um solche handelt, die als „extern platziert" gekennzeichnet und ausgewertet werden sollen, beispielsweise Initiatoren, Ventile etc., die also im Normalfall im eigentlichen Schaltschrankaufbau nicht berücksichtigt werden müssen.

Grafikmakro: Hier kann ein Makro für die 3D-Darstellung (EPLAN Pro Panel) eingetragen werden. Es können Fenster- und/oder Symbolmakros ausgewählt und übernommen werden (Bild 3.12).

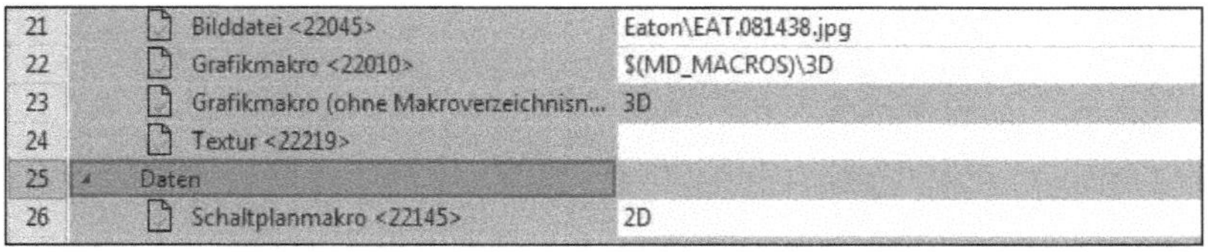

Bild 3.12 Mögliche Eigenschaften wie Makro und mehr

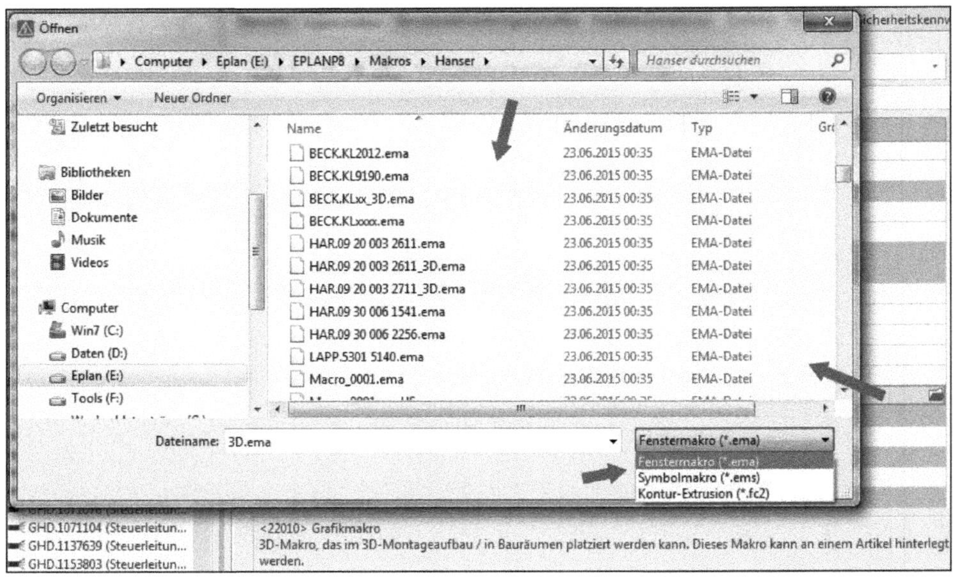

Bild 3.13 Auswahl Makrodatei

TIPP: EPLAN empfiehlt eine klare Trennung zwischen 2D- und 3D-Makrodaten. Generell ist es möglich, die verschiedensten Darstellungsarten in einer Makrodatei zu speichern. Aus Gründen der Performance wird aber davon abgeraten, 2D- und 3D-Aufbaudaten zusammen abzuspeichern.

Bilddatei: Hier kann dem Artikel eine Bilddatei zugewiesen werden. Dazu klicken Sie auf den MORE-Button, wählen aus dem Dialog BILDDATEI die gewünschte Datei aus und übernehmen diese (Bild 3.14). Folgende Dateitypen sind möglich: *.bmp, *.jpg, *.jpeg, *.tif, *.gif, *.png und *ico.

Mittenversatz: Soll der Artikel in der Frontansicht (Vorderansicht auf das Bauteil) nicht zentriert (mittig) platziert werden, so muss hier der Versatz bezüglich der Mitte der Tragschiene eingegeben werden. Das Bauteil wird dann später automatisch um diesen Wert versetzt.

HINWEIS: Diese Funktionalität ist ausschließlich für das Add-on EPLAN Pro Panel gedacht. Die Eigenschaft hat keinen Einfluss auf den 2D-Schaltschrankaufbau.

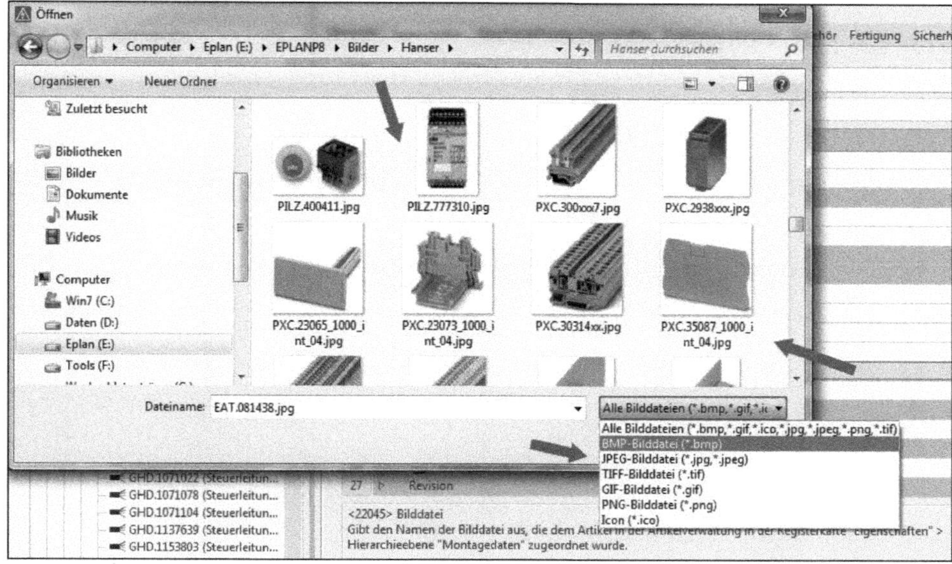

Bild 3.14 Auswahl Bilddatei

Aufklipshöhe: Die Aufklipshöhe beschreibt die Position in der Seitenansicht oder von oben/unten. Bei der Platzierung auf einer Tragschiene wird das Bauteil automatisch in der richtigen Einbautiefe auf der Schiene platziert, beispielsweise 7 mm. Daher wäre der Eintrag an dieser Stelle 7,00 mm.

HINWEIS: Auch die Eigenschaft *Aufklipshöhe* ist ausschließlich für das Add-on EPLAN Pro Panel gedacht. Sie hat also, wie die Eigenschaft *Mittenversatz*, keinen Einfluss auf den 2D-Schaltschrankaufbau.

Einbauabstände: Diese Felder dienen zur Eingabe des jeweiligen Einbauabstands in der angegebenen Richtung in mm. Werden in diesen Feldern Werte hinterlegt, so erfolgt mit dem Menüaufruf EXTRAS/PLATZBEDARF eine automatische Platzbedarfsberechnung nach folgender Berechnung: ((b + ab) * (h + ah))/10 000 (b = Breite, ab = Einbauabstand-Breite, h = Höhe und ah = Einbauabstand-Höhe)

12	Einbauabstände	
13	Einbauabstand Breite links <22152>	5,00 mm
14	Einbauabstand Breite rechts <2215...	5,00 mm
15	Einbauabstand Höhe oberhalb <22...	25,00 mm
16	Einbauabstand Höhe unterhalb <2...	25,00 mm
17	Einbauabstand Tiefe hinten <2215...	5,00 mm
18	Einbauabstand Tiefe vorne <22156>	5,00 mm
19	Einbautiefe <22268>	65,00 mm

Bild 3.15 Mögliche Eigenschaften Einbauabstände

■ 3.4 Registerkarte Benutzerdefinierte Eigenschaften

Die Registerkarte *Benutzerdefinierte Eigenschaften* (Bild 3.16) ist wie folgt erreichbar: Öffnen Sie die Artikelverwaltung. Markieren Sie anschließend in der Baum- oder Listendarstellung einen Artikel.

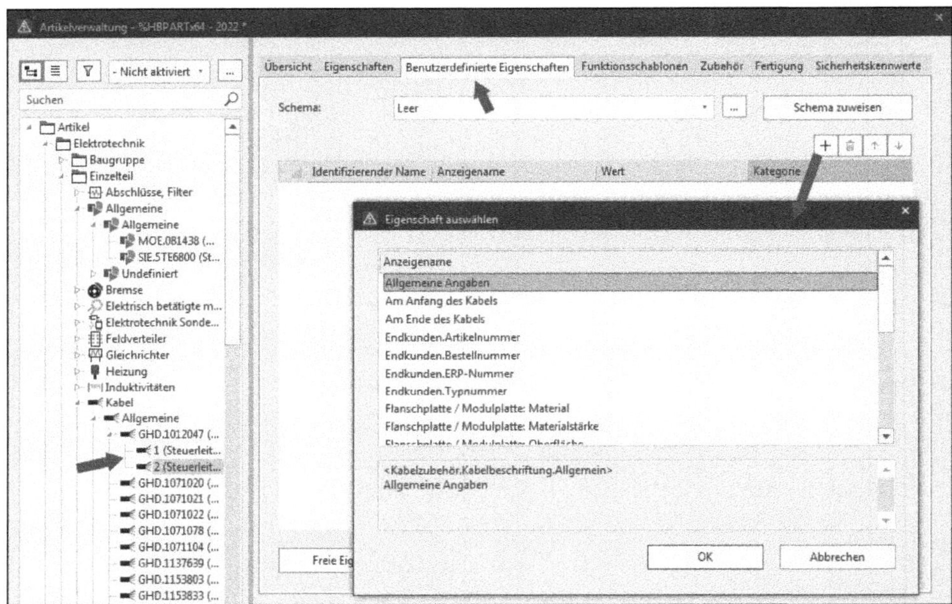

Bild 3.16 Registerkarte Benutzerdefinierte Eigenschaften

In dieser Registerkarte können zusätzliche Textinformationen, die vom gewählten Artikeltyp unabhängig sind, eingegeben werden. Dazu besteht die Möglichkeit, Schemata mit benutzerdefinierten Eigenschaften zu verwenden oder direkt die benutzerdefinierten Eigenschaften auszuwählen und mit Daten zu füllen.

Diese Daten können pro Artikelvariante festgelegt werden.

Mögliche Eigenschaften/Eingaben

Schema: Aus der Auswahlliste kann ein fertiges Schema ausgewählt werden. Mit der in EPLAN üblichen Technik können auch neue, eigene Schemas erstellt werden. Dazu klicken Sie auf den MORE-Button. EPLAN öffnet daraufhin den in Bild 3.18 gezeigten Dialog EIGENSCHAFTEN KONFIGURIEREN. Anschließend kann das neue Schema über den Button NEU erstellt und mit Daten gefüllt werden.

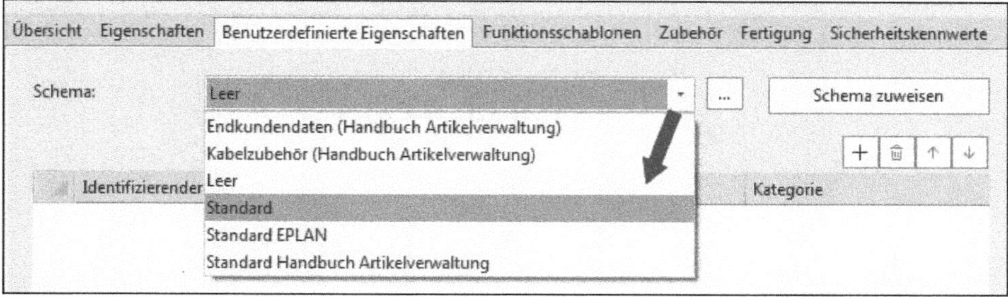

Bild 3.17 Auswahl Schema

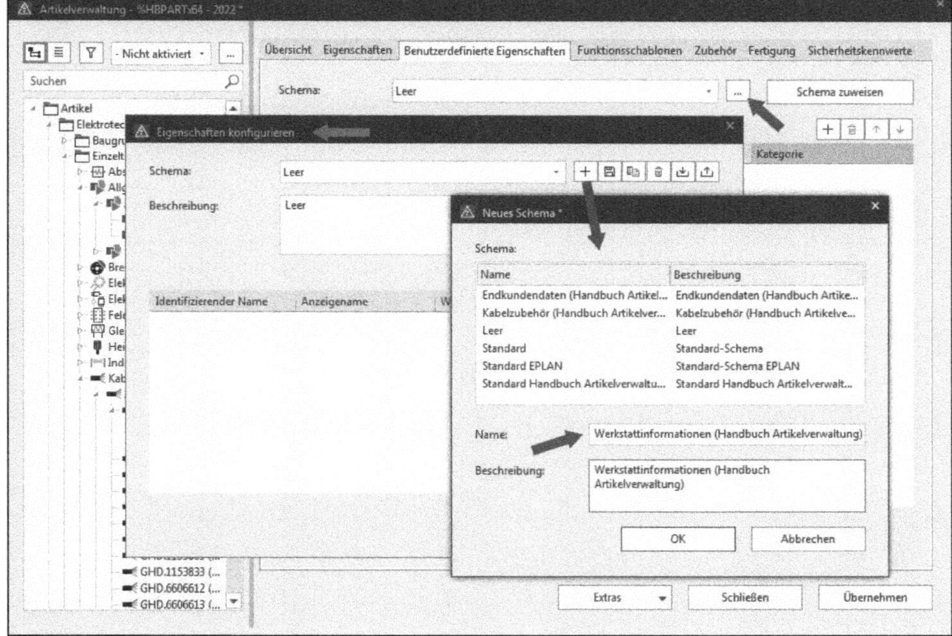

Bild 3.18 Neues Schema erstellen

HINWEIS: Jedes Feld einer freien Eigenschaft kann für das Filtern mit dem feldbasierten Filter verwendet werden.

Schema zuweisen: Nach Auswahl des gewünschten Schemas klicken Sie auf den Button SCHEMA ZUWEISEN. Erst dann ordnet EPLAN das Schema zu (Bild 3.19 bis Bild 3.21).

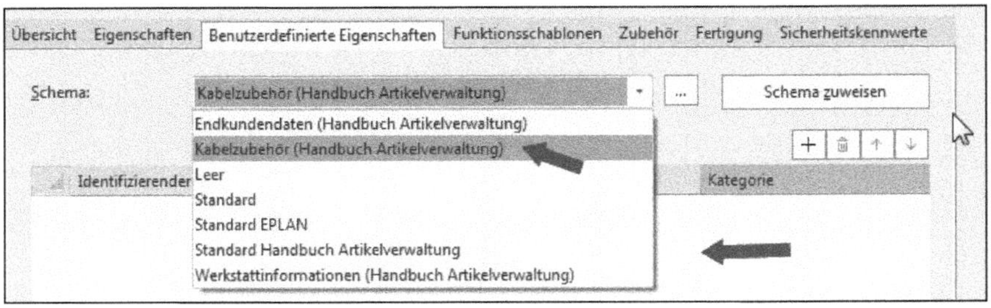

Übersicht
Eigenschaften
Benutzerdefinierte Eigenschaften
Funktionsschablonen
Zubehör
Fertigung
Sicherheitskennwerte
Schema:
Kabelzubehör (Handbuch Artikelverwaltung)
...
Schema zuweisen
Endkundendaten (Handbuch Artikelverwaltung)
Kabelzubehör (Handbuch Artikelverwaltung)
Leer
Standard
Standard EPLAN
Standard Handbuch Artikelverwaltung
Werkstattinformationen (Handbuch Artikelverwaltung)
Identifizierender
Kategorie

Bild 3.19 Schema aus Liste auswählen

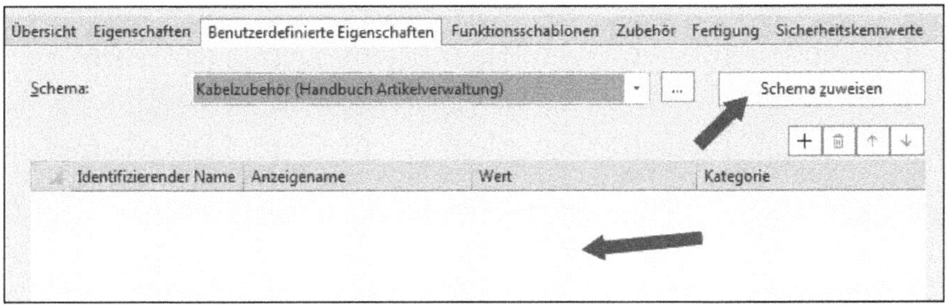

Übersicht
Eigenschaften
Benutzerdefinierte Eigenschaften
Funktionsschablonen
Zubehör
Fertigung
Sicherheitskennwerte
Schema:
Kabelzubehör (Handbuch Artikelverwaltung)
...
Schema zuweisen
Identifizierender Name
Anzeigename
Wert
Kategorie

Bild 3.20 Schema dem Artikel zuweisen

Übersicht
Eigenschaften
Benutzerdefinierte Eigenschaften
Funktionsschablonen
Zubehör
Fertigung
Sicherheitskennwerte
Schema:
Kabelzubehör (Handbuch Artikelverwaltung)
...
Schema zuweisen
Identifizierender Name
Anzeigename
Wert
Kategorie
1 Kabelzubehör.Kabelb... Allgemeine Angaben Artikel
2 Kabelzubehör.Kabelb... Am Anfang des Kabels Artikel
3 Kabelzubehör.Kabelb... Am Ende des Kabels Artikel
4 Kabelzubehör.Sonder... Sonderzubehör Artikel
5 Kabelzubehör.Verschr... Metrische Angabe
6 Kabelzubehör.Verschr... PG Angabe
M12
M16
M20
M25
M32
M40

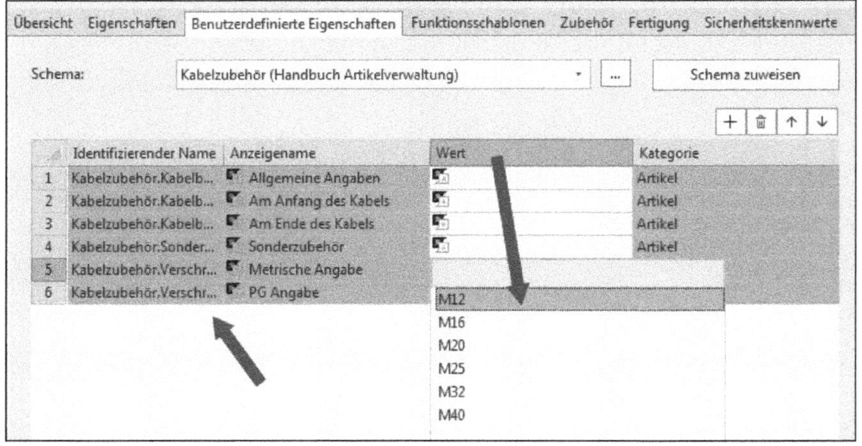

Bild 3.21 Zugewiesenes Schema

EPLAN füllt nach dem Zuweisen des Schemas die freien Eigenschaften mit den Werten, die im Schema hinterlegt sind. Die Einträge in der Spalte *Wert* können natürlich in den Formularen zur Ausgabe genutzt werden. Mit der bekannten Technik der Erzeugung von benutzerdefinierten Eigenschaften (über die Funktion EIGENSCHAFTEN KONFIGURIEREN, erreichbar über den Button EXTRAS) ist es natürlich auch möglich, beispielsweise die Spalte *Wert* schon mit einer Auswahlliste zu füllen und abzuspeichern (Bild 3.22).

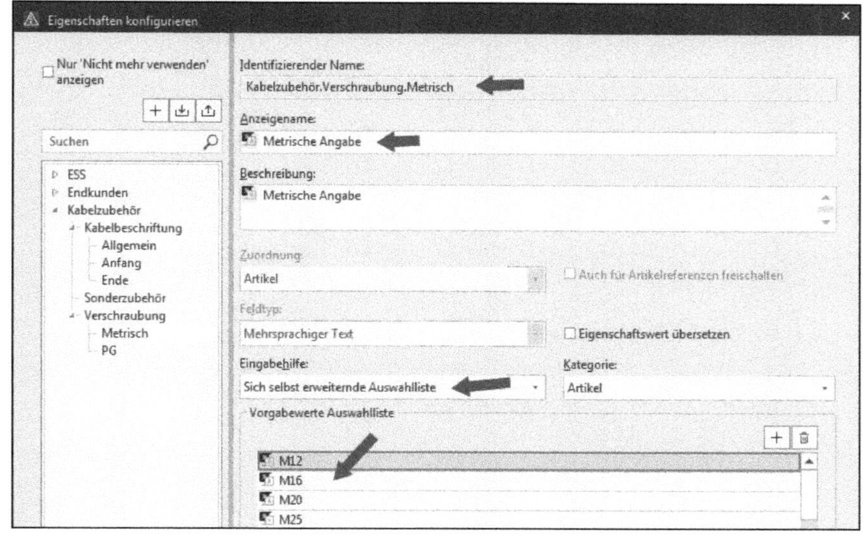

Bild 3.22 Beispiel benutzerdefinierte Eigenschaft und deren Auswahlliste

3.5 Registerkarte Eigenschaften – Schema Attribute

Das Schema *Attribute* ist wie folgt erreichbar: Öffnen Sie die Artikelverwaltung. Anschließend markieren Sie in der Baum- oder Listendarstellung einen Artikel. Wechseln Sie auf die Registerkarte *Eigenschaften* und wählen hier das Schema *Attribute* aus (Bild 3.23).

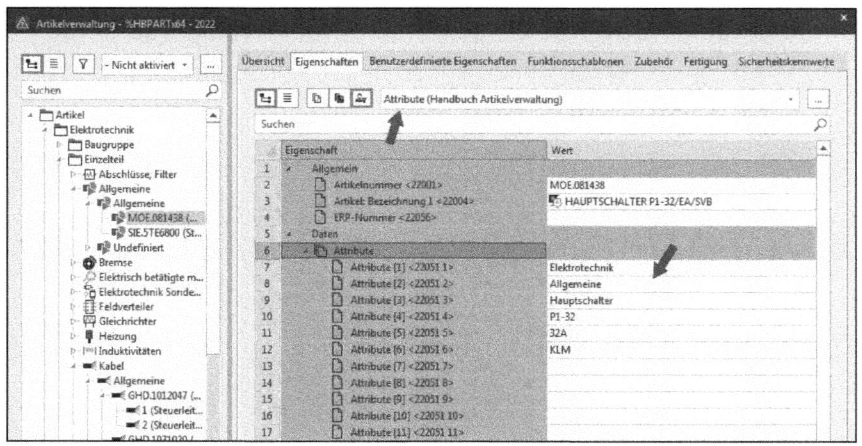

Bild 3.23 Beispielschema Attribute (Registerkarte Eigenschaften)

In diesem Schema können unabhängig vom Artikeltyp zusätzliche Attribute festgelegt werden. Diese Attribute sind für alle Varianten eines Artikels identisch.

Diese Daten können einmal pro Artikel festgelegt werden. Artikelvarianten können nicht separat betrachtet werden.

Mögliche Eigenschaften/Eingaben

Wert: Hier wird ein Wert für die Attribute eingegeben. Im Gegensatz zu den freien Eigenschaften sind Attribute nicht übersetzungsfähig.

Attribute können beispielsweise in der Baumkonfiguration genutzt werden, um eine feinere Darstellung der Artikel in der Artikelverwaltung zu erreichen, wie Bild 3.24 demonstriert.

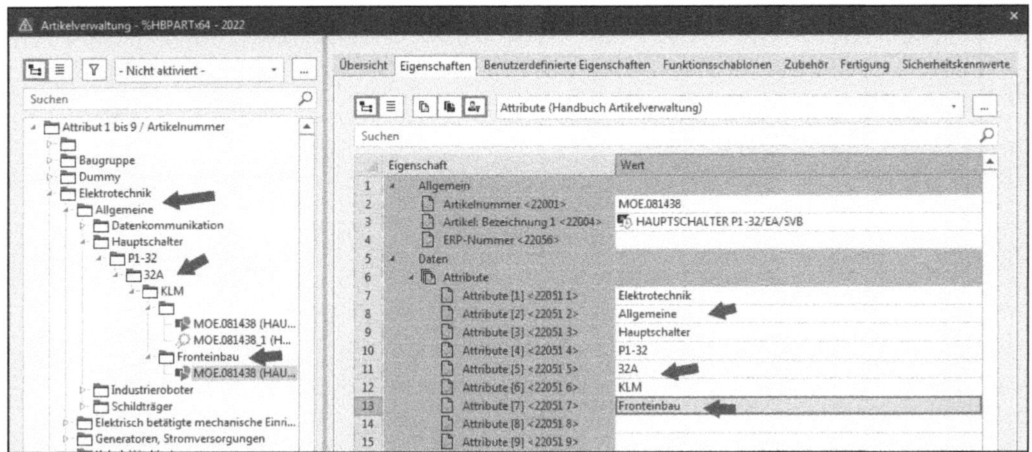

Bild 3.24 Beispiel für die Sortierung der Baumdarstellung durch den Einsatz der Attribute

Produktgruppen sowie Produktober- und Produktuntergruppen werden von EPLAN festgelegt. Mit den Attributen können jedoch sozusagen eigene „Produktgruppen" inklusive tiefer gehender Verästelungen erzielt und angezeigt werden.

Jedes Attribut kann für das Filtern mit dem feldbasierten Filter verwendet werden. Sie können hier beispielsweise Artikelklassen und Klassifikationsmerkmale nach ETIM hinterlegen und die Artikeldaten nach diesem Modell gefiltert anzeigen lassen.

■ 3.6 Registerkarte Zubehör

Die Registerkarte *Zubehör* (Bild 3.25) ist wie folgt erreichbar: Rufen Sie DIENSTPROGRAMME/ARTIKEL/VERWALTUNG auf. Markieren Sie anschließend einen Artikel in der Baum- oder Listendarstellung.

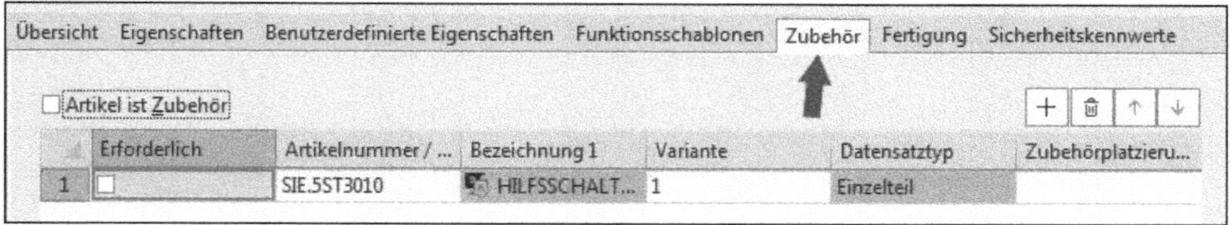

Bild 3.25 Registerkarte Zubehör

In dieser Registerkarte kann einem Artikel Zubehör zugeordnet oder der Artikel selbst kann als Zubehör gekennzeichnet werden.

Diese Daten können einmal pro Artikel festgelegt werden. Artikelvarianten können nicht separat betrachtet werden.

Verfügbare Eigenschaften/Eingaben

Artikel ist Zubehör: Diese Option muss aktiviert werden, wenn der Artikel selbst ein Zubehörteil ist. In diesem Fall wird er bei einer Geräteauswahl als Zubehör erkannt und in der Liste *Zubehör* des Dialogs GERÄTEAUSWAHL wie in Bild 3.26 angeboten.

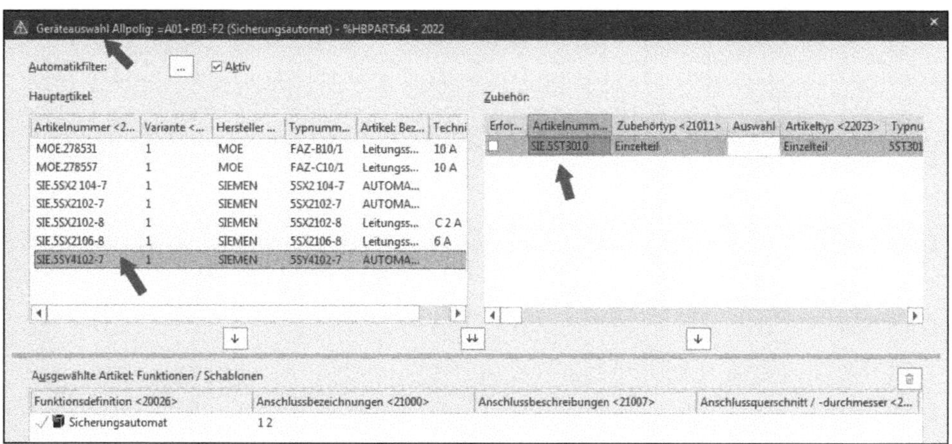

Bild 3.26 Beispiel für die Zuordnung eines Zubehörartikels

TIPP: Artikeln, die selbst Zubehör sind, können keine Zubehörteile und Zubehörlisten zugewiesen werden.

Ist die Option *Artikel ist Zubehör* nicht aktiviert, so ist der Artikel ein normaler Artikel. Er kann aber Zubehörteile zugewiesen bekommen.

Tabelle: In der Tabelle, die normalerweise leer ist, kann dem Artikel *Zubehör* zugewiesen werden. Dazu muss durch Klick auf den Button NEU eine neue Zeile erzeugt werden (Bild 3.27). EPLAN erstellt eine leere Zeile mit den unten aufgeführten Spalten. Diese können jetzt mit den entsprechenden Daten und Eingaben gefüllt werden.

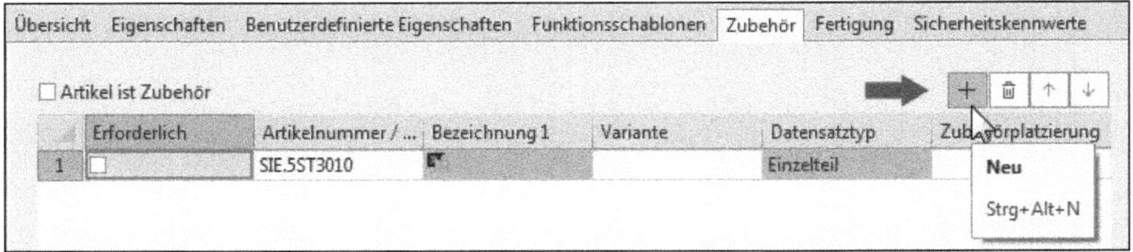

Bild 3.27 Neue Zeile erzeugen

Erforderlich: Soll der hinzugefügte Artikel ein unbedingt erforderliches Zubehörteil sein, muss hier der Haken gesetzt werden.

Artikelnummer: Wird in dieses Feld geklickt, erscheint der MORE-Button. Wird dieser angeklickt, öffnet EPLAN einen neuen Dialog der Artikelverwaltung. Hier kann jetzt der gewünschte Artikel ausgewählt und übernommen werden (Bild 3.28). Eine Mehrfachauswahl von Artikeln ist leider nicht möglich.

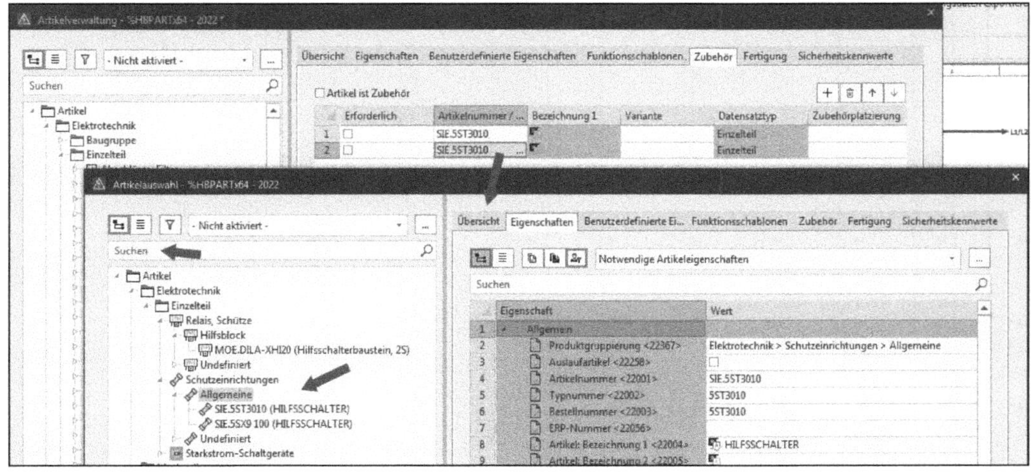

Bild 3.28 Auswahl eines Artikels

TIPP: An dieser Stelle können die Such- und/oder Filtermöglichkeiten genutzt werden.

Bezeichnung 1: Diese Spalte wird aus den hinzugefügten Artikeldaten automatisch von EPLAN gefüllt.

Variante: Hier wird die entsprechende Variante des Artikels angezeigt. Die Variante kann, wenn nötig, auch manuell überschrieben werden. Eine Auswahl der vorhandenen Varianten aus einer Liste ist an dieser Stelle nicht möglich.

Datensatztyp: Dieses Feld wird automatisch von EPLAN gefüllt und ist nicht bearbeitbar.

Zubehörplatzierung: Hier wird eine Zubehörplatzierung für den gewünschten Artikel ausgewählt. Um eine gewünschte Zubehörplatzierung auszuwählen, muss diese in der Artikelverwaltung im Knoten *Zubehörplatzierung* schon vorhanden sein (Bild 3.29).

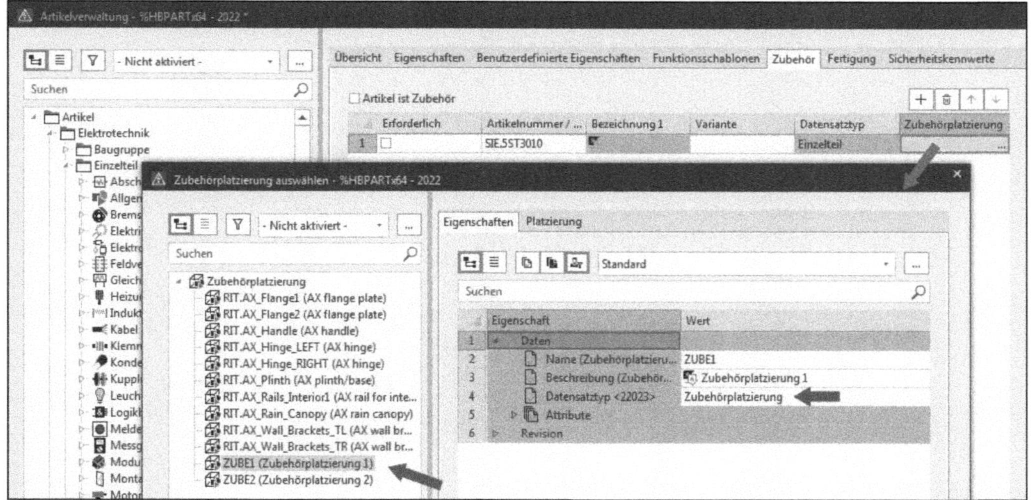

Bild 3.29 Auswahl der Zubehörplatzierung

HINWEIS: Die Eigenschaft *Zubehörplatzierung* steht für Zubehörlisten selbst nicht zur Verfügung. Die Zubehörplatzierung kann nur im Bauraum (3D) sinnvoll genutzt werden.

3.7 Registerkarte Eigenschaften – Schema Technische Daten

Das Schema *Technische Daten* ist wie folgt erreichbar: Öffnen Sie die Artikelverwaltung. Anschließend markieren Sie in der Baum- oder Listendarstellung einen Artikel. Dann wechseln Sie auf die Registerkarte *Eigenschaften* und wählen hier das Schema *Technische Daten* aus (Bild 3.30).

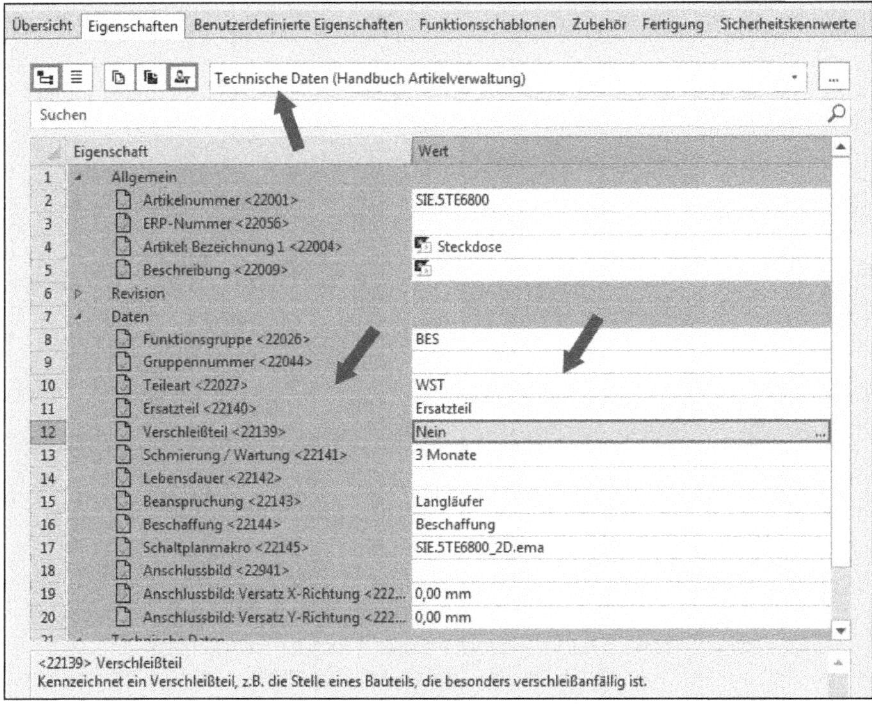

Bild 3.30 Beispielschema Technische Daten

In diesem Schema können einem Artikel weitere technische Daten und Informationen zugeordnet werden.

Diese Daten können einmal pro Artikel festgelegt werden. Artikelvarianten können nicht separat betrachtet werden.

Mögliche Eigenschaften/Eingaben

Im Folgenden werden in Bild 3.31 dargestellten möglichen Eigenschaften erläutert.

7	Daten	
8	Funktionsgruppe <22026>	BES
9	Gruppennummer <22044>	
10	Teileart <22027>	WST
11	Ersatzteil <22140>	Ersatzteil
12	Verschleißteil <22139>	Nein
13	Schmierung / Wartung <22141>	3 Monate
14	Lebensdauer <22142>	
15	Beanspruchung <22143>	Langläufer
16	Beschaffung <22144>	Beschaffung

Bild 3.31 Ausgewählte mögliche Eigenschaften

Gruppennummer: Die Gruppennummer kann zur Unterscheidung einzelner Artikelgruppen herangezogen werden. Das Feld darf eine maximale Länge von zehn Zeichen haben.

Teileart: Teilearten dienen beispielsweise dazu, um einen Artikel als Beistellteil schon in der Artikelverwaltung zu kennzeichnen, beispielsweise KDB = Kundenbeistellung. Sie können maximal zehn Zeichen in das Feld eingeben.

Funktionsgruppe: Dieses Feld dient zur weiteren Information und kann beispielsweise zum Filtern bei der Artikelauswahl verwendet werden.

Verschleißteil: Hier erfolgt die Angabe, ob der Artikel ein Verschleißteil ist. Die Eingabe ist frei wählbar, oder es wird eine Auswahlliste genutzt (Bild 3.32).

12	Verschleißteil <22139>	
13	Schmierung / Wartung <22141>	Nein
14	Lebensdauer <22142>	Verschleißteil
15	Beanspruchung <22143>	Wartungsfrei
16	Beschaffung <22144>	

Bild 3.32 Mögliche Einträge in der sich selbst erweiternden Auswahlliste Verschleißteil

Ersatzteil: Hier wird eine Information zum Thema Ersatzteil angegeben. Die Eingabe ist beliebig, aber auf 16 Zeichen beschränkt. Die Auswahlliste, die auch hier möglich ist, kann durch eigene Einträge erweitert werden.

Schmierung/Wartung: Es gilt das Gleiche wie schon bei den vorangegangenen Einträgen. Es ist eine freie Auswahl oder ein beliebiger Eintrag möglich (Bild 3.33). Die Auswahlliste kann frei erweitert werden.

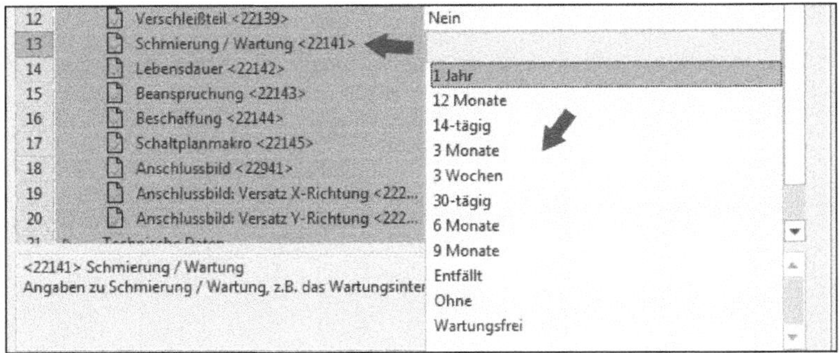

Bild 3.33 Mögliche Auswahl von Schmierung/Wartung aus der Auswahlliste

Lebensdauer: Hierbei handelt es sich um einen frei wählbaren Eintrag zum Thema Lebensdauer. Aus der frei editierbaren Auswahlliste kann ein Eintrag gewählt werden.

Beanspruchung: Hierbei handelt es sich um einen frei wählbaren Eintrag zum Thema Beanspruchung. Aus der frei editierbaren Auswahlliste kann ein Eintrag gewählt werden. Die Eingabe ist auf 16 Zeichen beschränkt.

Beschaffung: Hierbei handelt es sich um einen frei wählbaren Eintrag zum Thema Beschaffung. Aus der frei editierbaren Auswahlliste kann ein Eintrag gewählt werden (Bild 3.34). Die Eingabe ist auf 16 Zeichen beschränkt.

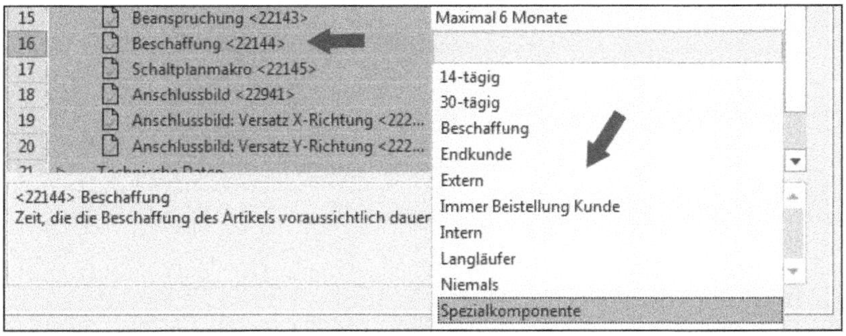

Bild 3.34 Beispielhafte Auswahlliste Beschaffung

Makro: Hier wird ein Makro (Fenster- und/oder Symbolmakro) für die normale 2D-Projektbearbeitung ausgewählt (Bild 3.35). Nach Klick auf den MORE-Button öffnet EPLAN den Dialog MAKRO AUSWÄHLEN. Hier kann das gewünschte Makro ausgewählt und übernommen werden (Bild 3.36). Es sind folgende Makrotypen möglich: *.ema, *.ems und *.fc2

Das Grafikmakro stellt den Bezug zwischen einem Artikel und dem EPLAN-Makro dieses Artikels her.

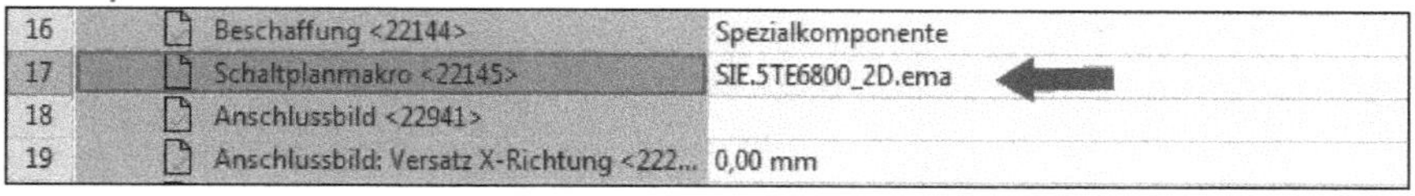

16	Beschaffung <22144>	Spezialkomponente
17	Schaltplanmakro <22145>	SIE.5TE6800_2D.ema
18	Anschlussbild <22941>	
19	Anschlussbild: Versatz X-Richtung <222...	0,00 mm

Bild 3.35 Weitere Eigenschaften

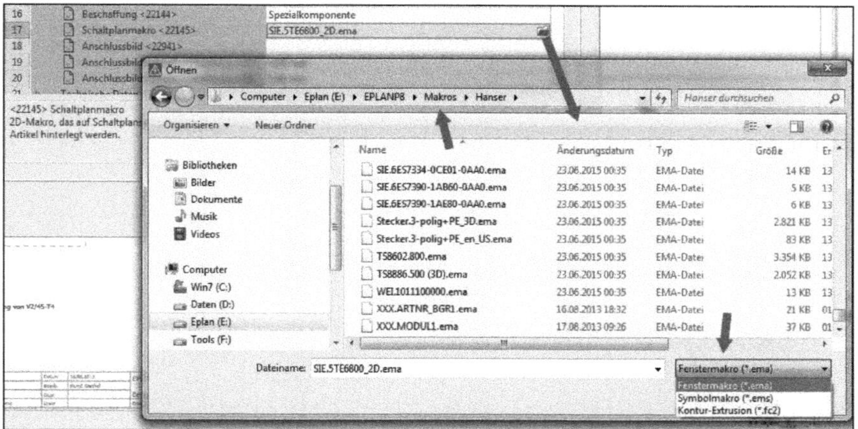

Bild 3.36 Dialog Makro auswählen

TIPP: Wenn in einem Artikel ein Makro hinterlegt ist, kann dieser Artikel beispielsweise über das Einfügezentrum per Drag & Drop im Schaltplan platzieren werden.

Anschlussbild: Hier kann ein schon vorhandenes Anschlussbild ausgewählt werden (Bild 3.37).

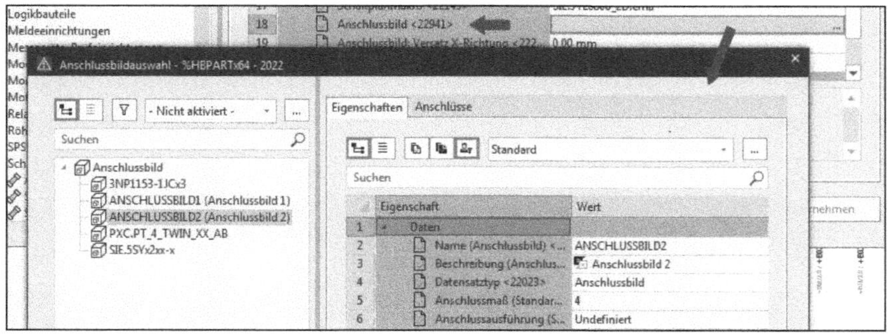

Bild 3.37 Auswahl Anschlussbild

3.8 Registerkarte Eigenschaften – Schema Dokumente

Das Schema *Dokumente* ist wie folgt erreichbar: Öffnen Sie die Artikelverwaltung. Anschließend markieren Sie in der Baum- oder Listendarstellung einen Artikel und wechseln Sie auf die Registerkarte *Eigenschaften* und wählen hier das Schema *Dokumente* aus (Bild 3.38).

In diesem Beispielschema können einem Artikel bis zu 20 externe Dokumente zugeordnet werden. Diese Daten können Sie einmal pro Artikel festlegen. Artikelvarianten können nicht separat betrachtet werden.

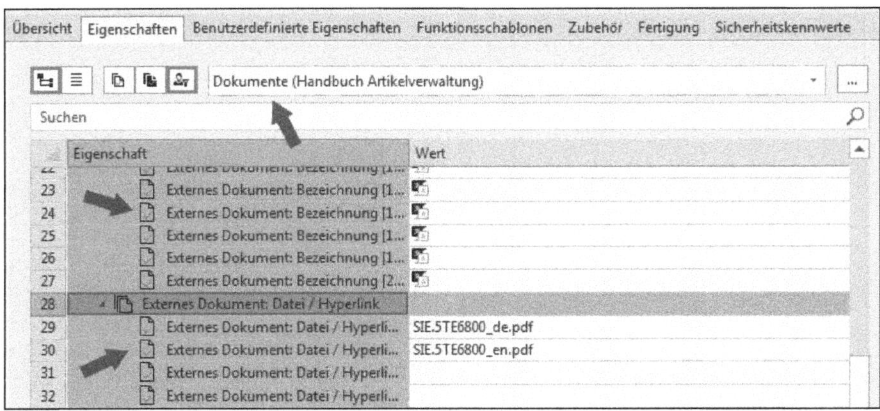

Bild 3.38 Beispielschema Dokumente

Mögliche Eigenschaften/Eingaben

Datei/Hyperlink: Hier können für den Artikel externe Dokumente hinterlegt werden. Wenn man in das Feld klickt, wird über den MORE-Button der Dialog DATEI AUSWÄHLEN geöffnet, und das gewünschte Dokument wird mit dem Button ÖFFNEN in die Spalte *Datei/Hyperlinks* (Wert) übernommen (Bild 3.39).

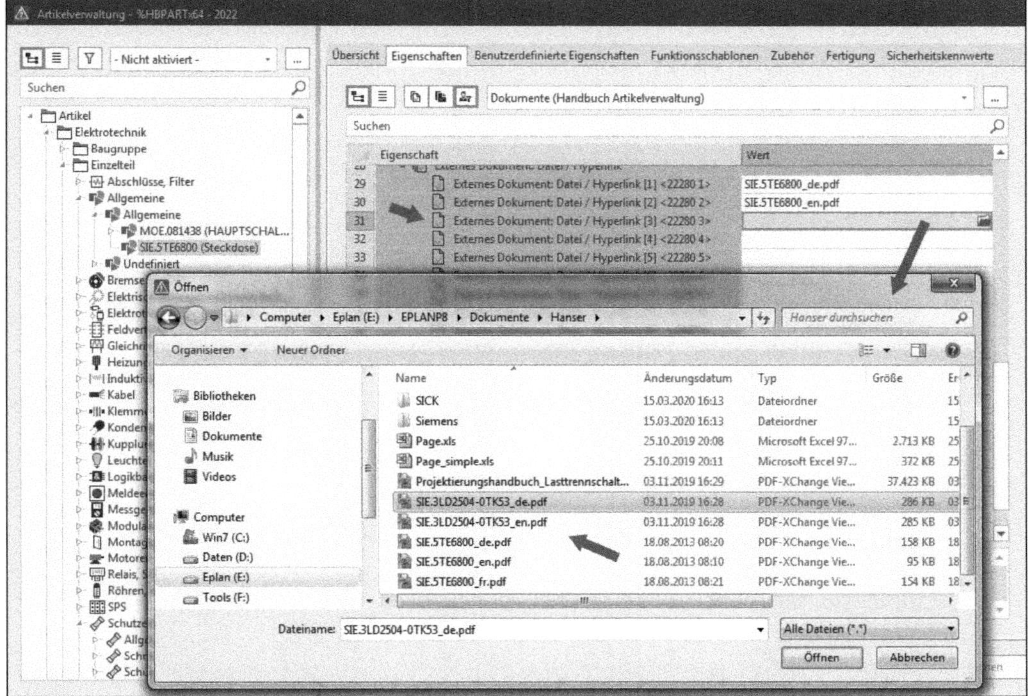

Bild 3.39 Auswahl eines Dokuments

Es ist auch möglich, über Kopieren und Einfügen eine Internet- oder E-Mail-Adresse einzugeben. Diese Adresse (Hyperlink) ist dann beim platzierten Gerät im Schaltplan aufrufbar (Bild 3.40 bis Bild 3.42).

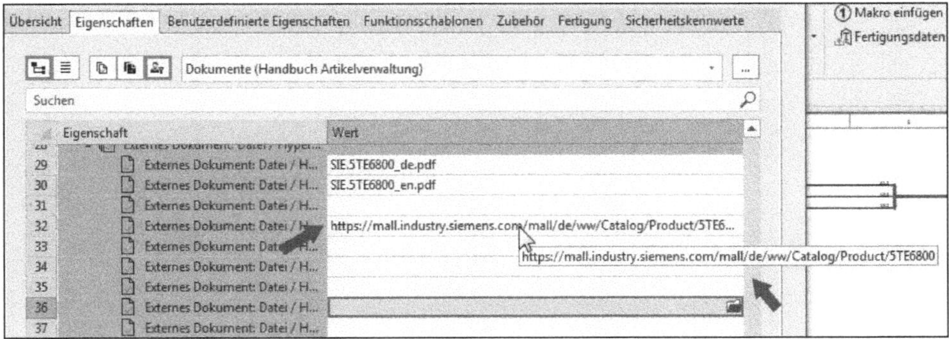

Bild 3.40 Angabe einer Internetadresse mit weiteren Informationen

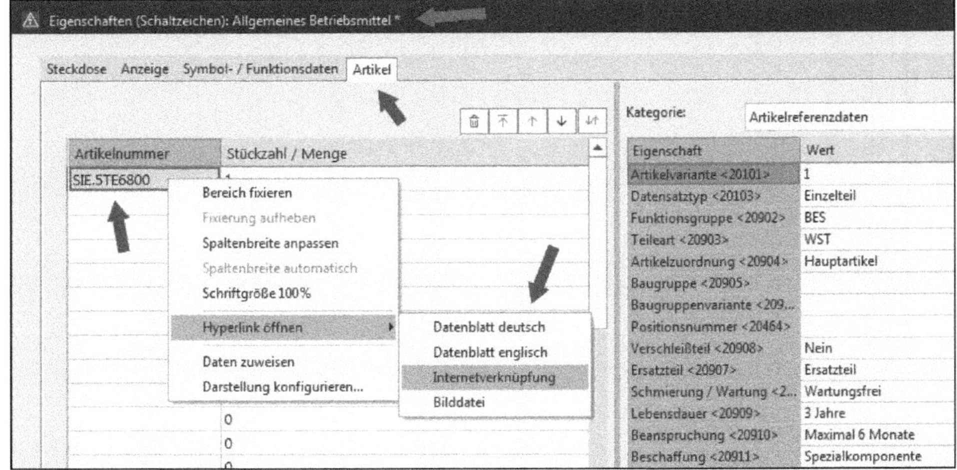

Bild 3.41 Gerät im Stromlaufplan

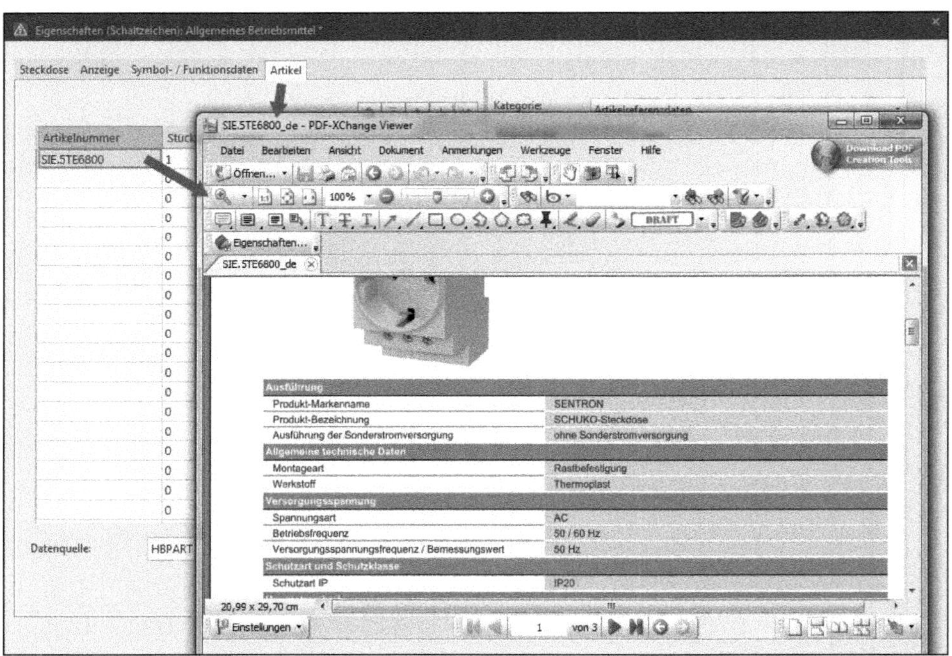

Bild 3.42 Geöffneter Hyperlink (hier PDF-Dokument)

Bezeichnung: Hier kann ein beschreibender Text für das eingefügte Dokument oder den Hyperlink angegeben werden. Dieser Text wird nicht im Stromlaufplan am Gerät angezeigt. Der Text ist allerdings übersetzungsfähig (Bild 3.43).

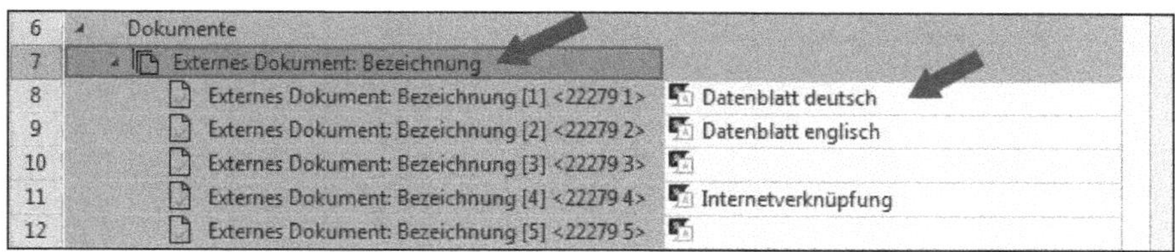

Bild 3.43 Bezeichnung (übersetzungsfähig)

■ 3.9 Registerkarte Fertigung

Die Registerkarte *Fertigung* (Bild 3.44) ist wie folgt erreichbar: Rufen Sie ARTIKELVERWALTUNG auf. Markieren Sie anschließend in der Baum- oder Listendarstellung einen Artikel.

In dieser Registerkarte werden einem Artikel fertigungstechnische Informationen zugeordnet. Diese Daten können Sie einmal pro Artikel festlegen. Artikelvarianten können nicht separat betrachtet werden.

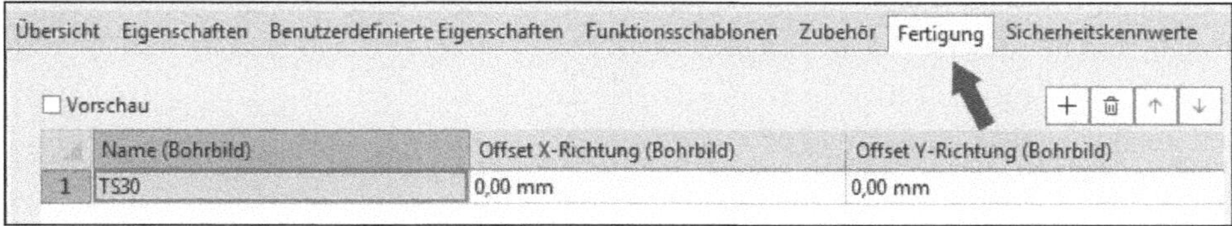

Bild 3.44 Registerkarte Fertigung

HINWEIS: Ein Bohrbild ist kein Artikel, sondern dient lediglich dazu, zusätzliche Aufbauinformationen für einen Artikel zu vergeben. Jeder Artikel kann beliebig viele solcher Bohrbildinformationen enthalten.

Verfügbare Eigenschaften/Eingaben

Vorschau: Wird diese Option aktiviert, zeigt die grafische Vorschau das gewählte Bohrbild an.

Bohrbild: Hier erfolgt die Auswahl der Bohrbilder, die dem Artikel zugewiesen werden sollen. Um ein Bohrbild zuzuweisen, muss über den Button NEU eine neue Zeile erzeugt werden (Bild 3.45).

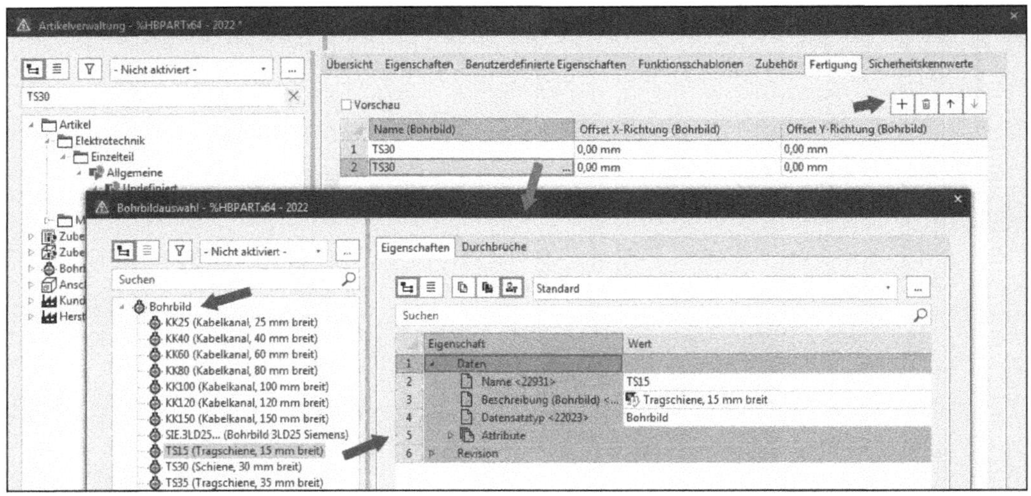

Bild 3.45 Auswahl/Zuordnung eines Bohrbilds

Für Artikel mit verschiedenen Varianten können pro Variante passende Bohrbilder definiert werden. Bei der Platzierung eines solchen Artikels wird dann ein Dialog angezeigt, in dem das zu verwendende Bohrbild ausgewählt werden kann.

Das beim Platzieren ausgewählte Bohrbild wird in den Eigenschaften der Artikelplatzierung auf der Registerkarte ARTIKEL in der Kategorie *Artikelreferenzdaten* im Feld *Verwendetes Bohrbild* eingetragen. Das Bohrbild kann auch nachträglich geändert werden. Dazu bietet EPLAN in einer aufklappbaren Liste alle dem Artikel zugewiesenen Bohrbilder zur Auswahl an (Bild 3.46).

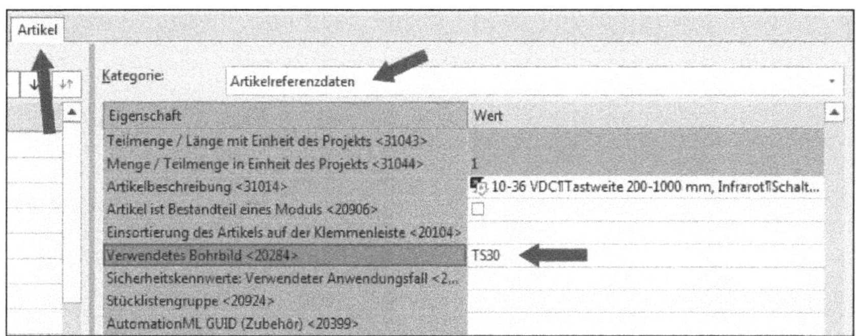

Bild 3.46 Anzeige des zugeordneten Bohrbilds am Artikel (Artikelreferenzdaten)

Versatz X-Richtung/Versatz Y-Richtung: Legen Sie in diesen Feldern für das jeweilige Bohrbild jeweils eine Verschiebung in X- und Y-Richtung fest. Dadurch ist es möglich, identische Bohrbilder für unterschiedlich große Artikel zu verwenden.

3.10 Registerkarte Eigenschaften – Schema Daten für Auswertungen

Das Schema *Daten für Auswertungen* ist wie folgt erreichbar: Öffnen Sie die Artikelverwaltung. Anschließend markieren Sie in der Baum- oder Listendarstellung einen Artikel. Wechseln Sie auf die Registerkarte *Eigenschaften* und wählen hier das Schema *Daten für Auswertungen* aus (Bild 3.47).

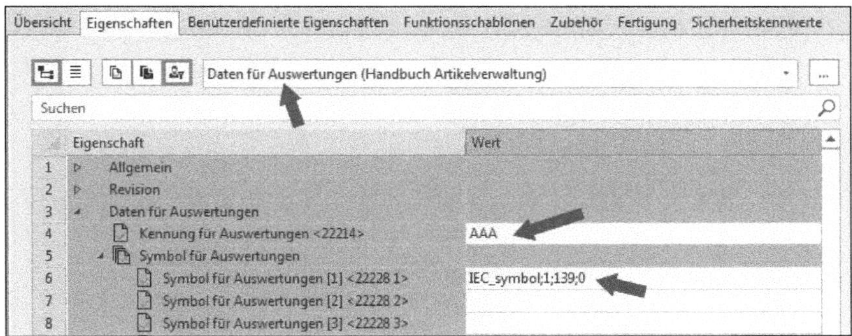

Bild 3.47 Beispielschema Daten für Auswertungen

In diesem Schema kann für den Hauptartikel eines Betriebsmittels eine Kennung vergeben werden. Diese Kennungen können dann einem oder mehreren sogenannten „bedingten Formularen" zugeordnet werden. Auf diese Weise lassen sich zugeschnittene grafische Auswertungen (Formulare) kombinieren.

Diese Daten können einmal pro Artikel festgelegt werden. Artikelvarianten können nicht separat betrachtet werden.

Mögliche Eigenschaften/Eingaben

Kennung für Auswertungen: Aus der Auswahlliste (Bild 3.48) wird die passende Kennung für die Auswertungen ausgewählt oder eine neue Kennung manuell eingegeben. Diese Kennungen werden nur einsprachig verwaltet. Der Wert (beispielsweise AAA) dieser Kennung kann in einem Hauptformular das auszuwertende Unterformular bestimmen.

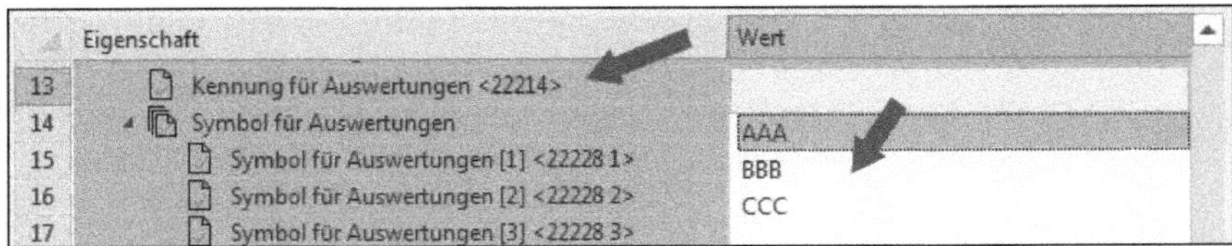

Bild 3.48 Auswahlliste der Kennung für Auswertungen

Symbole: Klicken Sie im Feld *Symbol* auf den MORE-Button. EPLAN öffnet daraufhin den Dialog der Symbolauswahl. Hier wird ein Symbol (eine Mehrfachauswahl ist nicht möglich) ausgewählt und mit Klick auf den Button OK in die Spalte *Werte* übernommen (Bild 3.49).

Die Anzeige in der Zeile erfolgt in folgender Form: <Symbolbibliothek> ; <Symbolbibliothekzuordnung im Projekt ; <Symbolnummer> ; <Variante>
Beispiel: IEC_symbol;1;139;0

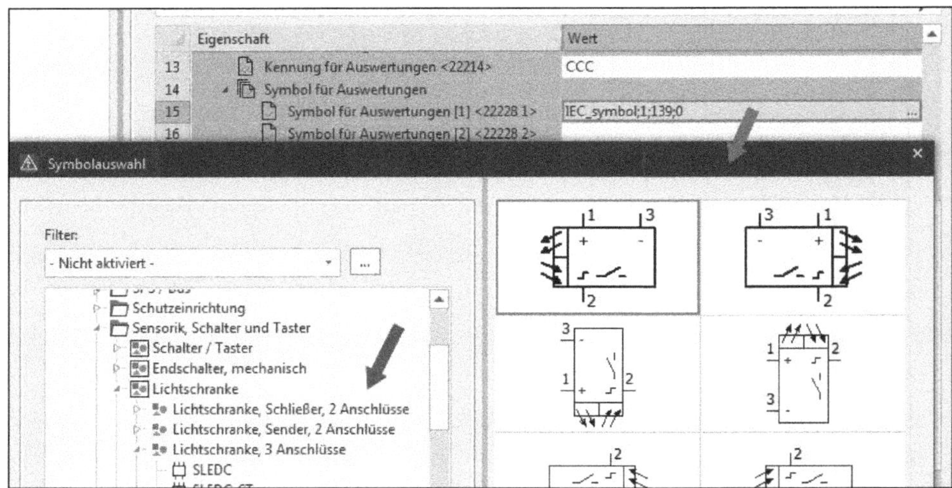

Bild 3.49 Symbolauswahl

HINWEIS: Es werden nur Symbole der eingelagerten Symbolbibliotheken der geöffneten Projekte angezeigt. Ist nicht mindestens ein Projekt geöffnet, ist auch keine Symbolauswahl möglich.

3.11 Registerkarte Funktionsschablonen

Die Registerkarte *Funktionsschablonen* (Bild 3.50) ist wie folgt erreichbar: Rufen Sie ARTIKELVERWALTUNG auf. Markieren Sie anschließend in der Baum- oder Listendarstellung einen Artikel.

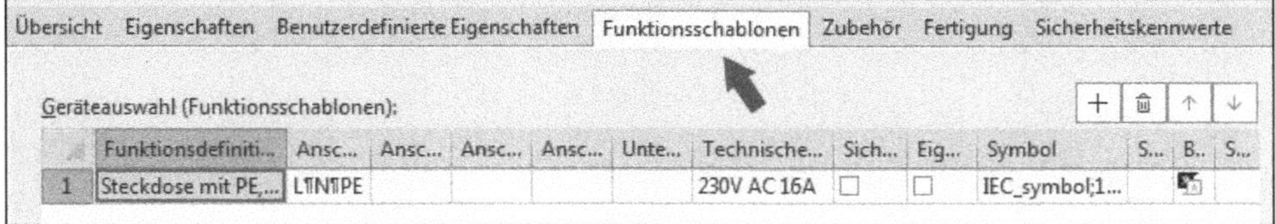

Bild 3.50 Registerkarte Funktionsschablonen

Die Funktionsschablone ist das wesentliche Element, um mit einem Gerätevergleich (über die Geräteauswahl) die gewählten Geräte mit den (im Schaltplan) projektierten Geräten abzugleichen und auf Fehler zu prüfen. An jeder Funktionsschablone ist neben der eigentlichen Funktionsdefinition hinterlegt, was die identifizierenden Eigenschaften der Funktion sein sollen (beispielsweise die Anschlussbezeichnungen).

HINWEIS: Welche Felder (Eigenschaften) für einen Vergleich identifizierend sind, wird anhand der Angaben in der Funktionsschablone vordefiniert bzw. festgelegt.

Diese Daten können einmal pro Artikelvariante festgelegt werden. Artikelvarianten werden somit separat betrachtet und können unterschiedliche Daten tragen.

Beispiel: Die Anschlussbezeichnungen 13¶14 wurden für die Funktionsdefinition „Schließer" festgelegt. Wird dieser Schließer mit den Anschlussbezeichnungen 23¶24 im Stromlaufplan verwendet, wird das von EPLAN anhand einer Prüfung als Prüflaufmeldung erkannt (dies kann ein Fehler sein). Bleibt die Funktionsdefinition dagegen leer, werden also keine Anschlussbezeichnungen eingetragen, so wäre ein verwendeter Schließer mit den Anschlussbezeichnungen 23¶24 erlaubt.

Weiterhin wird in dieser Registerkarte ein Teil der technischen Eigenschaften einer Variante festgelegt. Die Funktionsschablone enthält die Daten einer Funktion, beispielsweise eine technische Kenngröße 230 V AC, wobei eine Funktion ein Kontakt oder eine Ader etc. sein kann.

HINWEIS: Da Module keine Funktionsschablonen besitzen können, sind diese Felder der Registerkarte *Funktionsschablonen* ausgegraut, wenn ein Modul bearbeitet wird.

Verfügbare Eigenschaften/Eingaben

Daten für die Geräteauswahl

Im Bereich *Geräteauswahl* (Bild 3.51) werden die Daten festgelegt, die bei der Geräteauswahl (und generell bei einer Artikelauswahl) ausgewertet werden sollen. Der Bereich enthält eine Zeile für jede Funktionsdefinition (eine Funktion) einer Artikelvariante. **Hinweis:** Die Reihenfolge der Spalten ist nicht änderbar.

Übersicht | Eigenschaften | Benutzerdefinierte Eigenschaften | Funktionsschablonen | Zubehör | Fertigung | Sicherheitskennwerte

Geräteauswahl (Funktionsschablonen):

	Funktionsdefinition	Unterg...	Eigen...	Besch...	Schab...	Verbindungsfarbe ...	Verbindungs...	A...	P...	Po...	R.
1	Kabeldefinition		☐								
2	Ader / Draht		☐			1	1,5			Un...	
3	Ader / Draht		☐			2	1,5			Un...	
4	Ader / Draht		☐			3	1,5			Un...	
5	Ader / Draht		☐			4	1,5			Un...	
6	Ader / Draht		☐			5	1,5			Un...	
7	Ader / Draht		☐			6	1,5			Un...	
8	Ader / Draht		☐			7	1,5			Un...	
9	Ader / Draht		☐			8	1,5			Un...	
10	Ader / Draht		☐			9	1,5			Un...	
11	Ader / Draht		☐			10	1,5			Un...	
12	Ader / Draht		☐			11	1,5			Un...	
13	Ader / Draht		☐			12	1,5			Un...	
14	Ader / Draht		☐			13	1,5			Un...	
15	Ader / Draht		☐			14	1,5			Un...	
16	Ader / Draht		☐			15	1,5			Un...	
17	Ader / Draht		☐			16	1,5			Un...	
18	Ader / Draht		☐			17	1,5			Un...	

Bild 3.51 Geräteauswahl (Funktionsschablonen)

Die Felder, die neben der Spalte *Funktionsdefinition* angezeigt werden, hängen vom gewählten Eintrag in dieser Spalte ab.

Der Spalte *Beschreibung* kommt eine besondere Bedeutung zu: Ein in dieser Spalte eingetragener (übersetzungsfähiger) Text wird bei der Auswahl des Artikels/beim Einfügen eines Geräts **nicht** an die Funktion übertragen. Dafür wird die Beschreibung in den Baumdarstellungen der Navigatoren zur Anzeige freigegeben. Dort wird die Beschreibung in eckige Klammern gesetzt und steht direkt hinter der Funktionsdefinition.

Eine weitergehende Beschreibung/Erläuterung der verschiedenen Funktionsschablonen bei unterschiedlichen Artikeltypen, also Schütze, Kabel etc., wird in Kapitel 4 beschrieben.

3.12 Registerkarte Eigenschaften – Schema Einzelteildaten (Allgemeine)

Das Schema *Einzelteildaten* ist wie folgt erreichbar: Öffnen Sie die Artikelverwaltung. Anschließend markieren Sie in der Baum- oder Listendarstellung einen Artikel. Wechseln Sie auf die Registerkarte *Eigenschaften* und wählen Sie hier das Schema *Einzelteildaten* aus (Bild 3.52).

In diesem Schema können einzelteilspezifische Daten für Artikel festgelegt werden. Diese Daten können einmal pro Artikelvariante festgelegt werden. Artikelvarianten werden somit separat betrachtet und können unterschiedliche Einzelteildaten tragen.

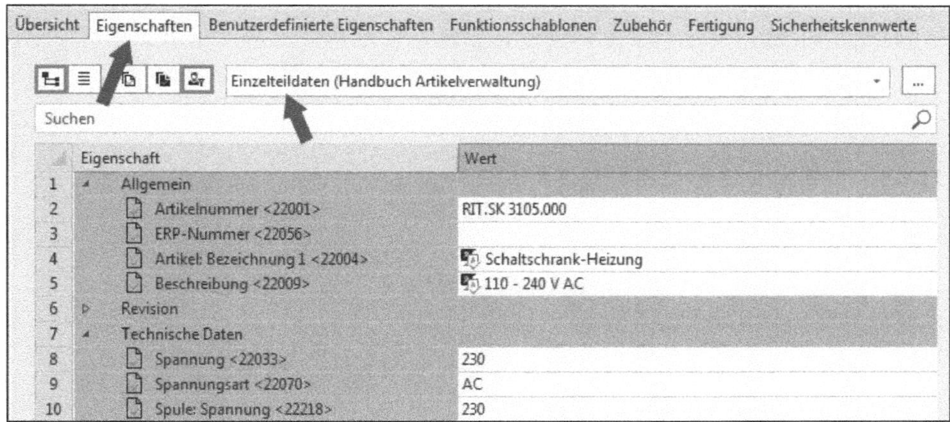

Bild 3.52 Beispielschema Einzelteildaten

Mögliche Eigenschaften/Eingaben

Im Folgenden werden die in Bild 3.53 dargestellten möglichen Eigenschaften erläutert.

Spannung: Hier ist die Eingabe einer Betriebsspannung (Anschlussspannung bei elektrischen Verbrauchern) ohne die Spannungsart vorgesehen. Es ist eine Eingabe von maximal zehn Zeichen möglich.

Spannungsart: Hier wird die Spannungsart (AC oder DC oder UC) angegeben. Maximal 20 Zeichen sind als Eingabe möglich.

Strom: Hier wird die Stromaufnahme des Verbrauchers ohne den Kennwert A oder mA eingegeben. Es sind maximal 30 Zeichen möglich.

Auslösestrom: Hier besteht die Möglichkeit, den Auslösestrom der Sicherung oder des Motorschutzschalters einzutragen. Das Feld ist begrenzt auf maximal zehn Zeichen.

Anschlussquerschnitt: Hier wird der nach VDE erforderliche Verbindungsquerschnitt angegeben.

Schaltleistung: hier wird die elektrische Schaltleistung eingegeben. Maximal acht Zeichen sind möglich.

Halteleistung: Hier besteht die Möglichkeit der Eingabe der maximalen Halteleistung der Spulen von Schützen und Relais. Die Eingabe ist auf maximal zehn Zeichen begrenzt.

Verlustleistung: Hier wird die Verlustleistung angegeben. Auch hier sind maximal zehn Zeichen möglich.

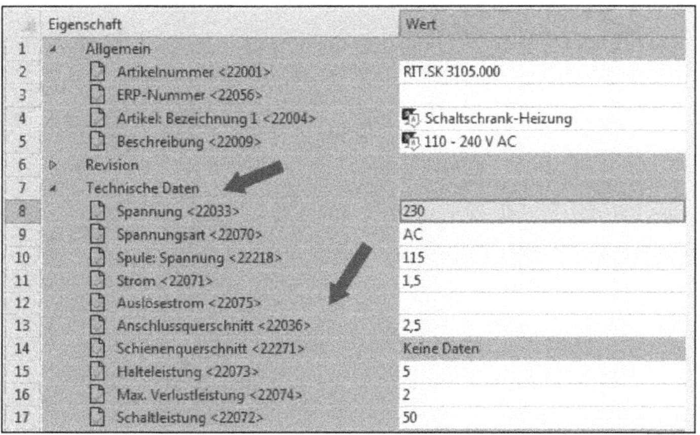

Bild 3.53 Mögliche Eigenschaften

HINWEIS: Die Einheiten hinter der jeweiligen Zahl müssen mit angegeben werden, wenn diese Einheiten keine Basiseinheiten sind (eine Auflistung der Basiseinheiten finden Sie in Abschnitt 4.3).

■ 3.13 Registerkarte Sicherheitskennwerte

Die Registerkarte *Sicherheitskennwerte* (Bild 3.54) ist wie folgt erreichbar: Rufen Sie die ARTIKELVERWALTUNG auf. Markieren Sie anschließend in der Baum- oder Listendarstellung einen Artikel der Produktobergruppe *Elektrotechnik* oder *Fluid*.

In dieser Registerkarte werden einem Artikel sicherheitstechnische Informationen/Angaben zugeordnet. Diese Daten können mehrfach pro Artikel festgelegt werden. Die Artikelvarianten können separat betrachtet werden.

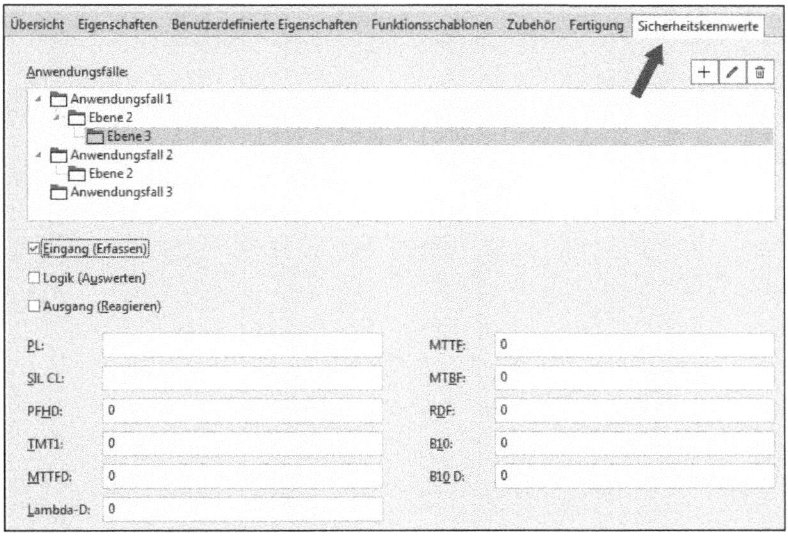

Bild 3.54 Registerkarte Sicherheitskennwerte

TIPP: Um bereits bestehende Artikel mit Sicherheitskennwerten ergänzen zu können, verfügt der Dialog DATENSÄTZE IMPORTIEREN (erreichbar über den Button EXTRAS und den Menüeintrag IMPORTIEREN) über den Dateityp „VDMA 66413“. Über diesen Eintrag können Sie XML-Dateien mit Sicherheitskennwerten importieren, die gemäß dem VDMA-Austauschformat aufgebaut sind (Bild 3.55).

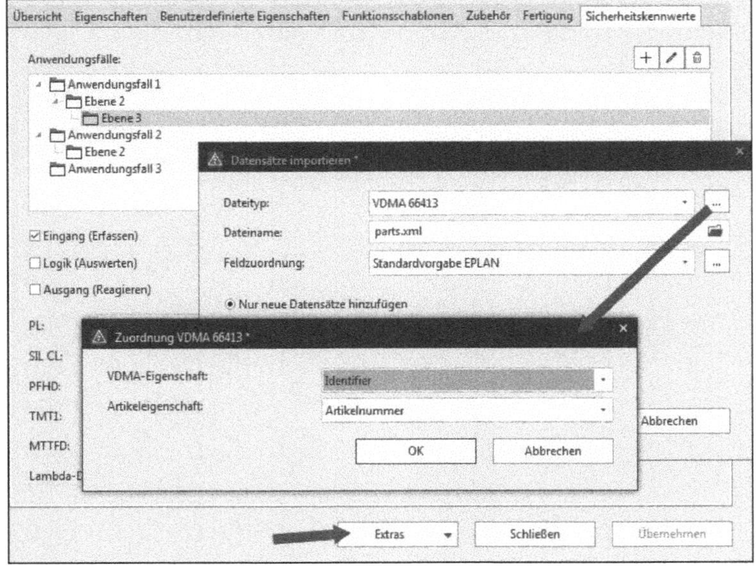

Bild 3.55 VDMA-Daten importieren

Verfügbare Eigenschaften/Eingaben

Bereich Anwendungsfälle

Die Verwendung eines Geräts wird als sogenannter „Anwendungsfall" bezeichnet. Jeder Anwendungsfall besitzt wiederum einen eigenen Satz von Sicherheitskennwerten. Anwendungsfälle können in bis zu fünf Ebenen strukturiert werden (Bild 3.56). Es muss mindestens eine Ebene vorhanden sein. Auf der jeweils untersten Ebene befindet sich die Möglichkeit der Eingabe der Sicherheitskennwerte (Bild 3.57 und Bild 3.58).

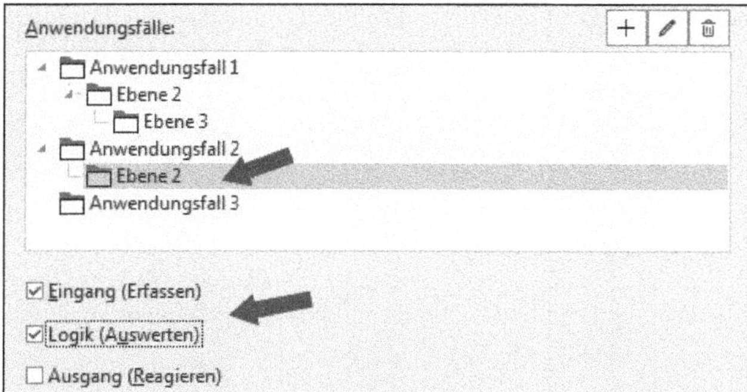

Bild 3.56 Bereich Anwendungsfälle

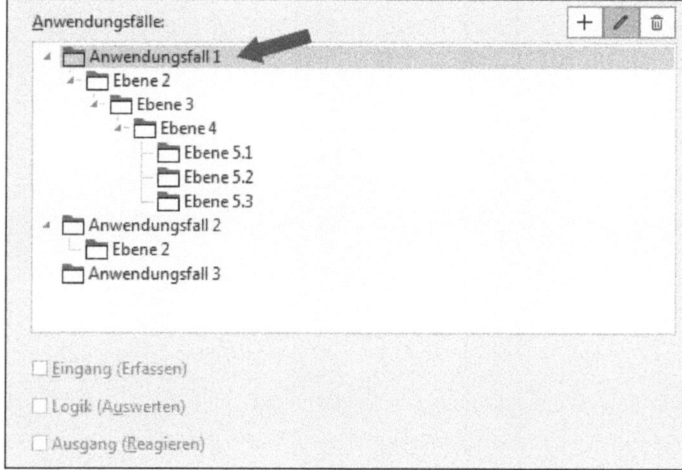

Bild 3.57 Oberste Ebene eines Anwendungsfalls

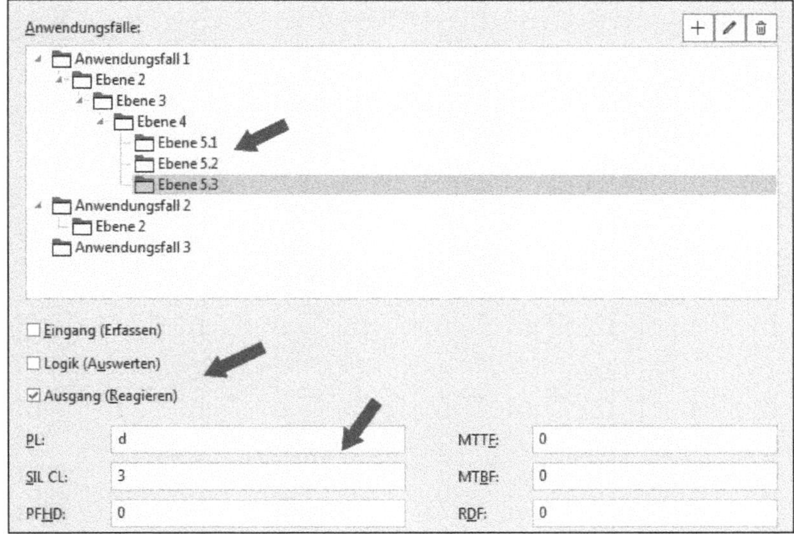

Bild 3.58 Unterste Ebene eines Anwendungsfalls

Ein Anwendungsfall wird über die Symbolleiste erzeugt. Klicken Sie auf den Button NEU. EPLAN öffnet nun den in Bild 3.59 gezeigten Dialog ANWENDUNGSFALL.

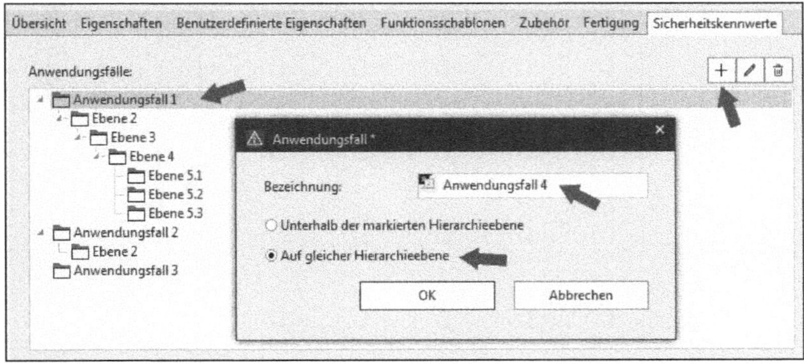

Bild 3.59 Erstellen eines neuen Anwendungsfalls

Je nachdem, auf welcher Ebene der Cursor im Bereich *Anwendungsfall* stand, wird der neue Anwendungsfall einsortiert. Soll ein neuer Anwendungsfall in der obersten Ebene einsortiert werden, muss vor dem Neuerstellen ein Anwendungsfall der obersten Ebene markiert werden. Soll ein neuer Anwendungsfall eine Ebene tiefer angeordnet werden, muss das im Dialog ANWENDUNGSFALL entsprechend markiert werden (Bild 3.60).

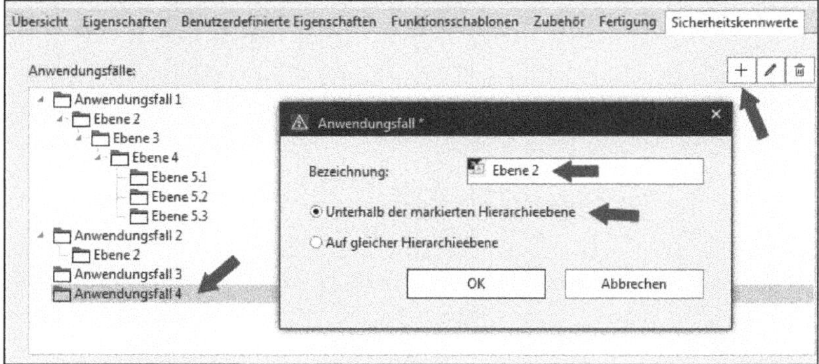

Bild 3.60 Ebene unterhalb eines Anwendungsfalls erzeugen

Der Eintrag des Anwendungsfalls kann nachträglich noch bearbeitet werden. Dazu markieren Sie den Anwendungsfall und klicken anschließend in der Symbolleiste auf den Button BEARBEITEN. EPLAN öffnet nun den Dialog ANWENDUNGSFALL, und der Eintrag kann bearbeitet werden (Bild 3.61).

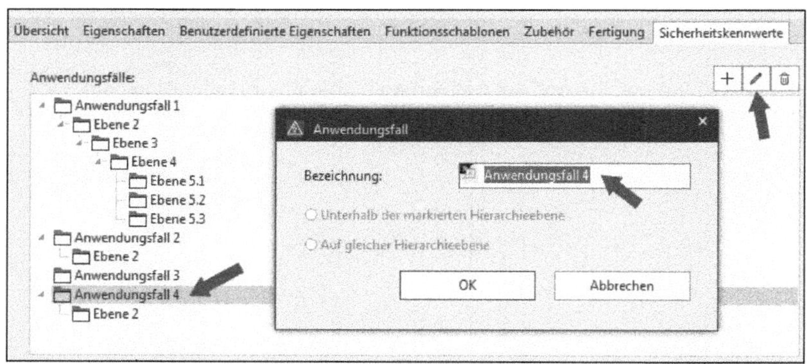

Bild 3.61 Nachträgliches Bearbeiten eines Anwendungsfalls

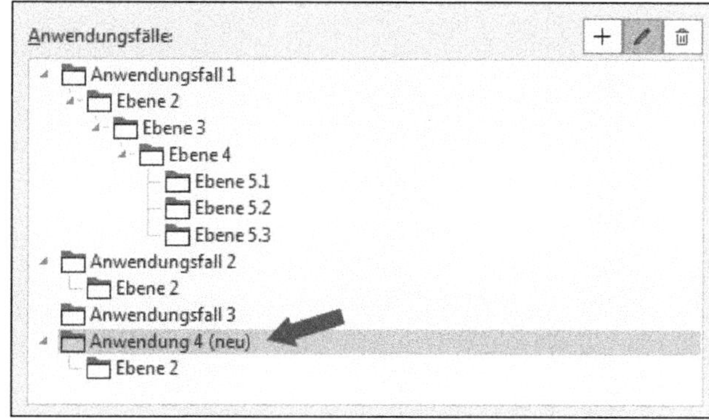

Bild 3.62 Umbenannter Anwendungsfall

Eingang (Erfassen)/Logik (Auswerten)/Ausgang (Reagieren): Funktionsbereiche (sicherheitsrelevante Teile einer Steuerung, Teilsysteme) einer Sicherheitsfunktion: Ein Gerät wird durch diese Aufteilung innerhalb der Sicherheitsfunktion zugeordnet. Beispielsweise wird ein Not-Aus-Schalter als Eingang („Erfassen") gekennzeichnet. Es muss für jeden Anwendungsfall mindestens einer dieser Funktionsbereiche (Erfassen, Auswerten oder Reagieren) gewählt werden.

Bereich Sicherheitskennwerte

In den Feldern für die eigentlichen Sicherheitskennwerte (Bild 3.63) werden die entsprechenden Angaben vorgenommen. Eine Eingabe ist nur auf der untersten Ebene möglich.

PL:	d	MTTF:	0
SIL CL:	3	MTBF:	0
PFHD:	0	RDF:	0
TMT1:	0	B10:	0
MTTFD:	0	B10 D:	0
Lambda-D:	0		

Bild 3.63 Bereich der Eingabe von Sicherheitskennwerten

Es werden folgende Abkürzungen verwendet:

- **PL:** Abkürzung für die englische Bezeichnung „Performance Level"
- **MTTF:** Abkürzung für die englische Bezeichnung „Mean Time To Failure"
- **SIL CL:** Abkürzung für die englische Bezeichnung „Safety Integrity Level Claim Limit"
- **MTBF:** Abkürzung für die englische Bezeichnung „Mean Time Between Failures"
- **PFHD:** Abkürzung für die englische Bezeichnung „Probability of Dangerous Failure per Hour"
- **RDF:** Abkürzung für die englische Bezeichnung „Ratio of Dangerous to all Failures"
- **TMT1:** Gebrauchsdauer, „Mission Time"; Proof-Test-Intervall
- **B10:** mittlere Anzahl von Zyklen, bis 10 % der Komponenten ausgefallen sind
- **MTTFD:** Abkürzung für die englische Bezeichnung „Mean Time To Dangerous Failure"
- **B10D:** mittlere Anzahl von Zyklen, bis 10 % der Komponenten gefährlich ausgefallen sind
- **Lambda-D:** Rate gefahrbringender Ausfälle

4 Einzelteile

Dieses Kapitel widmet sich der Artikelverwaltung von Einzelteilen in EPLAN Electric P8. Anhand eines einfachen, nachvollziehbaren Beispielartikels werden die grundlegenden Einstellungen und Eigenschaften für das Erzeugen eines Artikels erklärt. Am Ende des Kapitels finden Sie eine Reihe weiterer Artikel inklusive Funktionsschablonen als Vorlage für eigene Artikel.

4.1 Was sind Einzelteile?

Einzelteile sind die Artikel, die nicht nur aus der Welt der Elektrotechnik kommen müssen. Bei den Artikeln kann es sich um einen Sicherungsautomaten, einen Leistungsschütz, eine Klemme, aber auch einen Austrittsfilter oder eine Schraube, also ein mechanisches Teil, handeln.

Artikel können kaufmännische Daten wie Preise oder Zertifikate besitzen, aber auch technische Daten wie einen Spannungsbereich oder eine Vorgabe für den maximalen Anschluss des Leiterquerschnitts, der für diesen Artikel vorgesehen ist.

Artikel können, müssen aber keine Funktionen (Funktionsschablonen) besitzen. Besitzt der Artikel Funktionen, dann wird aus dem „einfachen“ Artikel ein Gerät, beispielsweise ein Koppelrelais, das eine Spule und einen Wechsler als funktionale Einheit besitzt.

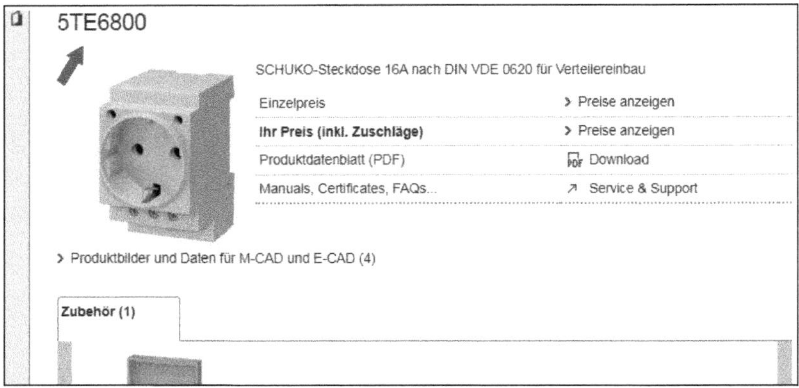

Bild 4.1 Beispiel für ein Einzelteil: Siemens-Schukosteckdose (Online-Auszug)

■ 4.2 Ein Einzelteil anlegen (allgemeingültig)

Vor dem Anlegen eines Einzelteils sollten idealerweise alle benötigten Informationen, Dokumente etc. schon vorhanden sein. Dazu gehören Handbücher, Datenblätter, Bilder etc., und all das, wenn möglich, in mehreren Sprachen, da es immer wieder vorkommen kann, dass Schaltanlagen ins Ausland geliefert werden müssen und Deutsch nicht die Endkundensprache ist.

In diesem Abschnitt wird anhand einer Steckdose die grundlegende Vorgehensweise beschrieben, wie und mit welchen Informationen ein Einzelteil in der Artikelverwaltung angelegt wird. Grundsätzlich lässt sich diese Vorgehensweise auf andere Einzelteile übertragen, wobei der eine oder andere Schritt etwas anders ausgeprägt sein kann.

HINWEIS: Der beschriebene Weg zum Erstellen eines Einzelteils ist nur ein beispielhafter Vorschlag. Es werden nicht alle möglichen Einsatzfälle/Eigenschaften/Varianten eines Einzelteils betrachtet, da es in der Praxis sehr viele Einsatzmöglichkeiten gibt und geben kann. ■

4.2.1 Schritt 1: Einzelteil erzeugen

Ein Einzelteil wird wie folgt angelegt (die Artikelverwaltung ist schon geöffnet): In der Artikelverwaltung wird in der Baumdarstellung der Knoten *Artikel* gewählt, anschließend wird die rechte Maustaste betätigt und im sich öffnenden Kontextmenü der Befehl NEU/EINZELTEIL angeklickt (Bild 4.2).

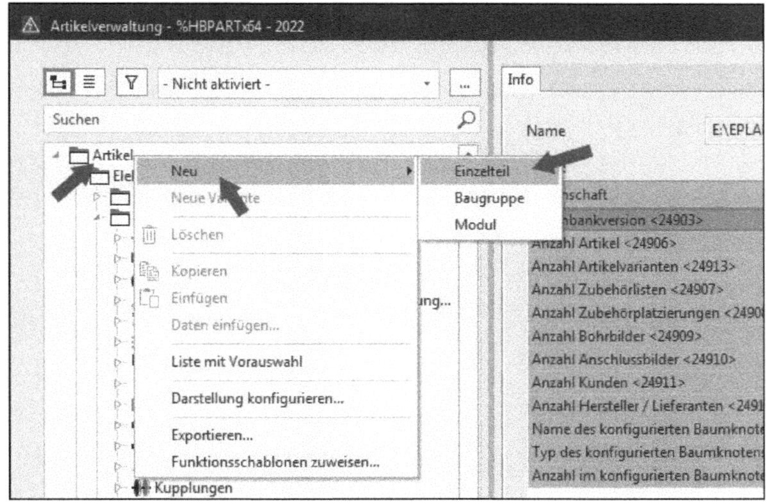

Bild 4.2 Neues Einzelteil anlegen

EPLAN erzeugt das Einzelteil, legt die nächste freie Artikelnummer (nach dem Schema *Neu(laufende Nummer)*) dazu an und gruppiert das neue Einzelteil anschließend erst einmal in die Struktur (Produktgruppierung) als *Undefiniert* ein (Bild 4.3).

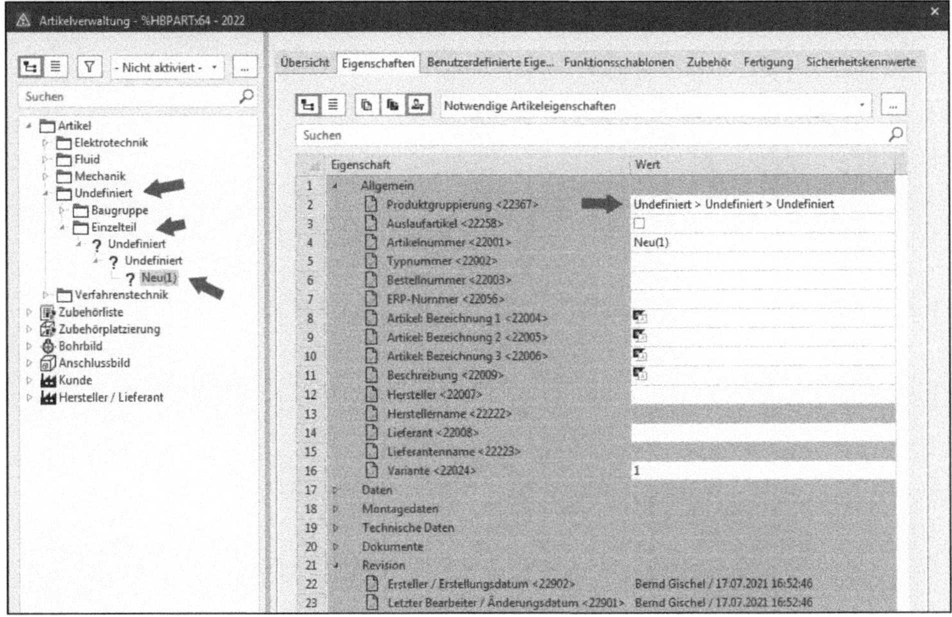

Bild 4.3 Neu erzeugtes Einzelteil

4.2.2 Schritt 2: Registerkarte Eigenschaften

Jetzt wird dem Einzelteil eine richtige Artikelnummer gegeben, und es werden weitere Informationen wie Artikelbezeichnung, Typ- und Bestellnummer etc. in der Registerkarte *Eigenschaften* eingetragen (Bild 4.4). **Hinweis:** Im Beispiel wurde für die Anordnung der Artikeleigenschaften das eigene Schema *Notwendige Artikeleigenschaften* genutzt.

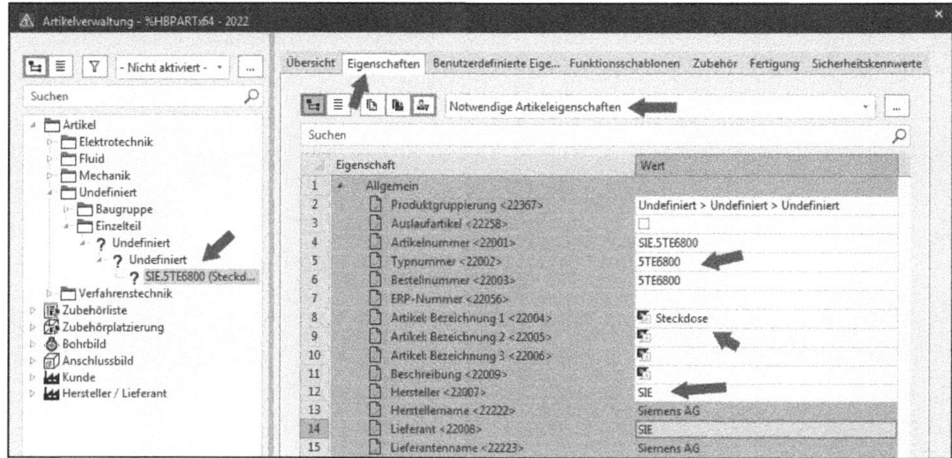

Bild 4.4 Weitere Daten des Einzelteils eintragen

Nach dem Abschluss der Eingabe klicken Sie auf den Button ÜBERNEHMEN. EPLAN speichert das Einzelteil nun zwischenzeitlich ab. Ich empfehle dies immer, da eventuell unglückliche Umstände (Strom- oder Serverausfall o. Ä.) alle bisher erfolgten Arbeiten zunichtemachen könnten.

4.2.3 Schritt 3: Produktgruppierung festlegen

Anschließend wird die Auswahl getroffen, in welche Produktgruppierung und welches Gewerk das Einzelteil in die Artikelverwaltung einsortiert werden soll. Dazu wird im Schema die entsprechende Eigenschaft angewählt und die gewünschten Einträge bzw. deren Auswahl werden übernommen (Bild 4.5 und Bild 4.6).

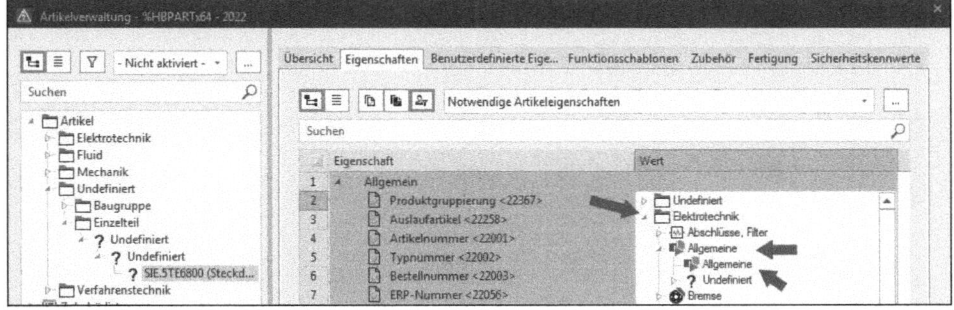

Bild 4.5 Festlegung Gruppierung

10	Hersteller <22007>	SIE
11	Herstellername <22222>	Siemens AG
12	Lieferant <22008>	SIE
13	Lieferantenname <22223>	Siemens AG
14	Produktgruppierung <22367>	Elektrotechnik > Allgemeine > Allgemeine
15	Typnummer <22002>	5TE6800
16	Variante <22024>	1
17	Daten	
18	Dokumente	
19	Gewerke	
20	Gewerk 'Elektrotechnik' <22131>	☑
21	Montagedaten	

Bild 4.6 Festgelegte Gruppierung

Wurden alle Einträge gewählt bzw. aus den Auswahlen übernommen, kann das Einzelteil mit dem Klick auf den Button ÜBERNEHMEN zwischengespeichert werden (Bild 4.7).

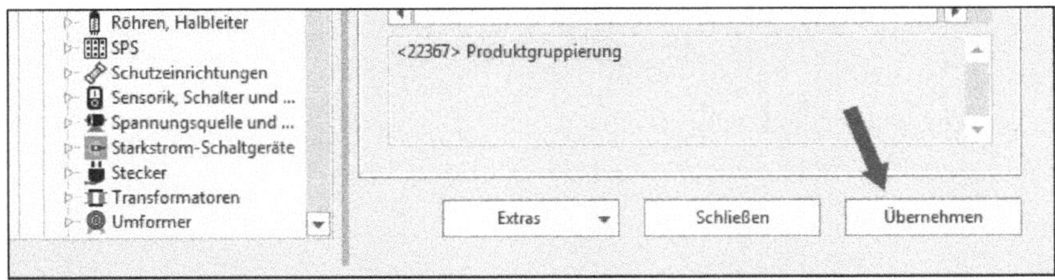

Bild 4.7 Einzelteil zwischenspeichern

4.2.4 Schritt 4: Produktgruppierung ändern

Die Produktgruppierung wurde nun ausgewählt. EPLAN hat das Einzelteil entsprechend in die Baumstruktur einsortiert. Muss jetzt noch einmal eine der Produktgruppen geändert werden, reicht es aus, beispielsweise den Eintrag der Produktgruppierung neu aus der Auswahlliste zu wählen und anschließend wieder auf den Button ÜBERNEHMEN zu klicken (Bild 4.8).

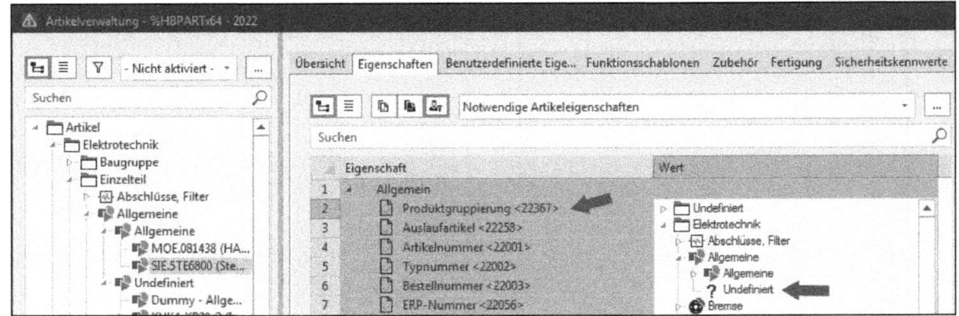

Bild 4.8 Beispielhafte Änderung der Produktgruppierung

EPLAN übernimmt die Änderung und stellt sie in der Baumstruktur der Artikelverwaltung wie in Bild 4.9 dar.

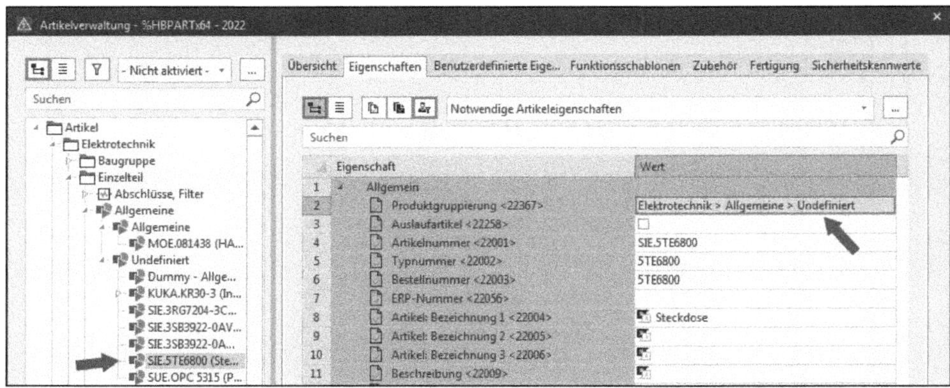

Bild 4.9 Neue Einsortierung in der Baumstruktur

TIPP: Die Baumdarstellung (Ansicht) der Artikelverwaltung kann bei Bedarf auch mit der Taste F5 aktualisiert werden.

4.2.5 Schritt 5: Weitere Registerkarten

Wurden alle (anhand des eingestellten Schemas selbst gewählten) Einträge auf der Registerkarte *Eigenschaften* durchgeführt, können die anderen Registerkarten des Einzelteils mit „Inhalten" gefüllt werden. An dieser Stelle kann es keine wirkliche Empfehlung geben, welche Daten am wichtigsten sind und auf welche Dateneingaben man verzichten kann.

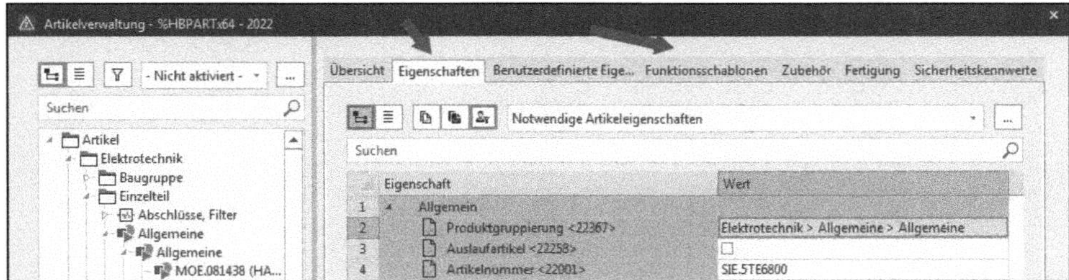

Bild 4.10 Weitere Registerkarten des Einzelteils ausfüllen

Ein Einzelteil enthält u. a. folgende allgemeingültige Registerkarten:

- Übersicht (nur Anzeige)
- Eigenschaften*)
- Benutzerdefinierte Eigenschaften
- Funktionsschablonen
- Zubehör
- Fertigung
- Sicherheitskennwerte

*) Hierbei handelt es sich um relevante Eigenschaften, die (wenn nötig) mit Daten befüllt werden sollten, beispielsweise Höhe und Breite eines Einzelteils (siehe auch folgende Abschnitte).

4.2.6 Schritt 6: Schema Montagedaten

Das Schema *Montagedaten* in der Registerkarte *Eigenschaften* (Bild 4.11) kann mit den entsprechend gewünschten Daten gefüllt werden. Für eine spätere Platzierung im 2D-Schaltschrankaufbau müssen hier mindestens die Breite und die Höhe des Einzelteils angegeben werden.

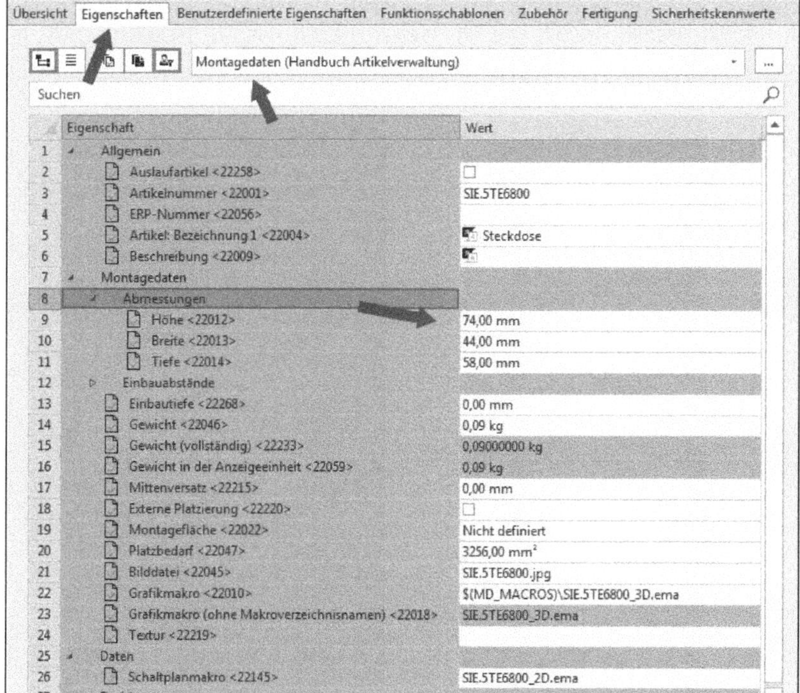

Bild 4.11 Schema Montagedaten

Die Eingaben bzw. Angaben erfolgen anhand der Bauteiledaten des Herstellers selbst. Dazu liegt idealerweise schon das entsprechende Datenblatt vor. Ich empfehle, mindestens folgende Angaben einzutragen:

- Gewicht (in kg)
- Breite (in mm)
- Höhe (in mm)
- Tiefe (in mm)
- Schaltplanmakro (für die Verwendung im 2D-Montageaufbau)
- Grafikmakro (für die Verwendung im 3D-Aufbau Pro Panel)
- Bilddatei (Auswahl aus dem Standardbildverzeichnis): Die Benennung der Bilddatei sollte am besten der vergebenen Artikelnummer entsprechen (Bild 4.12).

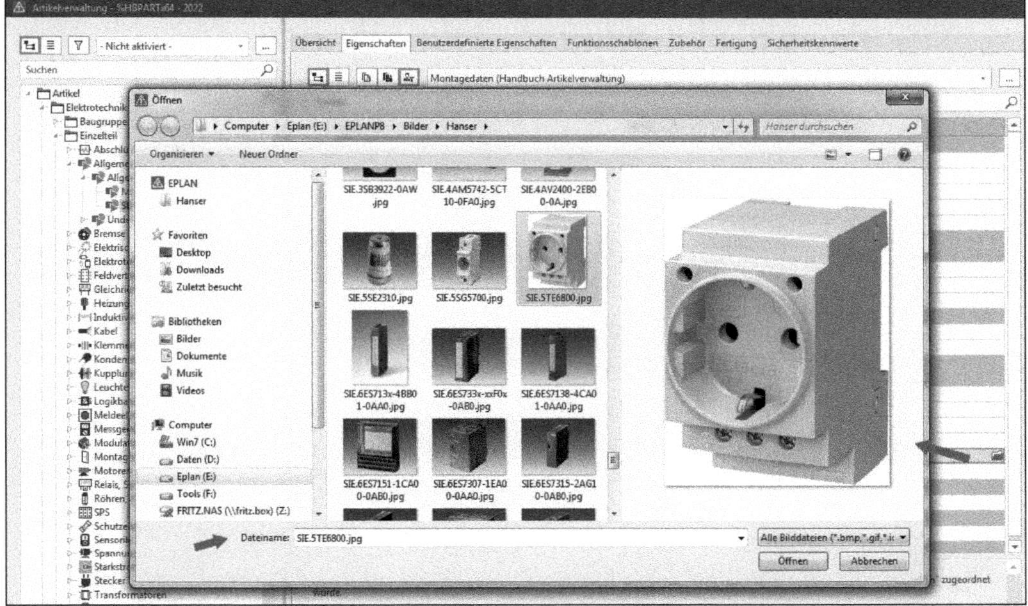

Bild 4.12 Auswahl Bilddatei

Sind alle Eingaben erfolgt, kann das Einzelteil zwischengespeichert werden, und das nächste Schema oder die nächste Registerkarte kann zum Bearbeiten angeklickt werden.

4.2.7 Schritt 7: Schema Technische Daten

Im Schema *Technische Daten* (Bild 4.13) ist es empfehlenswert, ein Makro zu hinterlegen. Dieses Makro kann die verschiedenen Darstellungsarten wie beispielsweise eine grafische Darstellung für den 2D-Schaltschrankaufbau enthalten.

Dazu klicken Sie neben dem Feld *Makro* auf den MORE-Button. EPLAN öffnet daraufhin den in Bild 4.14 gezeigten Dialog ÖFFNEN im Standardmakroverzeichnis.

TIPP: Das Makro kann dem Einzelteil auch später noch in der Artikelverwaltung hinzugefügt werden. Es muss nicht zwingend bei dem Anlegen des Einzelteils schon vorhanden sein.

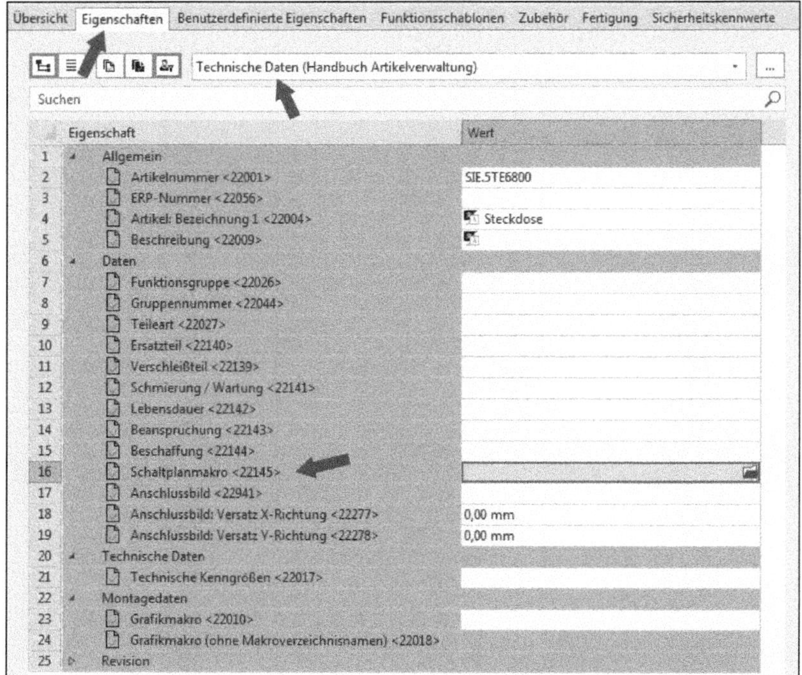

Bild 4.13 Schema Technische Daten

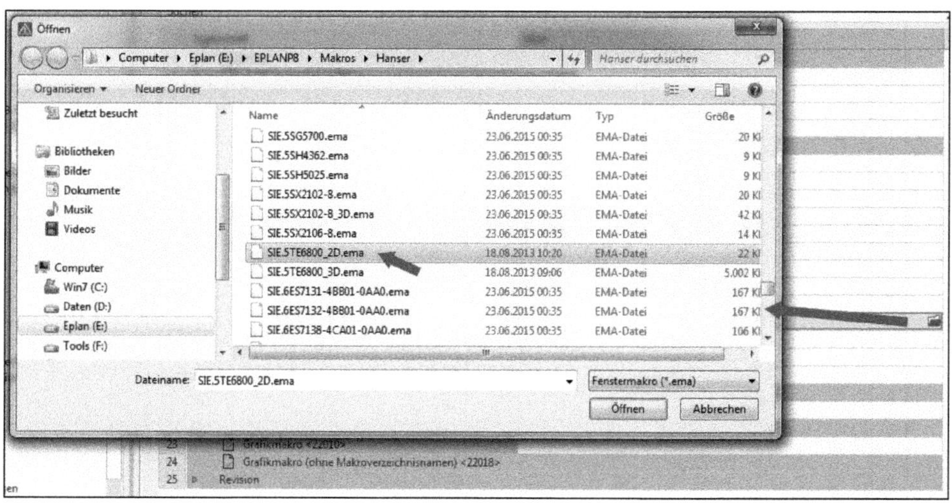

Bild 4.14 Dialog Öffnen „Makro“

Wurde das Makro ausgewählt, kann es mit einem Klick auf den Button ÖFFNEN im Dialog ÖFFNEN übernommen werden. EPLAN trägt das Makro anschließend in das Feld *Schaltplanmakro* ein (Bild 4.15).

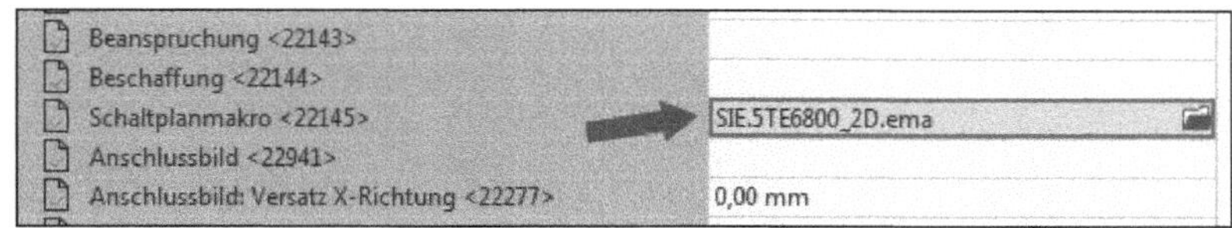

Bild 4.15 Eingetragenes Makro

HINWEIS: Das Makro der Eigenschaft *Schaltplanmakro* sollte nur 2D-Daten enthalten. Ist es gewünscht und nötig, ein 3D-Makro an das Einzelteil in der Artikelverwaltung zu hinterlegen, kann dieses beispielsweise im Schema *Technische Daten* im Feld *Grafikmakro* ausgewählt und übernommen werden (Bild 4.16).

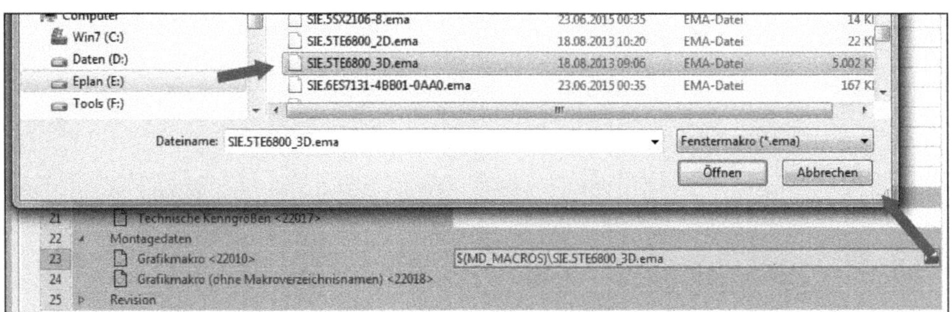

Bild 4.16 Auswahl 3D-Grafikmakro (Schema Technische Daten)

Alle anderen Eigenschaften und Möglichkeiten der Angaben im Schema *Technische Daten* wie Funktionsgruppe, Teileart etc. sind optional und können je nach Bedarf und Anforderungen ausgefüllt werden.

Klicken Sie nun auf den Button ÜBERNEHMEN. Alle Angaben auf dieser Registerkarte sind damit erledigt, und es kann zum nächsten Schema oder zur nächsten Registerkarte gewechselt werden.

4.2.8 Schritt 8: Schema Dokumente

In dem Schema *Dokumente* (Bild 4.17) können (müssen aber nicht) Dokumente wie Handbücher, Datenblätter und Ähnliches beim Einzelteil hinterlegt werden.

Dazu klicken Sie in das Feld *Datei/Hyperlink*. EPLAN öffnet daraufhin den Dialog DATEI AUSWÄHLEN. Hier kann nun das Dokument aus dem Standardverzeichnis oder einem beliebig anderen Verzeichnis ausgewählt und mit einem Klick auf den Button ÖFFNEN für das Einzelteil übernommen werden (Bild 4.17).

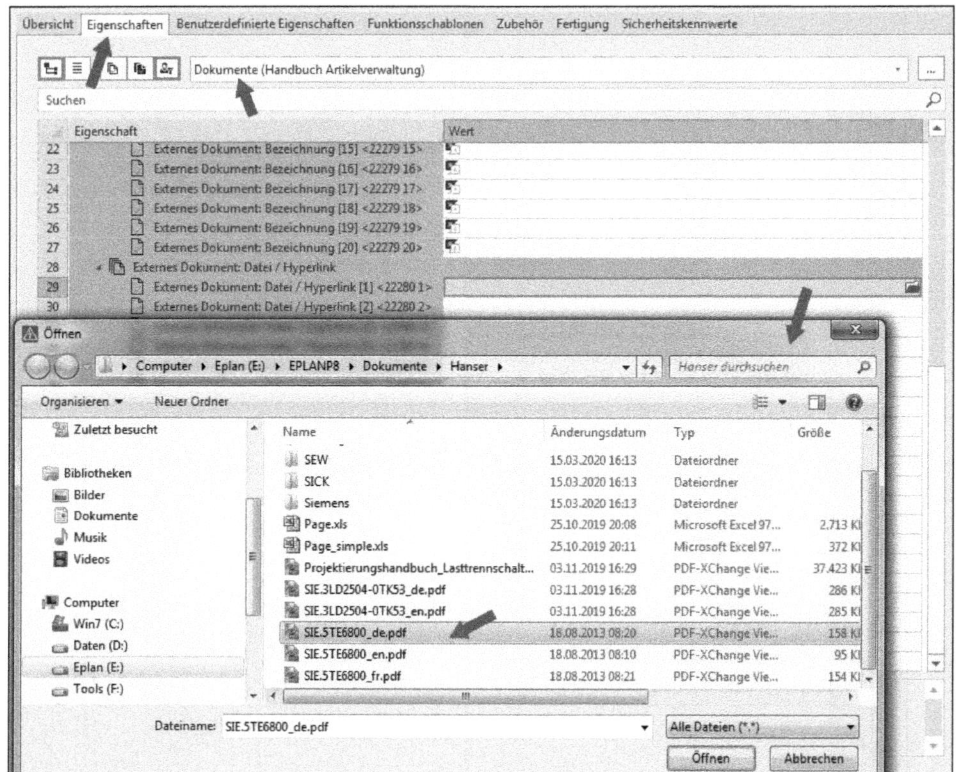

Bild 4.17 Schema Dokumente mit Auswahl

Ich empfehle, zumindest bei komplexeren Geräten, die diverse Einstellungen beim Betrieb benötigen (wie Parametersätze auswählen, Einstellungen über ein vorhandenes Display etc.), Dokumente wie Handbücher, Funktionsbeschreibungen etc. zu hinterlegen und entsprechend zu bezeichnen (Bild 4.18).

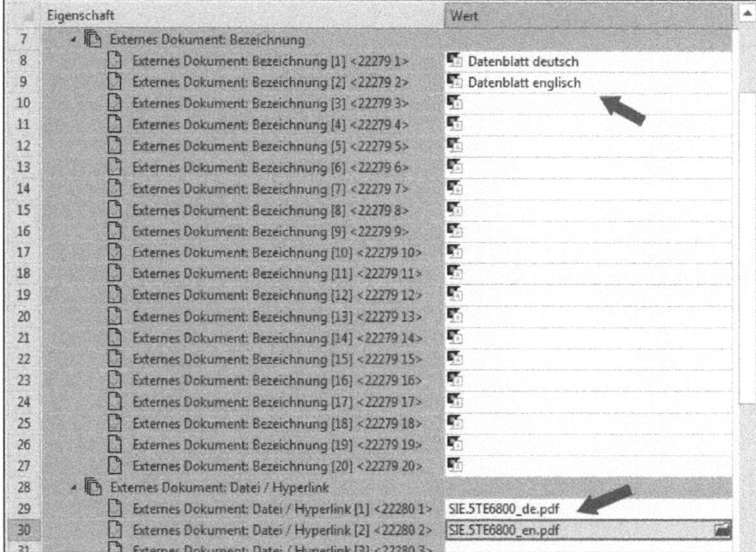

Bild 4.18 Verlinkte Dokumente mit passenden Bezeichnungen

4.2.9 Schritt 9: Registerkarte Funktionsschablonen

Die wichtigste Registerkarte, wenn mit der Geräteauswahl später projektiert werden soll, ist die Registerkarte *Funktionsschablonen* (Bild 4.19). Die Registerkarte *Funktionsschablonen* ist bei der Neuanlage eines Einzelteils erst einmal immer leer. Je nach Einzelteil muss hier auch nicht zwingend etwas eingetragen werden. Soll das Einzelteil aber später als Gerät in der Projektierung behandelt werden, sind hier zwingend Angaben notwendig.

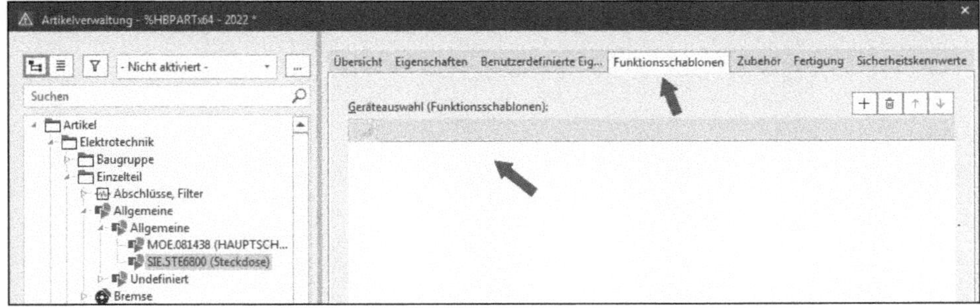

Bild 4.19 Registerkarte Funktionsschablonen

HINWEIS: Einzelteile können per Artikelauswahl oder per Geräteauswahl projektiert werden.

Im Folgenden wird der Unterschied zwischen einer Artikel- und einer Geräteauswahl kurz erläutert.

Was ist eine Artikelauswahl?

Mit der Artikelauswahl kann dem Symbol ein Artikel zugeordnet werden. Dieser Artikel muss nicht zwingend aus der EPLAN-Artikelverwaltung kommen bzw. daraus ausgewählt werden. Es sind auch Anbindungen an externe Datenbanken möglich. Das heißt aber auch, dass der Artikel nicht zwingend Funktionen (wie beispielsweise die Funktionsdefinition Schließer, Hilfskontakt) besitzen muss.

Die Vorgehensweise bei der Artikelauswahl ist folgende: Öffnen Sie bei einem platzierten Symbol im Stromlaufplan die Symboleigenschaften und wechseln Sie auf die Registerkarte *Artikel* (Bild 4.20).

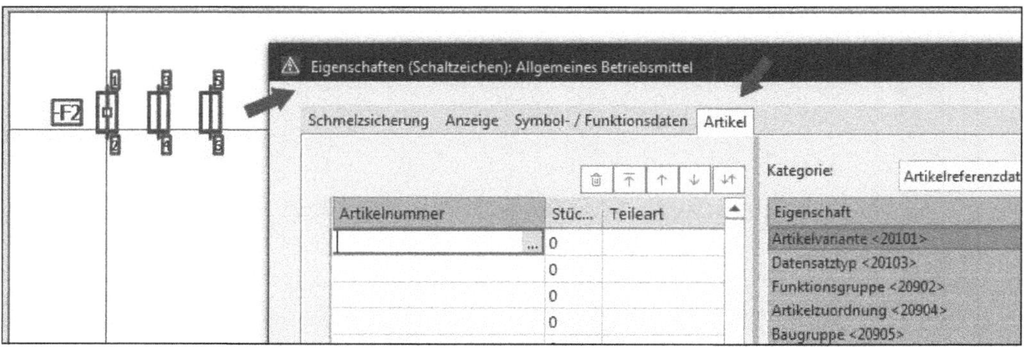

Bild 4.20 Registerkarte Artikel eines Symbols

Anschließend klicken Sie in das Feld *Artikelnummer* und auf den dort erscheinenden MORE-Button. EPLAN öffnet daraufhin die Artikelverwaltung (Bild 4.21).

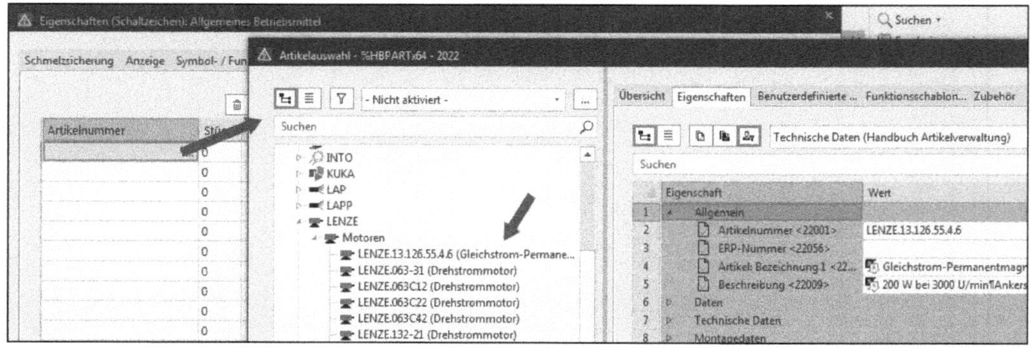

Bild 4.21 Artikelverwaltung

Jetzt kann ein passender oder ein beliebiger Artikel ausgewählt und übernommen werden. EPLAN schließt nach einer Artikelauswahl die Artikelverwaltung und überträgt den Artikel in das Feld *Artikelnummer* (Bild 4.22).

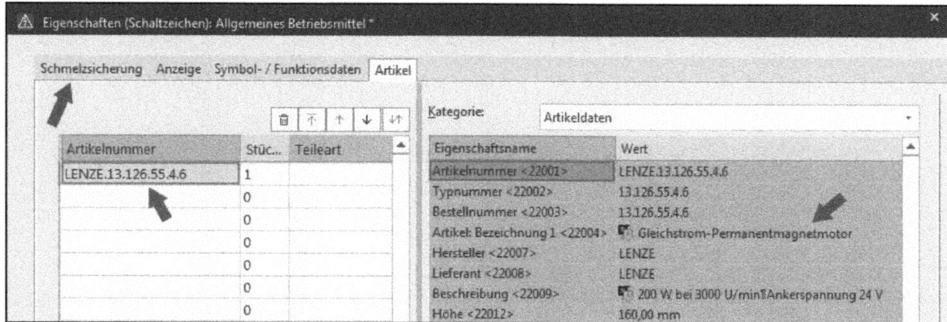

Bild 4.22 Übernommener Artikel

Damit ist die Artikelauswahl abgeschlossen. In Bild 4.22 wurde dem Symbol SCHMELZSICHERUNG ein Artikel zugeordnet, der ein Motor ist. Das ergibt natürlich keinen Sinn, ist aber mit der reinen Artikelauswahl möglich.

Solch eine „einfache" Artikelauswahl erfordert viel Disziplin und Kontrolle, damit einem Symbol keine „artfremden" oder völlig falschen Artikel im Stromlaufplan zugewiesen werden. Daher ist die reine Artikelauswahl prinzipiell auch nur die zweite Wahl bei der Projektierung und dem Arbeiten mit EPLAN Electric P8, da kein Abgleich der wirklich benutzten Funktionen des Gerätes im Stromlaufplan erfolgt.

Was ist eine Geräteauswahl?

Die Geräteauswahl ist das Gegenstück zur Artikelauswahl. Die Geräteauswahl erfolgt immer aus der EPLAN-Artikelverwaltung und benötigt auch zwingend die Funktionen des in der Artikelverwaltung hinterlegten Einzelteils.

HINWEIS: Nachfolgend liefere ich nur eine grobe Beschreibung der Geräteauswahl. Es sind natürlich noch weitere Einstellungen möglich. Detaillierte Informationen hierzu finden Sie in der 6. Auflage des ebenfalls von mir verfassten *Handbuch EPLAN Electric P8* (Carl Hanser Verlag 2020, ISBN 978-3-446-45919-9).

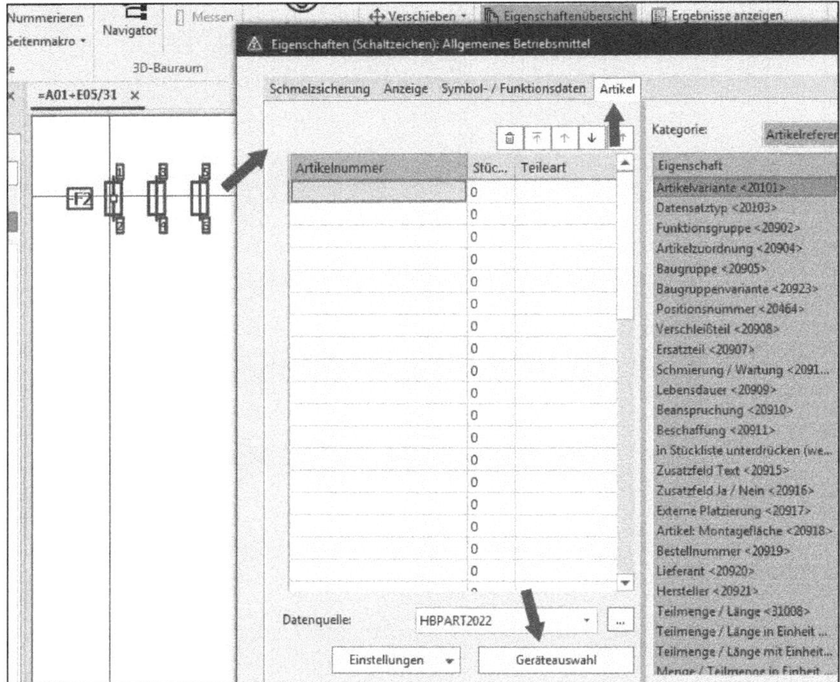

Bild 4.23 Registerkarte Artikel, Button Geräteauswahl

Die Geräteauswahl funktioniert wie folgt: Nach einem Klick auf den Button GERÄTEAUSWAHL auf der Registerkarte ARTIKEL in den Symboleigenschaften eines Symbols überprüft die Geräteauswahl vor dem Anzeigen aller möglichen Geräte die Funktionen, die wirklich im Stromlaufplan benutzt wurden. Anschließend nimmt sie diese Angaben als Vergleich, welche Geräte in der Artikelverwaltung ebenfalls diese Funktionen besitzen.

Hat die Geräteauswahl passende Geräte in der Artikelverwaltung gefunden, werden diese im Dialog GERÄTEAUSWAHL aufgelistet (Bild 4.24). Schon an dieser Stelle im Dialog kann man gut erkennen, dass hier keine „Falschauswahl“ eines Artikels möglich ist. EPLAN sucht u.a. anhand der Funktionsdefinition „Dreifachschmelzsicherung“ passende Geräte aus, die diese Funktionsdefinition am Artikel (auf der Registerkarte *Funktionsschablonen*) tragen, und listet dann auch nur diese Geräte zur Auswahl und Übernahme auf.

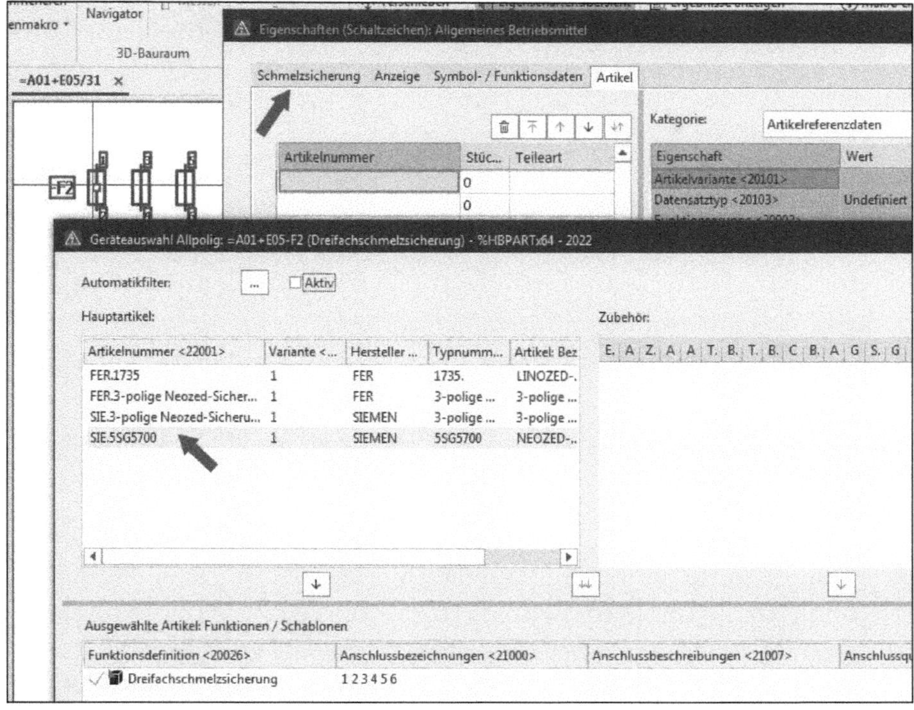

Bild 4.24 Auswahl möglicher passender Geräte

Wurde das Gerät im Dialog GERÄTEAUSWAHL ausgewählt (Bild 4.25), kann es übernommen werden. EPLAN überträgt die Artikelnummer, die Funktionsdefinition und eventuell weitere technische Daten an das Symbol in den Stromlaufplan. Damit ist die Geräteauswahl abgeschlossen. Bild 4.26 zeigt das Ergebnis.

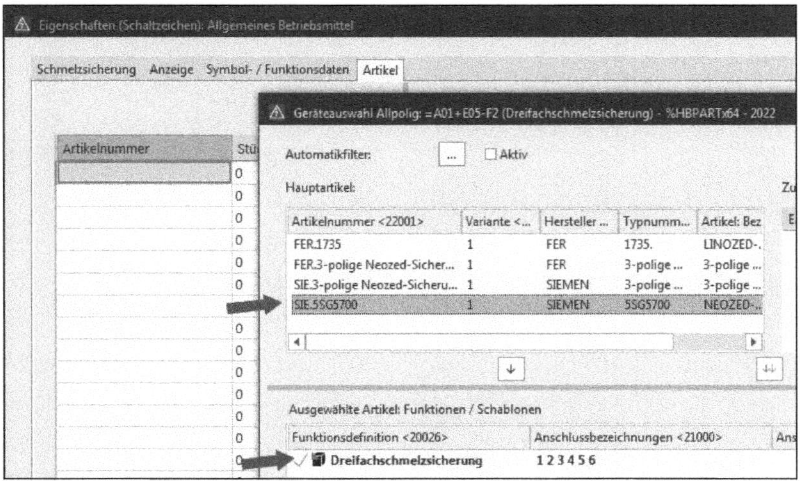

Bild 4.25 Gerät auswählen

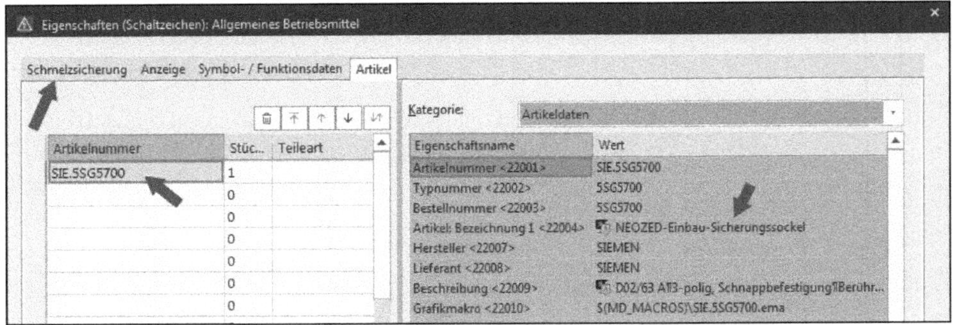

Bild 4.26 Übernommener Artikel der Geräteauswahl

Dies kann allerdings nur funktionieren, wenn der Artikel in der EPLAN-Artikelverwaltung auf der Registerkarte *Funktionsschablonen* Funktionsdefinitionen eingetragen hat.

TIPP: Daher ist es wichtig, die Registerkarte *Funktionsschablonen* in der Artikelverwaltung eines Artikels mit Leben zu füllen. Damit erspart man sich viel Arbeit, man verbraucht bei der Projektierung weniger Zeit und die Fehlerquote sinkt. In EPLAN kann man alles auch anhand eines Prüflaufs kontrollieren, wenn man möchte. Fehlerhafte Angaben sind also (prinzipiell) ausgeschlossen.

Wir widmen uns nun wieder dem Anlegen eines Einzelteils. Um eine Funktionsdefinition einzufügen, klicken Sie auf den Button NEU auf der Registerkarte *Funktionsschablonen* (Bild 4.27).

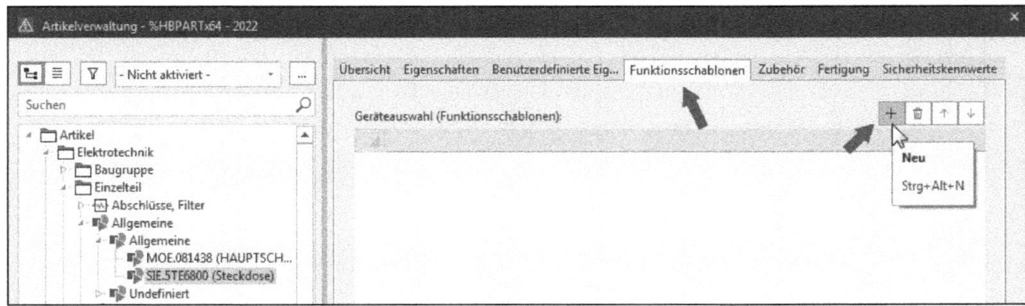

Bild 4.27 Registerkarte Funktionsschablonen

EPLAN öffnet daraufhin den Dialog FUNKTIONSDEFINITIONEN. In diesem Dialog wird jetzt eine passende Funktionsdefinition für das Einzelteil ausgewählt (Bild 4.28).

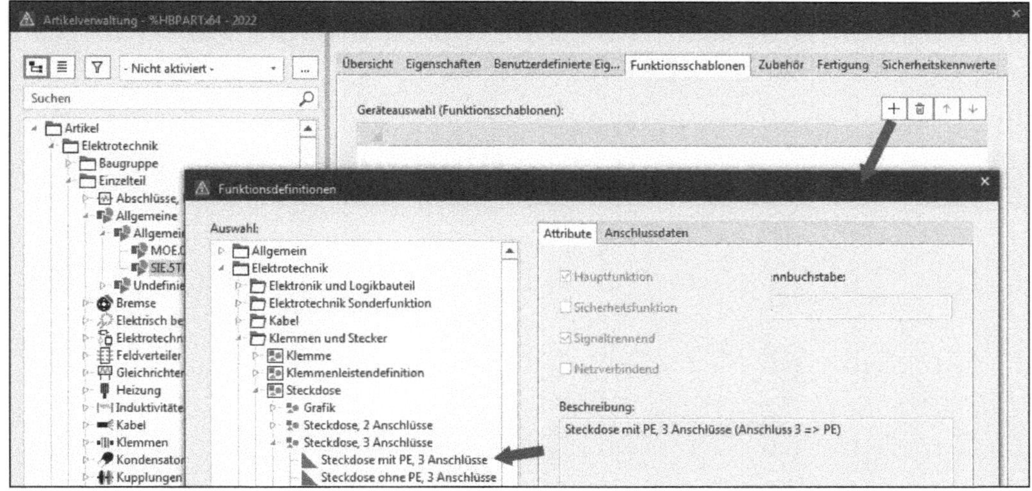

Bild 4.28 Dialog Funktionsdefinitionen

Nach der Auswahl kann die Übernahme mit dem Button OK bestätigt werden. EPLAN schließt den Dialog FUNKTIONSDEFINITIONEN und überträgt die Funktionsdefinition an das Einzelteil (Bild 4.29).

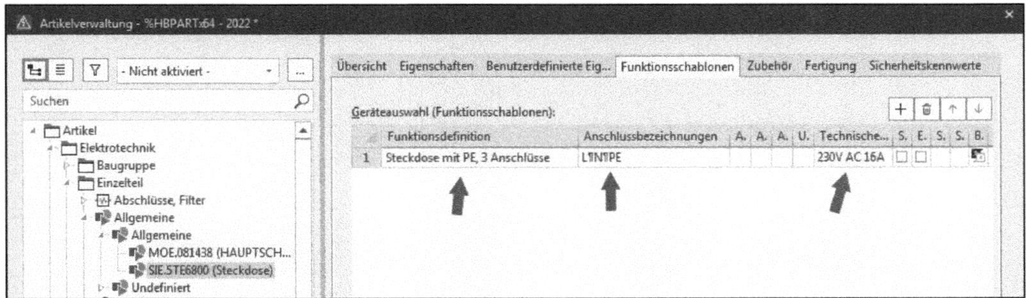

Bild 4.29 Eingefügte Funktionsdefinition

Zusätzlich dazu sollten die Felder *Anschlussbezeichnungen* und (zu empfehlen) auch das Feld *Technische Kenngrößen* ebenfalls ausgefüllt werden (Bild 4.29). Alle anderen Felder sind optional und können bzw. sollten bei Bedarf mit den entsprechenden Angaben gefüllt werden. Beispielsweise könnte man im Feld *Symbol* ein anderes Symbol für dieses Einzelteil auswählen, wenn das von EPLAN genommene Standardsymbol nicht passend ist. Dazu klicken Sie in das Feld *Symbol*. EPLAN öffnet daraufhin die Symbolauswahl mit allen Symbolbibliotheken, die in den aktuell geöffneten Projekten eingelagert sind (Bild 4.30).

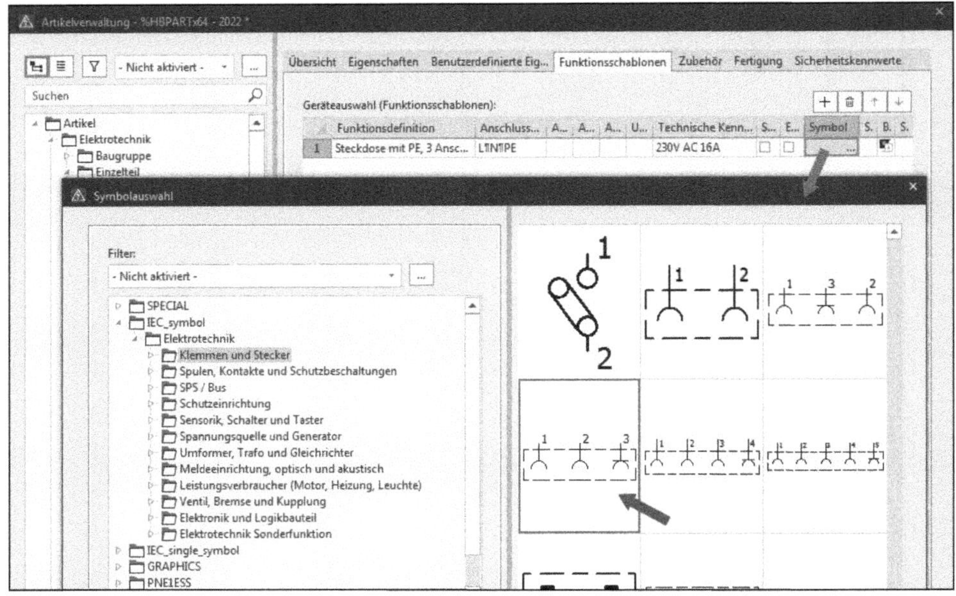

Bild 4.30 Dialog Symbolauswahl

Nach Auswahl und Übernahme des Symbols trägt EPLAN diese Informationen automatisch in das Feld *Symbol* ein. Dieses Symbol wird nun ab sofort für die eingetragene Funktionsdefinition dieses Einzelteils verwendet, wenn das Gerät im Stromlaufplan benutzt wird (Bild 4.31).

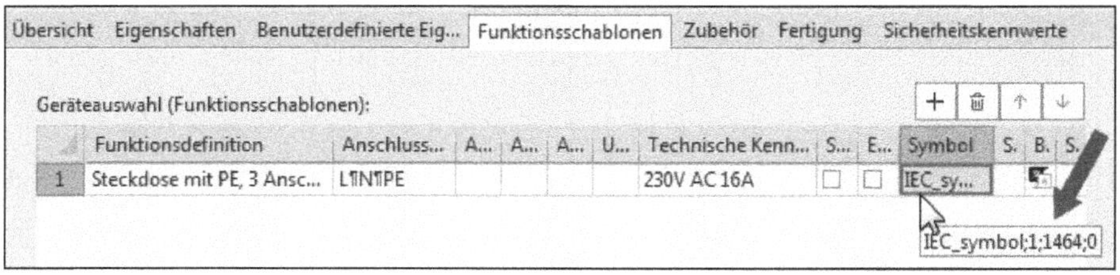

Übersicht Eigenschaften Benutzerdefinierte Eig... Funktionsschablonen Zubehör Fertigung Sicherheitskennwerte

Geräteauswahl (Funktionsschablonen):

	Funktionsdefinition	Anschluss...	A...	A...	A...	U...	Technische Kenn...	S...	E...	Symbol	S.	B.	S.
1	Steckdose mit PE, 3 Ansc...	L1N1PE					230V AC 16A	☐	☐	IEC_sy...			

IEC_symbol;1;1464;0

Bild 4.31 Gefülltes Symbolfeld

Damit wären alle wichtigen Eingaben für ein Einzelteil in der Artikelverwaltung durchgeführt. Weitere Eingaben (beispielsweise im Schema *Detaillierte technische Daten*) sind optional möglich, aber nicht zwingend vorgeschrieben (Bild 4.32).

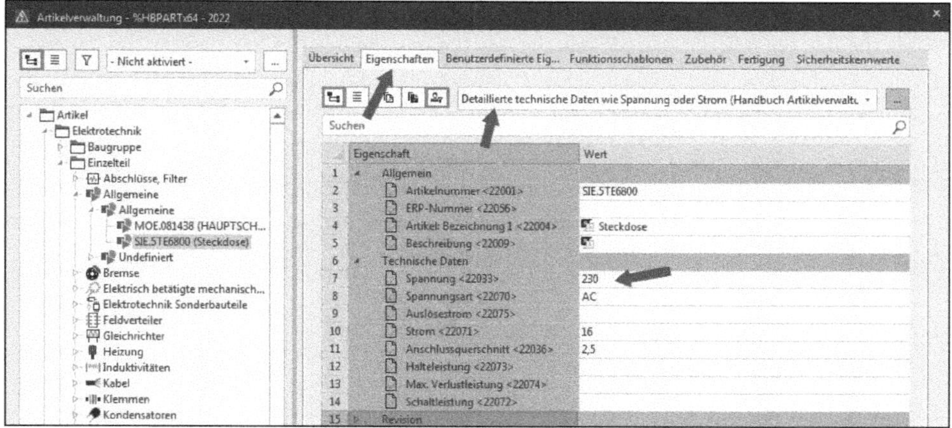

Bild 4.32 Registerkarte Einzelteildaten - optionale Angaben

Das Einzelteil kann jetzt endgültig mit einem Klick auf den Button ÜBERNEHMEN gespeichert werden. Die Artikelverwaltung wird dann mit dem Button SCHLIESSEN beendet. Das Einzelteil wurde nun mit allen erforderlichen Angaben erzeugt und kann ab sofort zur Projektierung benutzt werden.

■ 4.3 Anzeigeeinheiten (alle Registerkarten)

Im Normalfall brauchen Sie keine Einheiten auf den verschiedenen Registerkarten einzugeben, solange es sich um die Standard-Anzeigeeinheiten (Basiseinheiten) handelt. EPLAN gibt für viele Eigenschaften/Eingabefelder folgende Basiseinheiten vor:

Eigenschaft oder Eingabefeld	Basiseinheit in EPLAN
Länge	m
Masse	kg
Zeit	s
Elektrische Stromstärke	A
Temperatur	K
Stoffmenge	mol
Lichtstärke	cd
Spannung	V
Druck	Pa
Leistung	W

Eigenschaft oder Eingabefeld	Basiseinheit in EPLAN
Arbeit	J
Fläche	m^2
Volumen	l
Radius	°
Elektrischer Leitwert	S
Masse/Länge	g/m
Volumenstrom	l/s
Massenstrom	kg/s
Dateigröße	Byte
Frequenz	Hz

4.4 Ein Zubehör anlegen

In EPLAN gibt es auch Einzelteile, die als eigenständiges Einzelteil keinen Sinn ergeben. Beispielsweise kann ein Leistungsschütz alleine verwendet werden, ein Hilfsblock aber nicht. Ein Hilfsblock wäre ein Zubehörteil für ein Leistungsschütz. EPLAN hat für solche Zubehörteile eine Kennung implementiert, die es der Geräteauswahl ermöglicht, dem Hauptartikel das richtige Zubehör zuzuordnen.

Registerkarte Zubehör (Einzelteil)

Ein Hilfsblock wird erst einmal wie ein Einzelteil in der Artikelverwaltung behandelt. Er bekommt gewisse Daten zugewiesen, beispielsweise im Schema *Montagedaten* auf der Registerkarte *Eigenschaften* (z. B. Höhe und Breite). Auf der Registerkarte *Funktionsschablone* werden ihm die passenden Funktionsdefinitionen inklusive weiterer Daten hinzugefügt (Bild 4.33).

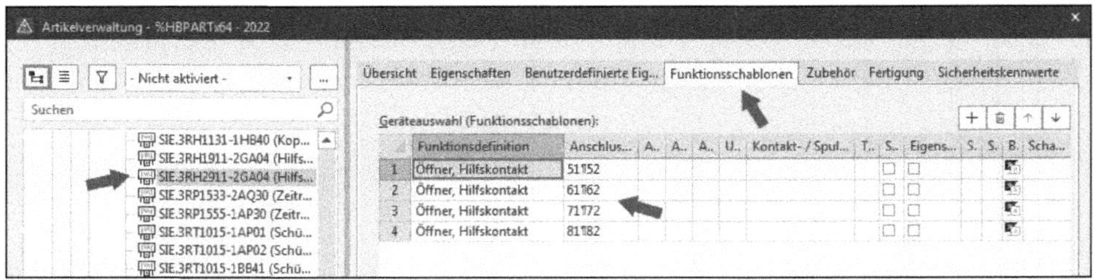

Bild 4.33 Beispiel der Funktionsdefinitionen für einen Hilfsschalterblock

Damit EPLAN diesen Hilfsschalterblock als Zubehörteil erkennt, wird als Erstes die Registerkarte *Zubehör* geöffnet (Bild 4.34).

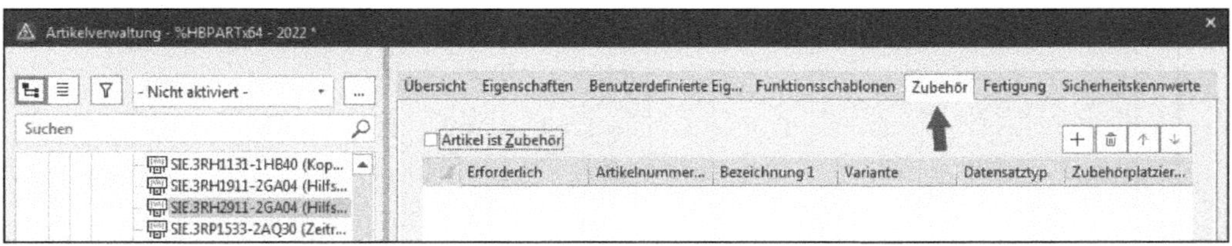

Bild 4.34 Registerkarte Zubehör (Einzelteil)

Auf dieser Registerkarte befindet sich das Auswahlkästchen *Zubehör*. Wird dieses Kästchen aktiv geschaltet (das Häkchen ist gesetzt), ist dieses Einzelteil ab sofort ein Zubehörteil (Bild 4.35).

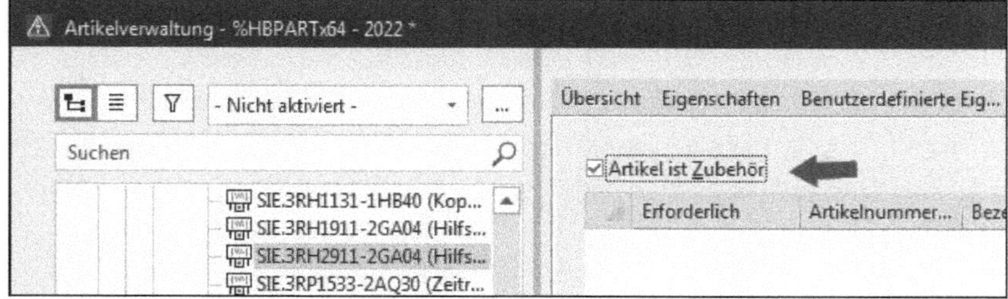

Bild 4.35 Zubehör kennzeichnen

Jetzt kann das Einzelteil gespeichert werden. Im Falle einer Geräteauswahl taucht dieses Einzelteil dann in der Liste der Zubehörteile auf (Bild 4.36). Durch das Setzen des Häkchens bei *Zubehör* ist das Einzelteil kein eigenständiger Artikel mehr und nur in Verbindung mit einem Hauptartikel auswählbar/nutzbar.

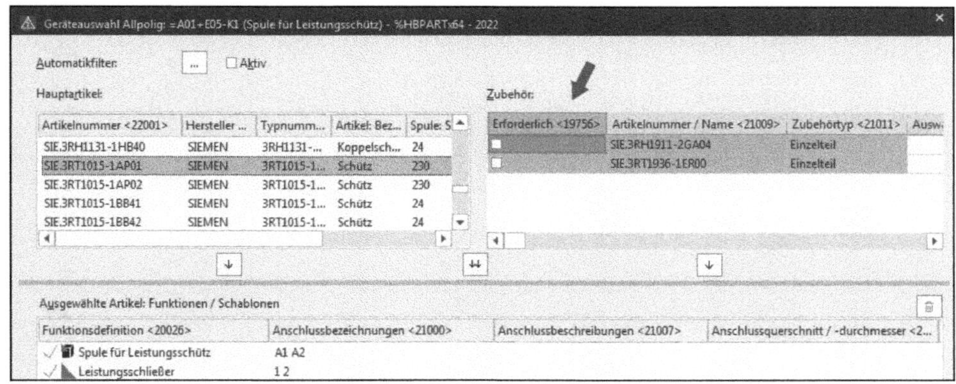

Bild 4.36 Dialog Gerätauswahl mit der Auswahl des Zubehörs

Damit ein Leistungsschütz dieses Zubehör auch per Geräteauswahl zugewiesen bekommt bzw. es ausgewählt werden kann, müssen sich beide Geräte natürlich kennen. Dazu wird in der Artikelverwaltung am Leistungsschütz die Registerkarte *Zubehör* geöffnet (Bild 4.37).

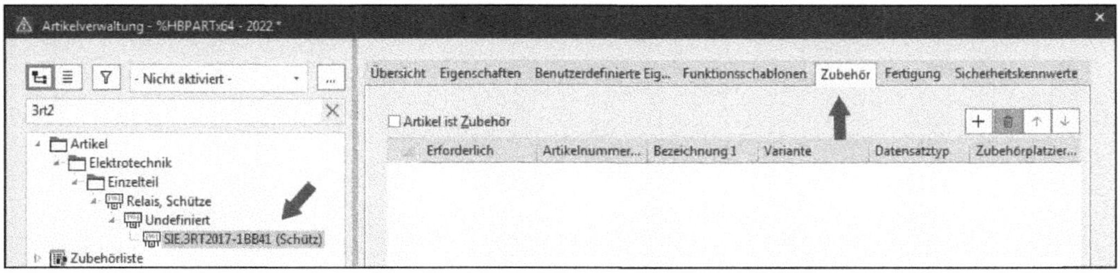

Bild 4.37 Registerkarte Zubehör

Nun können der Symbolleiste über den Button NEU Zubehörteile hinzugefügt werden. EPLAN erzeugt eine neue Zeile. Anschließend erfolgt die Zuweisung der Artikel wie in der Artikelverwaltung üblich. Klicken Sie in das Feld *Artikelnummer*. EPLAN öffnet daraufhin den Dialog ARTIKELAUSWAHL. Hier können, eventuell auch unter Mithilfe der Suchfunktion, die gewünschten Artikel ausgesucht und übernommen werden (Bild 4.38).

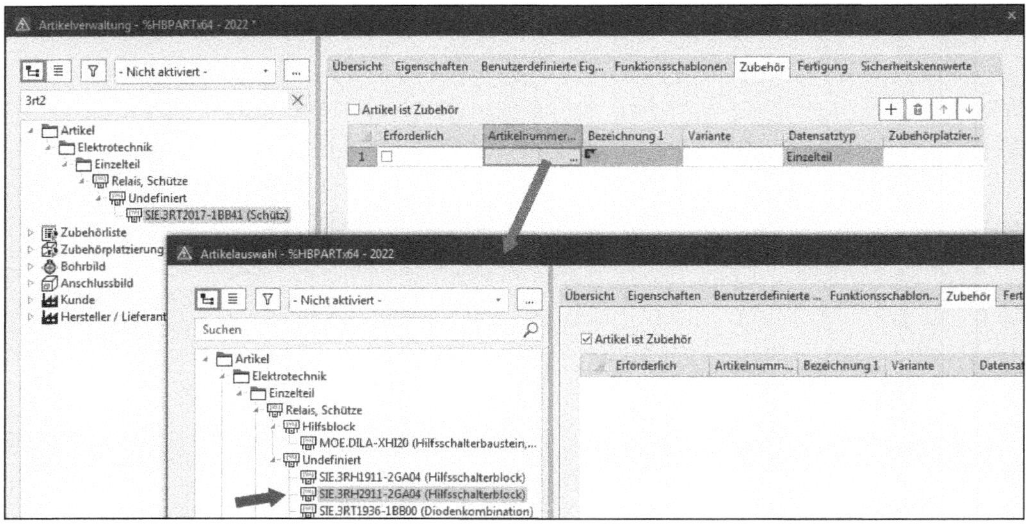

Bild 4.38 Dialog Artikelauswahl

Für jedes neue Zubehörteil muss im Dialog ZUBEHÖR des Artikels „Leistungsschütz" eine neue Zeile erzeugt werden. Eine Mehrfachauswahl von Artikeln ist leider nicht möglich.

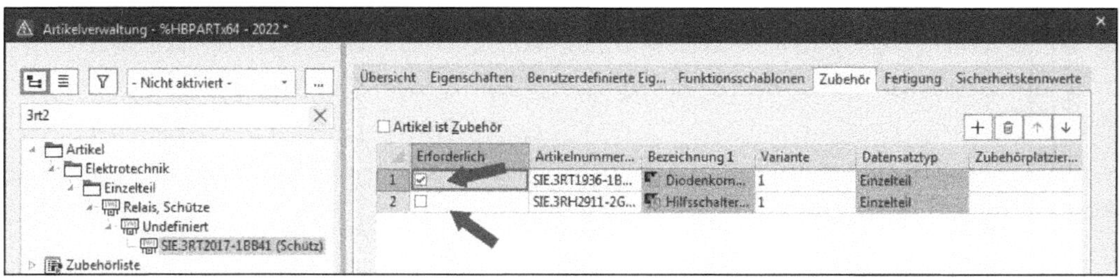

Bild 4.39 Zugewiesene Zubehörteile

Soll ein Zubehörteil bei einer Geräteauswahl zwingend dem Hauptartikel zugeordnet werden, muss in der Spalte *Erforderlich* das Häkchen gesetzt werden (Bild 4.40).

Damit wird dieser Artikel bei einer Geräteauswahl automatisch ausgewählt. So kann er nicht mehr „vergessen“ werden.

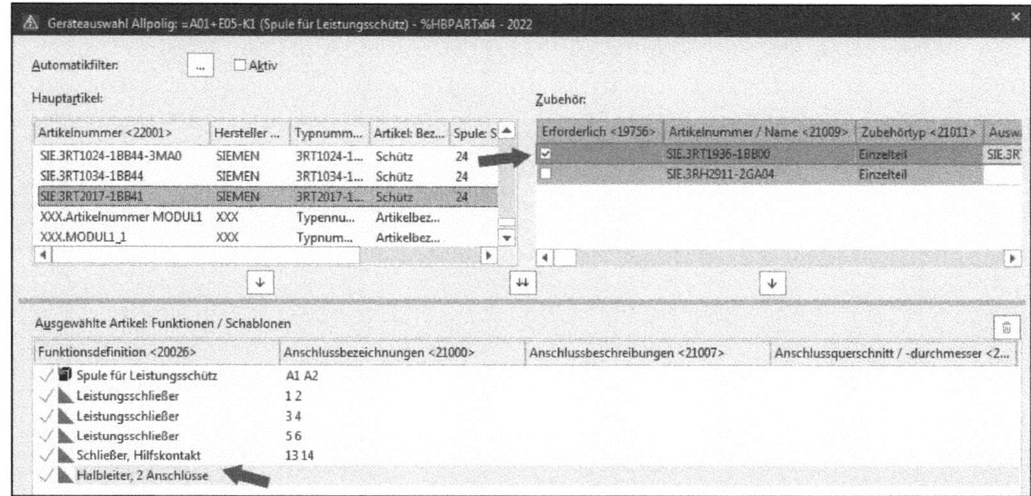

Bild 4.40 EPLAN weist das erforderliche Zubehörteil automatisch zu.

Damit wäre das „Verheiraten“ von Hauptartikeln und Zubehörteilen abgeschlossen. Der Artikel kann gespeichert werden.

HINWEIS: Die Auswahl einer Zubehörplatzierung betrifft das Add-on EPLAN Pro Panel und ist für den 2D-Bereich in EPLAN nicht relevant.

4.5 Eine Zubehörliste anlegen

Eine Zubehörliste hat den Vorteil, dass man einem Hauptartikel nicht jedes neue Zubehörteil einzeln zuweisen muss. Man erweitert die Zubehörliste nur durch das neue Zubehörteil, und schon steht dieses Zubehörteil bei einer Geräteauswahl mit zur Verfügung.

Der Nachteil an einer Zubehörliste ist, dass man die erforderlichen Zubehörteile nicht kennzeichnen kann. Diese sollten daher am besten immer noch einzeln am Hauptartikel eingetragen sein.

Eine Zubehörliste wird wie folgt erstellt: Öffnen Sie die Artikelverwaltung und markieren Sie den Knoten *Zubehörliste*. Klicken Sie anschließend die rechte Maustaste und wählen Sie den Eintrag NEU aus (Bild 4.41).

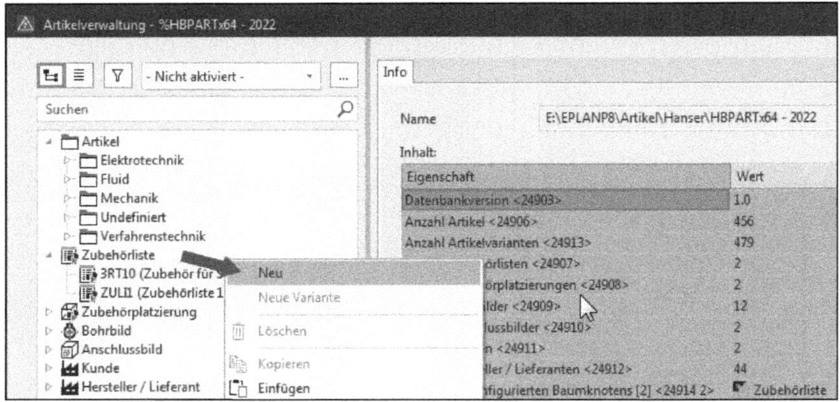

Bild 4.41 Neue Zubehörliste erzeugen

EPLAN erzeugt nach einem Klick auf den Eintrag NEU eine neue Zubehörliste mit dem nächsten freien Namen nach dem Schema *Neu(laufende Nummer)* (Bild 4.42).

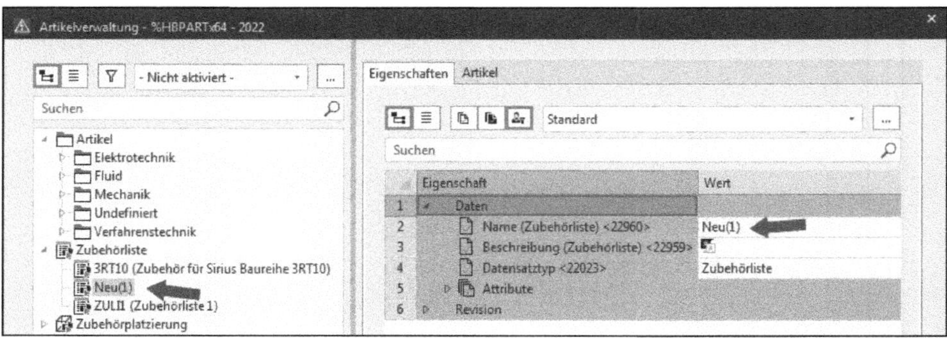

Bild 4.42 Neue Zubehörliste

4.5.1 Registerkarte Zubehörliste

Auf der Registerkarte *Zubehörliste* kann nun u. a. der Name angepasst und eine Beschreibung für die Zubehörliste vergeben werden (Bild 4.43).

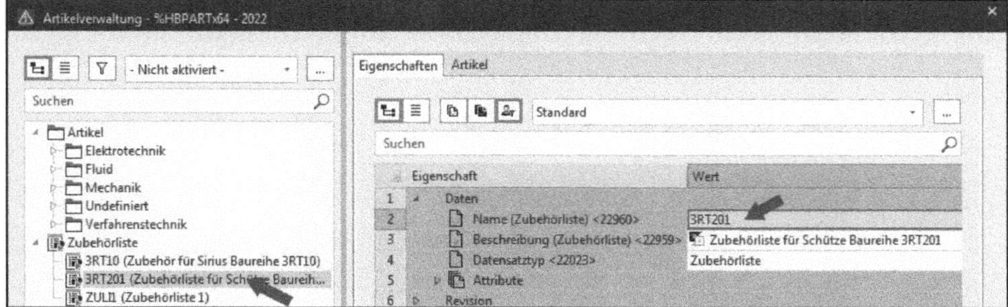

Bild 4.43 Bezeichnete neue Zubehörliste

Anschließend kann auf die Registerkarte *Artikel* gewechselt werden.

4.5.2 Registerkarte Artikel

Die Registerkarte *Artikel* ist bei der Neuanlage erst einmal komplett leer (Bild 4.44).

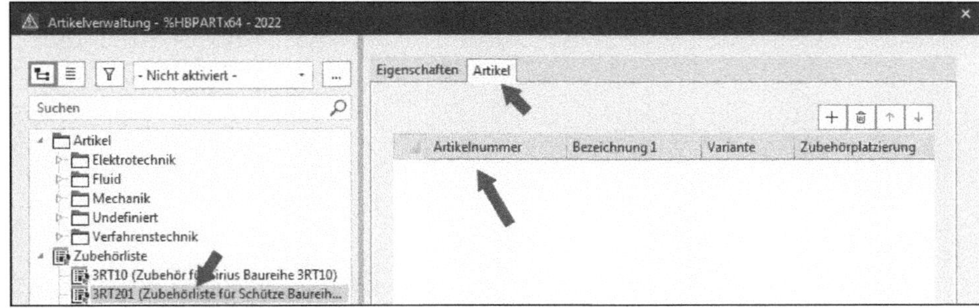

Bild 4.44 Registerkarte Artikel

Nun werden der Registerkarte *Artikel* mit den schon bekannten Vorgängen die gewünschten Artikel zugewiesen. Klicken Sie auf den Button NEU. Im folgenden Dialog ARTIKELAUSWAHL wird der gewünschte Artikel dann markiert und übernommen (Bild 4.45 und Bild 4.46).

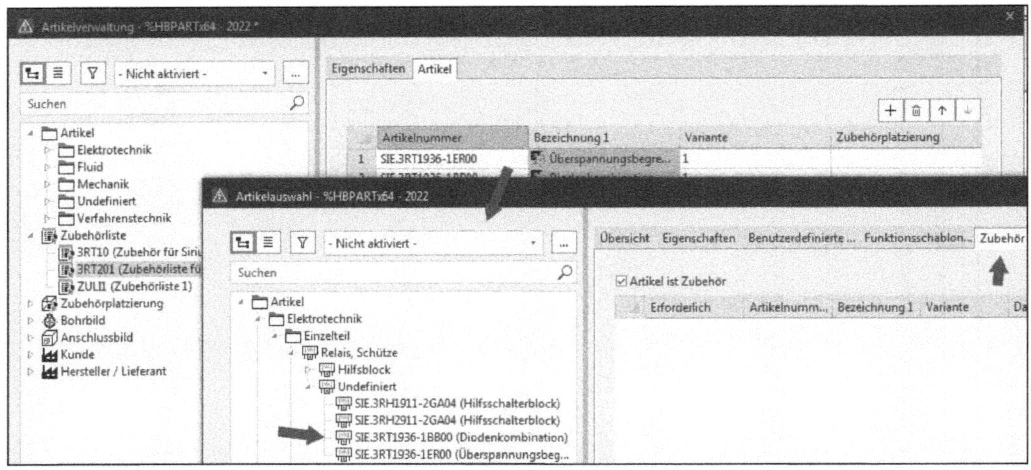

Bild 4.45 Die gewünschten Artikel werden hinzugefügt.

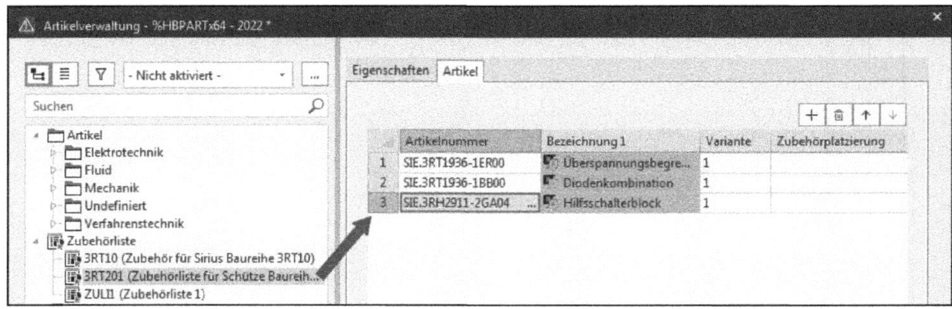

Bild 4.46 Fertige Zubehörliste

Dieser Vorgang muss für jeden Artikel wiederholt werden. Sind alle gewünschten Artikel in der Zubehörliste eingetragen worden, kann die Liste gespeichert und verlassen werden. Anschließend können Sie die fertige Zubehörliste einem Hauptartikel zuweisen. Dazu wird der betroffene Artikel in der Artikelverwaltung geöffnet, und es wird auf die Registerkarte *Zubehör* gewechselt. Über den Button NEU erstellen Sie nun einen neuen Eintrag. Klicken Sie dann ins Feld *Artikelnummer* (Bild 4.47).

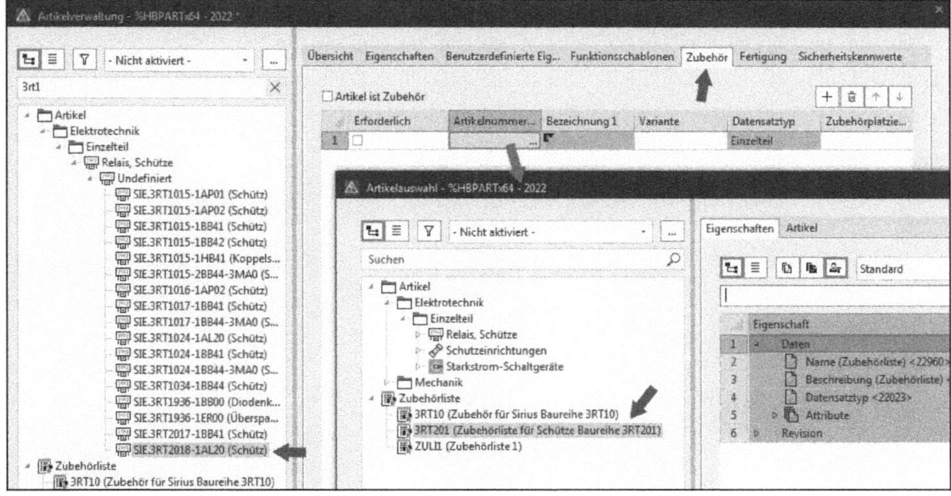

Bild 4.47 Zubehörliste einem Hauptartikel zuweisen

Die Zubehörliste kann jetzt ausgewählt und übernommen werden (Bild 4.47 und Bild 4.48).

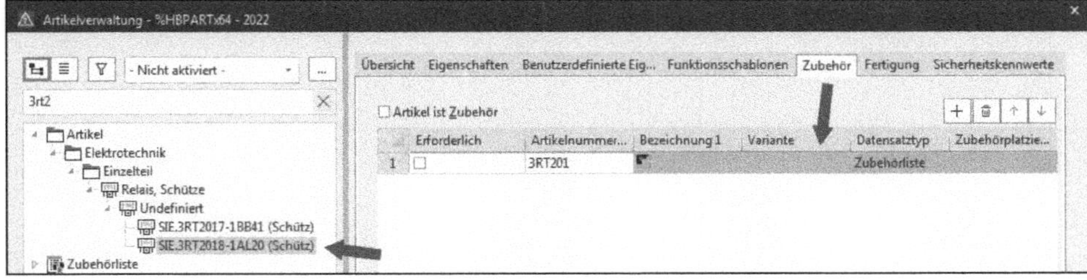

Bild 4.48 Zugeordnete Zubehörliste

Damit ist das Zuordnen einer Zubehörliste abgeschlossen. In einer möglichen Geräteauswahl an einem Hauptartikel kann nun aus dieser Zubehörliste das Zubehör entsprechend ausgewählt werden (Bild 4.49).

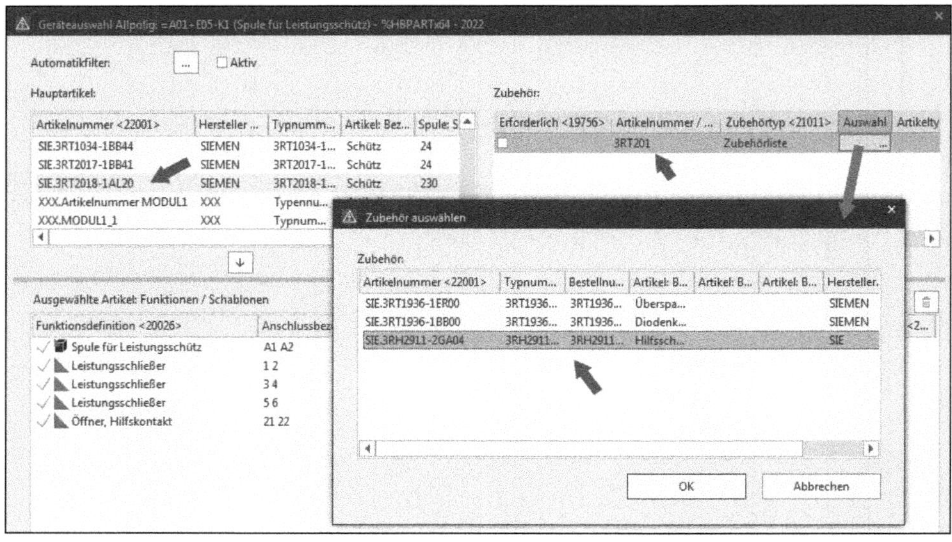

Bild 4.49 Geräteauswahl in Verbindung mit einer Zubehörliste

Ein großer Vorteil von Zubehörlisten ist folgender: Die Zubehörlisten können immer wieder erweitert werden. Eine Geräteauswahl greift immer auf den aktuellsten Stand der Zubehörliste zu. Wurde also einmal eine Zubehörliste einem Hauptartikel zugeordnet, braucht dieser „nie" wieder mit neuen Zubehörteilen „verheiratet" zu werden, da die neuen Zubehörteile automatisch aus den aktualisierten Zubehörlisten kommen.

■ 4.6 Einzelteile in der Projektbearbeitung einsetzen

Einzelteile können in der Projektbearbeitung eingesetzt werden. Sie können beispielsweise über das Einfügezentrum oder über die Tastenkombination ALT+EINFG (EINFÜGEN/GERÄT) auf eine Stromlaufplanseite platziert werden (Bild 4.50).

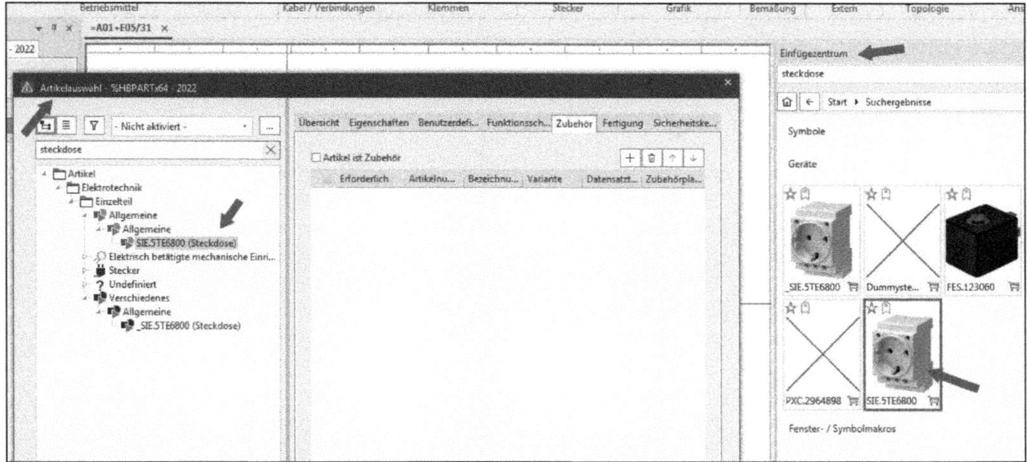

Bild 4.50 Einfügen eines Einzelteils

EPLAN öffnet, je nach Auswahl, beispielsweise die Artikelauswahl. Das Einzelteil (= der Artikel) kann ausgewählt und mit einem Klick auf den Button OK übernommen werden (Bild 4.51).

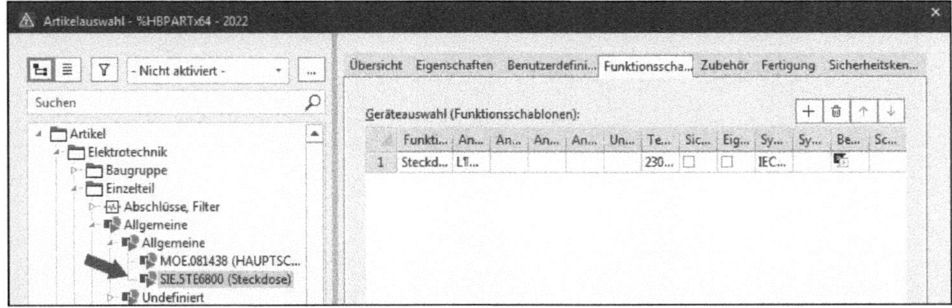

Bild 4.51 Einzelteil (Artikel) auswählen und übernehmen

Nach einem Klick auf den Button OK im Dialog Artikelauswahl hängt der Artikel am Cursor und kann jetzt mit der linken Maustaste platziert und abgesetzt werden (Bild 4.52).

Bild 4.52 Einzelteil bereit zum Platzieren

Nach dem Platzieren kann das Gerät weiter platziert werden, da es immer noch am Cursor hängt (Bild 4.53). Wird die Taste ESC betätigt, bricht EPLAN das Einfügen ab und kehrt wieder zurück zur Projektbearbeitung.

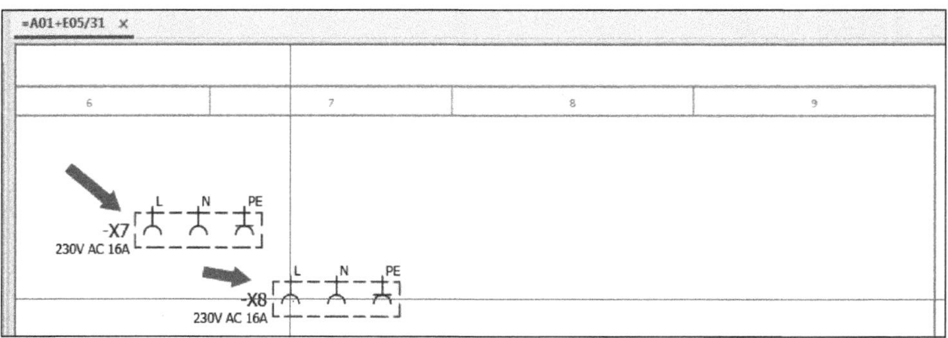

Bild 4.53 Weitere Platzierungen sind möglich.

4.6.1 Einzelteile und die Artikelauswahl

Wird ein Einzelteil nicht über die Tastenkombination ALT+EINFG oder das Einfügezentrum eingefügt, sondern über die Symbolauswahl, wird nur ein Symbol platziert. Anschließend kann dem Symbol über eine Artikelauswahl ein Artikel zugewiesen werden. Dazu werden die Symboleigenschaften des neu platzierten Symbols geöffnet, und es wird auf die Registerkarte *Artikel* gewechselt. Nach einem Klick in das Feld *Artikelnummer* öffnet EPLAN die Artikelauswahl (Bild 4.54).

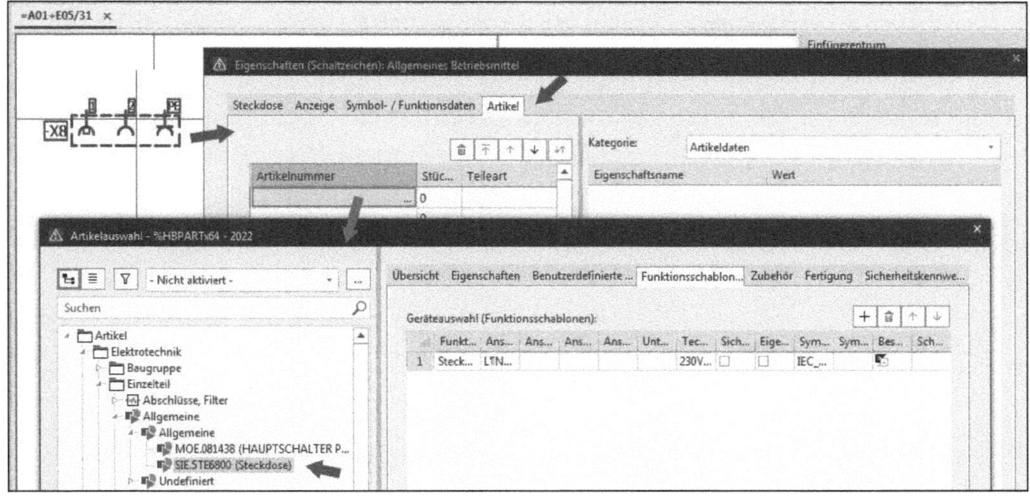

Bild 4.54 Artikelauswahl

Der gewünschte Artikel wird gewählt und aus der Artikelauswahl übernommen. EPLAN schreibt den Artikel an das Symbol und füllt (wenn die entsprechenden Daten für den Artikel auf der Registerkarte *Funktionsschablonen* im Bereich *Artikelauswahl* vorhanden sind) das Symbol mit den Artikeldaten (Bild 4.55).

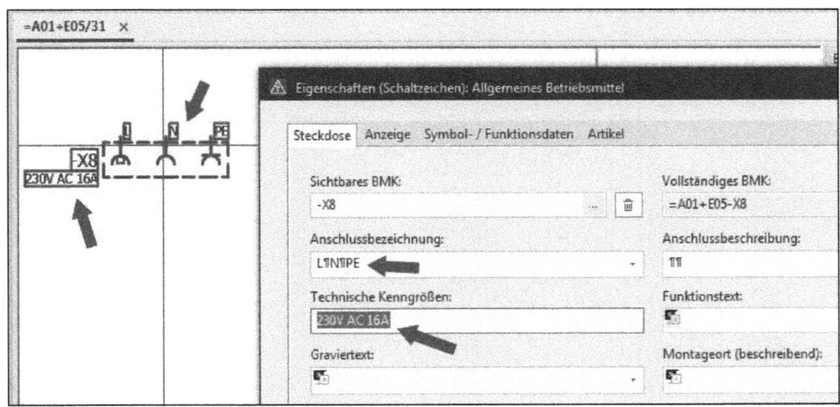

Bild 4.55 Übertragene Artikeldaten an das Symbol

Damit ist die Artikelauswahl für ein Symbol abgeschlossen.

4.6.2 Einzelteile und die Geräteauswahl

Anstelle der Artikelauswahl kann auch die Geräteauswahl genutzt werden, um das „blanke“ Symbol mit Artikeldaten zu füllen. Aus meiner Sicht ist die Geräteauswahl der Artikelauswahl vorzuziehen. Bei der Geräteauswahl prüft EPLAN die vorhandenen Funktionen und bietet im Dialog GERÄTEAUSWAHL nur die passenden Artikel aus der Artikelverwaltung an. Um die Geräteauswahl zu starten, werden das Symbol respektive die Symboleigenschaften geöffnet, und es wird auf die Registerkarte *Artikel* gewechselt (Bild 4.56).

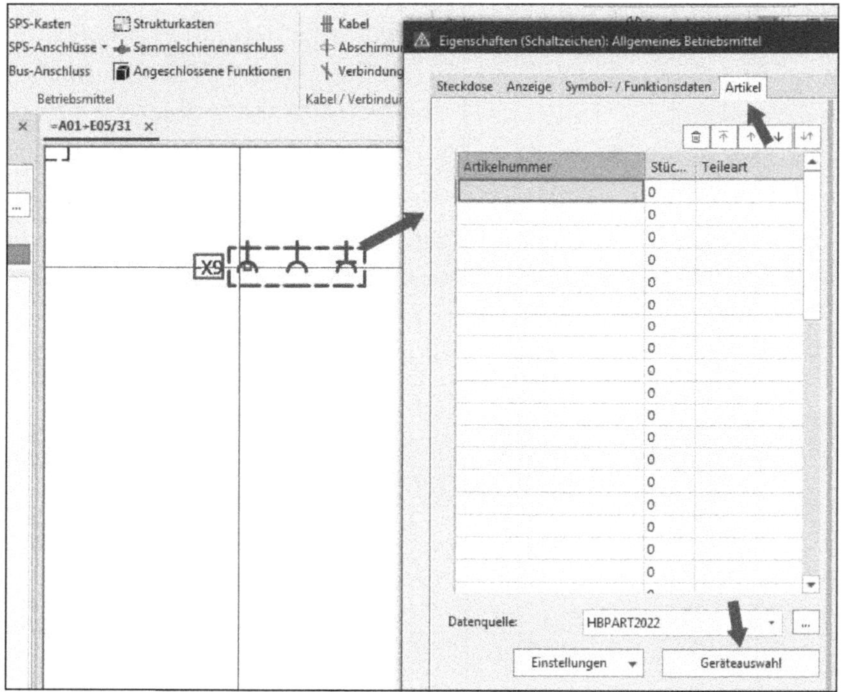

Bild 4.56 Registerkarte Artikel, Button Geräteauswahl

Anschließend klicken Sie auf den Button GERÄTEAUSWAHL (Bild 4.56). EPLAN öffnet daraufhin den Dialog GERÄTEAUSWAHL (Bild 4.57).

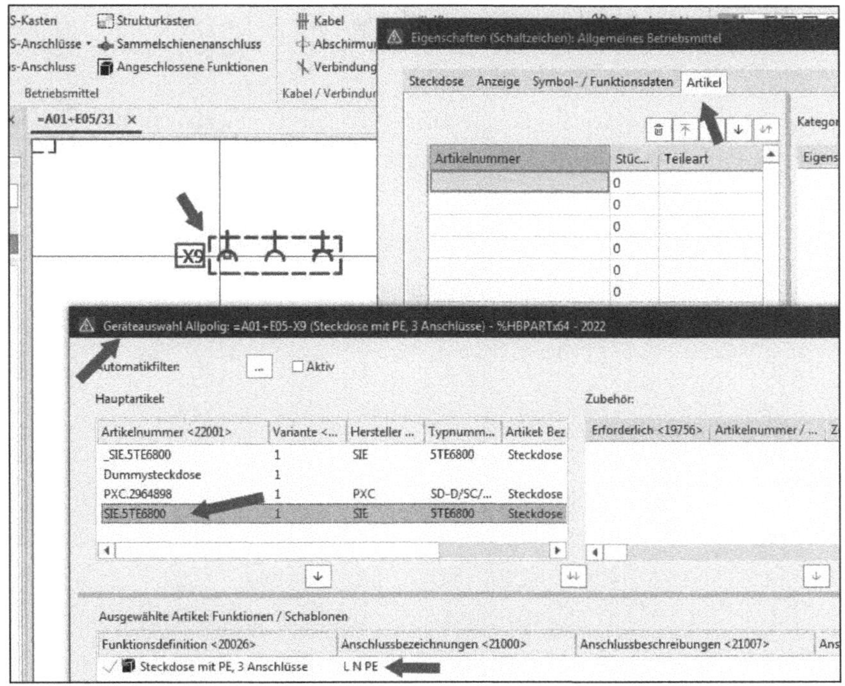

Bild 4.57 Dialog Geräteauswahl

Im Dialog wird der gewünschte Hauptartikel markiert. EPLAN übernimmt den Hauptartikel in den Bereich *Ausgewählte Funktionen/Schablonen*. Nach Klick auf den Button OK schließt EPLAN den Dialog GERÄTEAUSWAHL, und der Artikel inklusive seiner Daten wird, nach dem Klick auf den Button ÜBERNEHMEN, am Symbol übernommen (Bild 4.58). Damit ist die Geräteauswahl abgeschlossen.

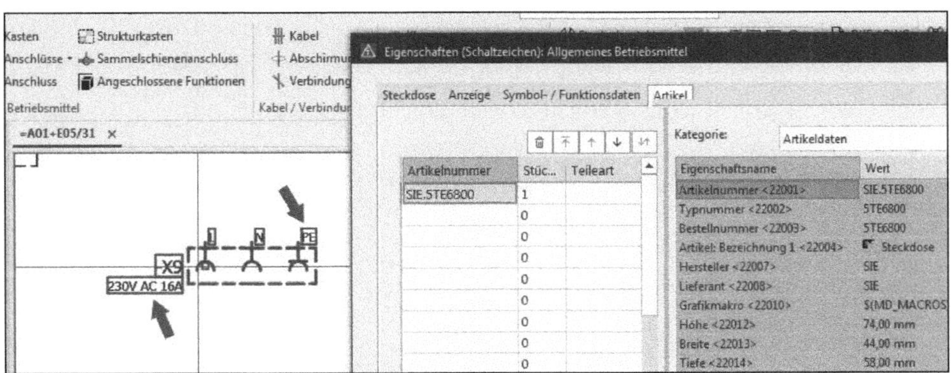

Bild 4.58 Gefülltes Symbol mit den Artikeldaten

4.6.3 Einzelteile auf Montageplatten platzieren

Um Einzelteile (Artikel) auf einer Montageplatte zu platzieren, sollten die in Bild 4.59 dargestellten Daten auf der Registerkarte *Eigenschaften* im Schema *Montagedaten* des Artikels eingetragen sein (mindestens Breite und Höhe).

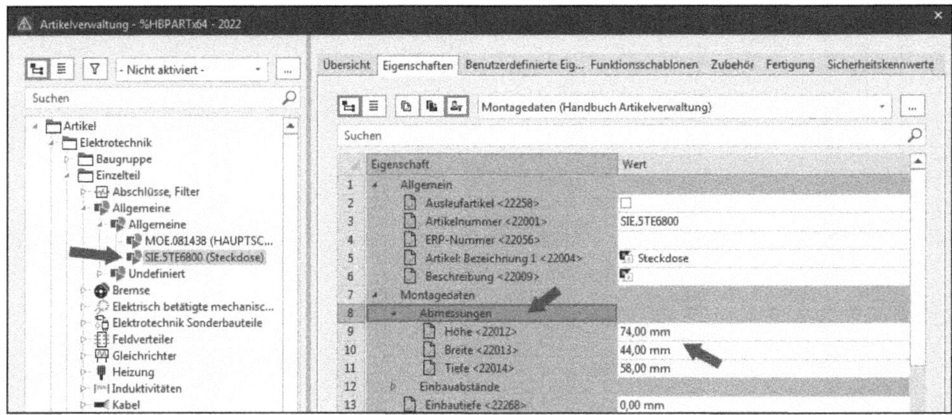

Bild 4.59 Schema Montagedaten

Soll ein Einzelteil nicht nur als ein „Kästchen" auf der Montageplatte platziert werden, empfiehlt es sich, ein Makro der Darstellungsart *Schaltschrankaufbau* zu erstellen und dieses Makro auf der Registerkarte *Eigenschaften* beispielsweise im Schema *Technische Daten* beim Einzelteil zu hinterlegen (Bild 4.60). Dieses Makro ist aber nicht zwingend notwendig. EPLAN reichen die Maße Breite und Höhe auf der Registerkarte *Montagedaten* zum Platzieren auf einer Montageplatte aus.

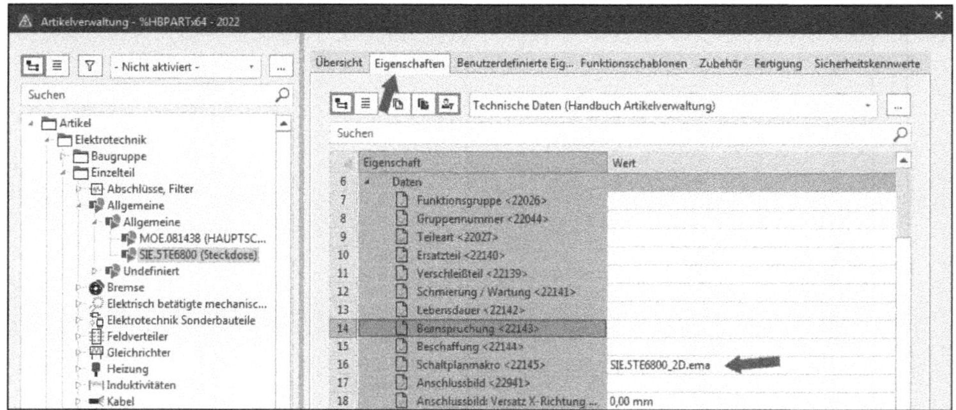

Bild 4.60 Schema Technische Daten

Sind alle benötigten Daten in der Artikelverwaltung am Einzelteil hinterlegt, kann der Artikel einfach aus dem 2D-Schaltschrankaufbau-Navigator auf der Montageplatte platziert werden (Bild 4.61 bis Bild 4.63).

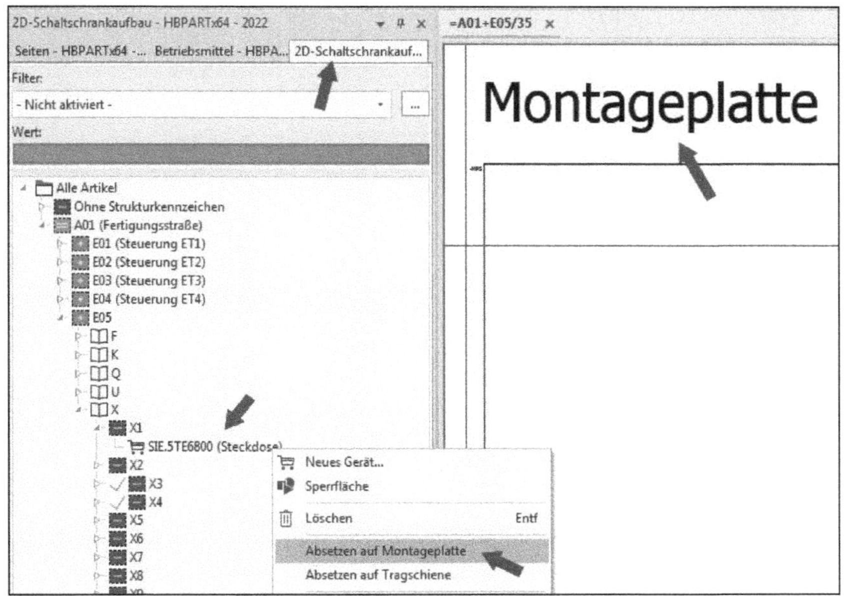

Bild 4.61 Auswahl des Artikels zum Platzieren auf der Montageplatte

Bild 4.62 Der Artikel hängt am Cursor zum Platzieren.

Bild 4.63 Platzierter Artikel

4.6.4 Einzelteile in Auswertungen (Formularen)

Natürlich können Einzelteile auch in Auswertungen wie einer Artikelstückliste oder einer Schaltschranklegende ausgegeben werden (Bild 4.64 bis Bild 4.66).

An dieser Stelle gehe ich nicht weiter auf die vielfältigen Möglichkeiten der Auswertungen und deren Formulare ein. Weitere Informationen finden Sie beispielsweise in meinem Buch *EPLAN Electric P8. Formulare, Normblätter und Symbole editieren*, das als elektronische Ausgabe beziehbar ist (Carl Hanser Verlag 2009, ISBN 978-3-446-42145-5).

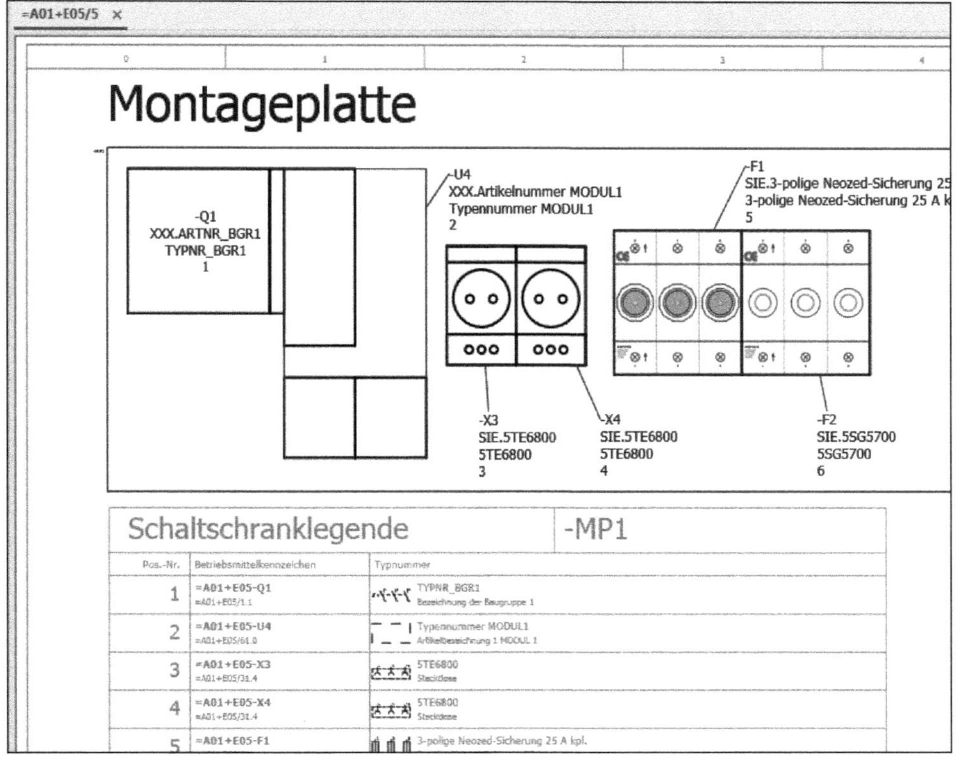

Bild 4.64 Beispielhafte Schaltschranklegende

=A01+E05/5 ×

Artikelstückliste

Bezeichnung	Artikelnummer	Menge	Benennung (BMK)	Schaltplan / Position
3-polige Neozed-Sicherung 25 A kpl.	SIE.3-polige Neozed-Sicherung 25A	1	=A01+E05-F1	
NEOZED-Einbau-Sicherungssockel	SIE.5SG5700	1	=A01+E05-F2	
Bezeichnung der Baugruppe 1	XXX.ARTNR_BGR1	1	=A01+E05-Q1	
Motorschutzschalter	SIE.3RV1021-1CA15	1	=A01+E05-U4-F1	
Schütz	SIE.3RT1015-1BB41	1	=A01+E05-U4-Q1	
Hilfsschalterblock	SIE.3RH1911-2GA04	1	=A01+E05-U4-Q1	
Schütz	SIE.3RT1015-1BB41	1	=A01+E05-U4-Q2	
Hilfsschalterblock	SIE.3RH1911-2GA04	1	=A01+E05-U4-Q2	
Steckdose	SIE.5TE6800	1	=A01+E05-X3	
Steckdose	SIE.5TE6800	1	=A01+E05-X4	

Bild 4.65 Beispielhafte Artikelstückliste

=A01+E05/5 ×

Artikelsummenstückliste

Typnummer	Menge	Bezeichnung	Hersteller Artikelnumm
3-polige Neozed-Sicherung 25 A kpl.	1 Stück	3-polige Neozed-Sicherung 25 A kpl.	SIEMEN SIE.3-polige N
5SG5700	1 Stück	NEOZED-Einbau-Sicherungssockel	SIEMEN SIE.5SG5700
TYPNR_BGR1	1	Bezeichnung der Baugruppe 1	XXX XXX.ARTNR_B
3RV1021-1CA15	1 Stück	Motorschutzschalter	SIEMEN SIE.3RV1021-1
3RT1015-1BB41	2 Stück	Schütz	SIEMEN SIE.3RT1015-1

Bild 4.66 Beispielhafte Artikelsummenstückliste

■ 4.7 Sonstige Schemata (Einzelteil)

Neben den Registerkarten der Einzelteile gibt es noch eine Reihe weiterer Möglichkeiten (Eigenschaften), die jeweils speziell auf einen Einzelteiltyp bzw. auf Produktgruppierungen zugeschnitten sind, aber nicht immer zwingend ausgefüllt werden müssen. Daher erfolgt hier nur eine Kurzauflistung, welche Schemata das sein können und welche Informationen man eingeben und später nutzen kann.

TIPP: Die Einheiten müssen jeweils mit angegeben werden, wenn die Einheiten keine Basiseinheiten sind. In Abschnitt 4.3 sind die in EPLAN festgelegten Basiseinheiten aufgelistet. ■

4.7.1 Schema Verbindungsdaten (Elektrotechnik)

Ein Verbindungsartikel wird in der Artikelverwaltung unter der Produktgruppierung *Elektrotechnik/Verbindungen* angelegt. Neben den von anderen Einzelteilen bekannten Registerkarten oder Schemata gibt es für Verbindungen zusätzlich spezielle *Verbindungsdaten* (Bild 4.67).

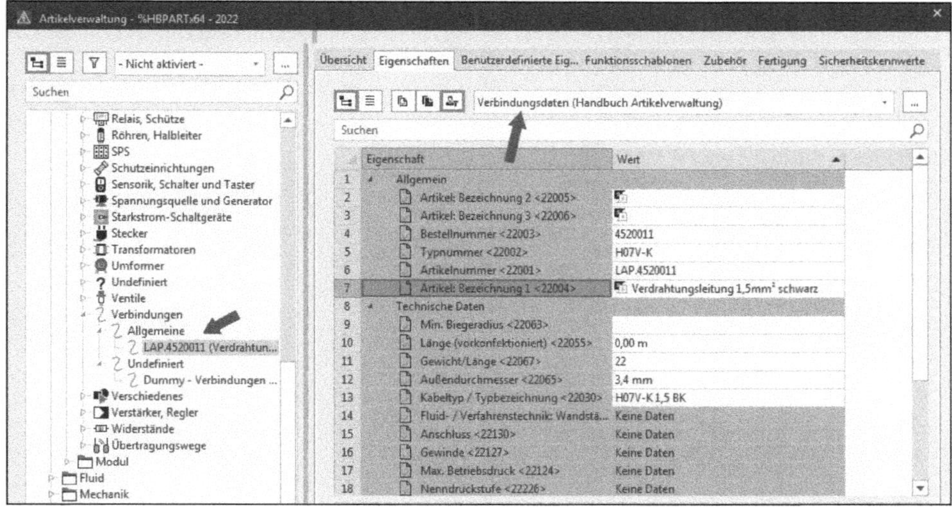

Bild 4.67 Schema Verbindungsdaten

Im Schema *Verbindungsdaten* können die speziellen Daten für Verbindungen (Elektrotechnik) festgelegt werden. Diese Daten können öfter pro Artikel, und zwar je Variante, festgelegt werden.

Ausgewählte Eigenschaft	Beschreibung
Typbezeichnung	Angabe der Typbezeichnung
Einheit Verbindungsquerschnitt/ -durchmesser	Einheit
Spannung	Eingabe Spannung
Außendurchmesser	Eingabe Außendurchmesser
Min. Biegeradius	Eingabe minimaler Biegeradius
Kupferzahl	Eingabe der Kupferzahl
Verbindungsgewicht (kg/km)	Eingabe des Verbindungsgewichts
Kurzschlussfest	Festlegung, ob die Verbindung *Kurzschlussfest* ist

4.7.2 Schema Schützdaten

Im Schema *Schützdaten* können spezielle Daten für Artikel der Produktgruppe (Elektrotechnik) „Relais und Schütze" festgelegt werden (Bild 4.68). Diese Daten können dabei öfter pro Artikel, und zwar je Variante, festgelegt werden.

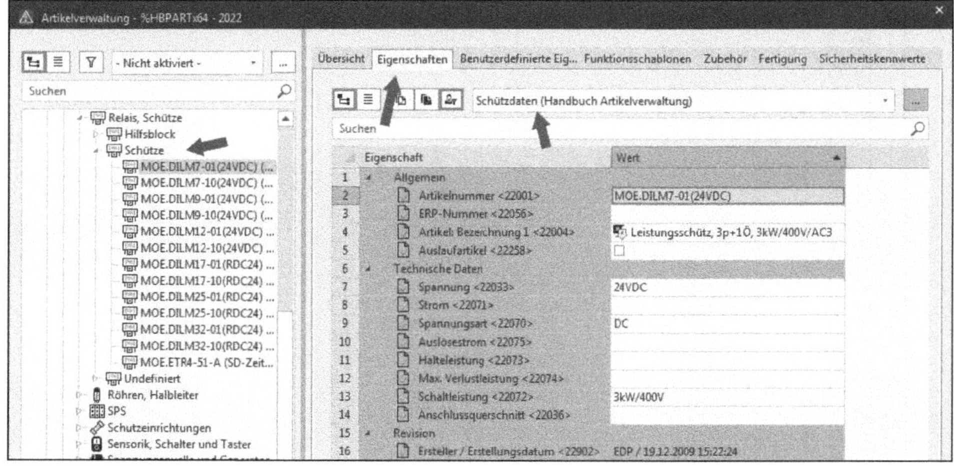

Bild 4.68 Schema Schützdaten

Ausgewählte Eigenschaft	Beschreibung
Spule Spannung	Betriebsspannung/Anschlussspannung
Spule Strom	Stromaufnahme
Spule Spannungsart	Spannungsart AC, DC oder UC
Spule Auslösestrom	Auslösestrom
Spule Halteleistung	maximale Halteleistung
Spule Verlustleistung	Verlustleistung
Kontakt Schaltleistung	Schaltleistung
Kontakt Anschlussquerschnitt	vorgesehener Anschlussquerschnitt

4.7.3 Schema Kabeldaten

Im Schema *Kabeldaten* können spezielle Daten für Artikel der Produktgruppe (Elektrotechnik) „Kabel“ festgelegt werden (Bild 4.69). Diese Daten können dabei öfter pro Artikel, und zwar je Variante, festgelegt werden.

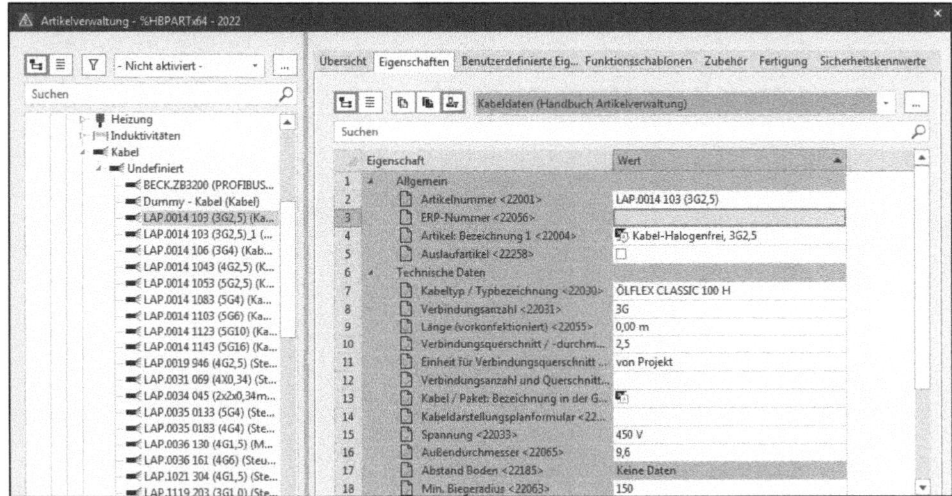

Bild 4.69 Schema Kabeldaten

Ausgewählte Eigenschaft	Beschreibung
Kabeltyp	Angabe Kabeltyp
Verbindungsanzahl	Anzahl der Adern
Kabellänge	Länge des Kabels in Meter (konfektioniertes Kabel)
Verbindungsquerschnitt	Verbindungsquerschnitt
Einheit Verbindungsquerschnitt/ Durchmesser	Verbindungsquerschnitt
Verbindungsanzahl und Quer-schnitt/Durchmesser	Angabe Aderzahl × Querschnitt
Kabelbezeichnung in der Grafik	freie Eingabe einer Kabelbezeichnung möglich
Bilddatei	Bilddatei
Kabeldarstellungsplanformular	Festlegung eines Kabeldarstellungsformular
Spannung	Spannungsangabe
Außendurchmesser	Eingabe des Außendurchmessers
Min. Biegeradius	Eingabe des minimalen Biegeradius
Kupferzahl	Angabe Kupferzahl
Kabelgewicht (kg/km)	Angabe Kabelgewicht
Eigensicher	Festlegung eigensicheres Kabel
Kurzschlussfest	Festlegung kurzschlussfestes Kabel

4.7.4 Schema Klemmendaten

Im Schema *Klemmendaten* können speziellen Daten für Artikel der Produktgruppierung (Elektrotechnik) „Klemmen" festgelegt werden (Bild 4.70). Diese Daten können öfter pro Artikel, und zwar je Variante, festgelegt werden.

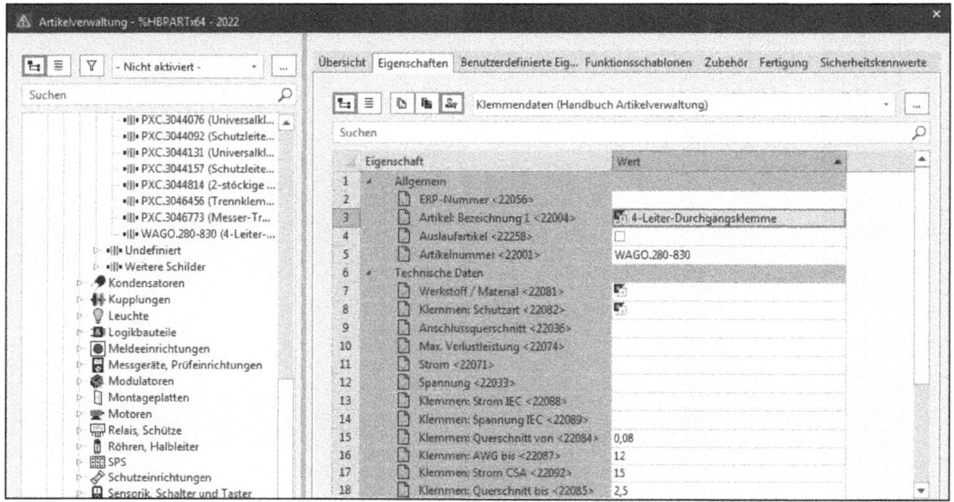

Bild 4.70 Schema Klemmendaten

Ausgewählte Eigenschaft	Beschreibung
Farbe	Farbe der Klemme
Material	Angabe Material
Schutzart	Angabe Schutzart
Anschlussquerschnitt	maximaler Anschlussquerschnitt in mm^2
Aufreihbar	Aktivieren, wenn der Klemmenartikel aufreihbar sein soll
Querschnitt von/bis	zulässiger Leiterquerschnitt in mm^2
AWG von/bis	Eingabe der AWG-Nummer (von 0 bis 28)
Strom DIN	Angabe Strom
Spannung DIN	Angabe Spannung
Restliche Felder Strom/ Spannung IEC, UL und CSA)	Angaben für Strom und Spannung

4.7.5 Schema Steckerdaten

Im Schema *Steckerdaten* können spezielle Daten für Artikel der Produktgruppe (Elektrotechnik) „Stecker“ festgelegt werden (Bild 4.71). Diese Daten können öfter pro Artikel, und zwar je Variante, festgelegt werden.

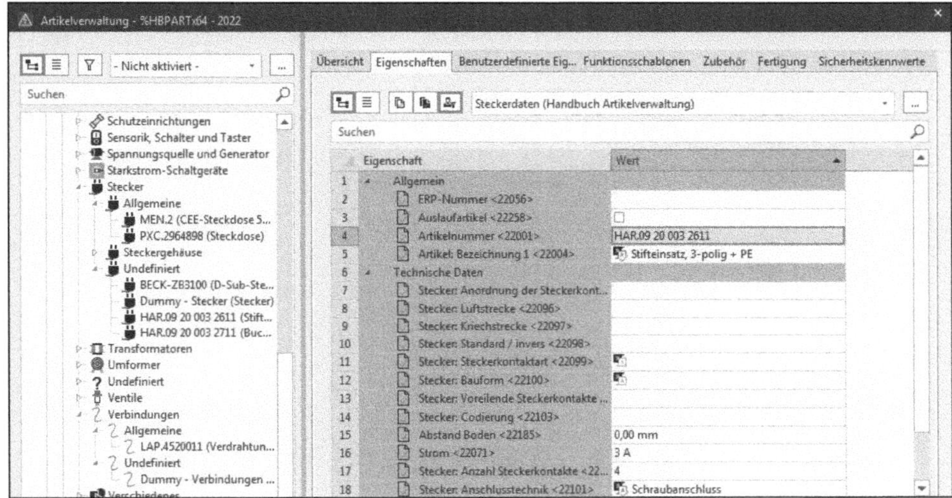

Bild 4.71 Schema Steckerdaten

Ausgewählte Eigenschaft	Beschreibung
Strom	maximaler Strom des Steckverbinders
Anzahl Steckerkontakte	Angabe Anzahl Kontakte
Anordnung der Steckerkontakte	Angabe Anzahl, Abstand und Anordnung
Luftstrecke	Angabe der Luftstrecke
Kriechstrecke	Angabe der Kriechstrecke
Standard/Invers	weitere Angaben nach Information der DIN 41612
Steckerkontaktart	Angabe des Materials
Bauform	Angabe der Bauform des Steckers
Anschlusstechnik	Angabe der Anschlusstechnik, Schraub- oder Crimptechnik
Voreilende Steckerkontakte	Angabe der Anzahl
Codierung	Angabe der Codiermöglichkeit
Anschlussquerschnitt	Eingabe des maximalen Anschlussquerschnitts in mm^2

4.7.6 Schema SPS-Daten

Im Schema *SPS-Daten* können spezielle Daten für Artikel der Produktgruppe (Elektrotechnik) „SPS" festgelegt werden (Bild 4.72). Diese Daten können öfter pro Artikel, und zwar je Variante, festgelegt werden.

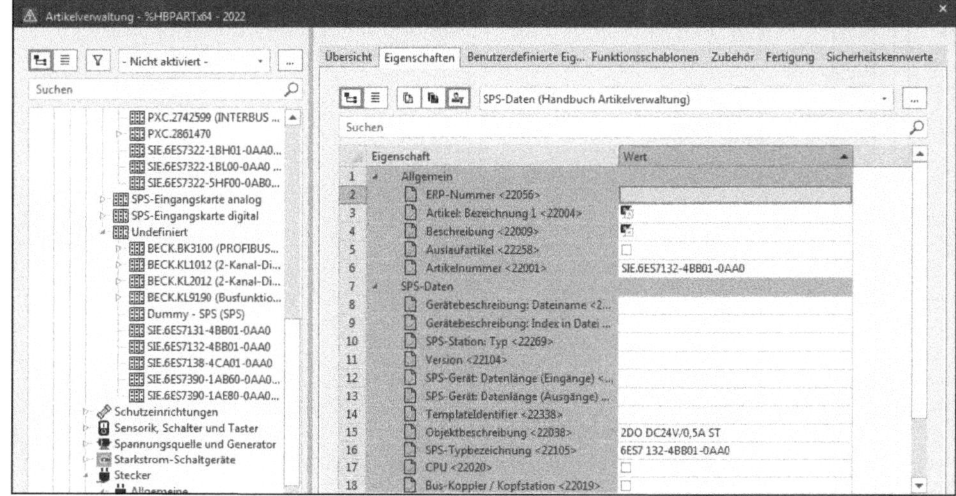

Bild 4.72 Registerkarte SPS-Daten

Ausgewählte Eigenschaft	Beschreibung
SPS-Typbezeichnung	Eingabe einer entsprechenden SPS-Typbezeichnung
Geräte-ID/GSD-Dateiname	Angabe Identnummer
Objektbeschreibung	Beschreibende Objektinformation
Version	Angabe Firmware-Version
Adressbereich	Angabe Ein- **oder** Ausgangsadressbereich
Adressbereich 2	Angabe Ein- **und** Ausgangsadressbereich
Schaltleistung	Angabe einer möglichen Schaltleistung
Verlustleistung	Verlustleistung
Bus-Koppler	Der Artikel ist ein Bus-Koppler.
CPU	Der Artikel ist eine CPU.
Spannungsversorgung	Der Artikel ist eine Spannungsversorgung.
Bus-Verteiler	Der Artikel ist ein Bus-Verteiler.

■ 4.8 Beispiele für Einzelteile

Dieser Abschnitt zeigt einige Beispiele mit Bildern und Einstellungen der Funktionsschablonen ausgewählter Geräte (Bild 4.73 bis Bild 4.81). Sie sollen als Anregung dienen und sind nicht als „Komplettpaket“ von EPLAN bzw. von mir zu betrachten.

Doppelsicherungsautomat

Geräteauswahl (Funktionsschablonen):

	Funktionsdefinition	Anschluss...	A...	A...	A...	U...	Technische K...	Si...	E...	Sym...	S...	B...	S...
1	Doppelsicherungsautomat	1¶2¶3¶4					C10A	☐	☐				

Bild 4.73 Registerkarte Funktionsschablone

Motorschutzschalter mit Hilfskontakten

Geräteauswahl (Funktionsschablonen):

	Funktionsdefinition	Ansc...	An...	An...	An...	Un...	Technische Ke...	Si...	Ei...	S...	S...	B...	Sc...	K...
1	Motorschutzschalter	1¶2¶3...					1,6-2,4 A	☐	☐					
2	Schließer, Hilfskontakt	13¶14						☐	☐					
3	Öffner, Hilfskontakt	21¶22						☐	☐					

Bild 4.74 Registerkarte Funktionsschablone

Leistungsschütz mit Hilfsblock

Geräteauswahl (Funktionsschablonen):

	Funktionsdefinition	Ansch...	An...	An...	An...	Unt...	Ko...	Techni...	Sic...	Ei...	Sy...	Sy...	Be...	Sch...
1	Spule für Leistungss...	A1¶A2						24 V	☐	☐				
2	Leistungsschließer	1¶2							☐	☐				
3	Leistungsschließer	3¶4							☐	☐				
4	Leistungsschließer	5¶6							☐	☐				
5	Schließer, Hilfskontakt	13¶14							☐	☐				
6	Öffner, Hilfskontakt	21¶22							☐	☐				
7	Öffner, Hilfskontakt	31¶32							☐	☐				
8	Schließer, Hilfskontakt	43¶44							☐	☐				

Bild 4.75 Registerkarte Funktionsschablone

Kabel einfach

Geräteauswahl (Funktionsschablonen):

	Funktionsd...	U...	Eigens...	Beschr...	Schabl...	Verbin...	Verbin...	Abgeschir...	Paarin...	Potenzi...	Rohrk...
1	Kabeldefiniti...	☐									
2	Ader / Draht	☐				BN	2,5			Undefi...	
3	Ader / Draht	☐				BU	2,5			Undefi...	
4	Ader / Draht	☐				GNYE	2,5			PE	

Bild 4.76 Registerkarte Funktionsschablone

Kabel geschirmt

Geräteauswahl (Funktionsschablonen):

	Funktionsd...	U...	Eigens...	Beschr...	Schabl...	Verbin...	Verbin...	Abgeschir...	Paarin...	Potenzi...	Rohrk...
1	Kabeldefiniti...	☐									
2	Ader / Draht	☐				GNYE	0,34	SH		PE	
3	Ader / Draht	☐				BK	0,34	SH		Undefi...	
4	Ader / Draht	☐				BU	0,34	SH		Undefi...	
5	Ader / Draht	☐				BN	0,34	SH		Undefi...	
6	Ader / Draht	☐				SH				SH	

Bild 4.77 Registerkarte Funktionsschablone

Kabel mehrfach geschirmt

Geräteauswahl (Funktionsschablonen):

	Funktionsd...	U...	Eigens...	Beschr...	Schabl...	Verbin...	Verbin...	Abgeschir...	Paarin...	Potenzi...	Rohrk...
1	Kabeldefiniti...	☐									
2	Ader / Draht	☐				WH	0,34	SH1	1.1	Undefi...	
3	Ader / Draht	☐				BN	0,34	SH1	1.2	Undefi...	
4	Ader / Draht	☐				SH1		SH		SH	
5	Ader / Draht	☐				GN	0,34	SH2	2.1	Undefi...	
6	Ader / Draht	☐				YE	0,34	SH2	2.2	Undefi...	
7	Ader / Draht	☐				SH2		SH		SH	
8	Ader / Draht	☐		Gesa...		SH				SH	

Gesamtschirm

Bild 4.78 Registerkarte Funktionsschablone

Klemme einfach

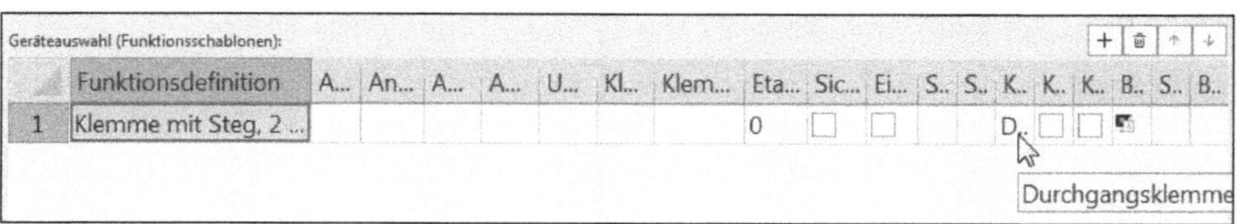

Geräteauswahl (Funktionsschablonen):

	Funktionsdefinition	A...	An...	A...	A...	U...	Kl...	Klem...	Eta...	Sic...	Ei...	S..	S..	K..	K..	K..	B..	S..	B..
1	Klemme mit Steg, 2 ...								0	☐	☐			D..	☐	☐			

Durchgangsklemme

Bild 4.79 Registerkarte Funktionsschablone

Mehrstockklemme

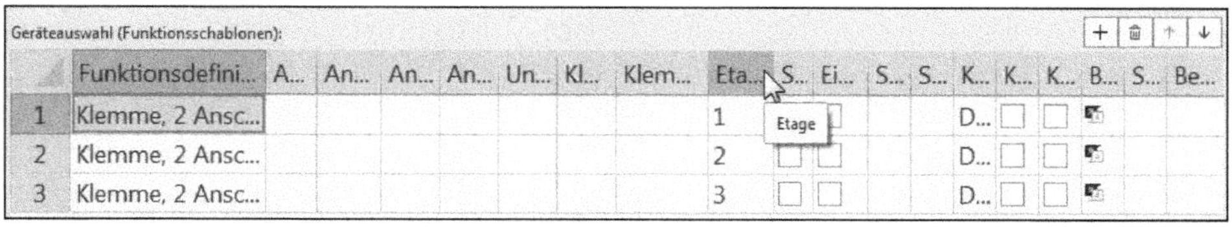

Geräteauswahl (Funktionsschablonen):

	Funktionsdefini...	A...	An...	An...	An...	Un...	Kl...	Klem...	Eta...	S...	Ei...	S...	S...	K...	K...	K...	B...	S...	Be...
1	Klemme, 2 Ansc...								1					D...					
2	Klemme, 2 Ansc...								2					D...					
3	Klemme, 2 Ansc...								3					D...					

Bild 4.80 Registerkarte Funktionsschablone

Stecker nur Stifte

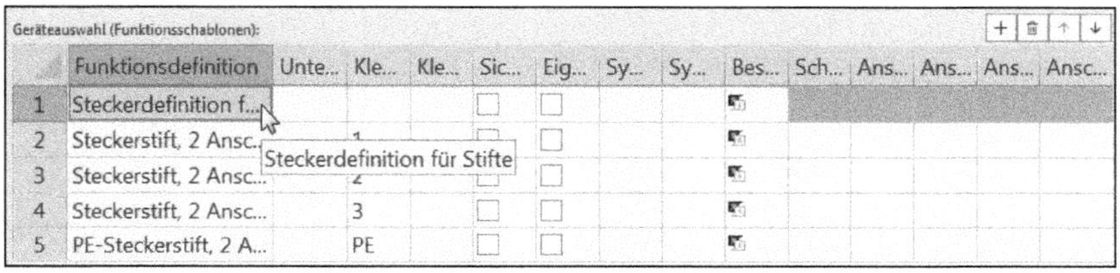

Geräteauswahl (Funktionsschablonen):

	Funktionsdefinition	Unte...	Kle...	Kle...	Sic...	Eig...	Sy...	Sy...	Bes...	Sch...	Ans...	Ans...	Ans...	Ansc...
1	Steckerdefinition f...													
2	Steckerstift, 2 Ansc...		1											
3	Steckerstift, 2 Ansc...		2											
4	Steckerstift, 2 Ansc...		3											
5	PE-Steckerstift, 2 A...		PE											

Bild 4.81 Registerkarte Funktionsschablone

5 Baugruppen

Dieses Kapitel widmet sich der Artikelverwaltung von Baugruppen in EPLAN Electric P8.

5.1 Was ist eine Baugruppe?

Eine Baugruppe ist eine Gruppe von Artikeln, die zu einem Betriebsmittel gehören bzw. aus einzelnen Teilen zusammengebaut werden. Dazu zählt beispielsweise ein Hauptschalter, der aus mehreren Bestandteilen (= den Artikeln) bestehen kann. Das sind dann der Hauptschalter selbst, ein passender Drehantrieb, eventuelle Hilfskontakte und weiteres Zubehör wie eine Unterspannungsspule.

Alle diese Teile sind Einzelartikel, die aber zu einer Baugruppe zusammengefasst werden können, wenn sich der Einsatzfall, ein identischer Hauptschalter, öfter wiederholt.

HINWEIS: Eine Baugruppe hat im Normalfall immer nur ein einziges Betriebsmittelkennzeichen. Ein Hauptschalter trägt also inklusive aller Zubehörteile nur ein eindeutiges Betriebsmittelkennzeichen (hier beispielsweise: -Q1).

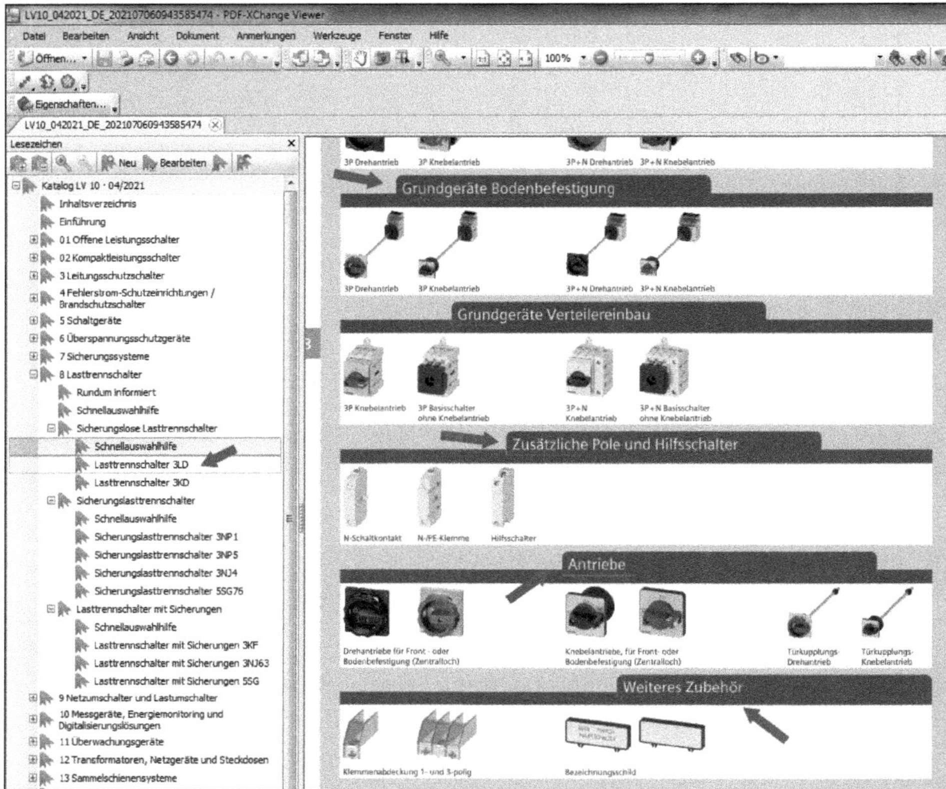

Bild 5.1 Beispiel für einen Siemens-Hauptschalter (Quelle: Online-PDF-Katalog, Siemens)

■ 5.2 Eine Baugruppe anlegen

Vor dem Anlegen einer Baugruppe sollten alle Einzelteile, die später zu dieser Baugruppe gehören sollen, schon in der Artikelverwaltung vorhanden sein, mit allen Daten wie beispielsweise einer korrekten Funktionsschablone, Artikelbezeichnung und weiteren technische Daten.

HINWEIS: Der beschriebene Weg zum Erstellen einer Baugruppe ist nur ein Vorschlag. Auch werden nicht alle möglichen Einsatzfälle/Eigenschaften/Varianten einer Baugruppe betrachtet, da es sehr viele Einsatzvarianten gibt und geben kann. ■

5.2.1 Schritt 1: Baugruppe erzeugen

Eine Baugruppe wird wie folgt angelegt (die Artikelverwaltung ist schon geöffnet): In der Artikelverwaltung wird in der Baumdarstellung der Knoten *Artikel* gewählt, anschließend die rechte Maustaste betätigt und im sich öffnenden Kontextmenü der Befehl NEU/BAUGRUPPE angeklickt (Bild 5.2).

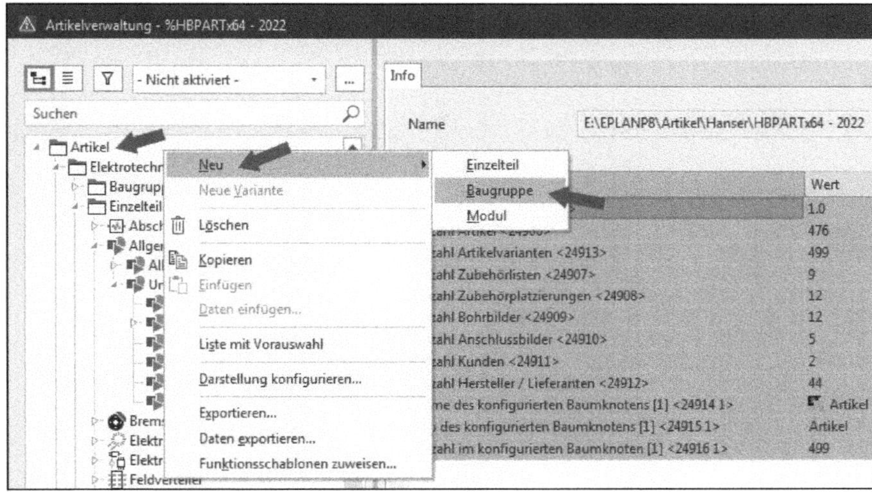

Bild 5.2 Neue Baugruppe anlegen

EPLAN erzeugt die Baugruppe, legt die nächste freie Artikelnummer dazu an und sortiert die neue Baugruppe anschließend in die Baumstruktur als *Undefiniert* ein (Bild 5.3).

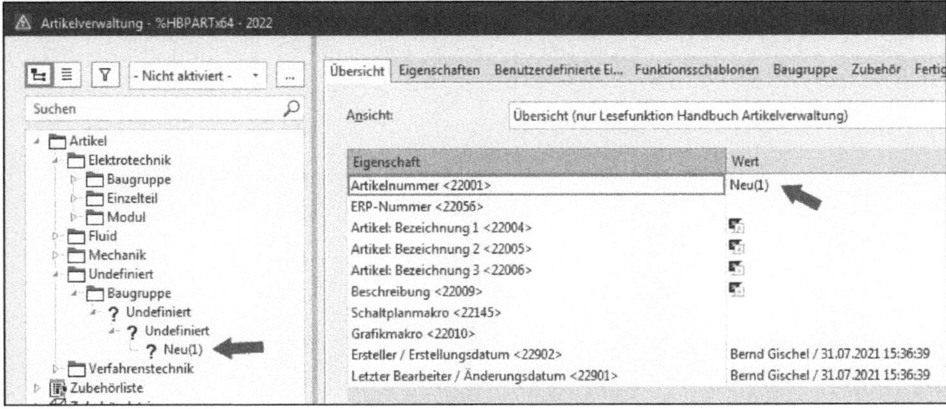

Bild 5.3 Neue erzeugte Baugruppe

5.2.2 Schritt 2: Registerkarte Eigenschaften

Nun wird eine richtige Artikelnummer an die Baugruppe vergeben. Außerdem werden weitere Informationen wie Artikelbezeichnung, Typ- oder Bestellnummer etc. dazu auf der Registerkarte *Eigenschaften* eingetragen bzw. ausgewählt (Bild 5.4). Dafür kann man dann das spezielle Schema *Notwendige Artikeleigenschaften* nutzen. Nach dem Abschluss der Eingabe wird der Button ÜBERNEHMEN angeklickt. EPLAN speichert den aktuellen Bearbeitungsstand der Baugruppe zwischenzeitlich ab.

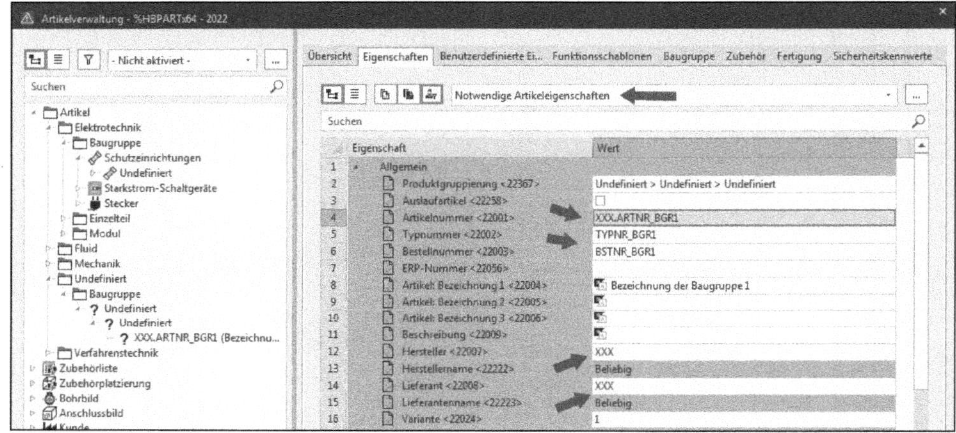

Bild 5.4 Weitere Daten der Baugruppe eintragen

5.2.3 Schritt 3: Produktgruppen festlegen

Anschließend wird die Auswahl getroffen, in welche Produktgruppierung (Produktobergruppe, Produktgruppe sowie Produktuntergruppe) die Baugruppe in die Artikelverwaltung einsortiert werden soll. Das Gewerk kann hier ebenfalls fest vorgegeben werden. In unserem Beispiel wäre es das Gewerk Elektrotechnik.

Dazu wird die Auswahlliste bzw. die Eigenschaft im jeweiligen Feld aufgeklappt, und die gewünschten Einträge werden wie in Bild 5.5 und Bild 5.6 gewählt und übernommen.

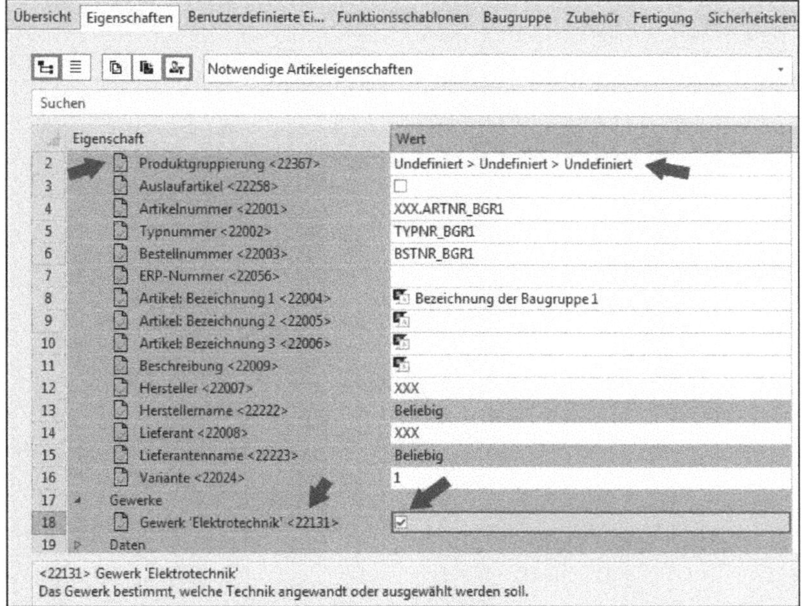

Bild 5.5 Festlegung der Struktur

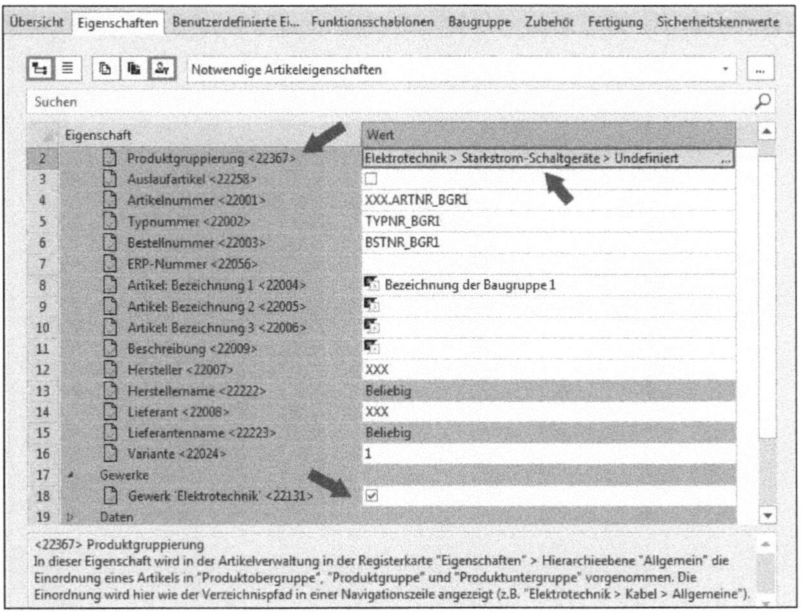

Bild 5.6 Festgelegte Struktur

Wurden alle Einträge gewählt bzw. aus den Auswahllisten übernommen, kann die Baugruppe mit einem Klick auf den Button ÜBERNEHMEN zwischengespeichert werden (Bild 5.7).

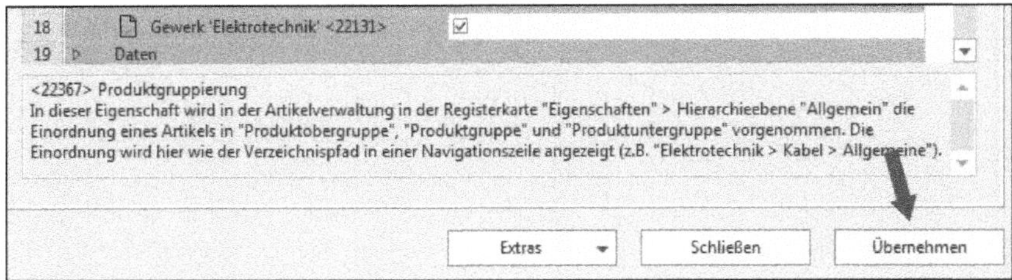

Bild 5.7 Baugruppe zwischenspeichern

5.2.4 Schritt 4: Produktgruppen ändern

Nun wurden die Produktgruppen entsprechend ausgewählt, und EPLAN hat die Baugruppe in die Baumstruktur einsortiert. Muss eine der Produktgruppen jetzt doch noch einmal geändert werden, reicht es aus, den Eintrag der Produktgruppierung neu aus der Auswahlliste zu wählen und anschließend auf den Button ÜBERNEHMEN zu klicken (Bild 5.8).

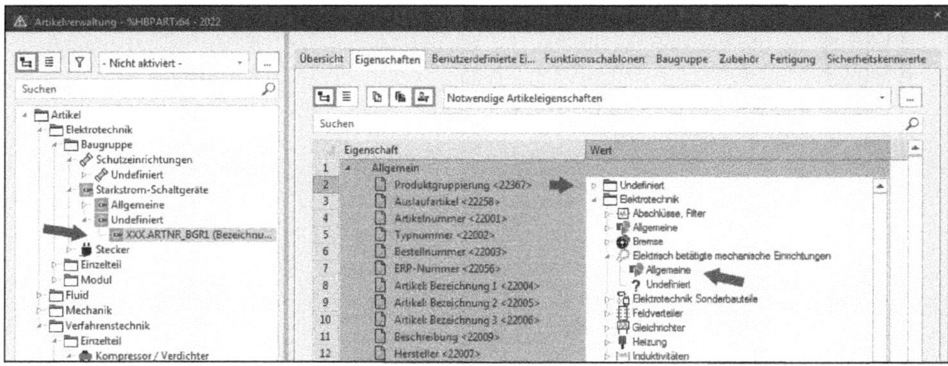

Bild 5.8 Beispielhafte Änderung der Produktgruppe

EPLAN übernimmt die Änderung und stellt sie in der Baumstruktur der Artikelverwaltung wie in Bild 5.9 dar.

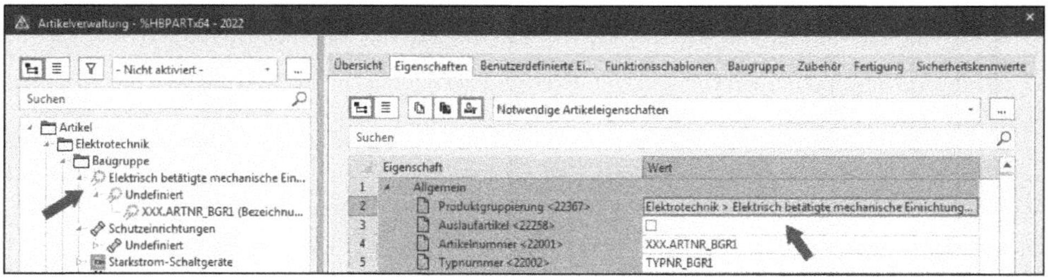

Bild 5.9 Neue Einsortierung in der Baumstruktur

TIPP: Die Baumdarstellung (Ansicht) der Artikelverwaltung kann bei Bedarf auch mit F5 aktualisiert werden.

5.2.5 Schritt 5: Weitere Registerkarten bzw. Schemata mit Eigenschaften

Wurden alle (erforderlichen und/oder gewünschten) Einträge auf der Registerkarte *Eigenschaften* und dem gewählten Schema durchgeführt, können die anderen Registerkarten bzw. Schemata mit Eigenschaften der Baugruppe mit „Leben" gefüllt werden (Bild 5.10). Ich kann jedoch keine Empfehlung geben, welche Daten am wichtigsten sind und auf welche Dateneingaben man verzichten kann.

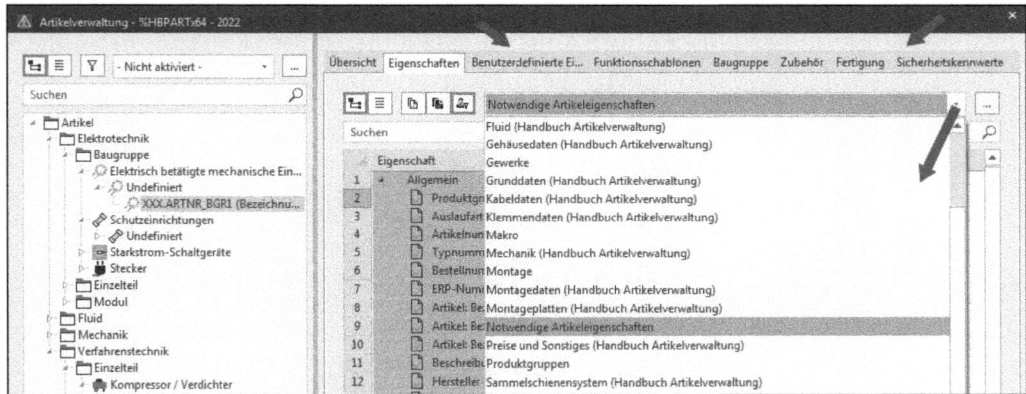

Bild 5.10 Weitere Eigenschaften der Baugruppe mit Daten füllen

Eine Baugruppe kann unter anderem folgende Eigenschaften enthalten:

- Preise/Sonstige
- Montagedaten*)
- Baugruppe*)
- Zubehör
- Technische Daten
- Dokumente
- Fertigung
- Daten für Auswertungen
- Funktionsschablone*)

- SPS-Daten
- Sicherheitskennwerte

*) Hierbei handelt es sich um relevante Eigenschaften, die (wenn nötig) mit Daten befüllt werden, beispielsweise Gesamthöhe und Gesamtbreite einer Baugruppe in der Registerkarte *Eigenschaften* mit dem Schema *Montagedaten.*

5.2.6 Schritt 6: Registerkarte Baugruppe

Die Registerkarte *Baugruppe* ist der Dreh- und Angelpunkt einer Baugruppe (Bild 5.11). Hier werden alle Artikel zusammengeführt, die zu einer Baugruppe gehören sollen.

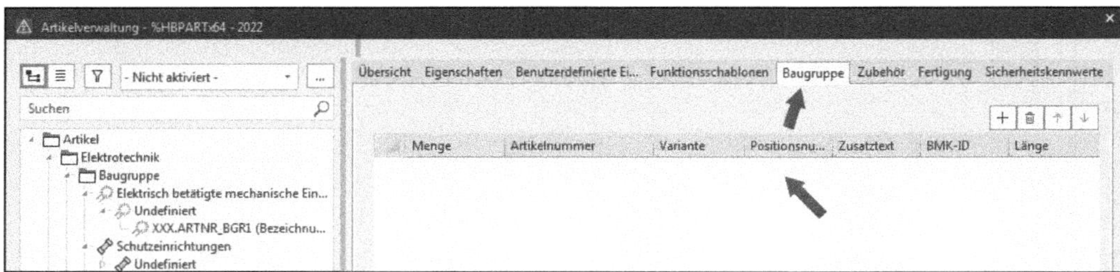

Bild 5.11 Registerkarte Baugruppe

Die Registerkarte *Baugruppe* wird wie folgt gefüllt: Über die Symbolleiste werden neue Zeilen hinzugefügt, gelöscht oder verschoben (Bild 5.12). Mit einem Klick auf den Button NEU in der Symbolleiste erzeugt EPLAN eine neue Zeile (Bild 5.13).

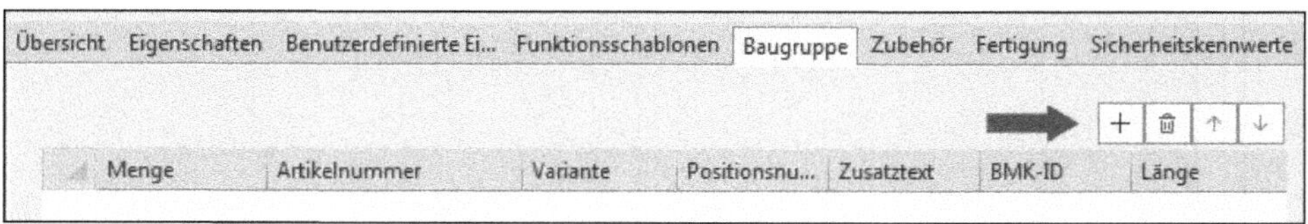

Bild 5.12 Symbolleiste

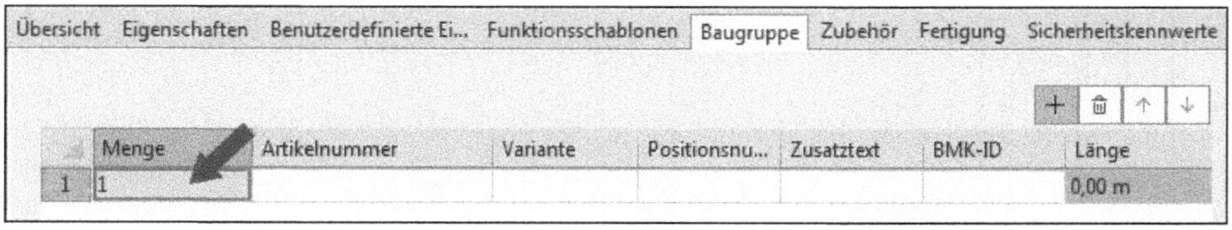

Bild 5.13 Neue, noch leere Zeile

EPLAN fügt die Zeile ein, vergibt eine Zeilennummer und eine Menge 1. Anschließend klicken Sie mit der linken Maustaste in das Feld *Artikelnummer*, um den ersten Artikel zur Baugruppe hinzuzufügen (Bild 5.14).

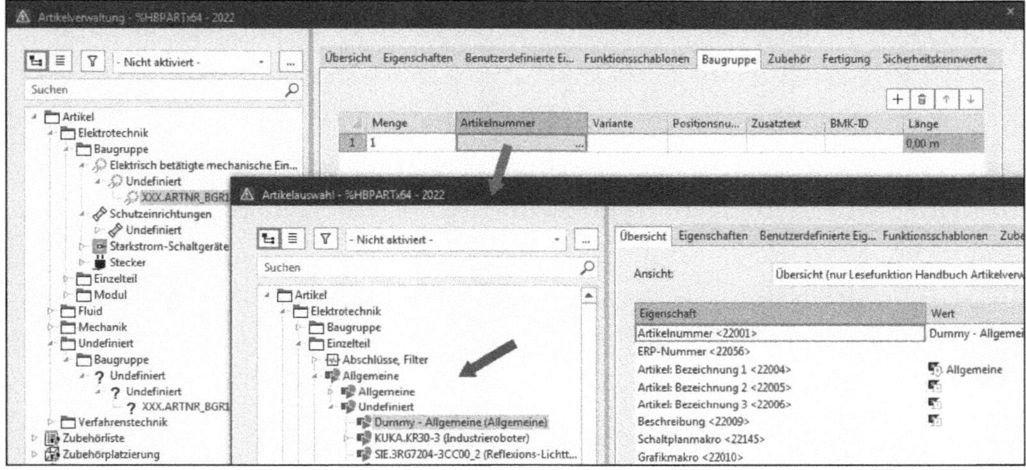

Bild 5.14 Artikel hinzufügen

EPLAN öffnet automatisch den Dialog ARTIKELAUSWAHL. Hier kann manuell oder über die Suchfunktion der gewünschte Artikel gesucht, markiert und mit einem Klick auf den Button OK in die Baugruppe übernommen werden (Bild 5.15).

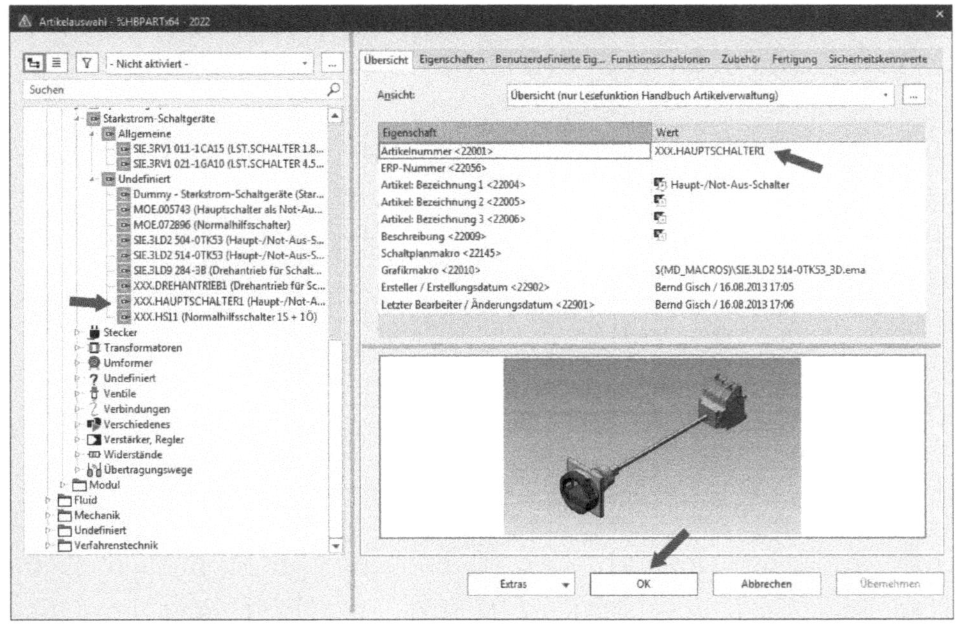

Bild 5.15 Auswahl des ersten Artikels

Diese Schritte (neue Zeile erzeugen, in das Feld *Artikelnummer* klicken, Artikel auswählen und in die Baugruppe übernehmen) werden so oft ausgeführt, bis alle gewünschten Artikel in der Registerkarte *Baugruppe* eingefügt sind (Bild 5.16). Sind alle Artikel eingefügt, wird die Baugruppe mit dem Button ÜBERNEHMEN gespeichert.

HINWEIS: Im Dialog ARTIKELAUSWAHL ist keine Mehrfachauswahl möglich. Alle Artikel einer Baugruppe müssen immer einzeln ausgewählt und eingefügt werden.

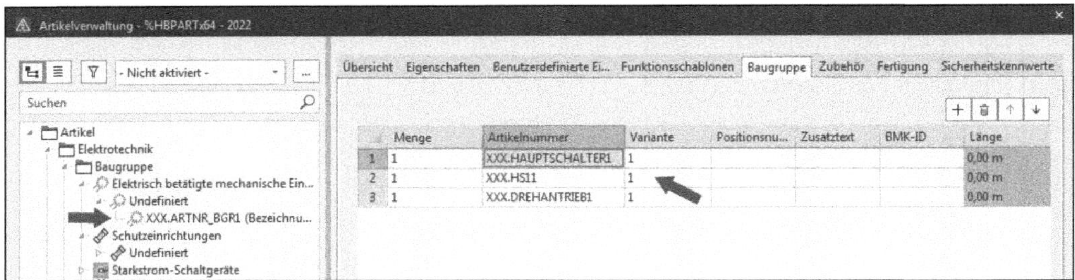

Bild 5.16 Gefüllte Registerkarte Baugruppe

Es können natürlich auch die Menge und andere Varianten des eingefügten Artikels abgeändert werden. Die Änderungen dieser beiden Werte müssen allerdings manuell vorgenommen werden (Bild 5.17).

Übersicht | Eigenschaften | Benutzerdefinierte Ei... | Funktionsschablonen | Baugruppe | Zubehör | Fertigung | Sicherheitskennwerte

	Menge	Artikelnummer	Variante	Positionsnu...	Zusatztext	BMK-ID	Länge
1	1	XXX.HAUPTSCHALTER1	1				0,00 m
2	2	XXX.HS11	3				0,00 m
3	1	XXX.DREHANTRIEB1	1				0,00 m

Bild 5.17 Beispiel Änderung Menge/Variante

HINWEIS: Die Auswahl *Baugruppe verteilt platzieren* ist für den Standard-2D-Schaltschrankaufbau nicht relevant. Sie ist für die 3D-Konstruktion (EPLAN Pro Panel) vorgesehen.

5.2.7 Schritt 7: Registerkarte Funktionsschablone

Nachdem alle Artikel zur Baugruppe hinzugefügt worden sind, wird auf die Registerkarte *Funktionsschablonen* gewechselt. Diese ist momentan noch leer (Bild 5.18).

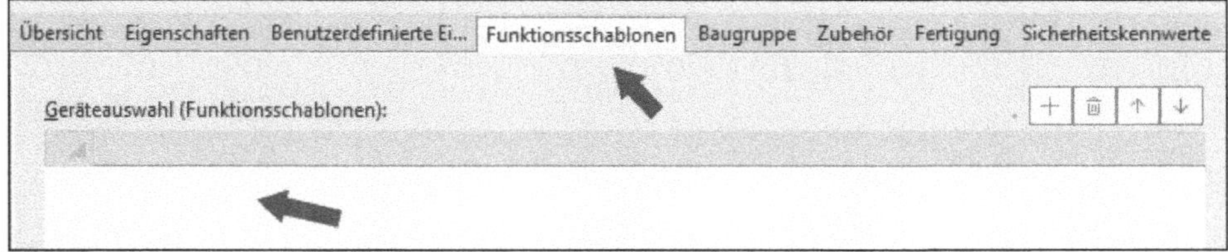

Bild 5.18 Leere Registerkarte Funktionsschablonen

Damit man diese Baugruppe später unter anderem bei der Projektierung mit einer Geräteauswahl nutzen kann, sollten in dieser Registerkarte Funktionsdefinitionen sowie weitere Informationen stehen. EPLAN hat hierfür eine Funktion eingebaut, die automatisch alle Funktionen der auf der Registerkarte eingefügten Artikel sammelt und gemeinsam in die Registerkarte *Funktionsschablonen* überträgt. Diese Funktion liegt unterhalb des Buttons EXTRAS und nennt sich FUNKTIONSSCHABLONEN ZUSAMMENFASSEN (Bild 5.19).

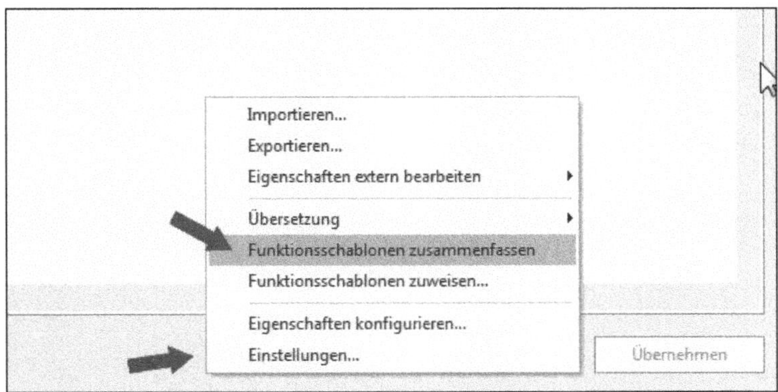

Bild 5.19 Menüaufruf Extras/Funktionsschablonen zusammenfassen

Wird der Menüpunkt FUNKTIONSSCHABLONEN ZUSAMMENFASSEN angeklickt, fragt EPLAN, ob alle Baugruppen und/oder Module geändert werden sollen. Diese Abfrage für eine Baugruppe müssen Sie mit JA bestätigen.

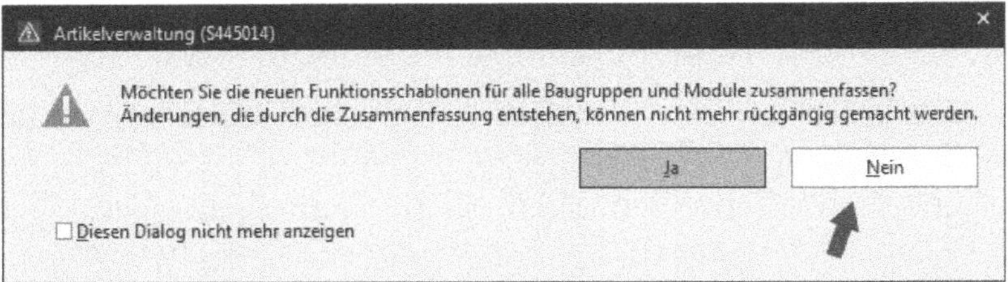

Bild 5.20 Sicherheitsabfrage, ob alle Baugruppen/Module geändert werden sollen

Anschließend holt EPLAN sich alle Funktionsdefinitionen und überträgt diese in die Registerkarte *Funktionsschablonen* der Baugruppe (Bild 5.21). Das kann je nach Datenmenge ein wenig dauern.

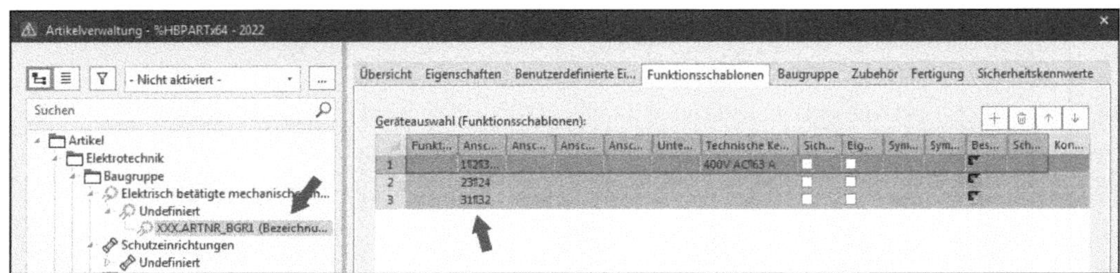

Bild 5.21 Gefüllte Registerkarte Funktionsschablonen

Sind alle Funktionsdefinitionen übertragen worden, listet EPLAN sie in der Reihenfolge auf, wie die Artikel in der Registerkarte *Baugruppe* vorhanden sind. Möchte man die Reihenfolge ändern, muss man die Reihenfolge der Artikel auf der Registerkarte *Baugruppe* entsprechend anpassen. Die Baugruppe kann jetzt endgültig mit Klick auf den Button ÜBERNEHMEN gespeichert werden.

5.3 Baugruppen in der Projektbearbeitung einsetzen

Baugruppen können, wie Einzelteilartikel auch, in der Projektbearbeitung eingesetzt werden. Sie können beispielsweise über das Einfügezentrum (START/GERÄTE/ELEKTROTECHNIK/BAUGRUPPE/STARKSTROM-SCHALTGERÄTE/ALLGEMEINE) auf eine Stromlaufplanseite platziert werden (Bild 5.22).

Die Baugruppe wird nun mit der linken Maustaste markiert und einfach damit auf das Stromlaufplanblatt gezogen (Bild 5.23). Die Baugruppe, die jetzt am Cursor hängt, kann nun mit der linken Maustaste platziert und per Klick abgesetzt werden (Bild 5.24). Anschließend können, wenn gewünscht, alle anderen Funktionen der Baugruppe platziert werden (Bild 5.25). Damit ist die Baugruppe fertig platziert.

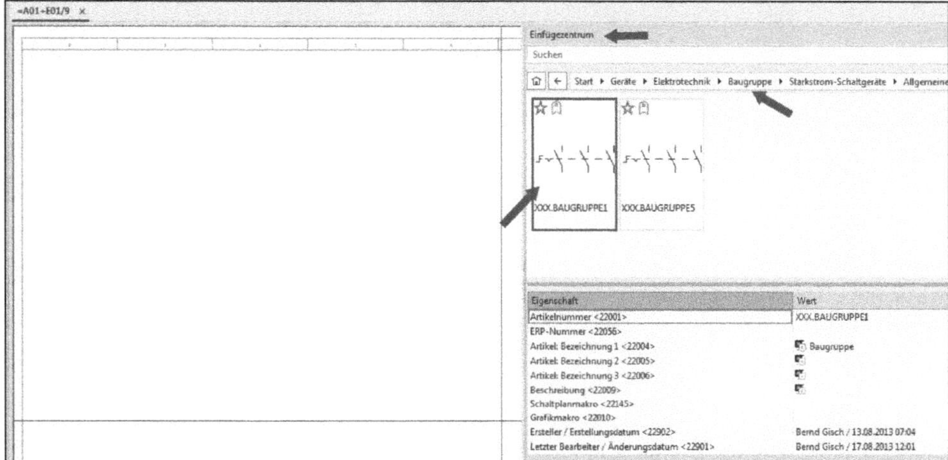

Bild 5.22 Einfügen einer Baugruppe über das Einfügezentrum

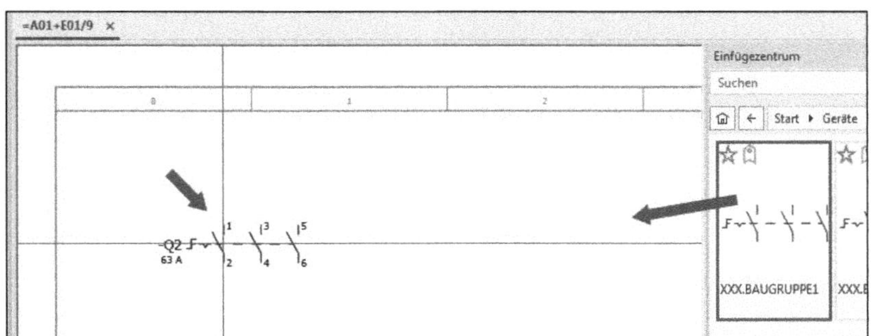

Bild 5.23 Die Baugruppe wird platziert.

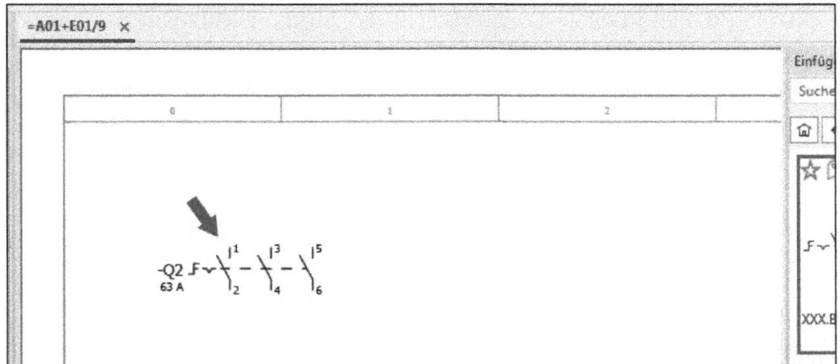

Bild 5.24 Die Baugruppe ist bereit zum Platzieren.

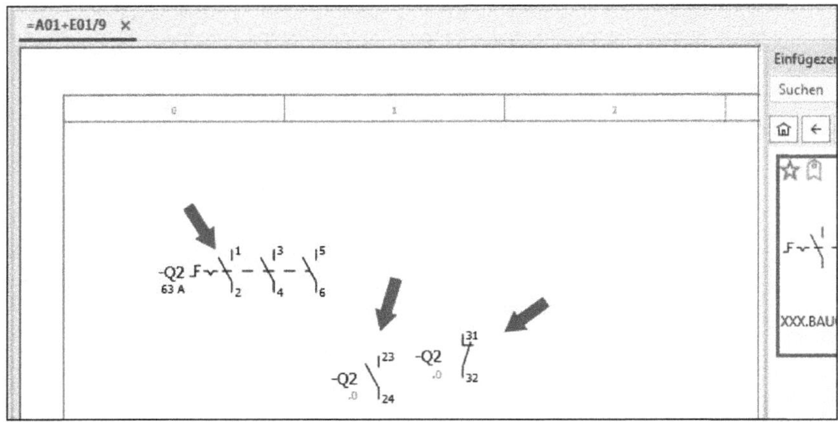

Bild 5.25 Restliche Funktionen platzieren

5.3.1 Baugruppen beim Einfügen auflösen

Baugruppen können unaufgelöst platziert werden, d.h., die Artikelnummer der Baugruppe wird beim Einfügen direkt an das Gerät übertragen (Bild 5.26).

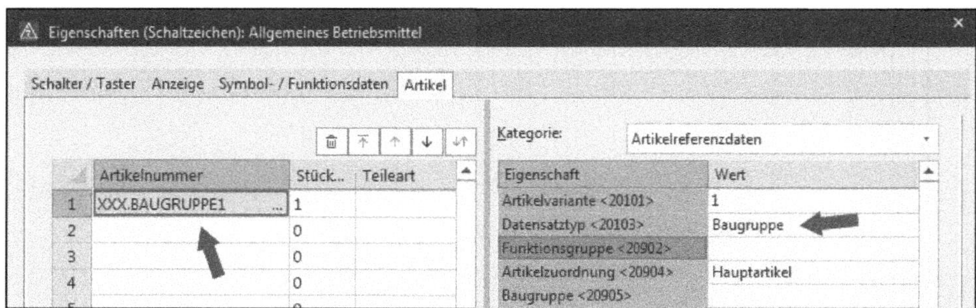

Bild 5.26 Unaufgelöste Baugruppe

Baugruppen können jedoch auch nach dem Einfügen in den Stromlaufplan aufgelöst werden. Das bedeutet, dass am Gerät anschließend nicht mehr die Artikelnummer der Baugruppe steht, sondern die Artikelnummer aller in der Baugruppe vorhandenen Einzelteile.

Um das zu erreichen, muss in den Benutzereinstellungen Folgendes eingestellt werden: Über das Menü DATEI/EINSTELLUNGEN starten Sie den Dialog EINSTELLUNGEN. Öffnen Sie den Knoten *Benutzer/Verwaltung/Artikel* und schalten Sie die Option BAUGRUPPE AUFLÖSEN auf *aktiv*. Zusätzlich muss die entsprechende Stufe, also wie weit die Baugruppe aufgelöst werden soll, angegeben werden (Bild 5.27).

Wurde diese Einstellung aktiv geschaltet, sieht eine Baugruppe nach dem Platzieren auf der Registerkarte *Artikel* wie in Bild 5.28 aus.

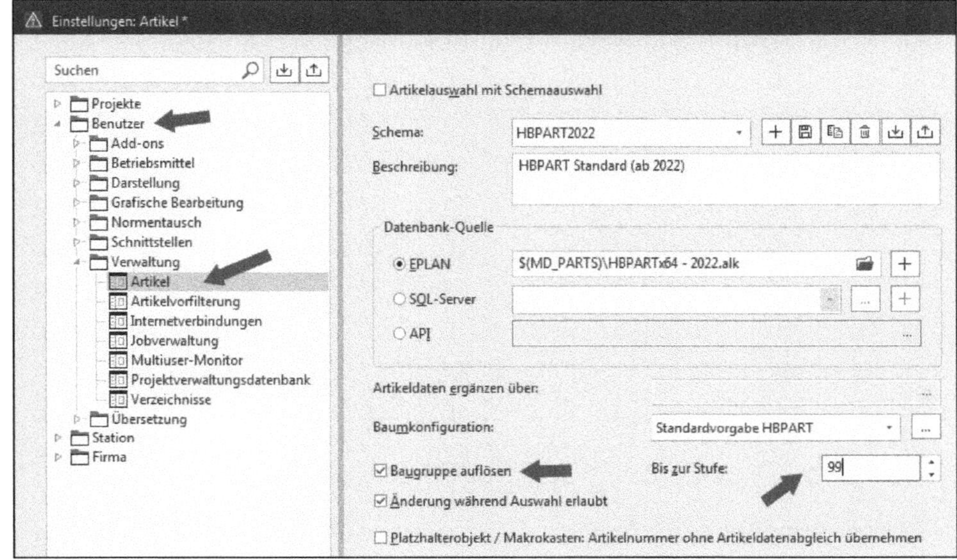

Bild 5.27 Benutzereinstellung Baugruppe auflösen

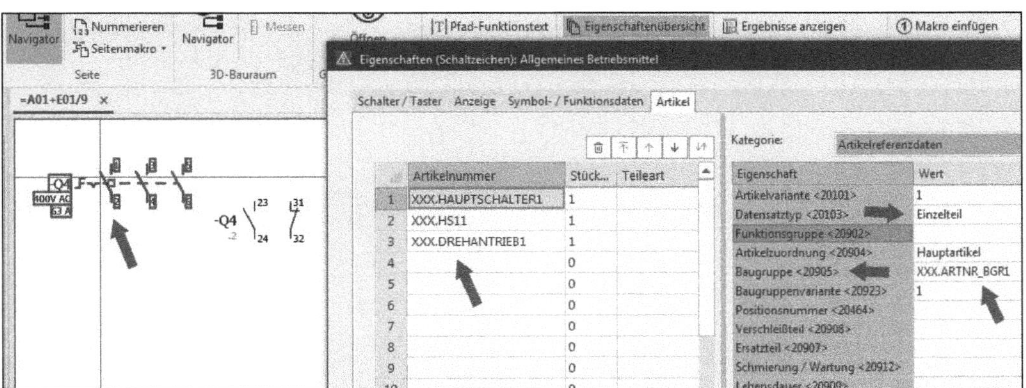

Bild 5.28 Aufgelöste Baugruppe

HINWEIS: Einmal im Stromlaufplan aufgelöste Baugruppen können später nicht wieder zusammengefasst werden. Sie besitzen aber einen Hinweis, dass sie eine Baugruppe waren. EPLAN füllt dazu die Eigenschaft *Baugruppe <20905>* mit der Artikelnummer der (jetzt aufgelösten) Baugruppe.

5.3.2 Baugruppen auf Montageplatten platzieren

Um Baugruppen auf eine Montageplatte zu platzieren, sollten folgende Daten (Bild 5.29) auf der Registerkarte *Eigenschaften* beispielsweise im Schema *Montagedaten* eingetragen sein (mindestens Breite und Höhe).

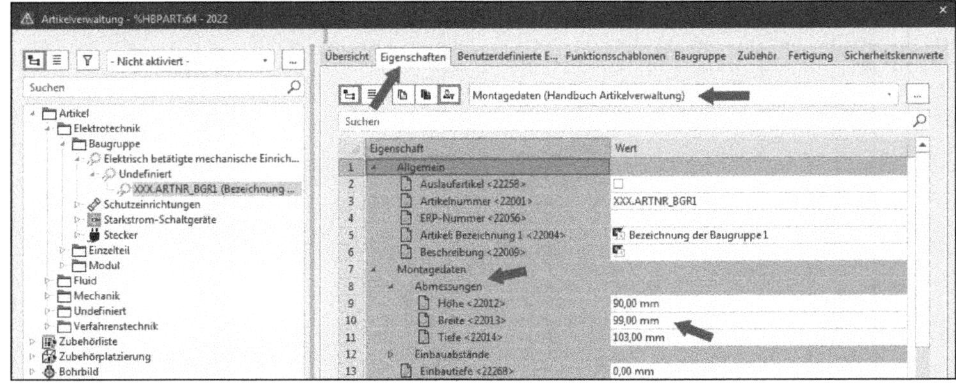

Bild 5.29 Eigenschaften Montagedaten

Soll die Baugruppe nicht nur als ein „Kästchen" auf der Montageplatte platziert werden, empfiehlt es sich, ein Makro der Darstellungsart *Schaltschrankaufbau* zu erstellen und dieses Makro auf der Registerkarte *Eigenschaften* beispielsweise im Schema *Technische Daten* unter der Eigenschaft *Schaltplanmakro* der Baugruppe zu hinterlegen (Bild 5.30). Dieses Makro ist nicht zwingend notwendig. EPLAN reichen die gefüllten Eigenschaften Breite und Höhe zum Platzieren auf einer Montageplatte aus.

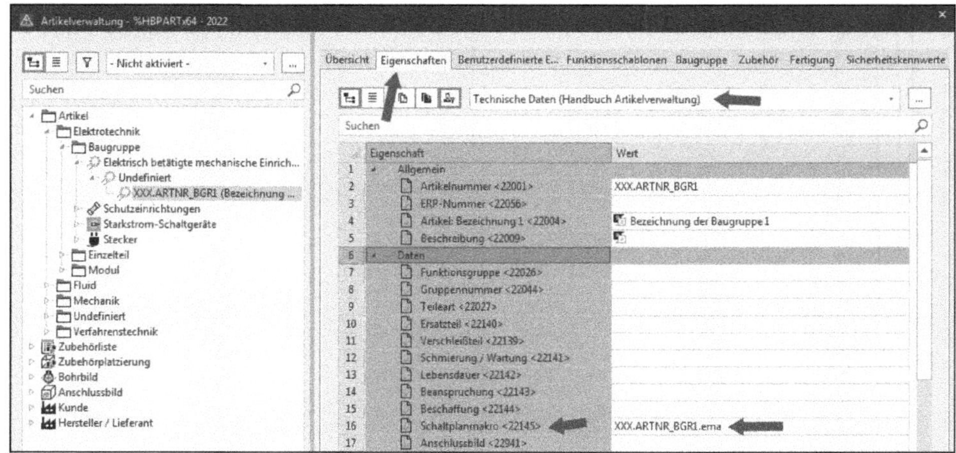

Bild 5.30 Registerkarte Technische Daten

Sind alle benötigten Daten in der Artikelverwaltung an der Baugruppe hinterlegt, kann die Baugruppe aus dem 2D-Schaltschrankaufbau-Navigator auf der Montageplatte platziert werden (Bild 5.31 bis Bild 5.33).

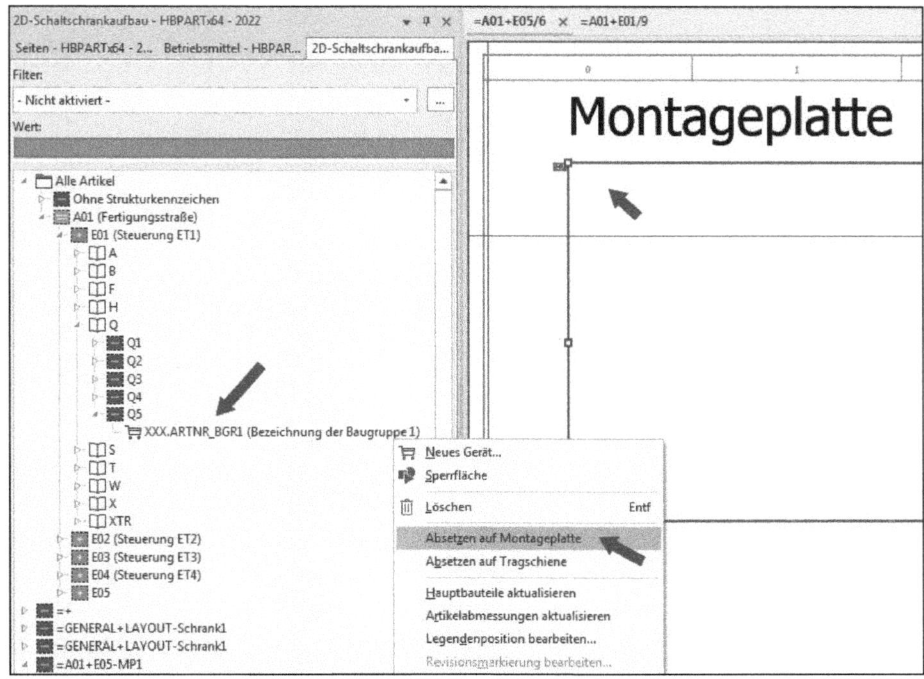

Bild 5.31 Auswahl der Baugruppe zum Platzieren auf der Montageplatte

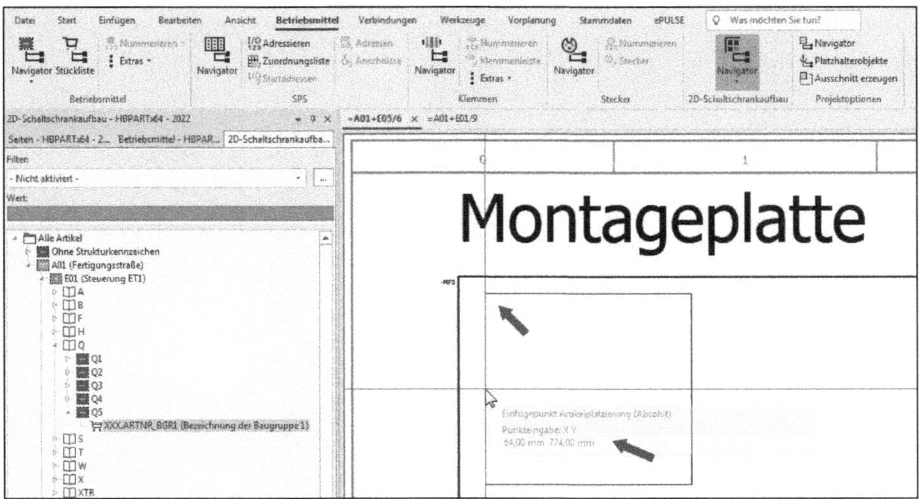

Bild 5.32 Die Baugruppe hängt zum Platzieren am Cursor.

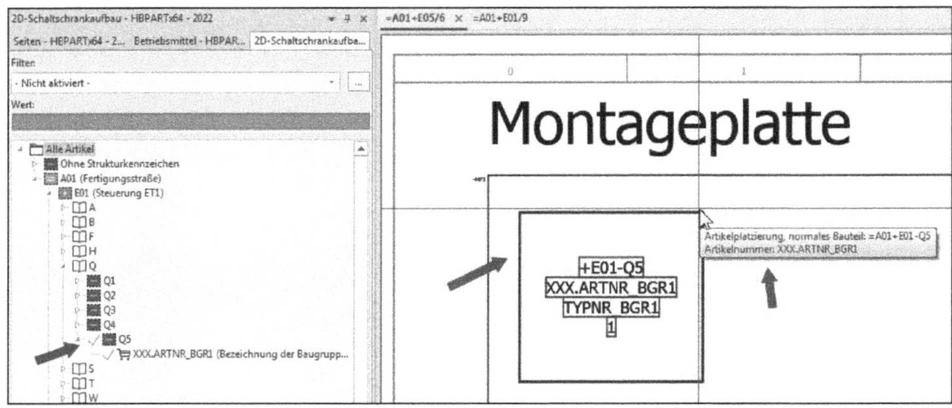

Bild 5.33 Platzierte Baugruppe

5.3.3 Baugruppen in Auswertungen (Formularen)

Natürlich können Baugruppen auch in Auswertungen ausgegeben werden. Hier gibt es, wie beim Einfügen der Baugruppen, mehrere Möglichkeiten. Sollen die Baugruppen in den Auswertungen aufgelöst werden und alle Einzelteile in den Auswertungen erscheinen, oder soll nur die Artikelnummer der Baugruppe in den Auswertungen ausgegeben werden? Jede Möglichkeit hat ihre Berechtigung. Dies muss je nach Anwendungsfall entschieden werden.

Um Baugruppen in Auswertungen, wie beispielsweise in einer Artikelstückliste, nicht aufzulösen, reicht es, wenn eine bestimmte Einstellung nicht aktiviert ist. Rufen Sie im Menü DATEI/EINSTELLUNGEN den Dialog EINSTELLUNGEN auf und öffnen Sie den Knoten *Projekt/Projektname/Auswertungen/Artikel.* Die Einstellung *Artikelauswertung/Baugruppen auflösen* darf nicht aktiviert sein (Bild 5.34).

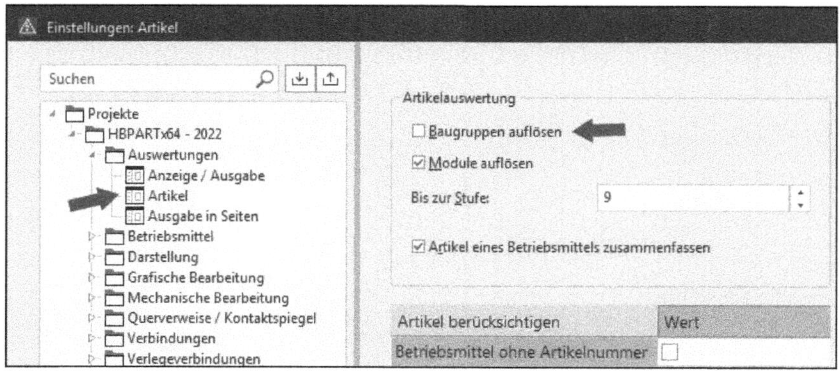

Bild 5.34 Projekteinstellung Artikel

Wird beispielsweise eine Artikelstückliste mit diesen Projekteinstellungen erzeugt, löst EPLAN die Baugruppe in der Stückliste nicht auf, sondern gibt die Artikelnummer der Baugruppe in der Auswertung aus (Bild 5.35).

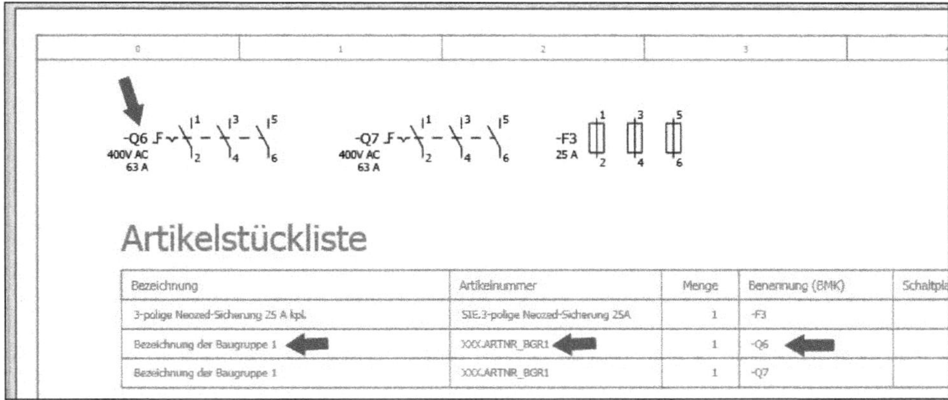

Bild 5.35 Auswertung (Artikelstückliste) ohne aufgelöste Baugruppen

Man kann die Projekteinstellung aber auch folgendermaßen setzen: Sie lösen die Baugruppe auf und aktivieren bis zur gewünschten Stufe (Bild 5.36).

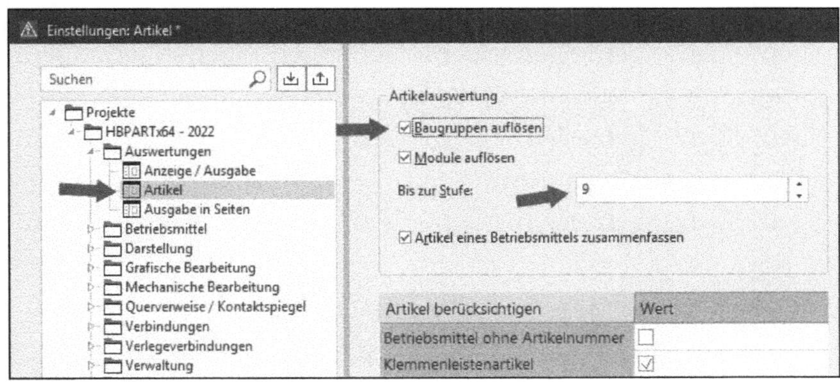

Bild 5.36 Projekteinstellung Artikel

Wird jetzt eine Auswertung erzeugt, beispielsweise eine Artikelstückliste, werden die Baugruppen in der Auswertung aufgelöst ausgegeben (Bild 5.37).

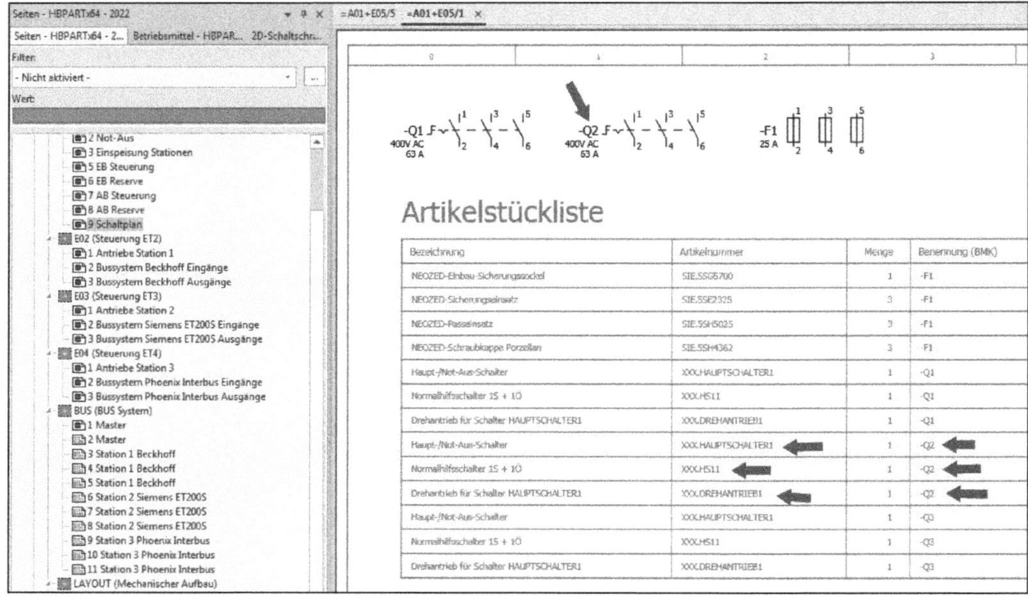

Bild 5.37 Auswertung (Artikelstückliste) mit aufgelösten Baugruppen

■ 5.4 Beispiele für Baugruppen

Baugruppen sind vielfältig. Die Art und Weise, wie Baugruppen erstellt werden, entspricht aber immer der Vorgehensweise aus Abschnitt 5.2.

Beispiele für Baugruppen können sein:

- Hauptschalter zuzüglich Optionen wie Hilfsschalter, Drehantrieb, Anschlussklemmen u. Ä.
- Lasttrennschalter zuzüglich Klemmenabdeckungen, Hilfsschalter
- Schienensysteme zuzüglich verschiedener Kupferschienen, Abdeckungen, Halter u. Ä.
- Befehlsgeräte wie Schlüsselschalter, Leuchtdrucktaster, beleuchtete Knebelschalter u. Ä.
- Sicherungssockel zuzüglich Passringe, Sicherungen, Schraubkappen

5.5 Unterschied zu Modulen

Der größte Unterschied zu Modulen besteht darin, dass Baugruppen immer nur ein Betriebsmittelkennzeichen besitzen. Ein Sicherungssockel kann beispielsweise aus dem Sicherungssockel, den Sicherungseinsätzen, den Passringen und den Schraubkappen bestehen. Es bleibt aber am Ende ein Gerät, das auch nur mit -F1, also einem Betriebsmittelkennzeichen bezeichnet wird. Alle anderen Teile dieser Baugruppe tragen kein eigenes Betriebsmittelkennzeichen, da dies keinen Sinn ergibt.

6 Module

Dieses Kapitel widmet sich dem Thema Module in EPLAN Electric P8 und den speziellen Anforderungen an den Artikel „Modul“ in der Artikelverwaltung.

6.1 Was ist ein Modul?

Ein Modul ist eine vom Hersteller vorgefertigte Einheit aus verschiedenen Geräten mit einer einzigen Artikelnummer. Diese Einheit kann komplett (= zusammengebaut) beim Hersteller gekauft werden. Diese eine Artikelnummer wird in EPLAN als Modul angelegt. Alle sich in dieser Einheit befindlichen Geräte können auch im Bedarfsfall einzeln nachgekauft werden, denn sie besitzen alle eine eigene Artikelnummer. Das ist beispielsweise im Reparaturfall von Bedeutung. Hier muss dann nicht wieder die komplette Einheit (= das Modul) gekauft werden, sondern es reicht aus, wenn man nur das kaputte Teil nachkauft und dieses gegen das defekte austauscht. Das gilt beispielsweise für eine Wendekombination, die aus mehreren Geräten (= den Artikeln) bestehen kann. Die Schütze, die Hilfsblöcke, die mechanischen Verriegelungen etc. bekommen als gesamte Einheit nur eine Artikelnummer.

All diese Teile sind im Normalfall Einzelartikel, die zu einem Modul zusammengefasst werden und nur unter einer Artikelnummer bestellbar sind.

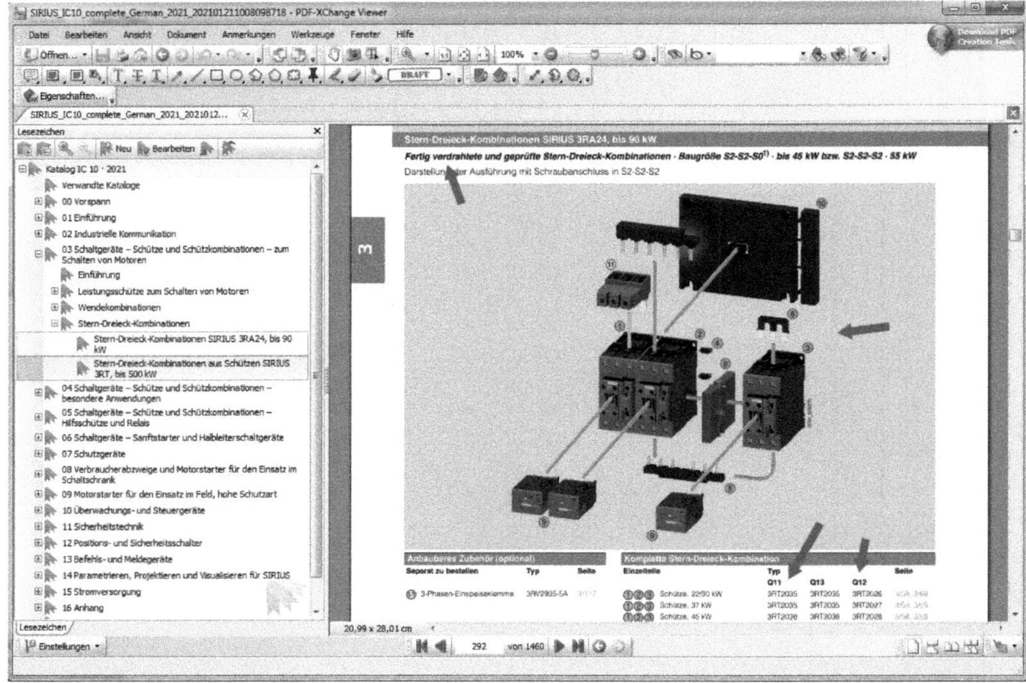

Bild 6.1 Beispiel für Siemens-Wendekombination (Quelle: Online-Katalog, Siemens)

HINWEIS: Ein Modul kann mehrere Betriebsmittelkennzeichen besitzen, es besteht aber nur aus einer Artikelnummer.

6.2 Ein Modul anlegen

Vor dem Anlegen eines Moduls sollten alle Einzelteile, die später zu diesem Modul gehören sollen, schon in der Artikelverwaltung vorhanden sein, also mit allen Daten wie beispielsweise einer korrekten Funktionsschablone, Artikelbezeichnung und weiteren technischen Daten.

HINWEIS: Der beschriebene Weg zum Erstellen eines Moduls ist nur ein Vorschlag. Auch werden nicht alle möglichen Einsatzfälle/Eigenschaften/Varianten von Modulen betrachtet, da es viele Einsatzvarianten gibt und geben kann.

Für die Benutzung eines Moduls sind folgende Punkte zwingend zu beachten:

- Es muss schon ein „Modulmakro" existieren.
- Alle späteren Modulartikel müssen in diesem Makro mit einem Gerätekasten umgeben sein.
- Alle Betriebsmittelkennzeichen der Hauptfunktionen in diesem Makro müssen mit den Betriebsmittelkennzeichen der Modulartikel übereinstimmen.
- Ein Modulmakro kann nicht über mehrere Seiten erstellt werden. Seitenmakros sind also nicht möglich.

Vor der Erstellung eines Moduls gibt es zwei Wege, wie man vorgehen kann. Der erste Weg wäre, das Makro vorab zu erstellen. Der zweite Weg wäre, erst den Modulartikel in der Artikelverwaltung anzulegen und anschließend das Makro zu erstellen. Beide Wege haben ihre Vor- und Nachteile.

TIPP: Erstellen Sie zuerst das Modulmakro und legen Sie anschließend den Modulartikel in der Artikelverwaltung an.

Das Makro wird wie in EPLAN üblich durch das Einfügen von Symbolen, Verbindungsstücken, Texten etc. erstellt. Hier gibt es keine Besonderheiten zu beachten. Wichtig ist, dass ein Gerätekasten alle Artikel beinhaltet, die später zum Modul gehören sollen. Idealerweise empfiehlt sich hier, einen Gerätekasten (Polylinie) wie aus Bild 6.2 zu benutzen, da damit die betroffenen Teile besser „eingerahmt" werden können.

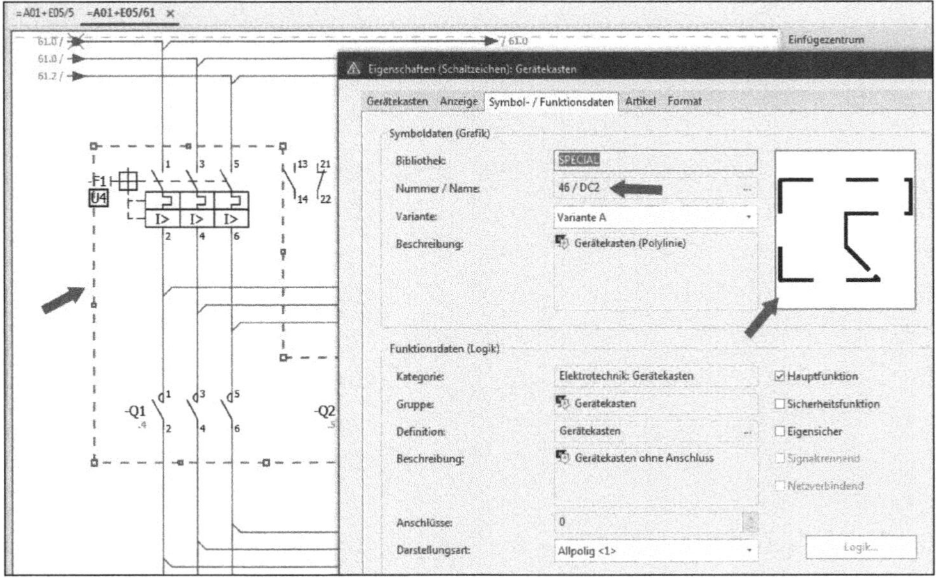

Bild 6.2 Gerätekasten Polylinie

Wurde das Makro fertig erstellt, wird es abgespeichert (Bild 6.3). Dabei können alle Elemente mit in das Makro gespeichert werden, nicht nur die späteren Modulartikel.

An den Hauptfunktionen und am Gerätekasten werden keine Artikel hinterlegt. Das erledigt EPLAN später automatisch.

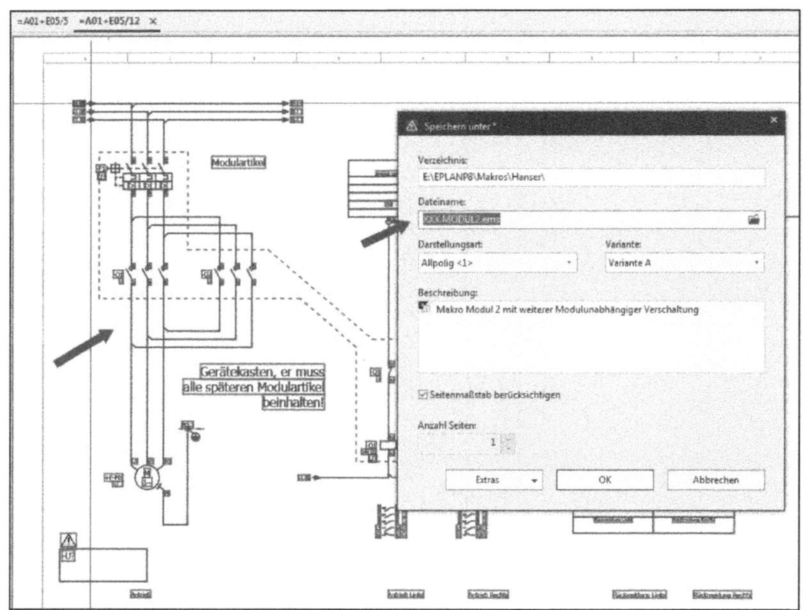

Bild 6.3 Speichern des Modulmakros als Symbolmakro

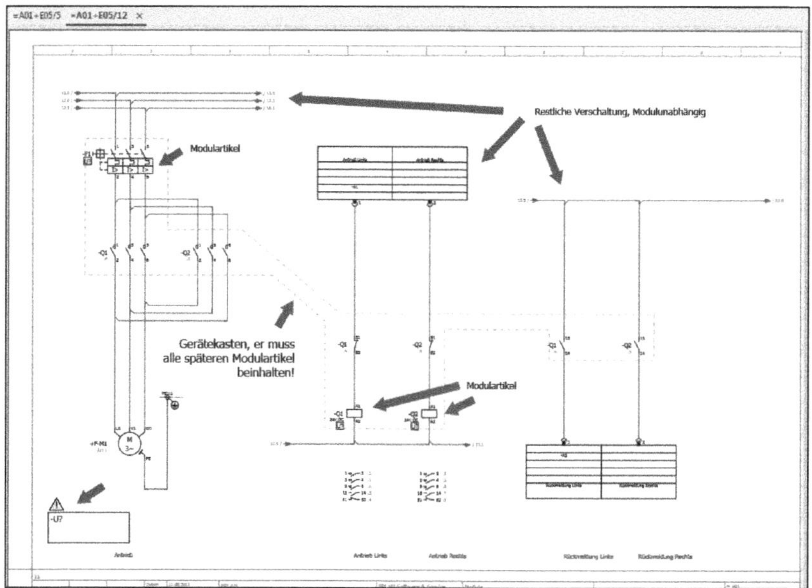

Bild 6.4 Übersicht beispielhafte Zuteilung der Objekte im Modulmakro

HINWEIS: Ein Modulmakro kann nicht seitenübergreifend erstellt werden. Die Benutzung von Seitenmakros ist also nicht möglich.

6.2.1 Schritt 1: Modul erzeugen

Wurde das Makro erstellt, kann ein Modul wie folgt in der Artikelverwaltung angelegt werden (die Artikelverwaltung ist schon geöffnet): In der Artikelverwaltung werden in der Baumdarstellung der Knoten *Artikel* und der Knoten *Elektrotechnik* gewählt. Anschließend wird die rechte Maustaste betätigt und im sich öffnenden Kontextmenü der Befehl Neu/Modul angeklickt (Bild 6.5).

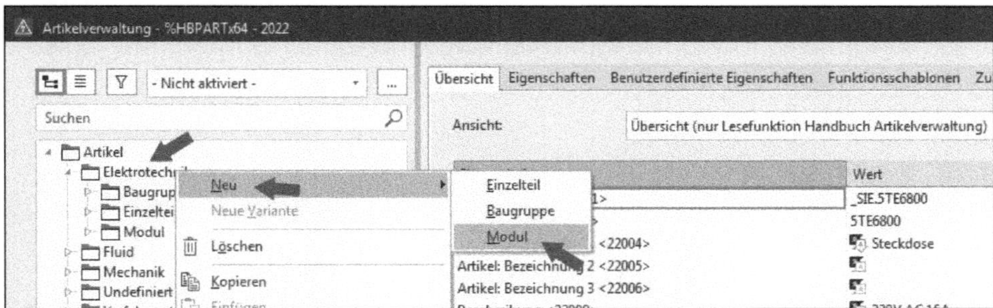

Bild 6.5 Neues Modul anlegen

EPLAN erzeugt das Modul, legt die nächste freie Artikelnummer an und sortiert das neue Modul anschließend in die Baumstruktur als *Undefiniert* ein (Bild 6.6).

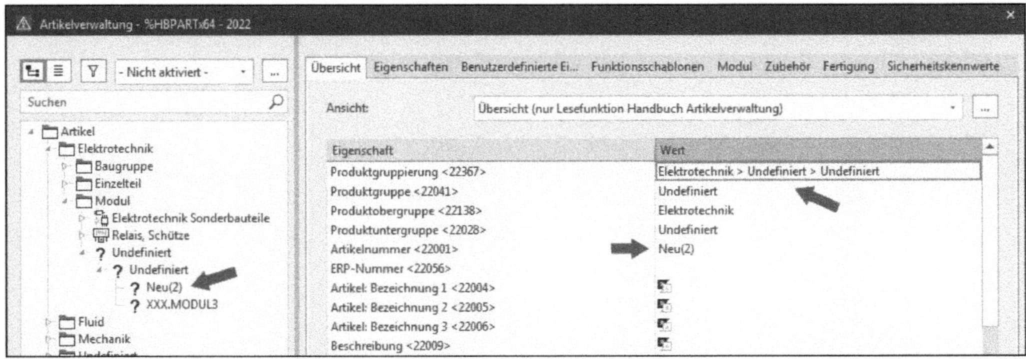

Bild 6.6 Neu erzeugtes Modul

6.2.2 Schritt 2: Registerkarte Eigenschaften, Schema Notwendige Artikeleigenschaften

Nun wird eine Artikelnummer an das Modul vergeben. Dazu werden außerdem weitere Informationen wie eine oder mehrere Artikelbezeichnungen, Typ- und Bestellnummer etc. in die entsprechenden Eigenschaften eingetragen bzw. ausgewählt. Nach dem Abschluss der Eingabe wird der Button ÜBERNEHMEN angeklickt. EPLAN speichert das Modul zwischenzeitlich ab.

6.2.3 Schritt 3: Produktgruppen festlegen

Anschließend wird die Auswahl getroffen, in welche Produktgruppe und Produktuntergruppe das Modul in die Artikelverwaltung einsortiert werden soll. Die Produktobergruppe und das Gewerk wurden durch die Auswahl des Knotens *Elektrotechnik* beim Erzeugen des neuen Moduls schon einmal von EPLAN vorgegeben (Bild 6.7).

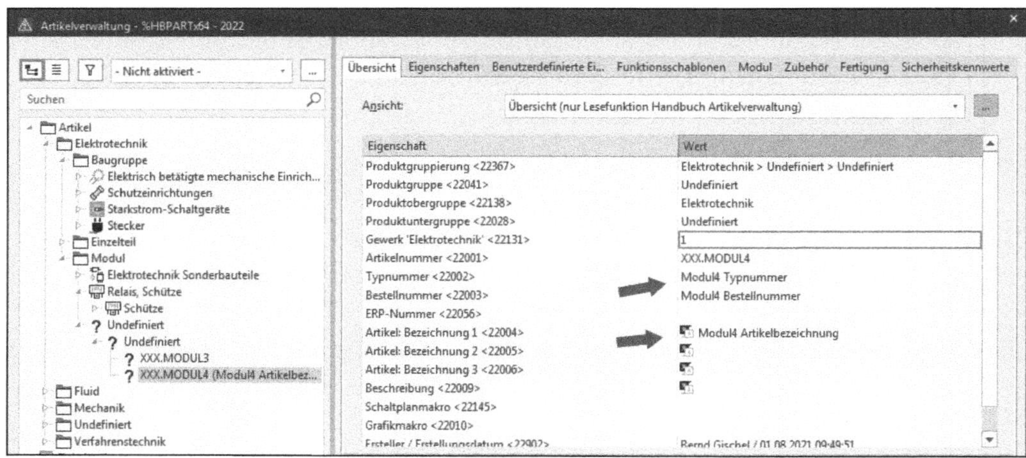

Bild 6.7 Weitere Daten des Moduls eintragen

Dazu wird auf die Registerkarte *Eigenschaften* gewechselt. Hier ein passendes Schema, beispielsweise *Notwendige Artikeleigenschaften*, eingestellt. In der Auswahlliste der Eigenschaften der Produktgruppierung können nun die gewünschten Einträge gewählt, übernommen und der Datensatz anschließend über den Button ÜBERNEHMEN erneut gespeichert werden (Bild 6.8 bis Bild 6.10).

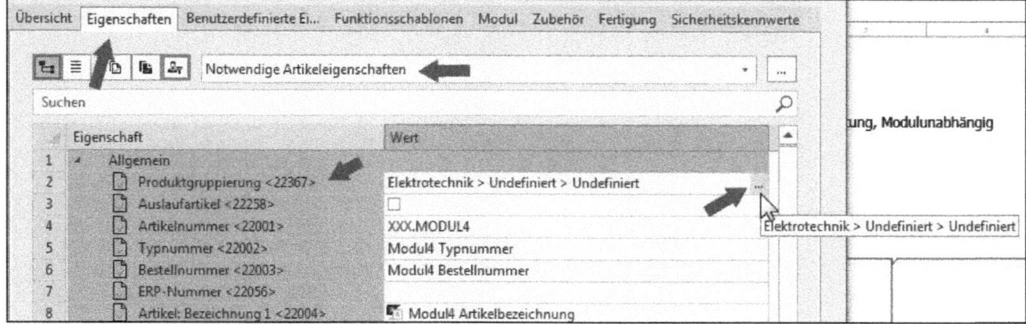

Bild 6.8 Auswahlliste Struktur (Produktgruppierung)

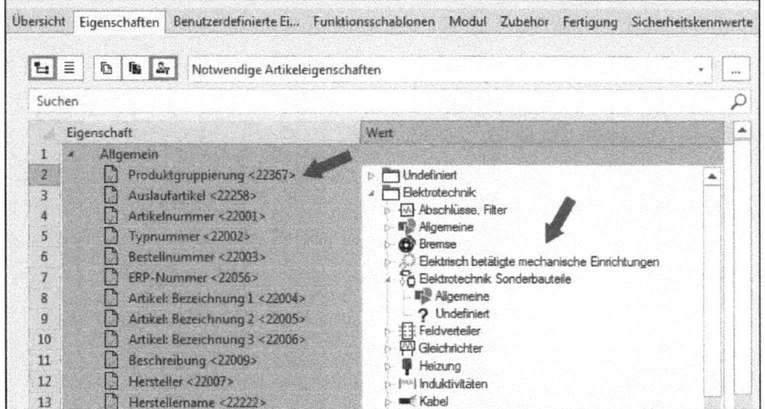

Bild 6.9 Struktur (Produktgruppierung) festlegen

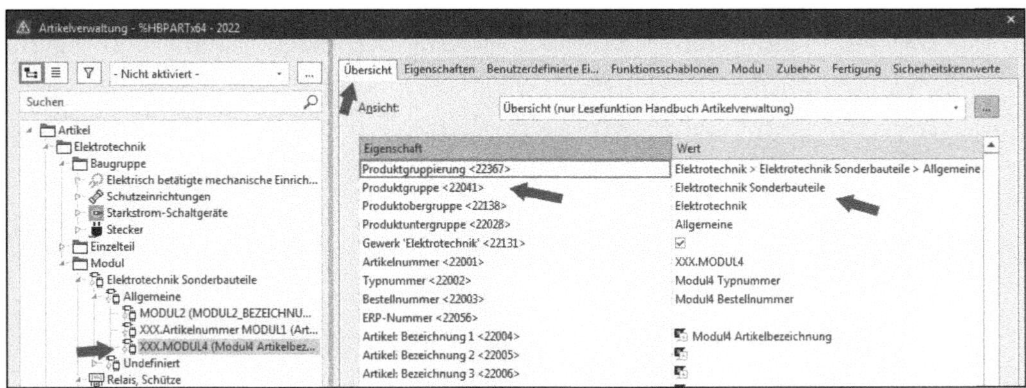

Bild 6.10 Festgelegte Produktgruppierung

Wurden alle Einträge gewählt bzw. aus den Auswahllisten übernommen, kann das Modul mit Klick auf den Button ÜBERNEHMEN zwischengespeichert werden (Bild 6.11).

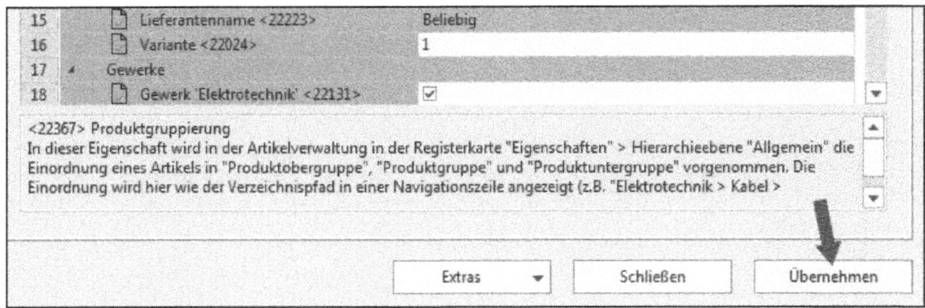

Bild 6.11 Modul zwischenspeichern

6.2.4 Schritt 4: Produktgruppen ändern

Die Produktgruppen wurden nun entsprechend ausgewählt, und EPLAN hat das Modul in die Baumstruktur einsortiert. Muss eine der Produktgruppen jetzt doch noch einmal geändert werden, reicht es aus, beispielsweise den Eintrag der Produktgruppierung neu aus der Auswahlliste zu wählen und auf den Button ÜBERNEHMEN zu klicken (Bild 6.12). EPLAN übernimmt die Änderung und stellt sie in der Baumstruktur der Artikelverwaltung wie in Bild 6.13 dar.

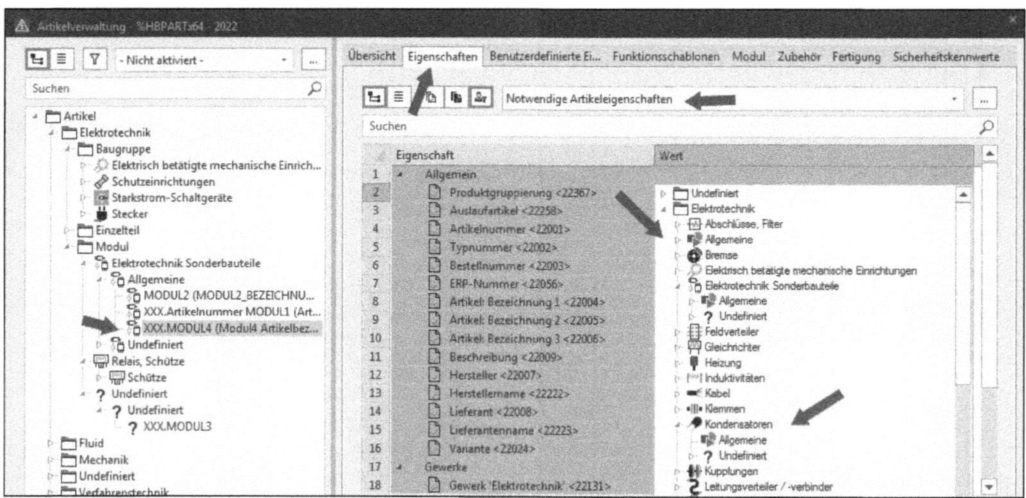

Bild 6.12 Beispielhafte Änderung der Produktgruppierung

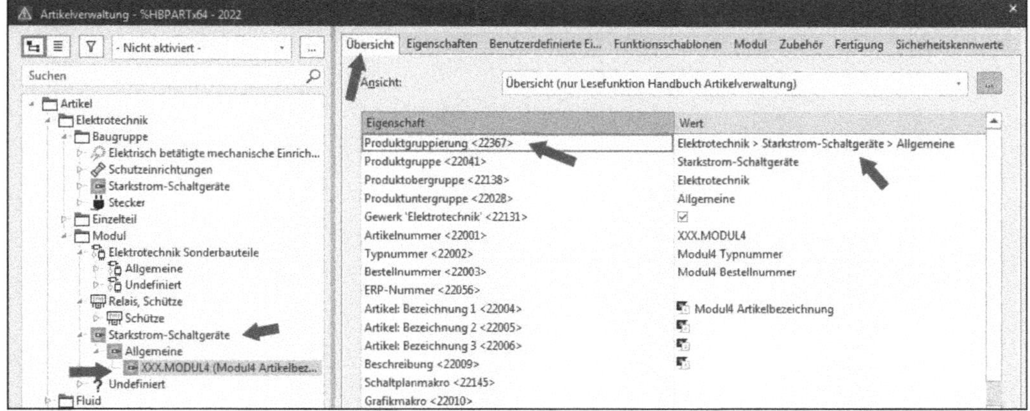

Bild 6.13 Neue Einsortierung in der Baumstruktur

TIPP: Die Baumdarstellung (Ansicht) der Artikelverwaltung kann bei Bedarf auch mit F5 aktualisiert werden.

6.2.5 Schritt 5: Weitere Registerkarten bzw. Schemata mit Eigenschaften

Wurden alle benötigten Einträge auf der Registerkarte *Eigenschaften* mit beispielsweise dem Schema *Notwendige Artikeleigenschaften* durchgeführt, können die anderen Registerkarten des Moduls mit „Leben" gefüllt werden. Leider kann ich keine Empfehlung geben, welche Daten am wichtigsten sind und auf welche Dateneingaben man verzichten kann.

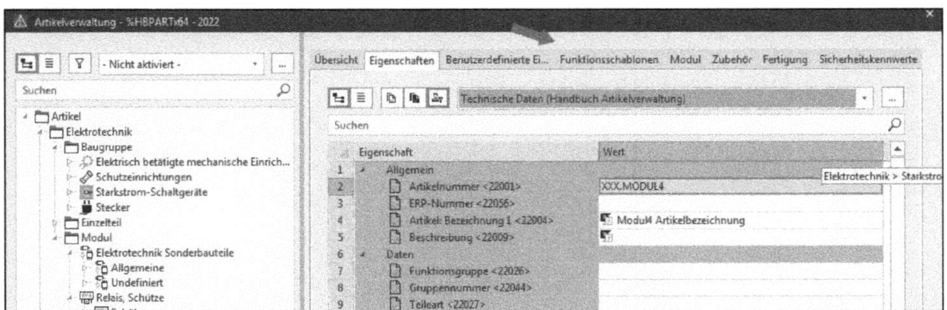

Bild 6.14 Weitere Registerkarten/Eigenschaften des Moduls ausfüllen

Ein Modul kann unter anderem folgende Eigenschaften enthalten (Bild 6.14):

- Preise/Sonstige
- Montagedaten*)
- Modul*)
- Zubehör
- Technische Daten
- Dokumente
- Fertigung
- Daten für Auswertungen
- Funktionsschablone*)
- Sicherheitskennwerte

*) Hierbei handelt es sich um relevante Eigenschaften, die (wenn nötig) mit Daten befüllt werden sollten, beispielsweise Gesamthöhe und Gesamtbreite eines Moduls auf der Registerkarte *Eigenschaften* mit dem Schema *Montagedaten*.

6.2.6 Schritt 6: Registerkarte Modul

Die Registerkarte *Modul* ist der Dreh- und Angelpunkt eines Moduls (Bild 6.15). Hier werden alle Artikel zusammengeführt, die zu einem Modul gehören sollen. Die Registerkarte *Modul* wird wie folgt gefüllt: Über die Symbolleiste werden neue Zeilen hinzugefügt, gelöscht oder verschoben (Bild 6.16). Mit Klick auf den Button NEU in der Symbolleiste erzeugt EPLAN eine neue Zeile (Bild 6.17).

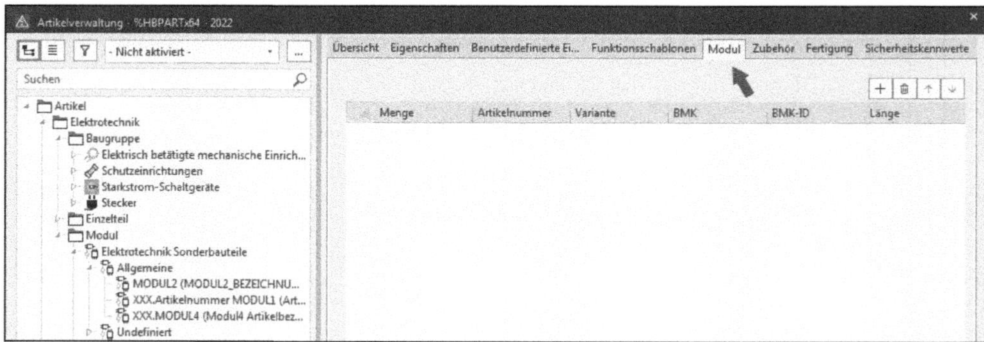

Bild 6.15 Registerkarte Modul

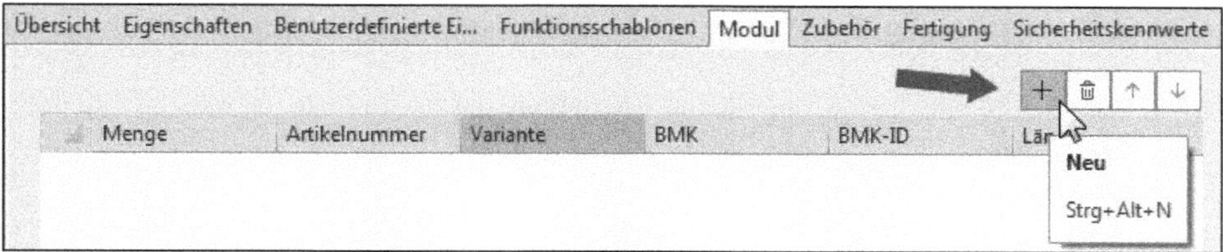

Bild 6.16 Symbolleiste

Bild 6.17 Neue, noch leere Zeile

EPLAN fügt die Zeile ein, vergibt eine Zeilennummer und eine Menge 1. Anschließend klicken Sie mit der linken Maustaste in das Feld *Artikelnummer*, um den ersten Artikel zum Modul hinzuzufügen (Bild 6.18).

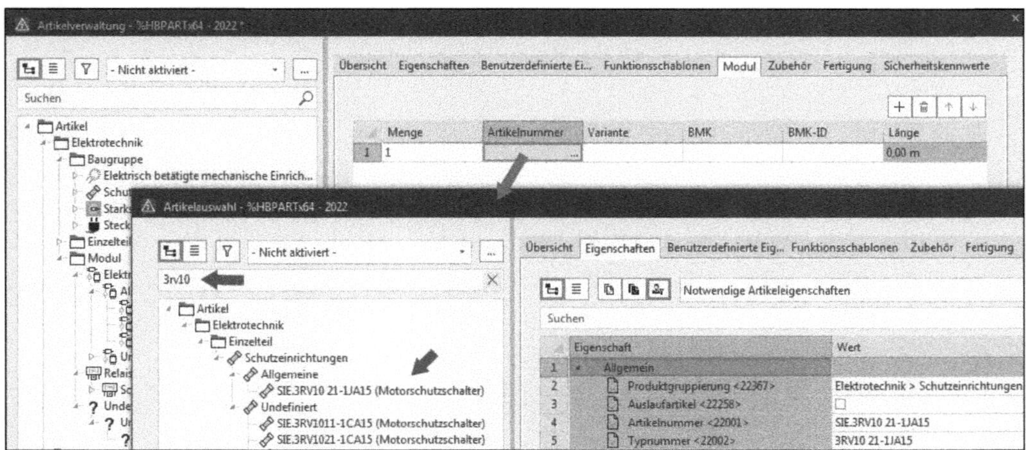

Bild 6.18 Artikel hinzufügen

EPLAN öffnet automatisch den Dialog ARTIKELAUSWAHL. Hier kann jetzt manuell oder über die Suchfunktion der gewünschte Artikel gesucht, markiert und mit einem Klick auf den Button OK in die Registerkarte *Modul* übernommen werden (Bild 6.19).

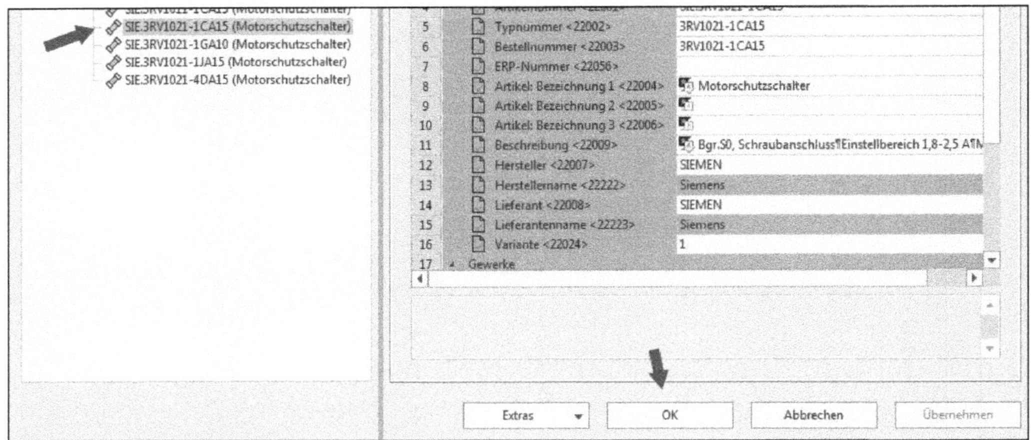

Bild 6.19 Auswahl des ersten Artikels

Diese Schritte (neue Zeile erzeugen, in das Feld *Artikelnummer* klicken, Artikel auswählen und in das Modul übernehmen) werden so oft ausgeführt, bis alle gewünschten Artikel in der Registerkarte *Modul* eingefügt sind.

HINWEIS: Im Dialog ARTIKELAUSWAHL ist keine Mehrfachauswahl möglich. Alle Artikel eines Moduls müssen daher immer einzeln ausgewählt und eingefügt werden.

Wurden alle Artikel eingefügt, **müssen** anschließend auch die Betriebsmittelkennzeichen fest vergeben werden. Das kann in der Spalte BMK oder in der Spalte BMK-ID erfolgen (Bild 6.20). Sind alle Artikel eingefügt, wird das Modul mit dem Button ÜBERNEHMEN gespeichert. Wurde vergessen, ein BMK oder eine BMK-ID zu vergeben, bringt EPLAN eine Hinweismeldung beim Speichern des Artikels (Bild 6.21).

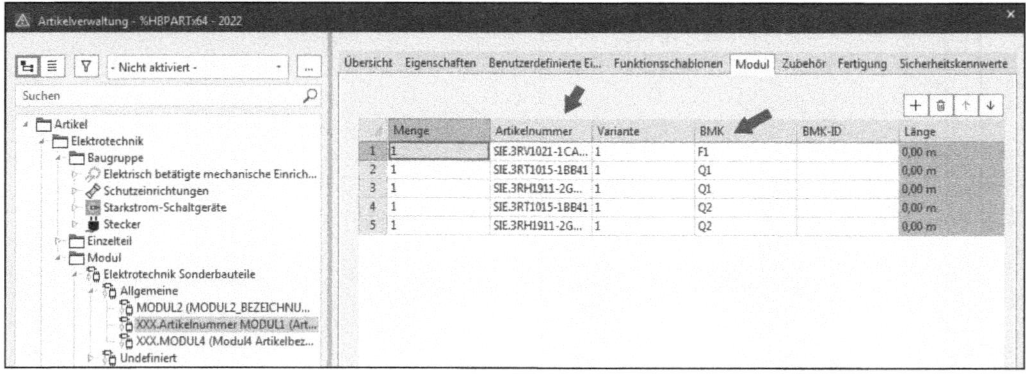

Bild 6.20 Gefüllte Registerkarte Modul

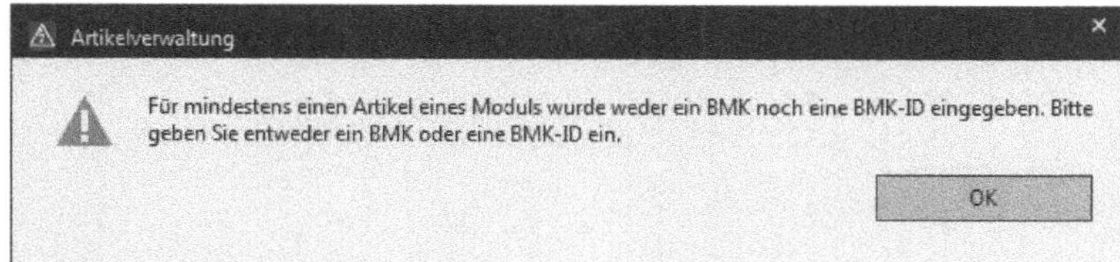

Bild 6.21 Gefüllte Registerkarte Modul

Es können natürlich auch die Menge und andere Varianten des eingefügten Artikels abgeändert werden (Bild 6.22). Diese beiden Werte müssen allerdings manuell abgeändert werden – doch das ist stark abhängig vom späteren Modulmakro!

Übersicht Eigenschaften Benutzerdefinierte Ei... Funktionsschablonen Modul Zubehör Fertigung Sicherheitskennwerte

	Menge	Artikelnummer	Variante	BMK	BMK-ID	Länge
1	1	SIE.3RV1021-1CA...	1	F1		0,00 m
2	1	SIE.3RT1015-1BB41	1	Q1		0,00 m
3	2	SIE.3RH1911-2G...	1	Q1		0,00 m
4	1	SIE.3RT1015-1BB41	1	Q2		0,00 m
5	1	SIE.3RH1911-2G...	1	Q2		0,00 m

Bild 6.22 Beispiel Änderung der Menge

6.2.7 Schritt 7: Registerkarte Funktionsschablonen

Nachdem alle Artikel zum Modul hinzugefügt wurden, wird auf die Registerkarte *Funktionsschablonen* gewechselt. Diese ist momentan noch leer (Bild 6.23).

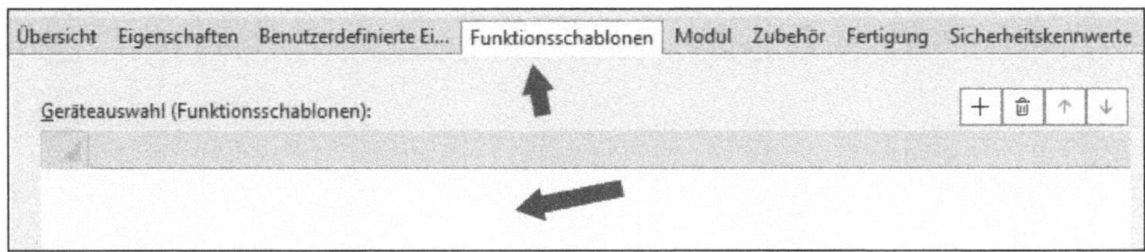

Bild 6.23 Leere Registerkarte Funktionsschablonen

Damit man dieses Modul später unter anderem bei der Projektierung mit allen seinen Funktionen nutzen kann, sollten in dieser Registerkarte natürlich Funktionsdefinitionen sowie weitere Informationen stehen. EPLAN hat hierfür eine Funktion eingebaut, die automatisch alle Funktionen der auf der Registerkarte eingefügten Artikel sammelt und gemeinsam in die Registerkarte *Funktionsschablonen* überträgt.

Diese Funktion liegt unterhalb des Buttons EXTRAS und nennt sich FUNKTIONSSCHABLONEN ZUSAMMENFASSEN (Bild 6.24).

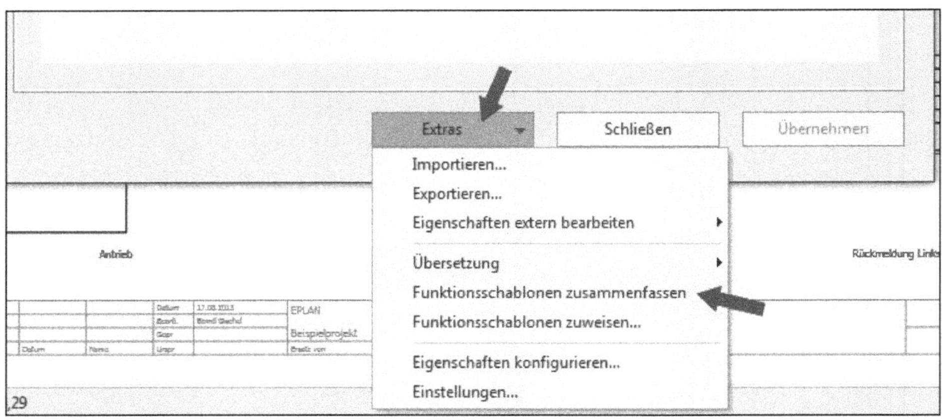

Bild 6.24 Menüaufruf Extras/Funktionsschablonen zusammenfassen

Wird der Menüpunkt FUNKTIONSSCHABLONEN ZUSAMMENFASSEN angeklickt, holt EPLAN sich alle Funktionsdefinitionen der eingetragenen Artikel auf der Registerkarte *Modul* und überträgt diese in die Registerkarte *Funktionsschablonen* des Moduls (Bild 6.25). Das kann je nach Datenmenge ein wenig dauern.

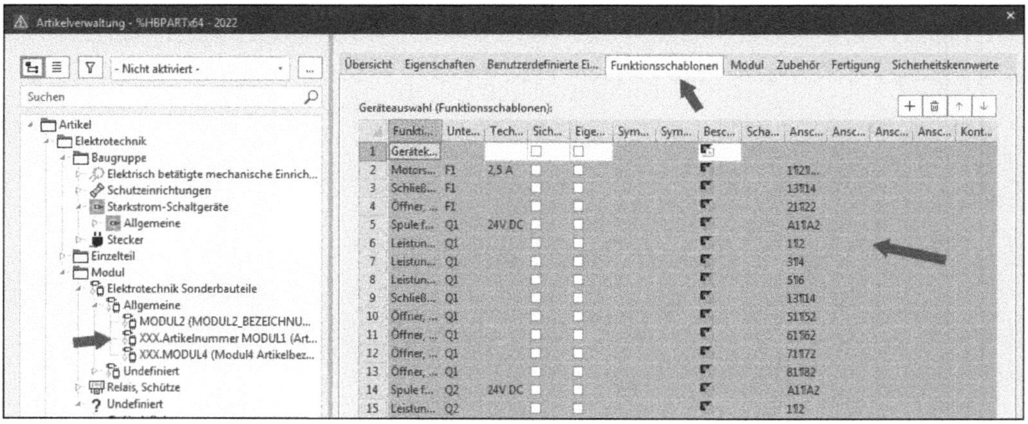

Bild 6.25 Gefüllte Registerkarte Funktionsschablonen

Sind alle Funktionsdefinitionen übertragen worden, listet EPLAN sie in der Reihenfolge auf, wie die Artikel in der Registerkarte *Modul* vorhanden sind. Möchte man die Reihenfolge ändern, muss man die Reihenfolge der Artikel auf der Registerkarte *Modul* ändern und anschließend den Menüpunkt Funktionsschablonen zusammenfassen neu aufrufen. Die Funktionsschablonen selbst können an dieser Stelle nicht geändert werden.

Das Modul kann jetzt mit einem Klick auf den Button Übernehmen gespeichert werden.

6.2.8 Schritt 8: Registerkarte Eigenschaften, Schema Montagedaten

Zum Abschluss der Dateneingabe für das Modul muss noch das Makro hinterlegt werden. Dazu wechseln Sie auf die Registerkarte *Eigenschaften* mit beispielsweise dem Schema *Montagedaten* (Bild 6.26).

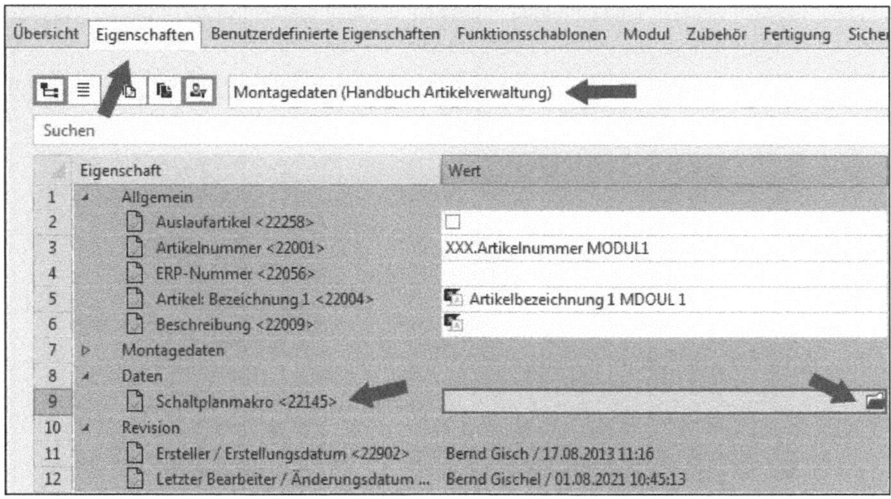

Bild 6.26 Registerkarte Technische Daten

Jetzt öffnen Sie das Makroverzeichnis über den More-Button, wählen das gewünschte Makro aus und übernehmen es (Bild 6.27).

Nachdem das Makro übernommen wurde, kann das Modul gespeichert und die Artikelverwaltung verlassen werden (Bild 6.28). Das Modul kann jetzt eingesetzt werden.

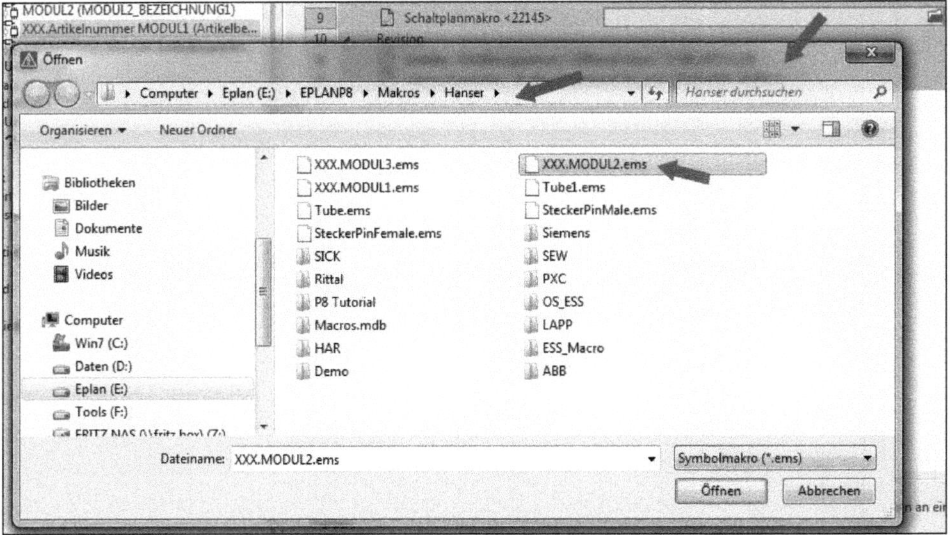

Bild 6.27 Dialog (Makro) öffnen

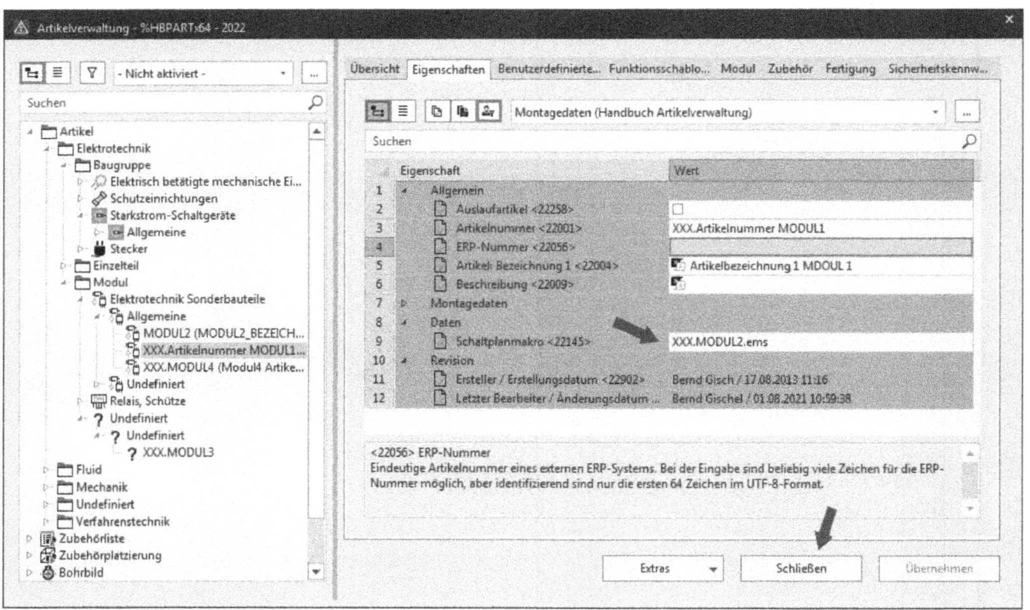

Bild 6.28 Artikelverwaltung nach Abschluss aller Eingaben verlassen

■ 6.3 Module in der Projektbearbeitung einsetzen

Module können, wie Einzelteilartikel auch, in der Projektbearbeitung eingesetzt werden. Sie werden wie in Bild 6.29 zu sehen über das Einfügezentrum auf eine Stromlaufplanseite platziert.

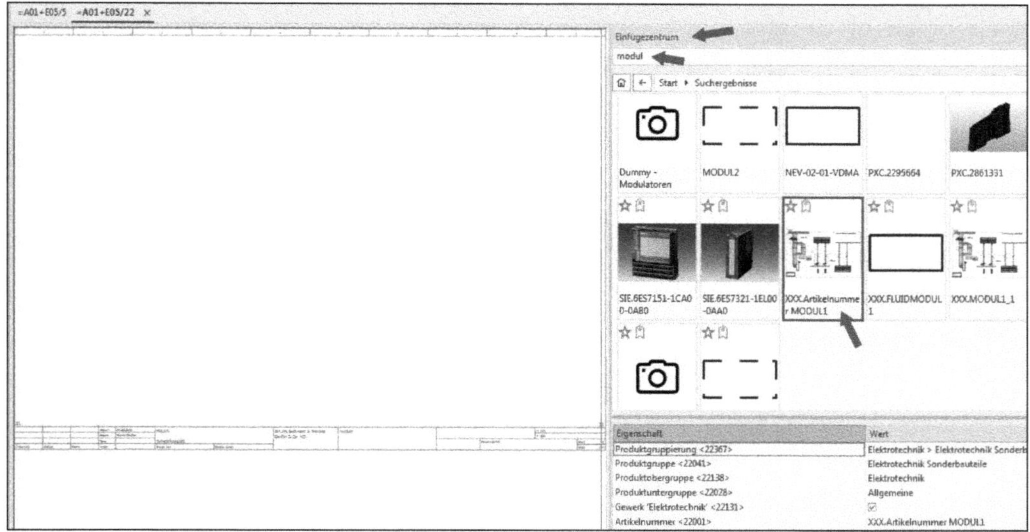

Bild 6.29 Einfügen eines Moduls über das Einfügezentrum

Das Modul wird einfach mit der gedrückten linken Maustaste auf die Stromlaufplanseite gezogen. Es hängt also inklusive des Makros am Cursor und kann jetzt, ebenfalls mit der linken Maustaste, platziert und abgesetzt werden (Bild 6.30).

Nach dem Platzieren fragt EPLAN die Nummerierung der einzufügenden Betriebsmittel wie in Bild 6.31 ab.

Dabei ist es zwingend notwendig, dass die im Gerätekasten liegenden Betriebsmittel **nicht** nummeriert werden dürfen. Das ist auf jeden Fall mit einem geeigneten Nummerierungsschema sicherzustellen.

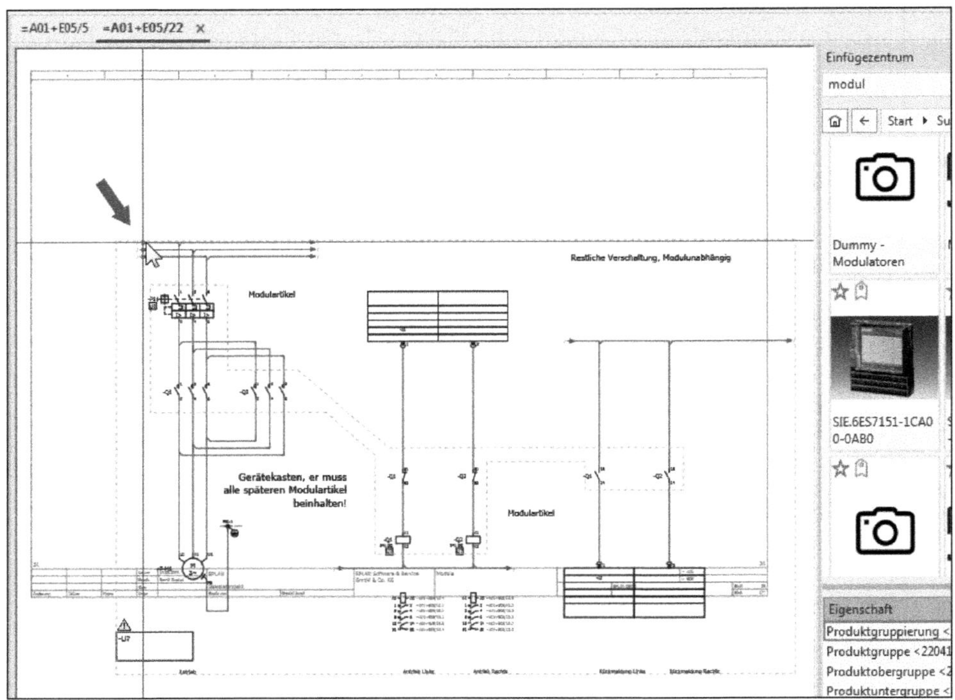

Bild 6.30 Das Modul ist bereit zum Platzieren.

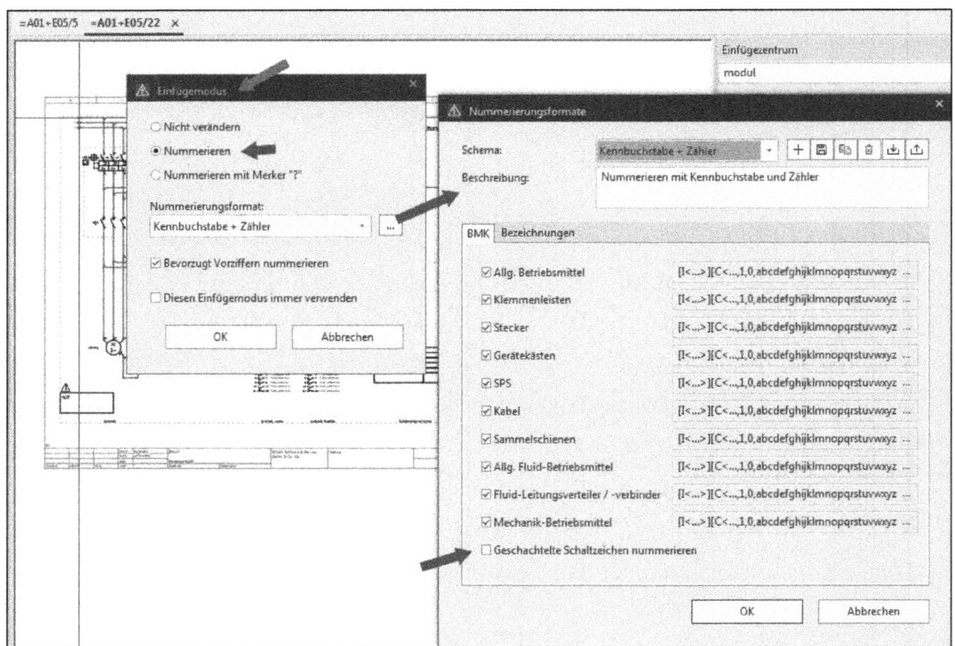

Bild 6.31 Einfügemodus Nummerierung

HINWEIS: Die verschachtelten Betriebsmittel innerhalb des Module-Gerätekastens dürfen nicht nummeriert werden. Sie müssen zwingend die Betriebsmittelkennzeichen behalten, wie sie im MODUL auf der Registerkarte *Modul* vorgegeben wurden.

Wurde ein passendes Schema zum Nummerieren gewählt und der Dialog EINFÜGEMODUS mit Klick auf den Button OK geschlossen, nummeriert EPLAN den Gerätekasten entsprechend dem eingestellten Nummerierungsschema im Dialog EINFÜGEMODUS durch.

Damit wäre das Modul fertigt platziert. EPLAN hat den Modulartikel im Gerätekasten hinterlegt (Bild 6.32 bis Bild 6.36).

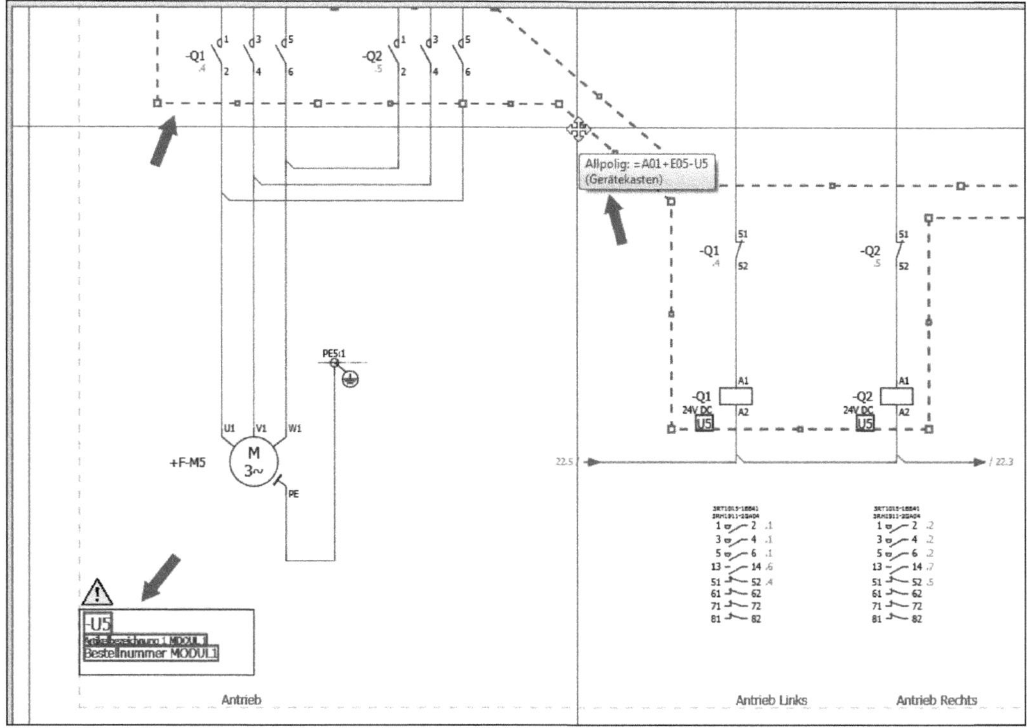

Bild 6.32 Platziertes Modul

=A01+E05/5
=A01+E05/22
U1
V1
W1
+F-M5
M
3~
PE
-Q1
24V DC
U5
A1
A2
-Q2
24V DC
U5
22.5 /
-U5
Artikelbezeichnung 1 MODUL 1
Bestellnummer MODUL1
Antrieb
Antrieb Links

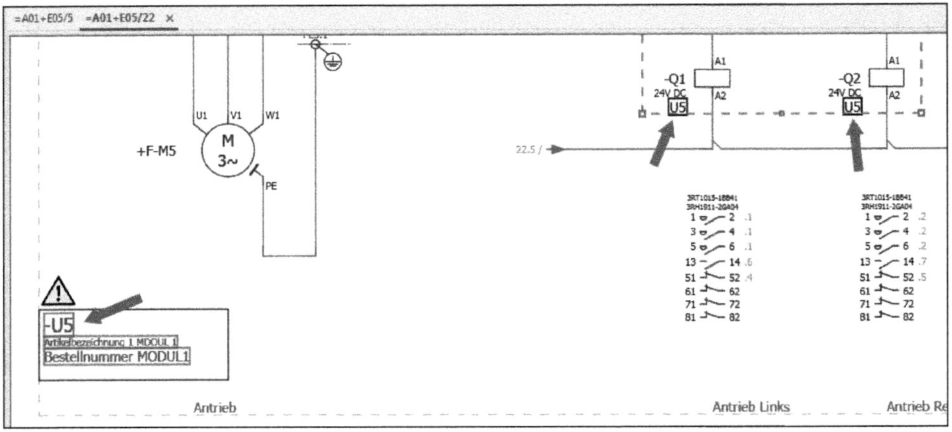

Bild 6.33 Zum Modul gehörende Betriebsmittel

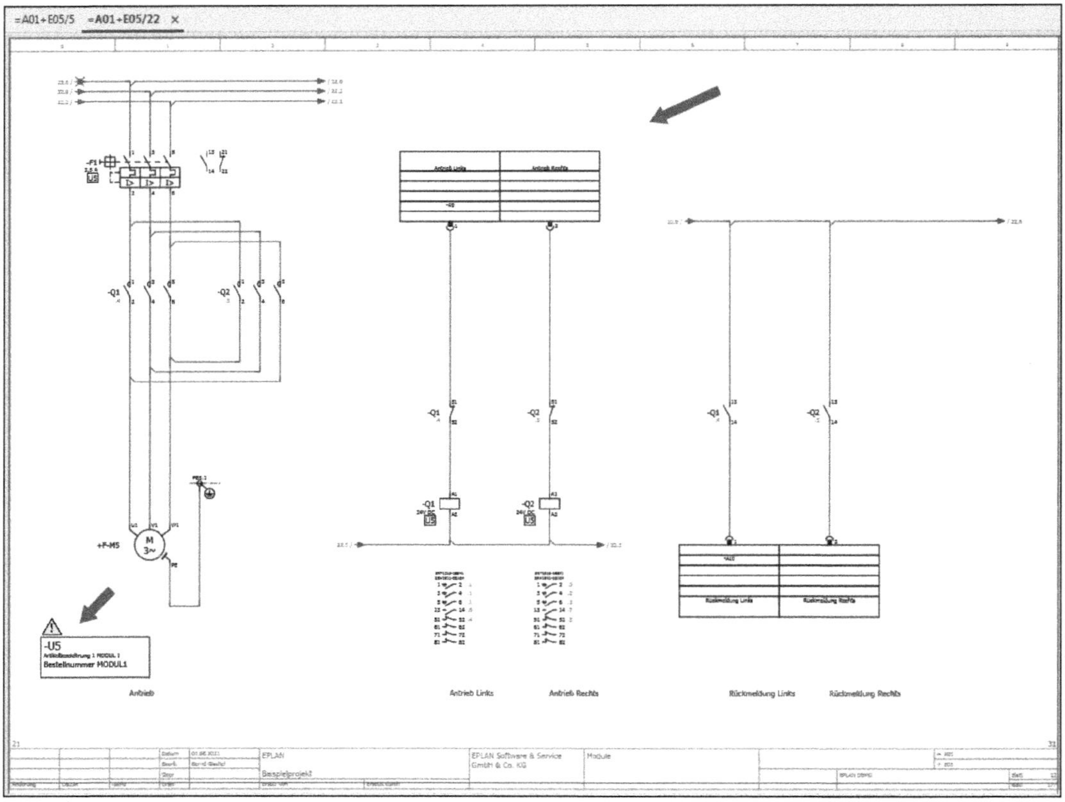

=A01+E05/5
=A01+E05/22
-U5
Bestellnummer MODUL1
Antrieb
Antrieb Links
Antrieb Rechts
Rückmeldung Links
Rückmeldung Rechts
EPLAN
Beispielprojekt
EPLAN Software & Service GmbH & Co. KG
Module

Bild 6.34 Komplettes Modul

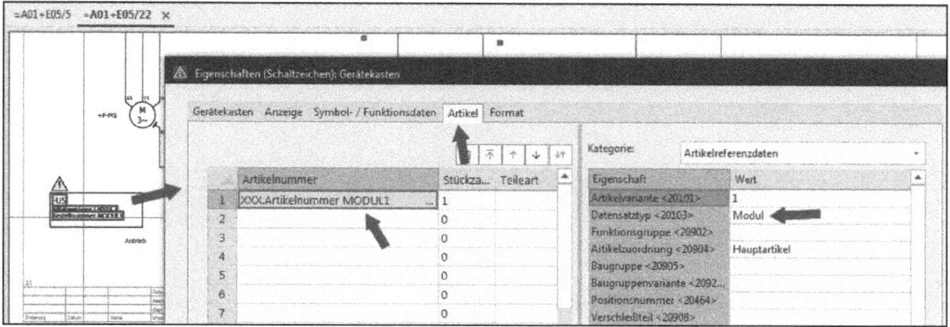

Bild 6.35 Modulartikel am Gerätekasten

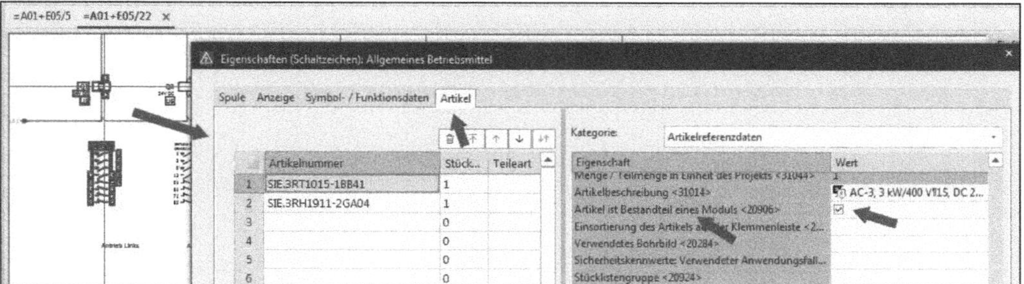

Bild 6.36 Einzelne zugeordnete Modulartikel an Geräten

6.3.1 Module beim Einfügen auflösen

Module können, im Gegensatz zu Baugruppen, beim Platzieren im Stromlaufplan nicht aufgelöst werden. Prinzipiell ist ein platziertes Modul schon „aufgelöst“, da über die Registerkarte *Modul* einzelne Artikel einem Betriebsmittelkennzeichen zugeordnet werden.

6.3.2 Module auf Montageplatten platzieren

Um Module auf einer Montageplatte zu platzieren, sollten die in Bild 6.37 dargestellten Daten (auf der Registerkarte *Eigenschaften* beispielsweise im Schema *Montagedaten* eingetragen sein (mindestens Breite und Höhe).

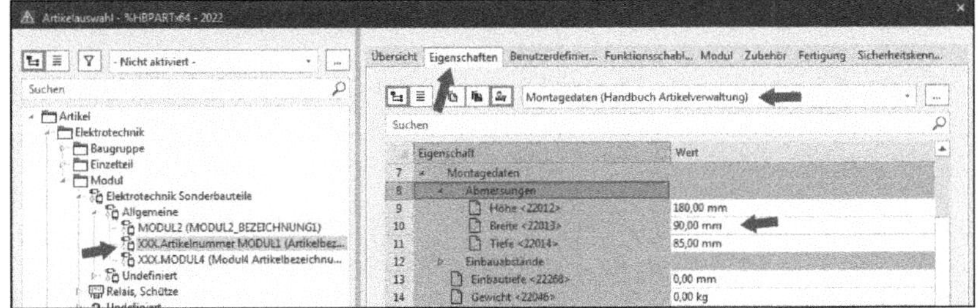

Bild 6.37 Registerkarte Eigenschaften mit Schema Montagedaten

Soll das Modul nicht nur als ein „Kästchen“ auf der Montageplatte platziert werden, empfiehlt es sich, in das schon vorhandene Makro die Darstellungsart *Schaltschrankaufbau* zu integrieren (Bild 6.38).

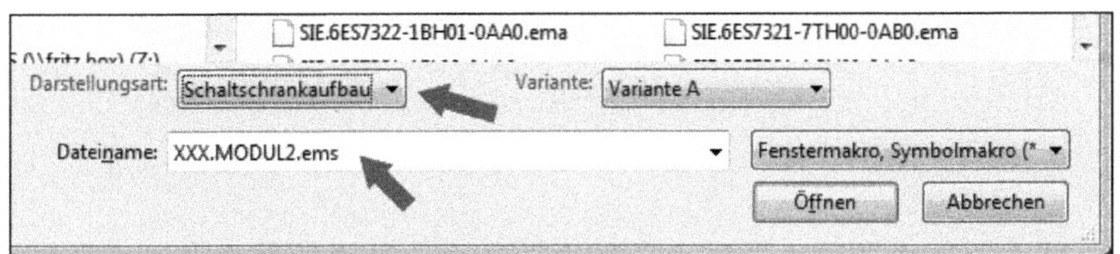

Bild 6.38 Gewünschte Darstellungsart mit in das Modulmakro integrieren

Dieses Makro ist nicht zwingend notwendig. EPLAN reichen die Maße Breite und Höhe in den Eigenschaften zum Platzieren auf einer Montageplatte aus.

Sind alle benötigten Daten in der Artikelverwaltung am Modul hinterlegt, kann das Modul, wie ein Einzelteil, einfach aus dem 2D-Schaltschrankaufbau-Navigator auf der Montageplatte platziert werden (Bild 6.39 bis Bild 6.41).

Bild 6.39 Auswahl des Moduls zum Platzieren auf der Montageplatte

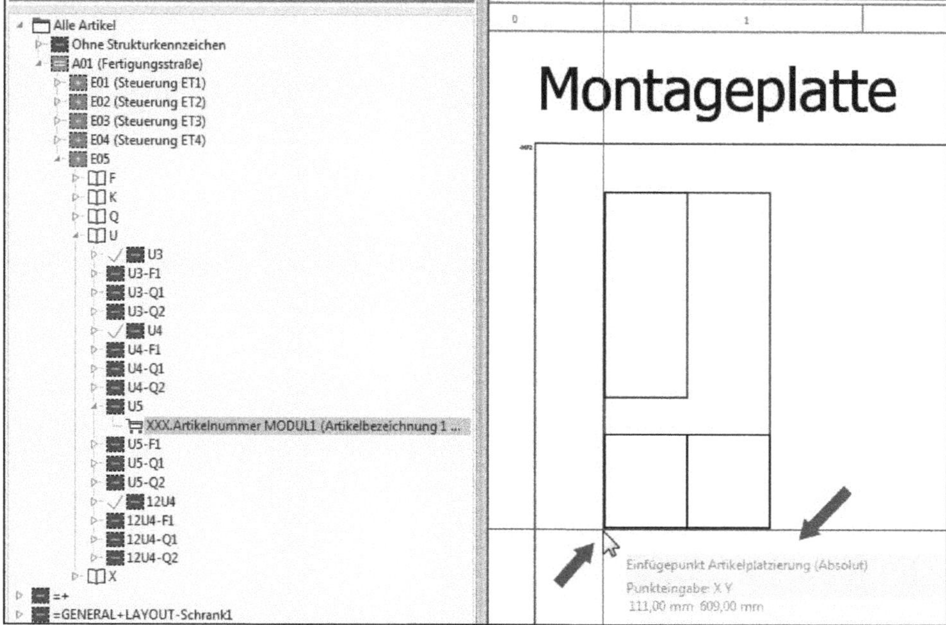

Bild 6.40 Das Modul hängt zum Platzieren am Cursor.

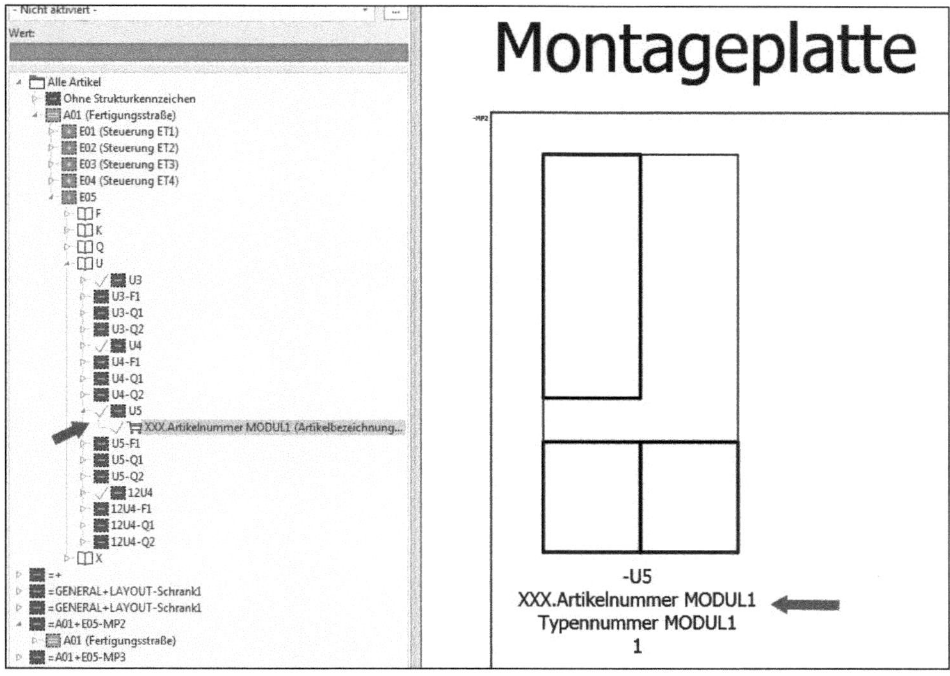

Bild 6.41 Platziertes Modul

TIPP: Damit nicht alle einzelnen Modulartikel im 2D-Schaltschrankaufbau-Navigator aufgelistet werden und somit die Übersichtlichkeit leidet, können diese über ein Filterschema ausgeblendet werden (Bild 6.42).

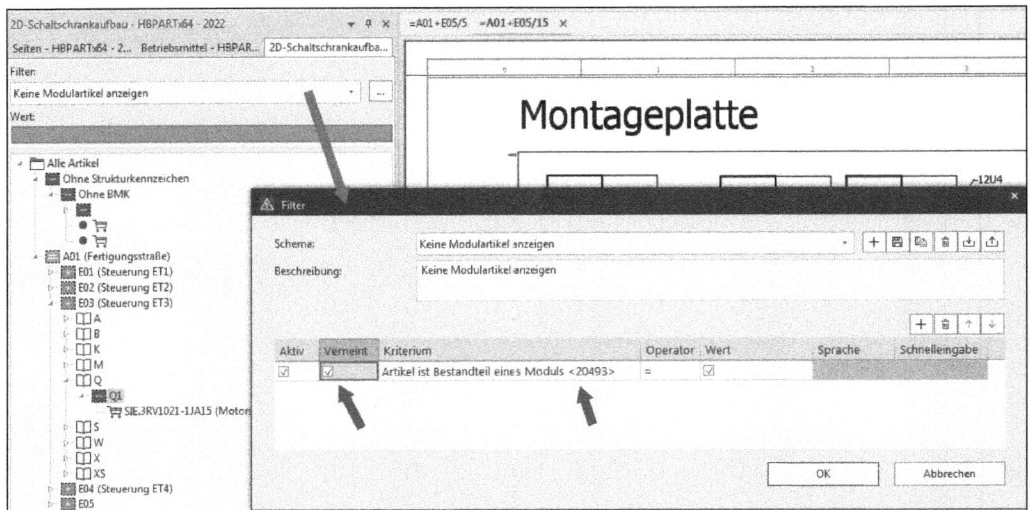

Bild 6.42 Möglicher Filter zum Ausblenden von Modulartikeln

6.3.3 Module in Auswertungen (Formularen)

Natürlich können Module auch in Auswertungen ausgegeben werden. Sollen die Module in den Auswertungen aufgelöst werden und sollen alle Einzelteile in den Auswertungen erscheinen, oder soll nur die Artikelnummer des Moduls in den Auswertungen ausgegeben werden? Jede Möglichkeit hat ihre Berechtigung. Dies muss je nach Anwendungsfall entschieden werden.

Um Module in Auswertungen, wie beispielsweise einer Artikelstückliste, nicht aufzulösen, reicht es, wenn bestimmte Einstellungen nicht aktiviert sind. Dazu müssen Sie im Menü DATEI/EINSTELLUNGEN den Dialog EINSTELLUNGEN aufrufen und hier den Knoten *Projekt/Projektname/Auswertungen/Artikel* öffnen. Die Einstellung *Artikelauswertung/Module auflösen* darf nicht aktiviert sein (Bild 6.43).

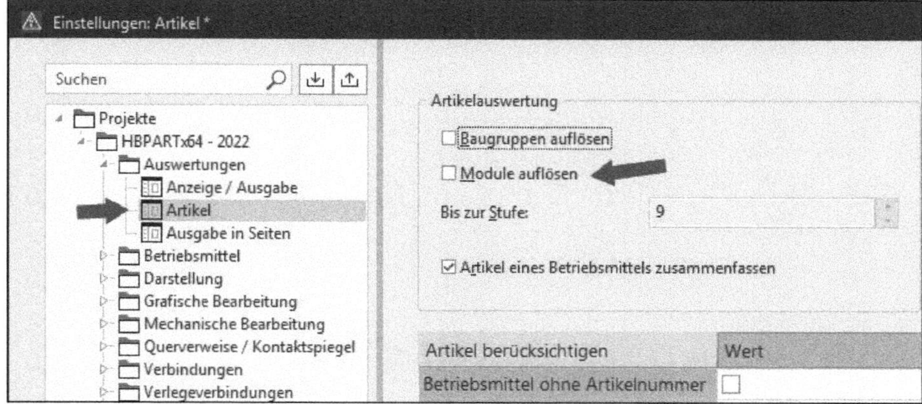

Bild 6.43 Projekteinstellung Module nicht auflösen

Wird nun beispielsweise eine Artikelstückliste mit diesen Projekteinstellungen erzeugt, löst EPLAN Module in der Artikelstückliste nicht auf, sondern gibt die Artikelnummer der Module in der Auswertung aus (Bild 6.44).

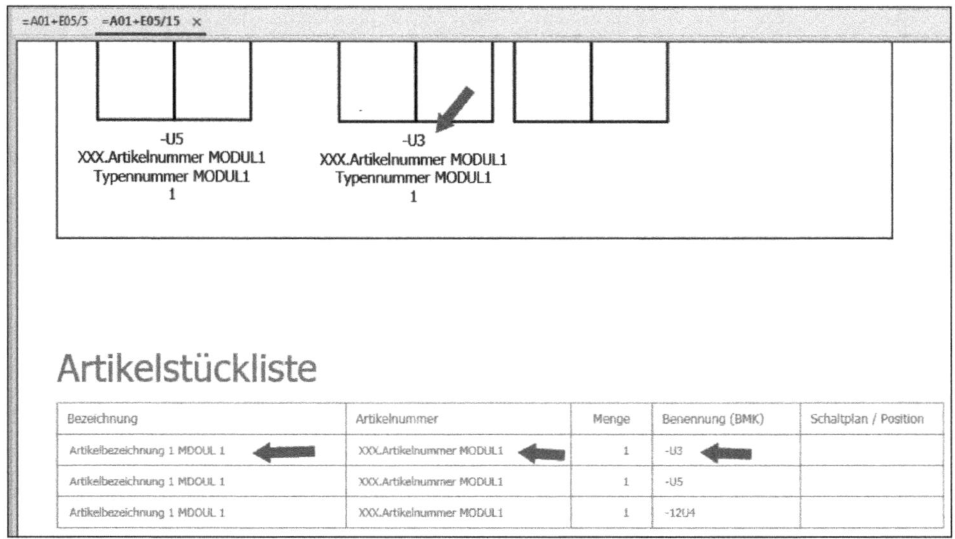

Artikelstückliste

Bezeichnung	Artikelnummer	Menge	Benennung (BMK)	Schaltplan / Position
Artikelbezeichnung 1 MDOUL 1	XXX.Artikelnummer MODUL1	1	-U3	
Artikelbezeichnung 1 MDOUL 1	XXX.Artikelnummer MODUL1	1	-U5	
Artikelbezeichnung 1 MDOUL 1	XXX.Artikelnummer MODUL1	1	-12U4	

Bild 6.44 Auswertung (Artikelstückliste) ohne aufgelöstes Modul

Man kann die Projekteinstellung aber auch wie folgt setzen: Lösen Sie zunächst die Module auf und aktivieren Sie bis zur gewünschten Stufe (Bild 6.45).

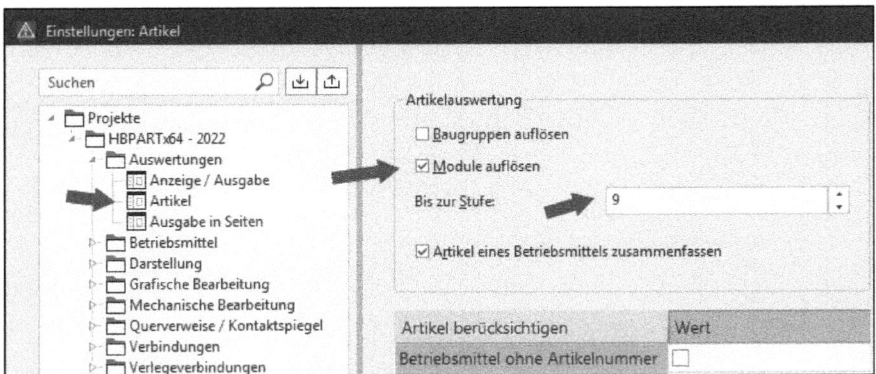

Bild 6.45 Projekteinstellung Module auflösen

Wird jetzt eine Auswertung erzeugt, beispielsweise eine Artikelstückliste, werden die Module in der Auswertung aufgelöst ausgegeben (Bild 6.46).

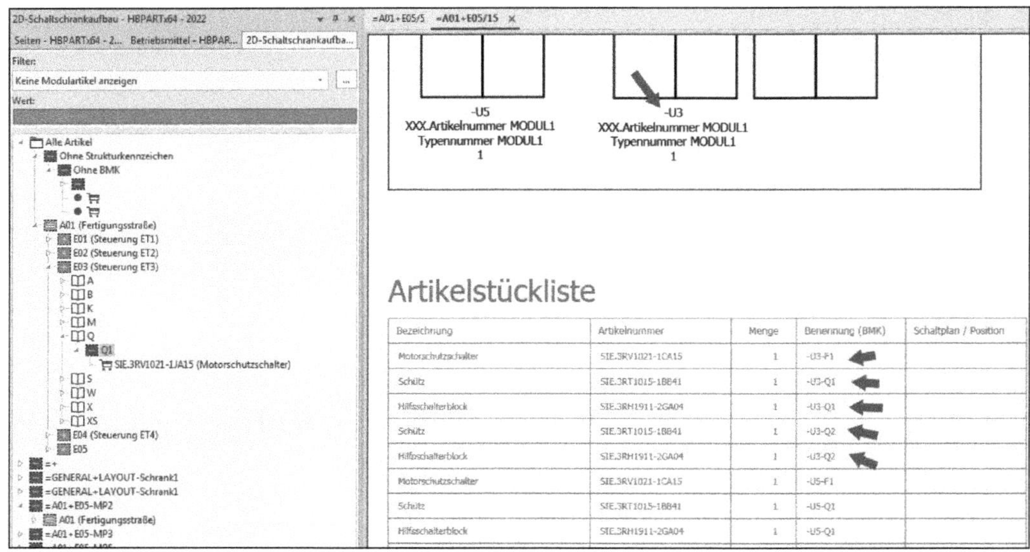

Artikelstückliste

Bezeichnung	Artikelnummer	Menge	Benennung (BMK)	Schaltplan / Position
Motorschutzschalter	SIE.3RV1021-1CA15	1	-U3-F1	
Schütz	SIE.3RT1015-1BB41	1	-U3-Q1	
Hilfsschalterblock	SIE.3RH1911-2GA04	1	-U3-Q1	
Schütz	SIE.3RT1015-1BB41	1	-U3-Q2	
Hilfsschalterblock	SIE.3RH1911-2GA04	1	-U3-Q2	
Motorschutzschalter	SIE.3RV1021-1CA15	1	-U5-F1	
Schütz	SIE.3RT1015-1BB41	1	-U5-Q1	
Hilfsschalterblock	SIE.3RH1911-2GA04	1	-U5-Q1	

Bild 6.46 Auswertung (Artikelstückliste) mit aufgelöstem Modul

6.4 Beispiele für Module

Module sind vielfältig. Die Art und Weise, wie Module erstellt werden, entsprechen immer der Vorgehensweise, die ab Abschnitt 6.2 beschrieben wird.

Beispiele für Module:

- Wendeschützkombination
- Motorstarterkombinationen
- Rechnertechnik wie bestückte PCs oder Bedienpanels
- 19-Zoll-Racks mit weiteren bestückten Einschüben

6.5 Unterschied zu Baugruppen

Der größte Unterschied zu Baugruppen besteht darin, dass ein Modul immer aus mehreren Geräten besteht, die alle ein separates Betriebsmittelkennzeichen besitzen können. Eine Wendeschützkombination besteht in der Regel aus mehreren Artikeln. Darunter fallen auch Hauptartikel wie die beiden Leistungsschütze, die zwingend ein einzelnes Betriebsmittelkennzeichen besitzen müssen, da sie sonst im Projekt nicht eindeutig zugeordnet werden können.

So können im Gegensatz zu Baugruppen, bei denen ein einzelnes Teil wie beispielsweise ein Passring eines Sicherungssockels zwar auch einzeln bestellbar ist, aber kein separates und somit abweichendes Betriebsmittelkennzeichen zum Sicherungssockel erhält, Einzelartikel in Modulen durchaus eigene Betriebsmittelkennzeichen besitzen.

7 Sonstige Registerkarten

Dieses Kapitel widmet sich den Möglichkeiten der Bearbeitung und der Anzeige der Produktobergruppen *Fluid, Mechanik* und *Verfahrenstechnik*. Da dieses Buch sich vorrangig auf die Produktobergruppe *Elektrotechnik* konzentriert, hat dieses Kapitel rein informativen Charakter und wurde lediglich der Vollständigkeit halber ergänzt.

7.1 Allgemeines

EPLAN und die Artikelverwaltung können, neben der Produktgruppe *Elektrotechnik*, noch weitere Produktgruppen enthalten und verwalten.

Im Einzelnen sind dies folgende Produktgruppen:

- *Fluid*
- *Mechanik*
- *Verfahrenstechnik*

Für diese Produktobergruppen kann man wiederum spezielle Schemen erstellen, die in den folgenden Abschnitten in Kurzform als Beispielschemata für die tägliche Arbeit aufgelistet werden (Bild 7.1).

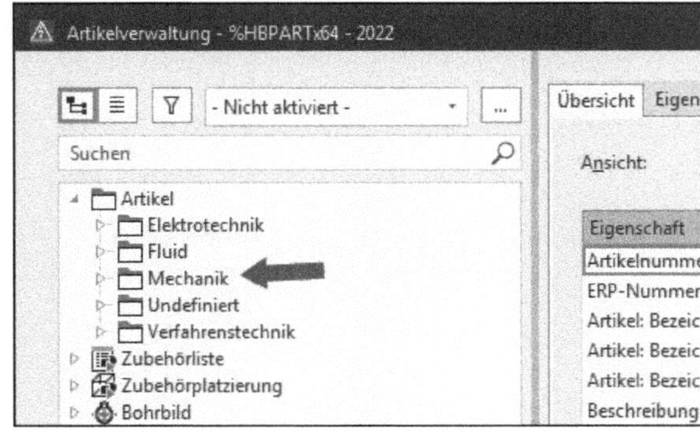

Bild 7.1 Produktobergruppen

Dieses Kapitel behandelt auch Registerkarten und/oder Beispielschemata (wenn möglich) für die Knoten *Zubehörplatzierung*, *Bohrbilder* und *Anschlussbilder* (Bild 7.2).

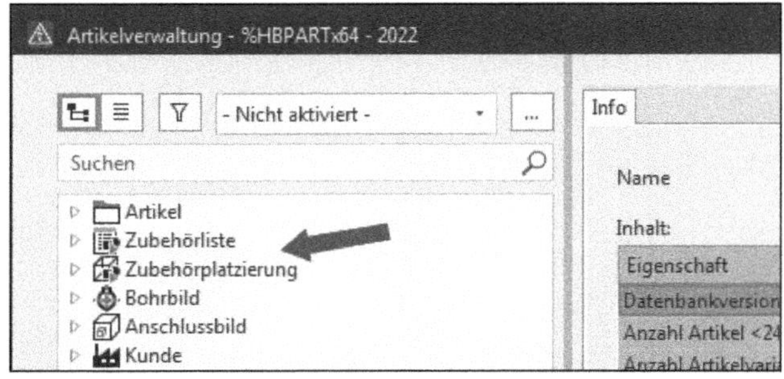

Bild 7.2 Knoten

■ 7.2 Bereich Fluid

In diesem Abschnitt werden beispielhafte Schemata der Produktobergruppe *Fluid* vorgestellt.

7.2.1 Schema Fluid

Aufruf	Wählen Sie einen Artikel aus der Produktobergruppe *Fluid*, wechseln Sie rechts zur Registerkarte *Eigenschaften* und wählen Sie das Beispielschema *Fluid (Handbuch Artikelverwaltung)* aus.
Inhalt	Legen Sie einzelteilspezifische Daten für Artikel der Produktobergruppe *Fluid* fest. Die Daten können jeweils pro Artikelvariante festgelegt werden.
Elemente u. a.	*Betriebsdruck* *Regelbereich* *Durchfluss* *Gewinde* *Außendurchmesser* *Innendurchmesser* *Min. Biegeradius* *Hublänge* *Anschluss*

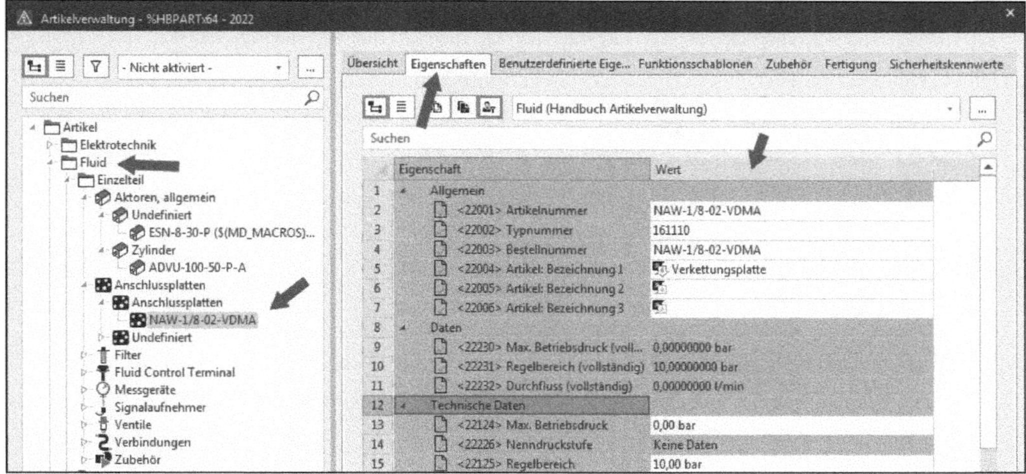

Bild 7.3 Schema Fluid

7.2.2 Schema Verbindungsdaten

Aufruf	Öffnen Sie einen Artikel aus der Produktobergruppe *Fluid* und der Produktgruppe *Verbindungen*, wechseln Sie rechts zur Registerkarte *Eigenschaften* und wählen Sie das *Beispielschema Verbindungsdaten (Handbuch Artikelverwaltung)* aus.
Inhalt	Legen Sie spezifische Daten für Verbindungen der Produktobergruppe *Fluid* fest. Die Daten können jeweils pro Artikelvariante festgelegt werden.
Elemente u. a.	*Typbezeichnung* *Einheit-/Verbindungsquerschnitt Durchmesser* *Minimaler Biegeradius* *Verbindungsgewicht (kg/km)*

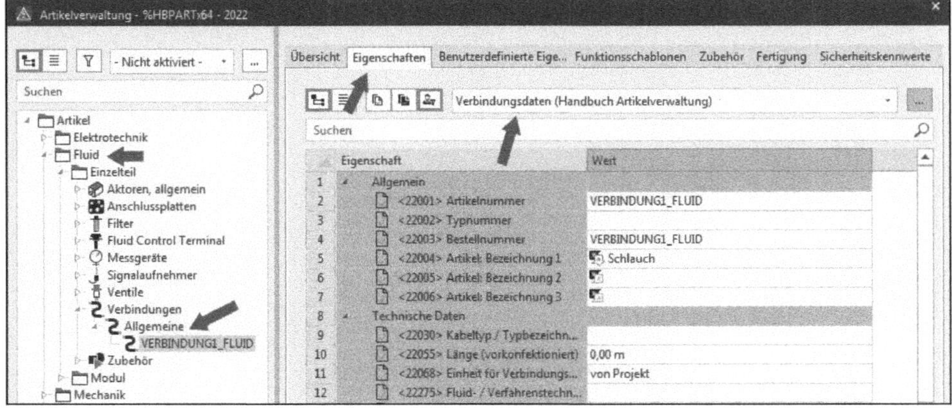

Bild 7.4 Schema Verbindungsdaten

7.3 Bereich Mechanik

In diesem Abschnitt werden alle Registerkarten der Produktobergruppe *Mechanik* vorgestellt.

7.3.1 Registerkarte Funktionsdefinition

Aufruf	Öffnen Sie einen Artikel aus der Produktobergruppe *Mechanik* und wechseln Sie rechts zur Registerkarte *Funktionsdefinition*.
Inhalt	Ordnen Sie die Funktionsdefinition von Mechanik-Bauteilen einer Produktgruppe in der Artikelverwaltung zu.
Elemente	*Funktionsdefinition* *Bauteil*

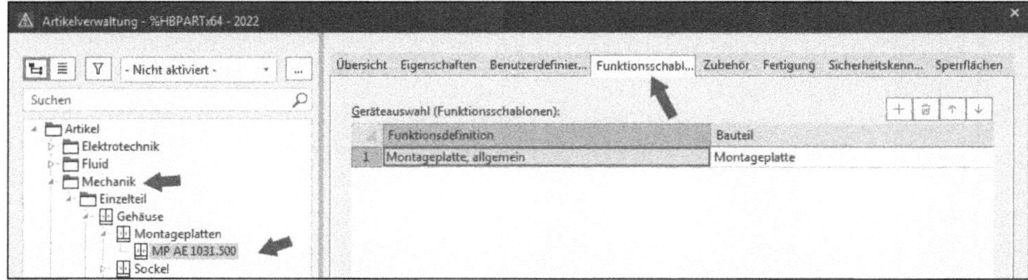

Bild 7.5 Registerkarte Funktionsdefinition

7.3.2 Schema Gehäusedaten

Aufruf	Öffnen Sie den Artikel *Einzelteil* aus der Produktobergruppe *Mechanik* und wählen Sie rechts in der Registerkarte *Eigenschaften* das Beispielschema *Gehäusedaten (Handbuch Artikelverwaltung)* aus.
Inhalt	Legen Sie einzelteilspezifische Daten für Artikel der Produktobergruppe *Mechanik* fest. Die Daten können mehrmals pro Artikel, jeweils einmal pro Variante, festgelegt werden.
Elemente u. a.	*Montageplatte Bebaubare Breite* *Montageplatte Bebaubare Höhe* *Montageplatte Maximale Einbautiefe* *Montageplatte Montageplatz* *Tür Bebaubare Breite* *Tür Bebaubare Höhe* *Tür Maximale Einbautiefe* *Tür Montageplatz*

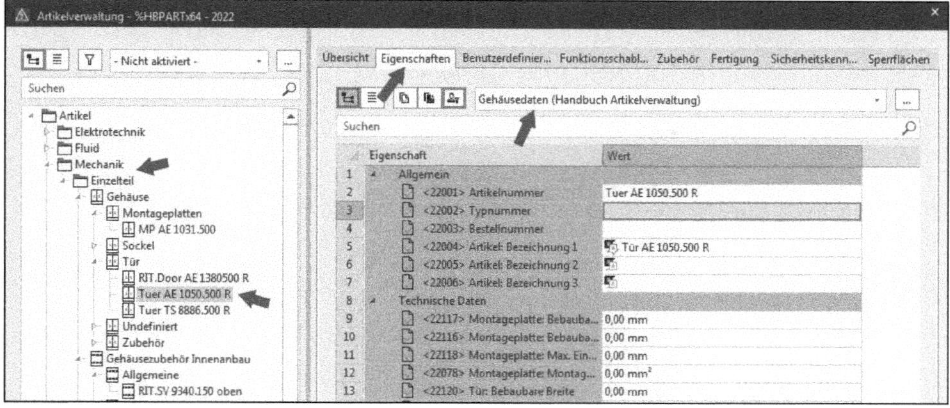

Bild 7.6 Schema Gehäusedaten

7.3.3 Registerkarte Sperrflächen (Gehäuse)

Aufruf	Öffnen Sie einen Gehäuse-Artikel aus der Produktobergruppe *Mechanik* und wechseln Sie rechts in die Registerkarte *Sperrflächen*.
Inhalt	Legen Sie gehäusespezifische Daten für Artikel der Produktobergruppe *Mechanik* (Produktgruppe *Gehäuse*) fest. Die Daten können mehrmals pro Artikel, je Variante, festgelegt werden.
Elemente	*X-Position* *Y-Position* *Vorderseite* *Breite* *Höhe* *Typ*

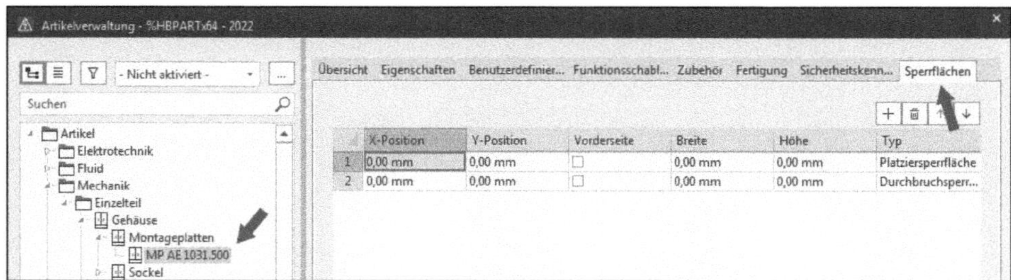

Bild 7.7 Registerkarte Sperrflächen

7.3.4 Schema Tür (Gehäuse)

Aufruf	Öffnen Sie einen Artikel aus der Produktobergruppe *Mechanik* (Produktgruppe *Gehäuse*/Produktuntergruppe *Tür*) und wählen Sie rechts in der Registerkarte *Eigenschaften* das Beispielschema *Tür (Handbuch Artikelverwaltung)* aus.
Inhalt	Legen Sie die türspezifischen Daten für Artikel der Produktobergruppe *Mechanik* (Produktgruppe *Gehäuse*, Produktuntergruppe *Tür*) fest. Die Daten können mehrmals pro Artikel, einmal je Variante, festgelegt werden.
Elemente u. a.	*Typ* *Scharnier* *Wandstärke*

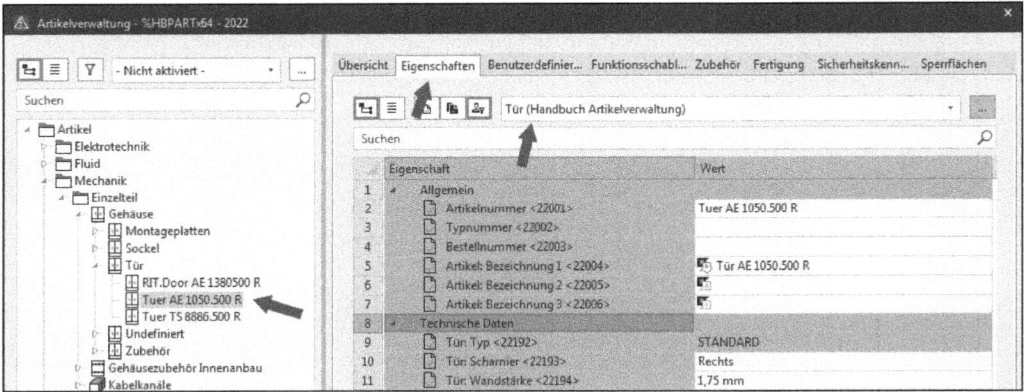

Bild 7.8 Schema Tür

7.3.5 Schema Tragschiene (Gehäusezubehör Innenausbau)

Aufruf	Öffnen Sie einen Artikel aus der Produktobergruppe *Mechanik* (Produktgruppe *Gehäusezubehör Innenausbau*, Produktuntergruppe *Tragschiene*) und wählen Sie rechts in der Registerkarte *Eigenschaften* das Beispielschema *Tragschiene (Handbuch Artikelverwaltung)* aus.
Inhalt	Legen Sie die spezifischen Daten für Artikel der Produktobergruppe *Mechanik* (Produktgruppe *Gehäusezubehör Innenausbau*, Produktuntergruppe *Tragschiene*) fest. Die Daten können mehrmals pro Artikel, einmal je Variante, festgelegt werden.
Elemente u. a.	*Breite oben* *Breite unten* *Lieferlänge*

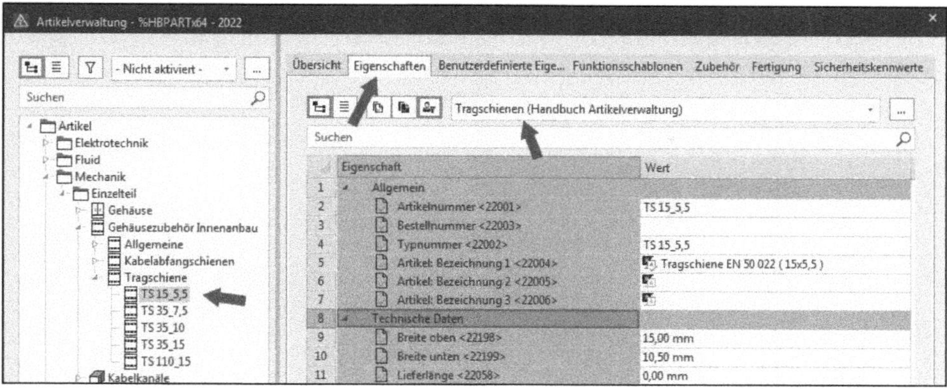

Bild 7.9 Schema Tragschiene

7.3.6 Registerkarte Montageplatten (Schaltschrank)

Aufruf	Öffnen Sie einen Artikel aus der Produktobergruppe *Mechanik* (Produktgruppe *Schaltschrank*) und wechseln Sie rechts in die Registerkarte *Montageplatten*.
Inhalt	Legen Sie die spezifischen Daten für Montageplatten, die einem Schaltschrank zugeordnet werden sollen, inklusive der Position der Platte, fest. Das betrifft Artikel der Produktobergruppe *Mechanik* (Produktgruppe *Schaltschrank*). Die Daten können mehrmals pro Artikel, jeweils pro Variante, festgelegt werden.
Elemente	*X-Position* *Y-Position* *Z-Position* *Einbauort* *Winkel* *Artikelnummer* *Variante*

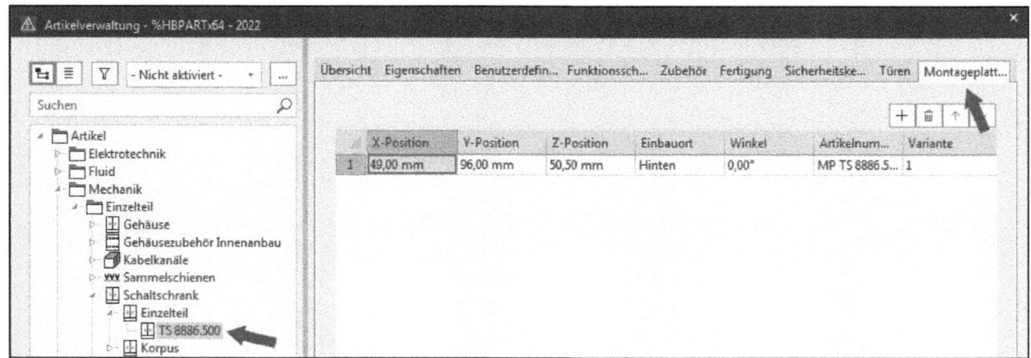

Bild 7.10 Registerkarte Montageplatten

7.3.7 Schema Schaltschrank (Schaltschrank)

Aufruf	Öffnen Sie einen Artikel aus der Produktobergruppe *Mechanik* (Produktgruppe *Schaltschrank*) und wählen Sie rechts in der Registerkarte *Eigenschaften* das Beispielschema *Schaltschrank (Handbuch Artikelverwaltung)* aus.
Inhalt	Legen Sie die allgemeinen schaltschrankspezifischen Daten für Artikel der Produktobergruppe *Mechanik* (Produktgruppe *Schaltschrank*) fest. Die Daten können wieder mehrmals pro Artikel, jeweils pro Variante, festgelegt werden.
Elemente u.a.	*Wandstärke* *Abstand bei Anreihung* *Höhe Profil quer* *Tiefe Profil quer* *Breite Profil vertikal* *Tiefe Profil vertikal*

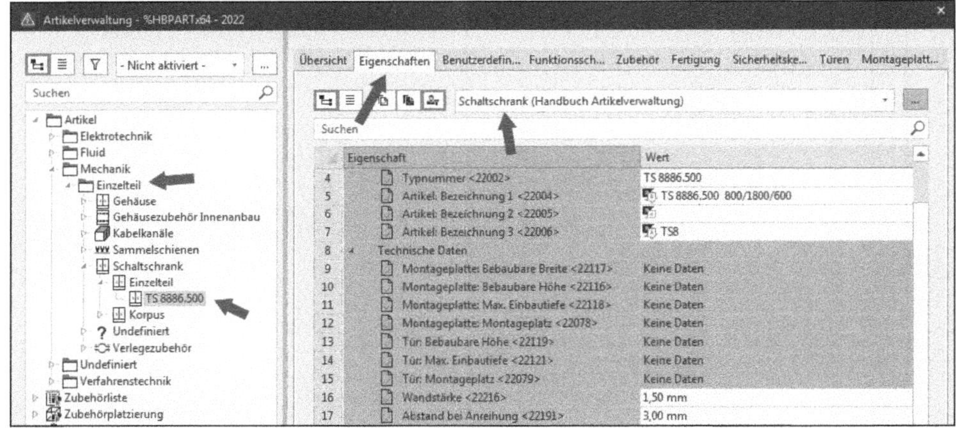

Bild 7.11 Schema Schaltschrank

7.3.8 Schema Schaltschrank Einzelteil (Schaltschrank)

Aufruf	Öffnen Sie einen Artikel aus der Produktobergruppe *Mechanik* (Produktgruppe *Schaltschrank*, Produktuntergruppe *Einzelteil*) und wählen Sie rechts in der Registerkarte *Eigenschaften* das Beispielschema Schaltschrank *Einzelteil (Handbuch Artikelverwaltung)* aus.
Inhalt	Legen Sie die spezifischen Daten für Schaltschränke vom Typ *Einzelteil* fest. Dies gilt für Artikel der Produktobergruppe *Mechanik* (Produktgruppe *Schaltschrank*, Produktuntergruppe *Einzelteil*). Schaltschränke vom Typ *Einzelteil* bestehen im Wesentlichen aus einzelnen Teilen wie Seitenwänden, Rückwand, Boden, Dach etc. Die Daten können mehrmals pro Artikel, einmal je Variante, festgelegt werden.

Elemente u. a.	*Überstände Rückwand links*
	Überstände Rückwand rechts
	Überstände Rückwand oben
	Überstände Rückwand unten
	Überstände Seitenwand vorne
	Überstände Seitenwand hinten
	Überstände Seitenwand oben
	Überstände Seitenwand unten
	Überstände Dach links
	Überstände Dach rechts
	Überstände Dach vorne
	Überstände Dach hinten
	Überstände Boden links
	Überstände Boden rechts
	Überstände Boden vorne
	Überstände Boden hinten
	Abstand Rückwand
	Abstand Seitenwand
	Abstand Dach
	Abstand Boden
	Tiefe Rückwand
	Tiefe Seitenwand
	Tiefe Dach
	Tiefe Boden

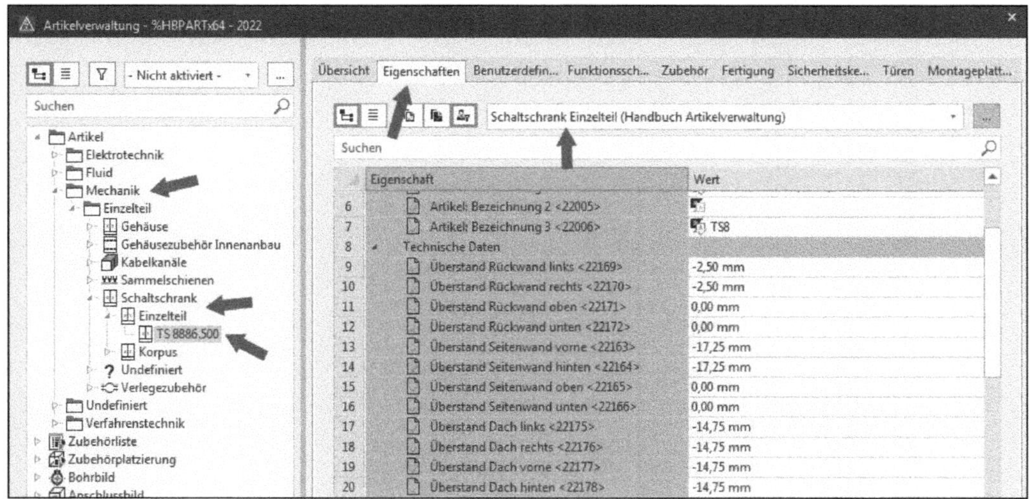

Bild 7.12 Schema Schaltschrank Einzelteil

7.3.9 Schema Schaltschrank Korpus (Schaltschrank)

Aufruf	Öffnen Sie einen Artikel aus der Produktobergruppe *Mechanik* (Produktgruppe *Schaltschrank*, Produktuntergruppe KORPUS) und wählen Sie rechts in der Registerkarte *Eigenschaften* das Beispielschema *Schaltschrank Korpus (Handbuch Artikelverwaltung)* aus.
Inhalt	Legen Sie spezifische Daten für Schaltschränke vom Typ *Korpus* fest. Ein Korpus ist ein Schaltschrank ohne einzelne Teile wie Seitenwände, beispielsweise Rittal-Kompakt-Schaltschränke der Produktreihe AE etc. Die Daten können mehrmals pro Artikel, und je Variante, festgelegt werden.
Elemente u. a.	*Breite Türöffnung* *Höhe Türöffnung* *Türfalz* *Türöffnung Versatz oben* *Türöffnung Versatz rechts*

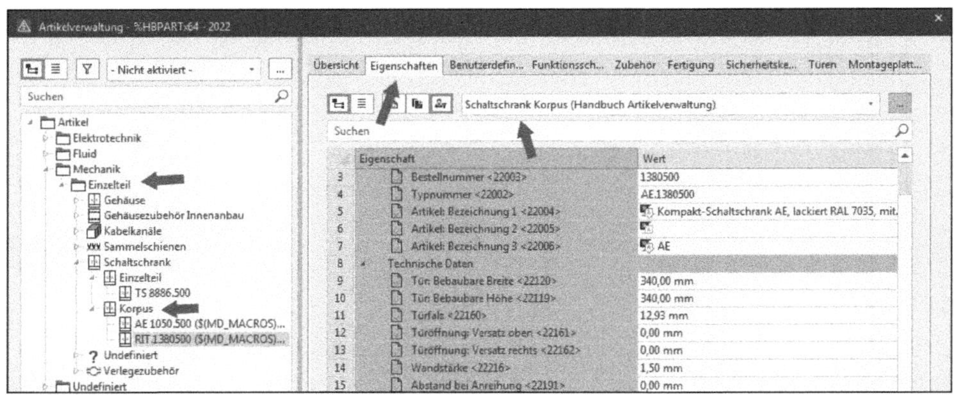

Bild 7.13 Schema Schaltschrank Korpus

7.3.10 Registerkarte Türen (Schaltschrank)

Aufruf	Öffnen Sie einen Artikel aus der Produktobergruppe *Mechanik* (Produktgruppe *Schaltschrank*) und wechseln Sie rechts in die Registerkarte *Türen*.
Inhalt	Legen Sie die türspezifischen Daten für Artikel der Produktobergruppe *Mechanik* (Produktgruppe *Schaltschrank*) fest. Die Daten können mehrmals pro Artikel, einmal pro Variante, festgelegt werden.
Elemente	*X-Position* *Y-Position* *Z-Position* *Artikelnummer* *Variante*

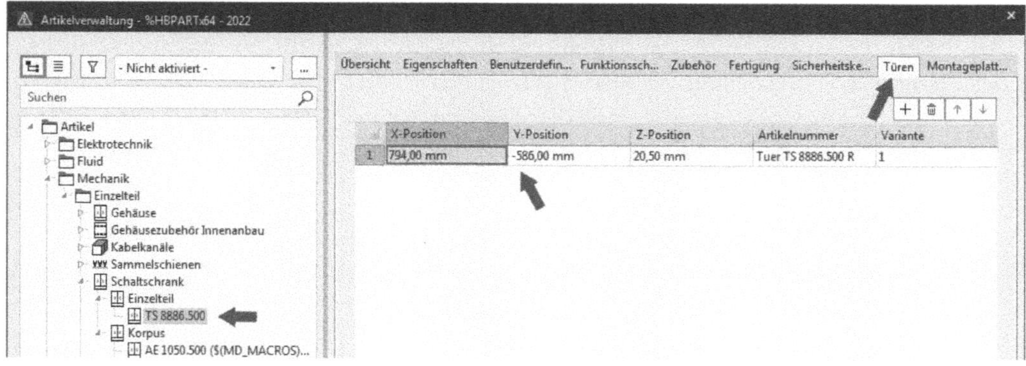

Bild 7.14 Registerkarten Türen

7.3.11 Registerkarte Tragschienen (Sammelschienen)

Aufruf	Öffnen Sie einen Artikel aus der Produktobergruppe *Mechanik* (Produktgruppe *Sammelschienen*, Produktuntergruppe *Adapter*) und wechseln Sie in die Registerkarte *Tragschienen*.
Inhalt	Legen Sie die spezifischen Daten für die Tragschienen der Adapter fest. Diese Daten können mehrmals pro Artikel, einmal je Variante, festgelegt werden.
Elemente	*X-Position* *Y-Position* *Z-Position* *Artikelnummer* *Variante* *Länge*

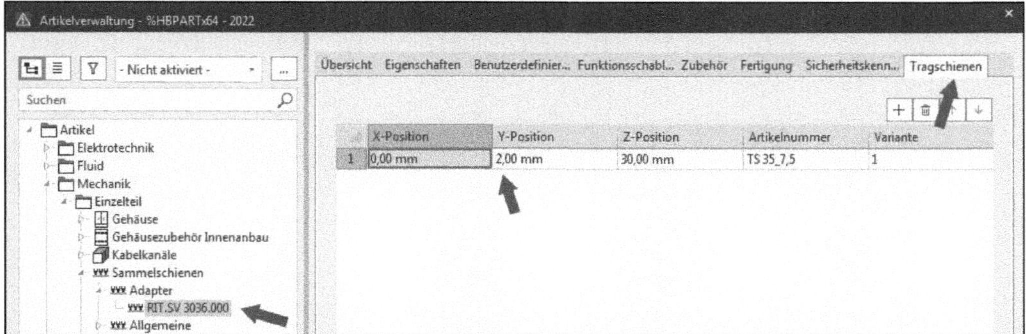

Bild 7.15 Registerkarte Tragschienen

7.3.12 Schema Sammelschienensystem (Sammelschienen)

Aufruf	Öffnen Sie einen Artikel aus der Produktobergruppe *Mechanik* (Produktgruppe *Sammelschienen*, Produktuntergruppe *System*) und wählen Sie rechts in der Registerkarte *Eigenschaften* das Beispielschema *Sammelschienensystem (Handbuch Artikelverwaltung)* aus.
Inhalt	Legen Sie die spezifischen Daten für Sammelschienensysteme fest. Die Daten können mehrmals pro Artikel, einmal je Variante, festgelegt werden.
Elemente u.a.	*Lieferlänge* *Schienenquerschnitt* *Schienenwerkstoff* *Leitfähigkeit (bei +20 °C)*

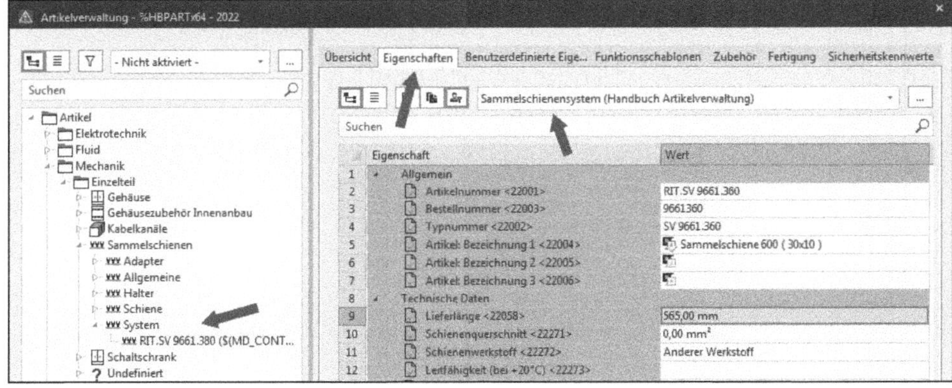

Bild 7.16 Schema Sammelschienensystem

7.3.13 Schema Verdrahtungskanaldaten (Kabelkanäle)

Aufruf	Öffnen Sie einen Artikel aus der Produktobergruppe *Mechanik* (Produktgruppe *Kabelkanäle*) und wählen Sie rechts in der Registerkarte *Eigenschaften* das Beispielschema *Verdrahtungskanaldaten (Handbuch Artikelverwaltung)* aus.
Inhalt	Legen Sie unter anderem die Lieferlänge des Kabelkanals fest.
Elemente u.a.	*Lieferlänge* *Stegbreite* *Schlitzbreite*

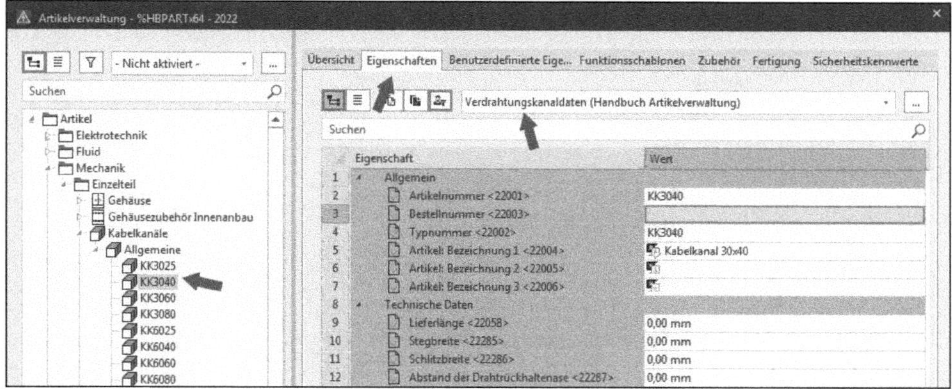

Bild 7.17 Schema Verdrahtungskanaldaten

7.3.14 Schema Verlegezubehördaten (Verlegezubehör)

In dieser Registerkarte legen Sie die spezifischen Daten für Kabel-/Schlauchbefestigungen, Kabel-/Schlauchbinder und Kabel-/Schlauchschutzartikel fest.

Aufruf	Öffnen Sie einen Artikel aus der Produktobergruppe *Mechanik* (Produktgruppe *Verlegezubehör*, Produktuntergruppe *Kabel-/Schlauchbefestigung* oder *Kabel-/Schlauchbinder* oder *Kabel-/Schlauchschutz*) und wählen Sie rechts in der Registerkarte *Eigenschaften* das Beispielschema *Verlegezubehördaten (Handbuch Artikelverwaltung)* aus.
Inhalt	Legen Sie die spezifischen Daten für Kabel-/Schlauchbefestigungen, Kabel-/Schlauchbinder und Kabel-/Schlauchschutzartikel fest.
Elemente u. a.	*Bündeldurchmesser minimal* *Bündeldurchmesser maximal*

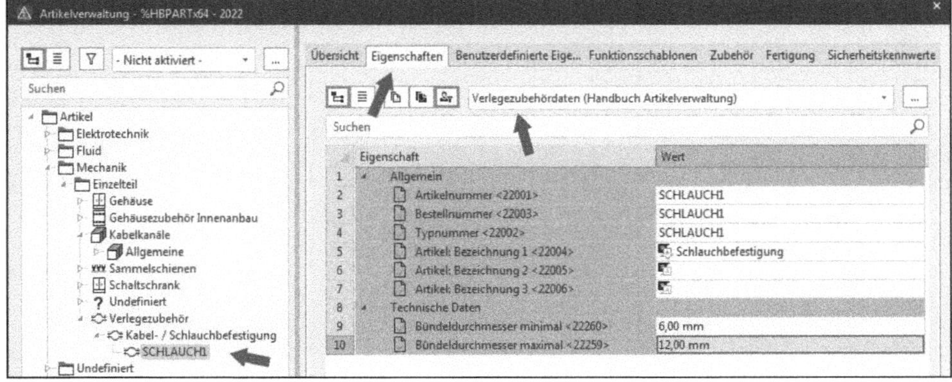

Bild 7.18 Schema Verlegezubehördaten

■ 7.4 Bereich Verfahrenstechnik

In diesem Abschnitt werden alle Registerkarten der Produktobergruppe *Verfahrenstechnik* vorgestellt.

Schema Verfahrenstechnik

Aufruf	Öffnen Sie einen Artikel aus der Produktobergruppe *Verfahrenstechnik* und wählen Sie rechts in der Registerkarte *Eigenschaften* das Beispielschema *Verfahrenstechnik (Handbuch Artikelverwaltung)* aus.
Inhalt	Legen Sie die verfahrenstechnischen Daten für Artikel der Produktobergruppe *Verfahrenstechnik* fest. Die Daten können mehrmals pro Artikel, einmal je Variante, festgelegt werden.
Elemente u. a.	*Rohrklasse* *Werkstoff* *Norm* *Nennweite* *Nenndruckstufe*

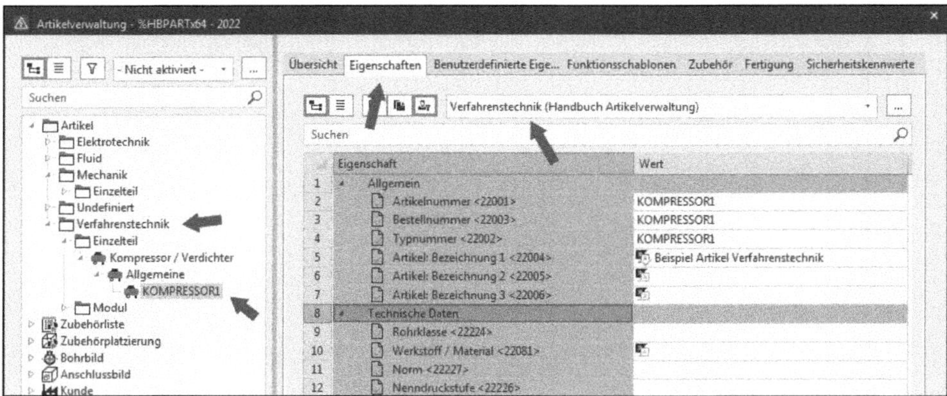

Bild 7.19 Schema Verfahrenstechnik

■ 7.5 Bereich Zubehörplatzierung

In diesem Abschnitt werden alle Registerkarten des Knotens *Zubehörplatzierung* vorgestellt.

7.5.1 Registerkarte Eigenschaften (Zubehörplatzierung)

In dieser Registerkarte definieren Sie eine Zubehörplatzierung.

Aufruf	Öffnen Sie einen Artikel im Knoten *Zubehörplatzierung* und wechseln Sie rechts in die Registerkarte *Eigenschaften*.
Inhalt	Beschreibende Informationen zur Definition einer Zubehörplatzierung
Elemente u. a.	*Ersteller* *Letzte Änderung* *Name* *Beschreibung*

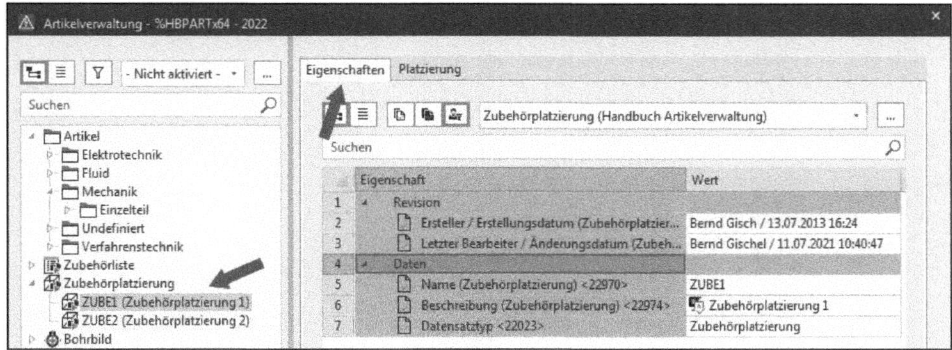

Bild 7.20 Registerkarte Eigenschaften (Zubehörplatzierung)

7.5.2 Registerkarte Platzierung

Aufruf	Öffnen Sie einen Artikel im Knoten *Zubehörplatzierung* und wechseln Sie in die Registerkarte *Platzierung.*
Inhalt	Legen Sie die Platzierungspunkte der Bauteile im Bauraum (EPLAN Pro Panel) in Abhängigkeit von verschiedenen Bezugspunkten fest.
Elemente	*Einbauvariante* *Bezugspunkt* *Drehung* *Versatz X-Richtung* *Versatz Y-Richtung* *Versatz Z-Richtung* *Verschiebbar*

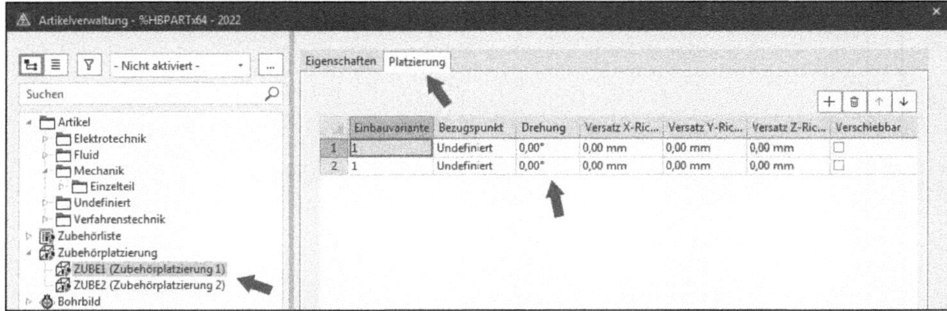

Bild 7.21 Registerkarte Platzierung

■ 7.6 Bereich Bohrbild

In diesem Abschnitt werden alle Registerkarten des Knotens *Bohrbild* vorgestellt.

7.6.1 Registerkarte Eigenschaften (Bohrbild)

Aufruf	Öffnen Sie einen Artikel im Knoten *Bohrbild* und wechseln Sie rechts in die Registerkarte *Eigenschaften*.
Inhalt	Beschreibende Informationen zur Definition eines Bohrbildes: Jeder Artikel kann solche Bohrbildinformationen enthalten. Der entsprechende Verweis wird in der Registerkarte *Fertigung* eines Artikels im Feld *Bohrbild* zugewiesen.
Elemente u. a.	*Ersteller* *Letzte Änderung* *Name* *Beschreibung*

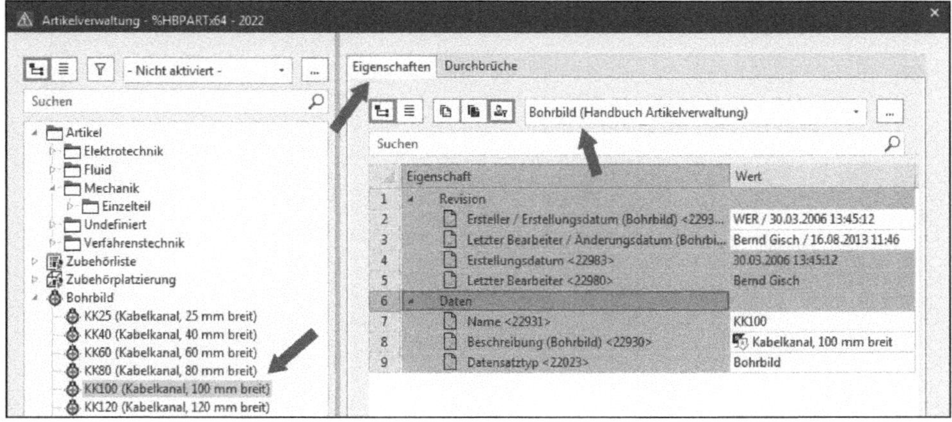

Bild 7.22 Registerkarte Eigenschaften (Bohrbild)

7.6.2 Registerkarte Durchbrüche

Aufruf	Öffnen Sie einen Artikel im Knoten *Bohrbild* und wechseln Sie in die Registerkarte *Durchbrüche*.
Inhalt	Legen Sie die räumliche Anordnung und die spezifischen Daten für Durchbrüche, die zu einem Bohrbild gehören, fest.
Elemente u. a.	*Bohrtyp* *Subtyp* *Konturname* *X-Position* *Y-Position* *Winkel* *1. Dimension* *2. Dimension* *3. Dimension* *Wiederholungsabstand* *Endabstand* *Jedes n-te Loch bohren* *Immer fertigen*

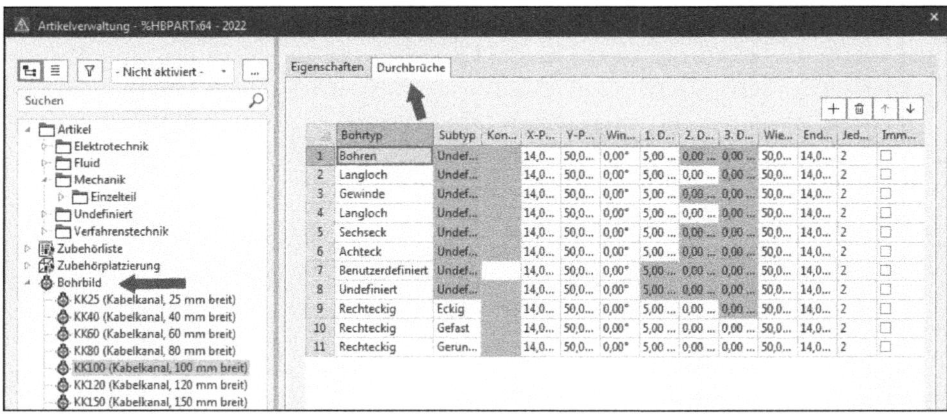

Bild 7.23 Registerkarte Durchbrüche

■ 7.7 Bereich Anschlussbild

In diesem Abschnitt werden alle Registerkarten des Knotens *Anschlussbild* vorgestellt.

7.7.1 Registerkarte Eigenschaften (Anschlussbild)

Aufruf	Öffnen Sie einen Artikel im Knoten *Anschlussbild* und wechseln Sie rechts in die Registerkarte *Eigenschaften*.
Inhalt	Beschreibende Informationen zur Definition einer Anordnung (einer Gruppe) von Anschlüssen: Ein Artikel kann auf die hier hinterlegten Daten zugreifen, wenn die Zuordnung am Artikel hinterlegt wird (Eigenschaft Anschlussbild ID 22941).
Elemente u. a.	*Ersteller* *Letzte Änderung* *Name* *Beschreibung* *Anschlussausführung (Standard)* *Anschlussmaß (Standard)* *Verbindungsende-Behandlung (Standard, EPLAN Cabinet)* *Zusatzlänge (Standard)* *Verlegerichtung (Standard)*

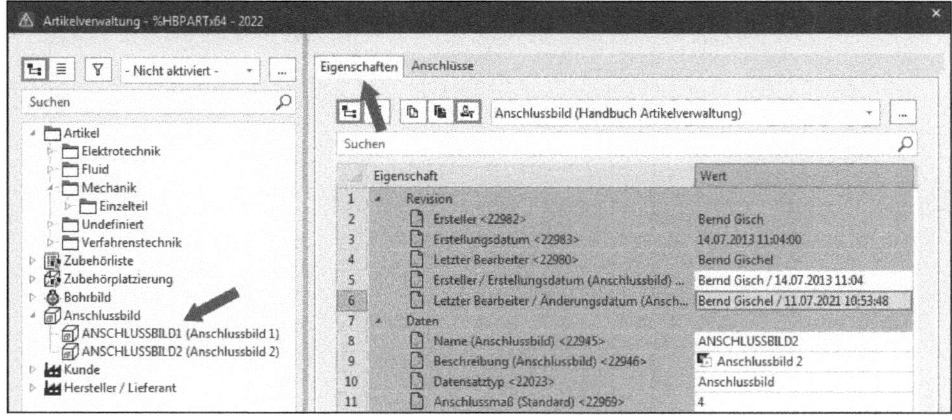

Bild 7.24 Registerkarte Eigenschaften (Anschlussbild)

7.7.2 Registerkarte Anschlüsse

Aufruf	Öffnen Sie einen Artikel im Knoten *Anschlussbild* und wechseln Sie rechts in die Registerkarte *Anschlüsse* und stellen hier das gewünschte Schema ein, beispielsweise *Anschlussbild Elektrotechnik (Handbuch Artikelverwaltung)*.
Inhalt	Legen Sie die räumliche Anordnung und die spezifischen Daten der Anschlüsse, die zu einem Anschlussbild gehören, fest. Wenn das Anschlussbild dem Artikel zugeordnet ist, ist es möglich, dass der Artikel auf diese hier hinterlegten Daten zugreifen kann.
Elemente u. a.	*Anschlussbezeichnung* *Stecker-BMK* *Etage* *Intern-/Extern-Index* *X-Position* *Y-Position* *Z-Position* *X-Vektor* *Y-Vektor* *Z-Vektor* *Verlegerichtung* *Zusatzlänge* *Anschlussausführung* *Anschlussmaß* *Min. Querschnitt/Durchmesser* *Max. Querschnitt/Durchmesser* *Max. Anzahl Verbindungen* *Doppelhülse vorgeschrieben* *Verbindungsende-Behandlung (EPLAN Cabinet)*

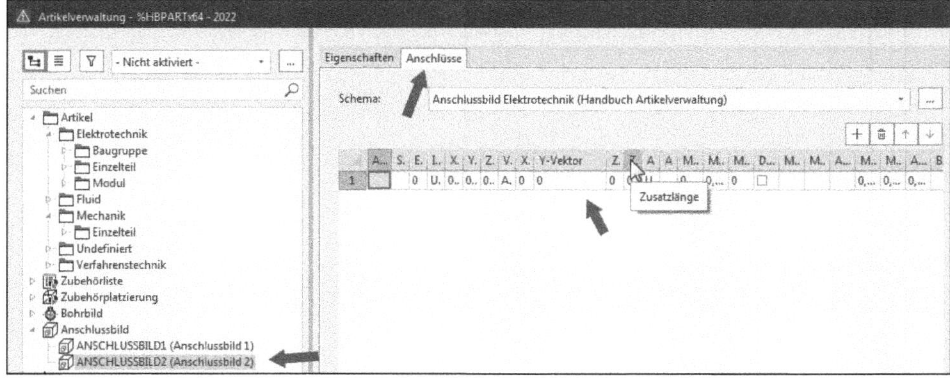

Bild 7.25 Registerkarte Anschlüsse

8 Artikel in der Projektbearbeitung

Der Sinn des Anlegens und Pflegens von Artikeln und deren Daten besteht selbstverständlich darin, diese Artikeldaten später auch zu verwenden. Dabei fallen einige Arbeitsgänge an, die sehr mühsam und zeitaufwendig wären, wenn es in EPLAN Electric P8 nicht weitere Hilfsmittel gäbe.

Dieses Kapitel beschäftigt sich mit den Möglichkeiten, die EPLAN Electric P8 bietet, um Artikel während einer Projektbearbeitung optimal zu nutzen, um Artikel einzusetzen sowie um manuelle Eingriffe durch die vorhandenen Funktionalitäten auf schnelle und einfache Weise zu automatisieren oder zu optimieren.

8.1 Navigatoren rund um Artikel

Der grafische Editor mit seinen vielen Hilfsmitteln, unter anderem den Navigatoren, ist der Dreh- und Angelpunkt der eigentlichen Projektbearbeitung. Egal welcher Ansatz gewählt wird - der grafische, der objektorientierte oder ein Mischbetrieb -, man bleibt im grafischen Editor. Nur die Vorgehensweise kann unterschiedlich sein.

Was ist ein Navigator? Ein Navigator hat eine ganz bestimmte „Sichtweise" auf die Projektdaten. Ein Kabel-Navigator „schaut" nur auf Betriebsmittel mit der Funktion *Kabel*, wie es der Name des Navigators schon sagt. Der Stückliste-Navigator schaut nur auf die Artikeldaten der vorhandenen Betriebsmittel.

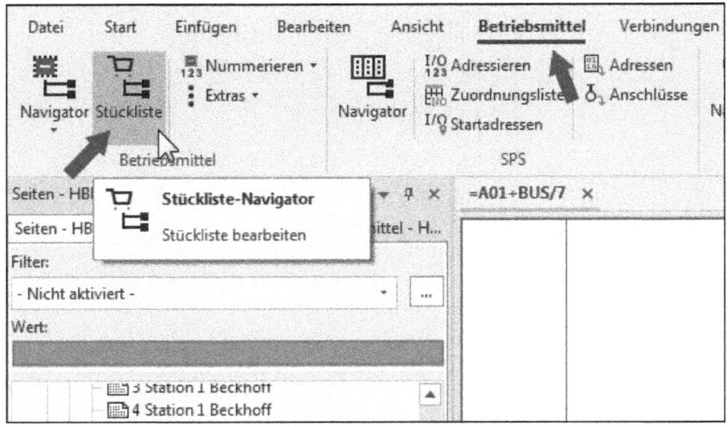

Bild 8.1 Menü Projektdaten

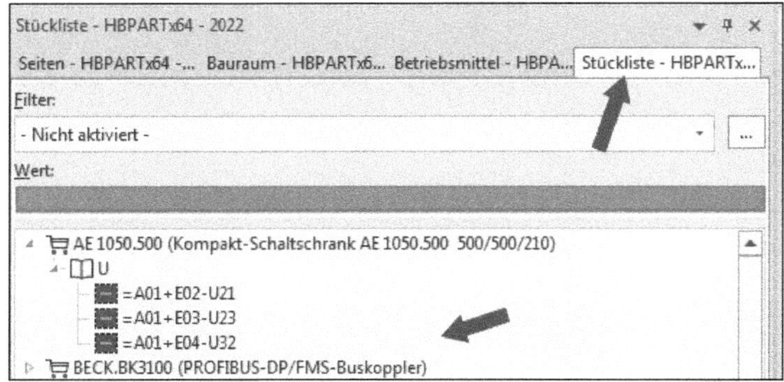

Bild 8.2 Ein Navigator und seine Sichtweise auf die Projektdaten

Dieser Abschnitt beschäftigt sich unter anderem mit einigen Navigatoren, deren grundlegenden Funktionen und weiteren zusätzlichen Funktionen rund um das Thema Projektdaten (Artikeldaten). Wer schnell und effektiv mit Artikeln arbeiten möchte, kommt in meinen Augen um den Einsatz der verschiedenen Navigatoren nicht herum, da sich gewisse Projektaktionen mit ihnen einfach wesentlich schneller und besser umsetzen lassen (Stichwort: **Massenbearbeitung**).

Wir werden uns nicht mit allen Funktionen der Navigatoren beschäftigen und auch nicht mit allen Navigatoren, die es in EPLAN Electric P8 gibt. Der Fokus liegt vielmehr darauf, dass häufig benötigte Funktionen in der praktischen Arbeit und im Umgang mit den Artikeln bzw. deren Daten erläutert werden. Eine Besonderheit ist der Artikelstammdaten-Navigator. Dieser beinhaltet keine Sichtweise auf die vorhandenen Projektdaten, sondern auf die vorhandene Systemartikeldatenbank.

Der Betriebsmittel-Navigator wird in diesem Kapitel nicht weiter betrachtet. Er bietet zwar auch alle Artikelinformationen, ist aber durch seine Gesamtsicht auf alle vorhandenen Projektdaten etwas weniger geeignet, um spezielle Aufgaben rund um die Artikel und deren Bearbeitung auf einfache und schnelle Weise durchzuführen. ■

8.1.1 Artikelstammdaten-Navigator

Der Artikelstammdaten-Navigator ist ein Ebenbild der vorhandenen Artikeldatenbank. Er ermöglicht das einfache Platzieren von Artikeln bzw. Geräten aus dem Navigator per Drag & Drop auf eine Projektseite. Hinweis: Der Artikelstammdaten-Navigator muss zuerst dem Menüband zugeordnet werden (einer beliebigen benutzerdefinierten Befehlsgruppe, siehe Bild 8.3). Anschließend lässt er sich wie gewohnt aufrufen.

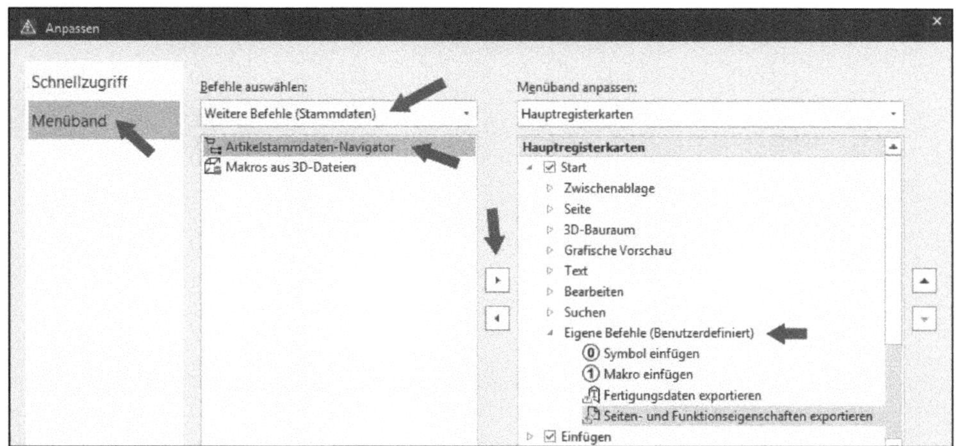

Bild 8.3 Menüband anpassen (hier Artikelstammdaten-Navigator)

Über das Menü START/EIGENE BEFEHLE wird der Artikelstammdaten-Navigator aufgerufen (Bild 8.4). EPLAN öffnet daraufhin den Dialog ARTIKELSTAMMDATEN (Bild 8.5).

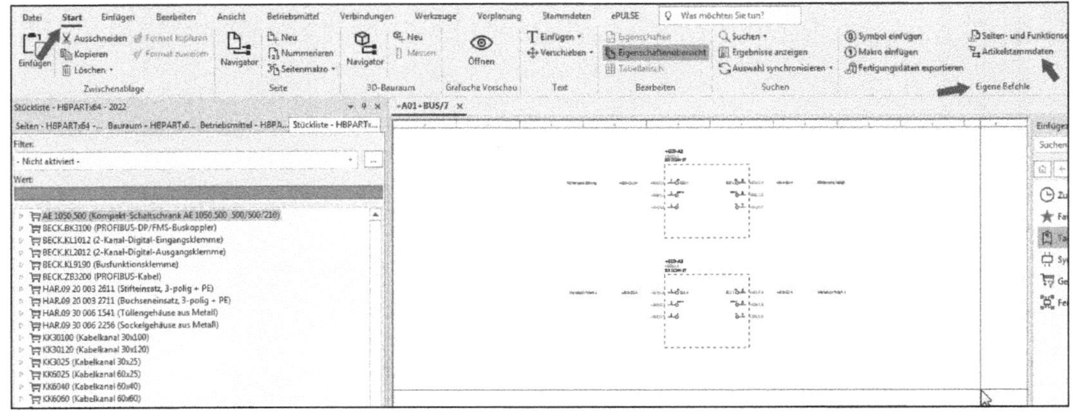

Bild 8.4 Menüaufruf des Artikelstammdaten-Navigators

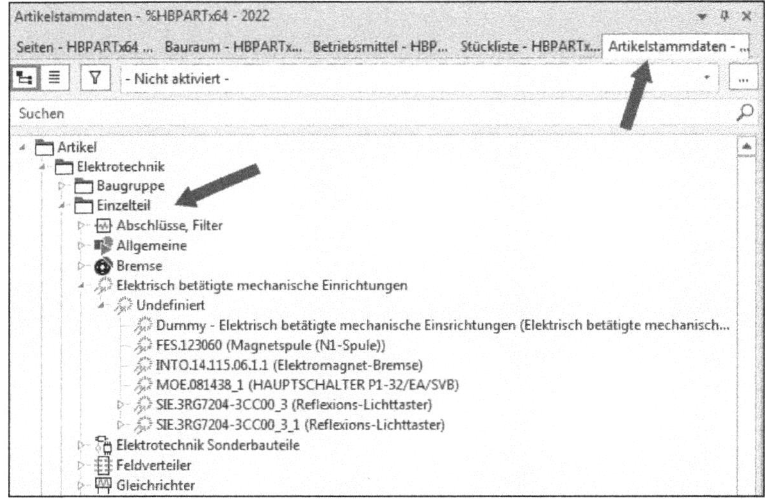

Bild 8.5 Dialog Artikelstammdaten

8.1.1.1 Funktionen des Dialogs

Der Dialog ARTIKELSTAMMDATEN bietet verschiedene Möglichkeiten der Darstellung, um die Geräte/Artikel im Dialog anzuzeigen.

8.1.1.1.1 Darstellung Baum

Die Baumdarstellung listet entsprechend der eingestellten Baumkonfiguration (diese kann unter DATEI/EINSTELLUNGEN/BENUTZER/VERWALTUNG/ARTIKEL eingestellt werden) die Artikeltypen in einer hierarchischen Baumstruktur auf, wobei der „letzte" Eintrag die einzelnen Artikelnummern sind (Bild 8.6).

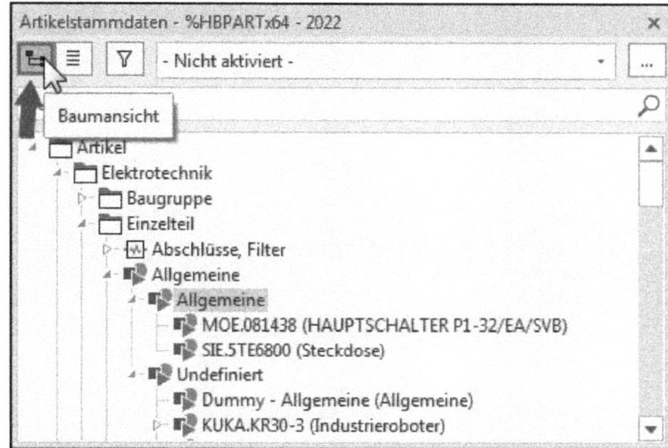

Bild 8.6 Darstellung Baum

Über das Kontextmenü (rechte Maustaste im Dialog betätigen) lässt sich mit dem Menüeintrag DARSTELLUNG KONFIGURIEREN die zusätzliche Darstellung der *Artikel: Bezeichnung 1* ein- bzw. ausblenden (Bild 8.7 und Bild 8.8).

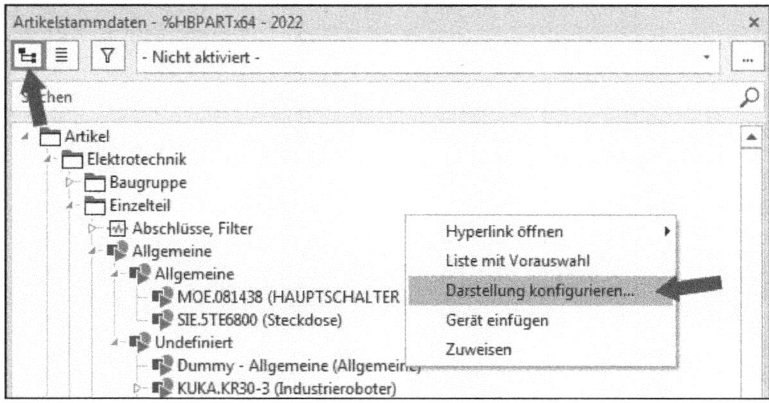

Bild 8.7 Kontextmenü in der Darstellung Baum

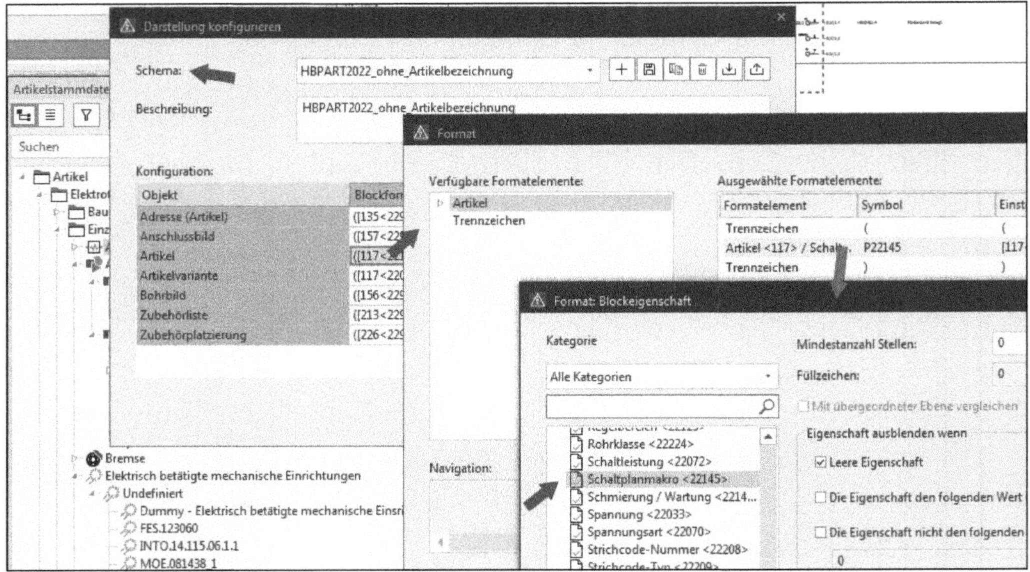

Bild 8.8 Dialog Darstellung konfigurieren

Wird die Eigenschaft deaktiviert oder geändert (hier beispielsweise auf die Eigenschaft „Schaltplanmakro"), zeigt EPLAN die Baumdarstellung der Artikel ohne den ersten Artikelbezeichnungstext, aber mit dem Namen des Schaltplanmakros an, wenn vorhanden (Bild 8.9).

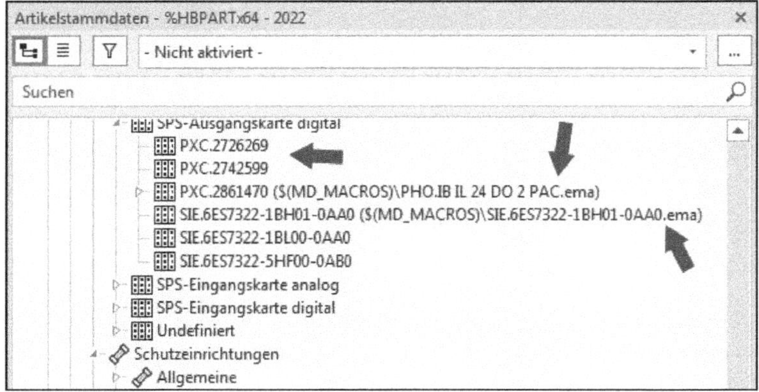

Bild 8.9 Artikelanzeige mit ausgeblendeter Eigenschaft „Artikel: Bezeichnung 1"

8.1.1.1.2 Darstellung Liste

Die Listendarstellung listet die Artikel in einer einfachen fortlaufenden Liste auf (Bild 8.10). Auch hier kann über das Kontextmenü (rechte Maustaste im Dialog betätigen) und mit den Menüeintrag DARSTELLUNG KONFIGURIEREN die zusätzliche

Anzeige von weiteren Artikeldaten ein- bzw. ausgeblendet werden (Bild 8.11 und Bild 8.12).

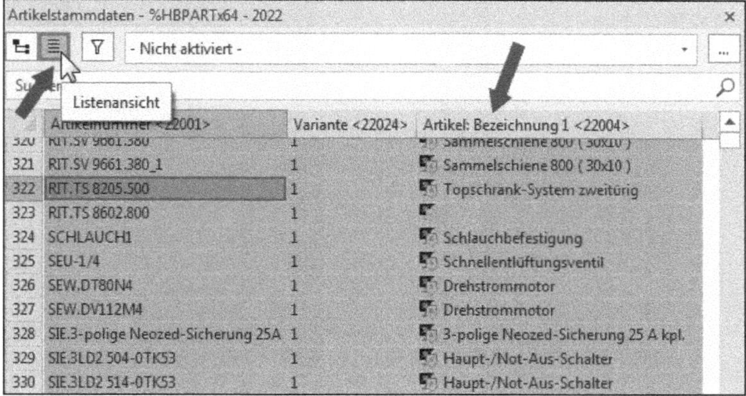

Bild 8.10 Darstellung Liste

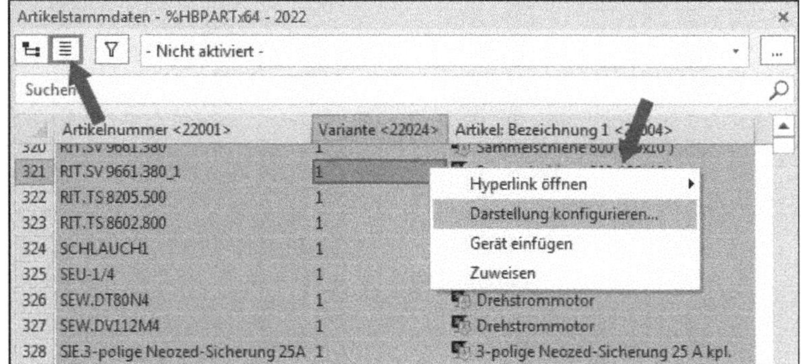

Bild 8.11 Kontextmenü in der Darstellung Liste

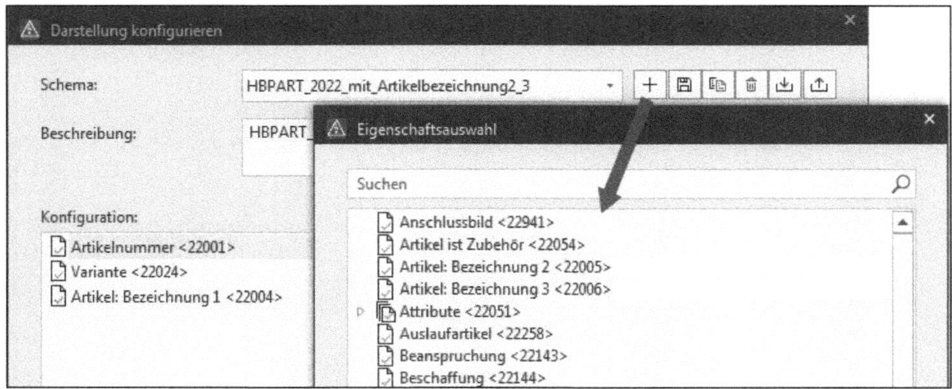

Bild 8.12 Dialog Darstellung konfigurieren

Je nach ausgewählten Eigenschaften werden zusätzliche Spalten in der Darstellung *Liste* eingeblendet (Bild 8.13).

Artikelstammdaten - %HBPARTx64 - 2022

- Nicht aktiviert -

Suchen

	Artikelnummer <22001>	Variante...	Artikel: Bezeichnung 1 <22004>	Artikel: Bezeichnung 2 <...	Artikel: Bezeichnu
331	SIE.3LD9 284-3B	1	Drehantrieb für Schalter 3LD2		
332	SIE.3RG4012-3AF01	1	Näherungsschalter (Öffner)		
333	SIE.3RG7204-3CC00	1	Reflexions-Lichttaster	Bezeichnung 2	Bezeichnung 3
334	SIE.3RG7204-3CC00	SO1	Reflexions-Lichttaster	Bezeichnung 2	Bezeichnung 3
335	SIE.3RG7204-3CC00	SW1	Reflexions-Lichttaster	Bezeichnung 2	Bezeichnung 3
336	SIE.3RG7204-3CC00_1	1	Reflexions-Lichttaster		
337	SIE.3RG7204-3CC00_1	2	Reflexions-Lichttaster		

Bild 8.13 Artikelanzeige mit weiteren Artikeldaten

Die Reihenfolge der Spalten kann, wie in EPLAN üblich, im Dialog DARSTELLUNG KONFIGURIEREN über die entsprechenden Buttons eingestellt werden (Bild 8.14).

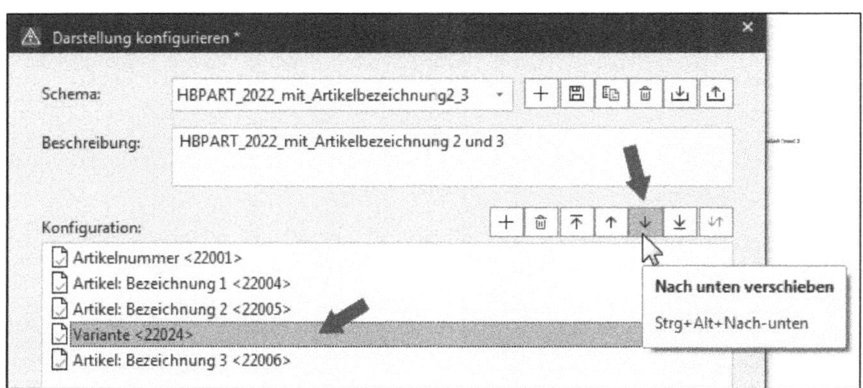

Bild 8.14 Anzeigereihenfolge ändern

8.1.1.2 Funktionen des Kontextmenüs

Neben der bisher schon bekannten Funktion aus dem Kontextmenü DARSTELLUNG KONFIGURIEREN ... gibt es je nach ausgewählter Darstellungsart (Baum oder Liste) weitere Möglichkeiten (Bild 8.15).

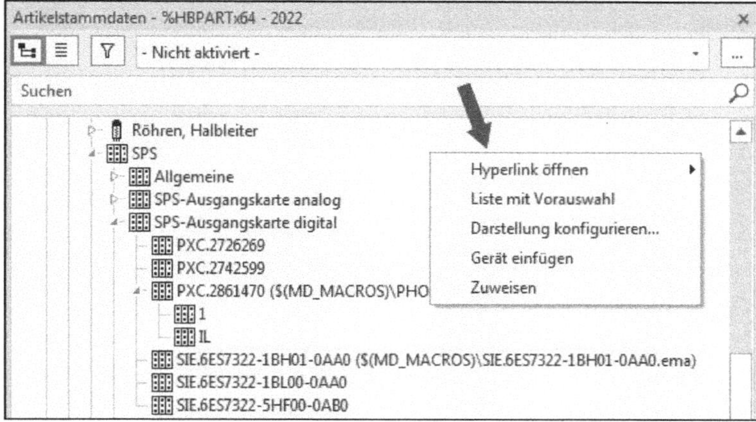

Bild 8.15 Kontextmenü

8.1.1.2.1 Liste mit Vorauswahl (nur Darstellung Baum)

Je nach Vorauswahl in der Baumdarstellung kann man sich so gezielt bestimmte Produktgruppen, und nur diese, in der Listendarstellung anzeigen lassen. Nach dem Aktivieren des Menüeintrags LISTE MIT VORAUSWAHL (Bild 8.16) schaltet EPLAN in die Listendarstellung um und zeigt nur noch die gewählte Produktgruppe (Vorauswahl) an.

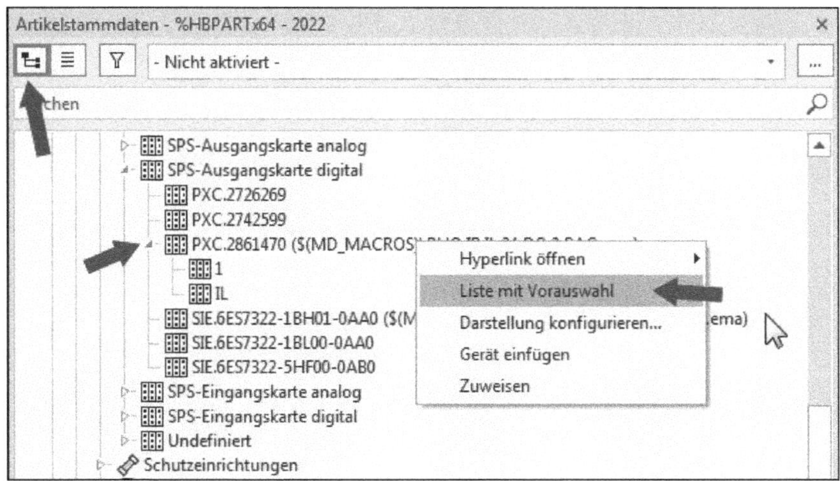

Bild 8.16 Menüeintrag Liste mit Vorauswahl

Zeitgleich wird ein feldbasierter Filter aktiv geschaltet. Dieser zieht seine Einstellung bzw. seine Filterwerte aus der eben markierten Produktgruppe (Bild 8.17).

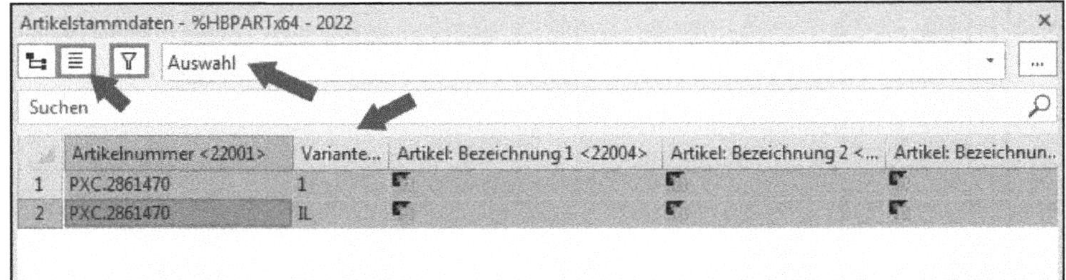

Bild 8.17 Menüeintrag Liste mit Vorauswahl aktiviert

Das aktive Filterschema wird von EPLAN in diesem Zuge automatisch erstellt, enthält die vorgegebenen Filterkriterien und ist nicht änderbar (Bild 8.18).

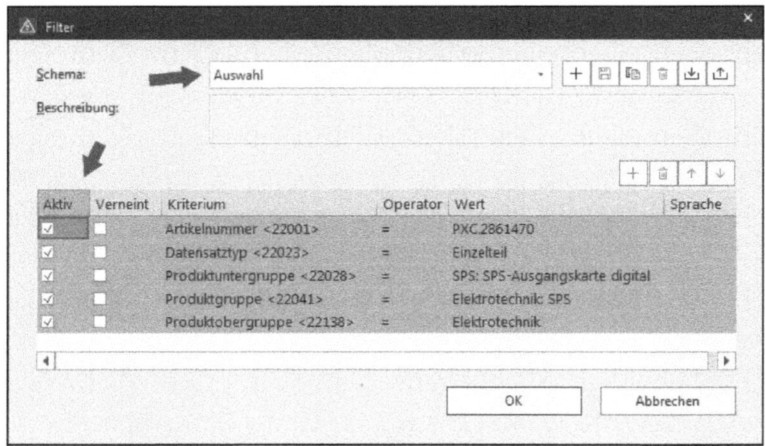

Bild 8.18 Automatisch erstelltes Filterschema Auswahl

HINWEIS: Wird nach Aktivieren des Menüpunkts LISTE MIT VORAUSWAHL wieder auf die Baumdarstellung zurückgeschaltet, muss der aktivierte feldbasierte Filter *Auswahl* deaktiviert werden (Bild 8.19). Dazu müssen Sie mit der rechten Maustaste in das Auswahlfeld klicken und den Befehl DEAKTIVIEREN auswählen). Ansonsten bleibt der feldbasierte Filter weiterhin aktiv, und es werden nur die Artikel bzw. Geräte angezeigt, die per Filter gefiltert worden sind.

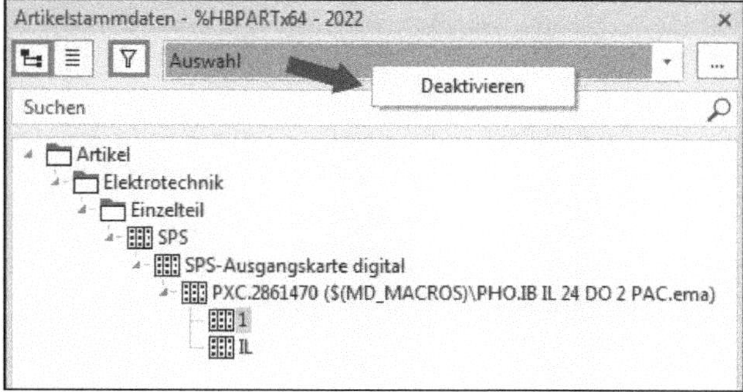

Bild 8.19 Auswahl deaktivieren

8.1.1.2.2 Hyperlink öffnen

Mit diesem Menüpunkt wird, wenn am Artikel in der Artikeldatenbank hinterlegt, ein Hyperlink zu entsprechenden weiterführenden Daten geöffnet (Bild 8.20).

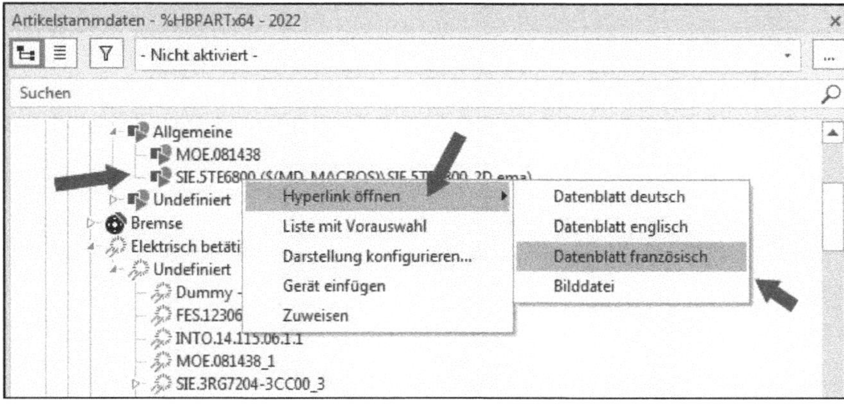

Bild 8.20 Hyperlinks öffnen

Das können Bilddateien oder weitere hinterlegte Dokumente sein. Diese werden in der Artikelverwaltung am Artikel auf der Registerkarte *Eigenschaften* hinterlegt bzw. eingetragen (Bild 8.21).

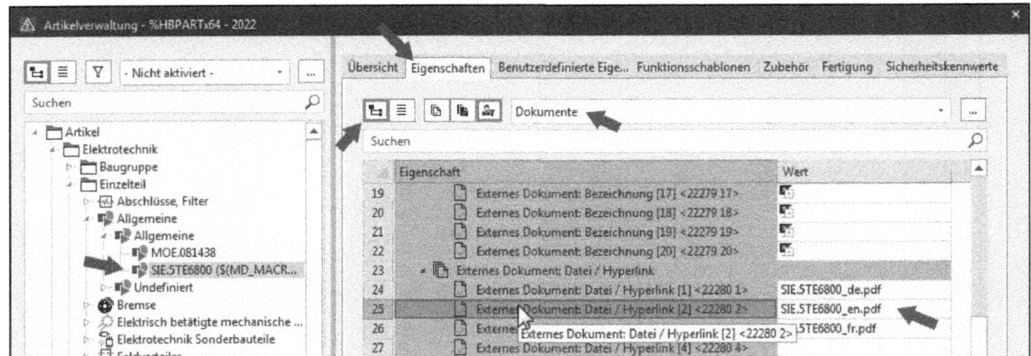

Bild 8.21 Artikelverwaltung, Registerkarte Eigenschaften

Standardmäßig bietet EPLAN diese Auswahl/Anzeige der Eigenschaften an dieser Stelle nicht an. Doch über ein selbst erstelltes Schema lassen sich die Auswahlliste und deren Anzeige natürlich beliebig erweitern. Im Beispielschema in Bild 8.22 wurden sie um verschiedene Eigenschaften rund um die Verknüpfungen der externen Dokumente erweitert.

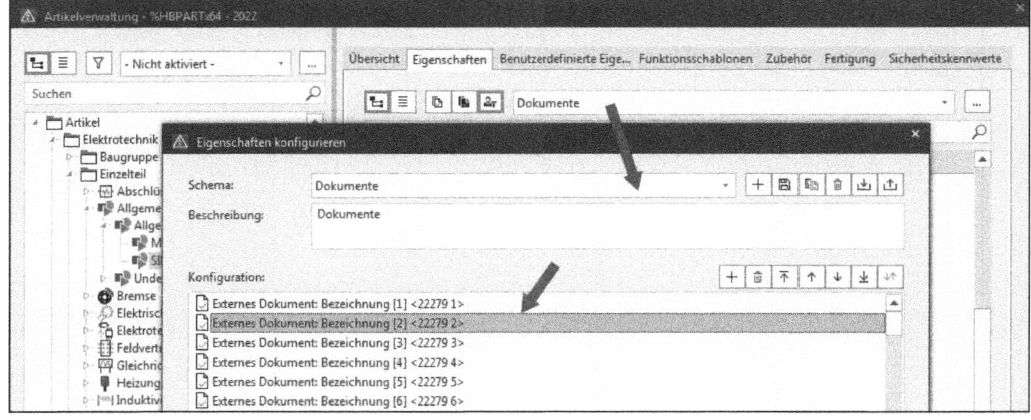

Bild 8.22 Artikelverwaltung, Registerkarte Eigenschaften, eigenes Schema Dokumente

8.1.1.2.3 Gerät einfügen

Über diesen Kontextmenüeintrag kann das markierte Gerät auf einer Seite im Projekt eingefügt werden (Bild 8.23). Dabei ist zu beachten, dass ein Gerät nur sinnvoll eingefügt werden kann, wenn es entweder ein Makro, eine Funktionsschablone oder eine Symbolnummer besitzt. Fehlen all diese Informationen, kann EPLAN das Gerät nicht einfügen und bietet im Dialog GERÄT EINFÜGEN nur das Einfügen beispielsweise über die Auswahl eines Makros oder die Auswahl eines Symbols an (Bild 8.24).

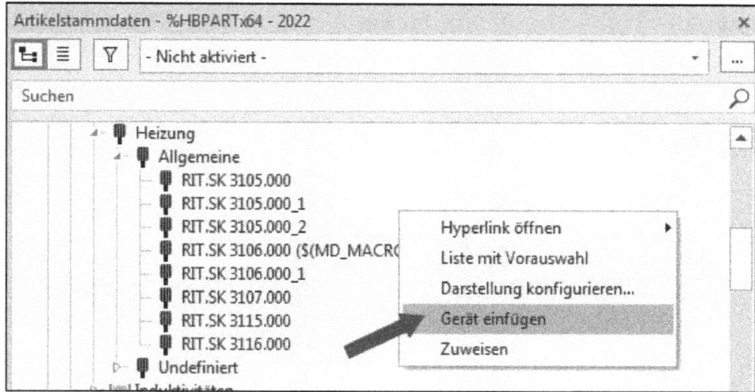

Bild 8.23 Gerät einfügen

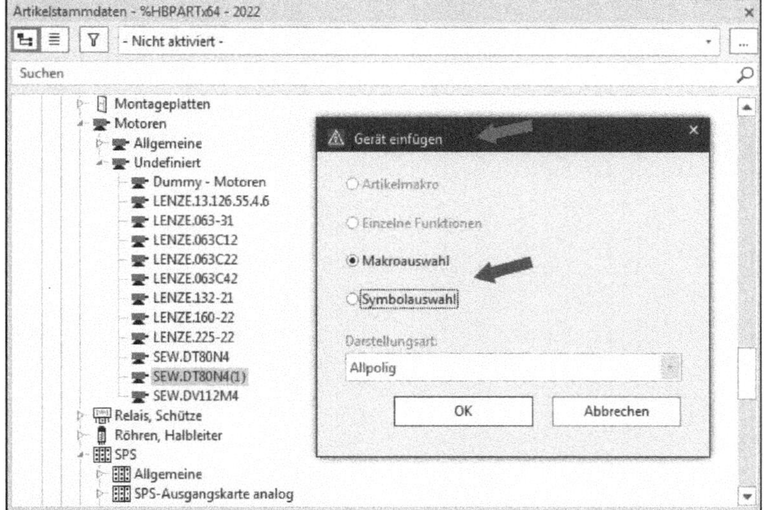

Bild 8.24 Hinweis, dass das Gerät nicht eingefügt werden kann

8.1.1.2.4 Zuweisen

Die Funktion Zuweisen ermöglicht es, bereits vorhandene Artikelnummern an einem Gerät zu überschreiben. Dafür wird das neue Gerät im Artikelstammdaten-Navigator markiert.

Danach wird die Funktion Zuweisen aus dem Kontextmenü angeklickt. Die Artikelnummer hängt nun optisch am Cursor (Bild 8.25 und Bild 8.26).

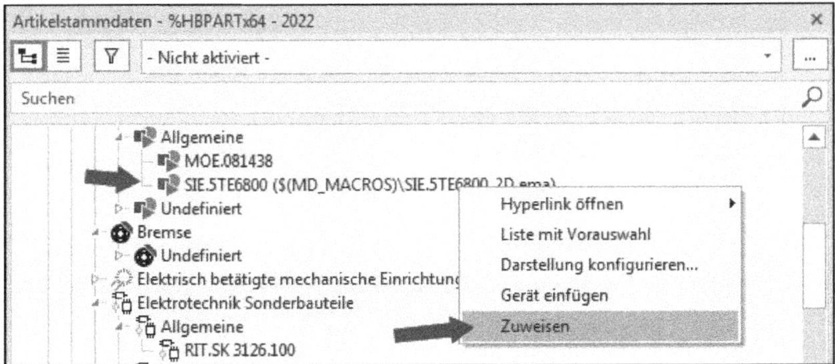

Bild 8.25 Menüeintrag Zuweisen

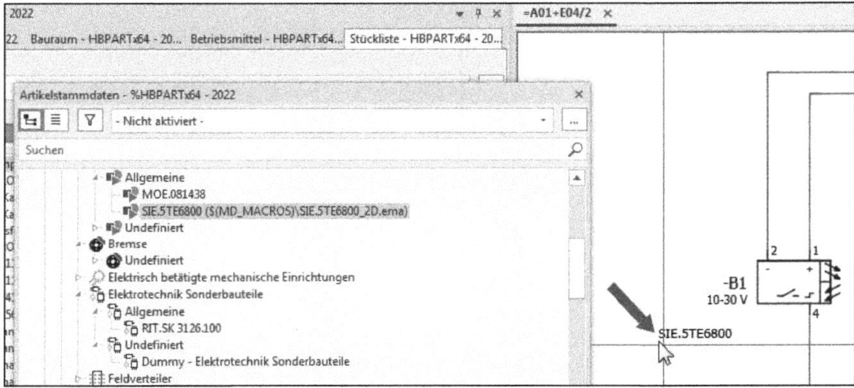

Bild 8.26 Das Gerät ist bereit zum Zuweisen.

Mit einem linken Mausklick kann das neue Gerät dem schon platzierten Gerät neu zugewiesen werden. EPLAN liefert einen Hinweisdialog, falls das platzierte Gerät schon Artikeldaten trägt (Bild 8.27).

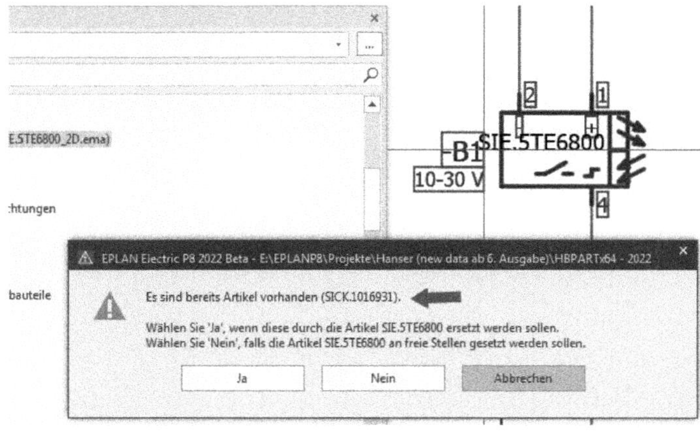

Bild 8.27 Hinweismeldung

Wird der Dialog mit Ja bestätigt, tauscht EPLAN den Artikel, der an der ersten Position auf dem Reiter *Artikel* im Dialog Eigenschaften (Schaltzeichen) ... steht (Bild 8.28).

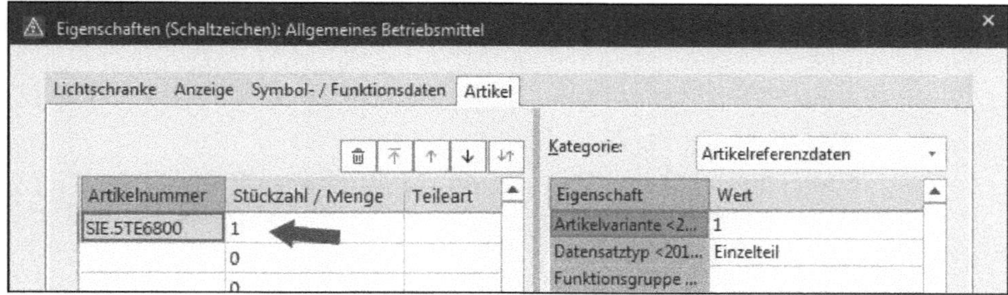

Bild 8.28 Registerkarte Artikel eines Schaltzeichens

Wird der Dialog dagegen mit Nein bestätigt, fügt EPLAN den neuen Artikel zu den schon vorhandenen Artikeln an der nächsten freien Position hinzu (Bild 8.29). Der Button Abbrechen im Dialog Zuweisen beendet das Zuweisen.

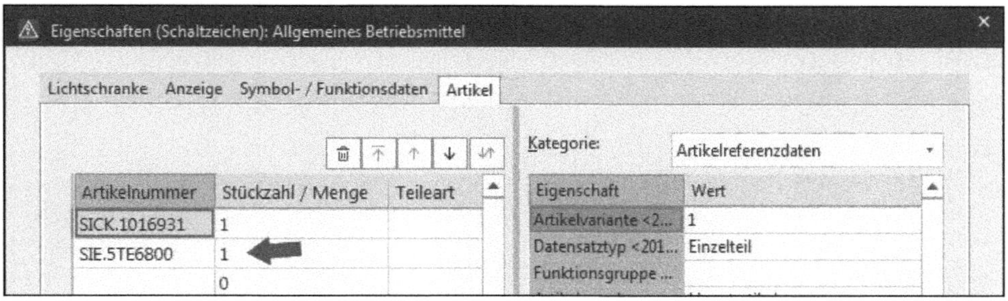

Bild 8.29 Neu hinzugefügter Artikel

Ist es EPLAN nicht möglich, einen Artikel neu hinzuzufügen (durch Auswahl des Buttons Nein), folgt eine Hinweismeldung, und die Aktion kann nur mit dem Klick auf den Button OK beendet werden (Bild 8.30).

Das kann beispielsweise der Fall sein, wenn alle Artikelpositionen auf dem Reiter *Artikel* in Eigenschaften (Schaltzeichen) belegt sind.

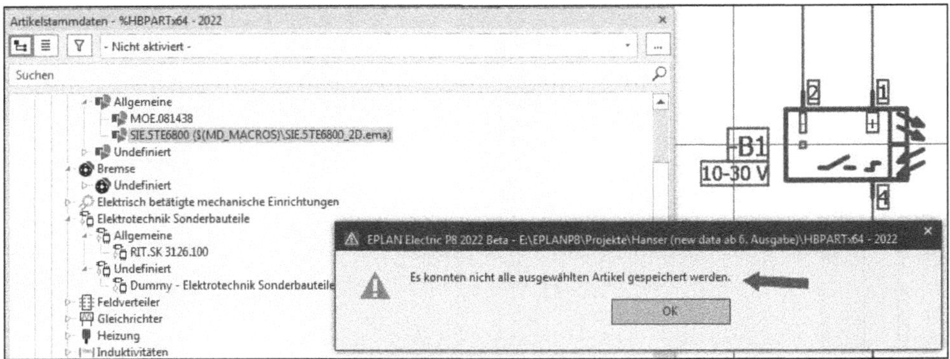

Bild 8.30 Hinweismeldung

8.1.2 Stückliste-Navigator

Der Stückliste-Navigator hat den Blick auf alle Geräte mit oder auch ohne Artikelnummern, die im Projekt vorhanden sind. Der Stückliste-Navigator selbst wird über das Menü BETRIEBSMITTEL/STÜCKLISTE-NAVIGATOR gestartet (Bild 8.31).

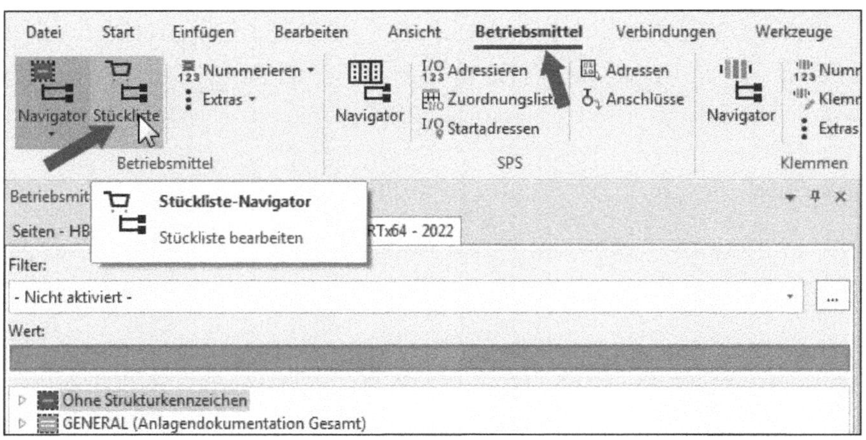

Bild 8.31 Menüaufruf Stückliste-Navigator

Der Stückliste-Navigator bietet, wie andere Navigatoren auch, erst einmal verschiedene Sichtweisen auf das Projekt und seine Daten (hier die Artikeldaten inklusive der damit verbundenen Betriebsmittel). Die verschiedenen Ansichten werden über das Kontextmenü entsprechend ausgewählt (Bild 8.33 bis Bild 8.37).

HINWEIS: Die Auswahl der verschiedenen Sichtweisen (Ansicht) ist nur in der Baumdarstellung möglich. In der Listendarstellung gibt es nur die Sichtweise auf die Artikel (Bild 8.32).

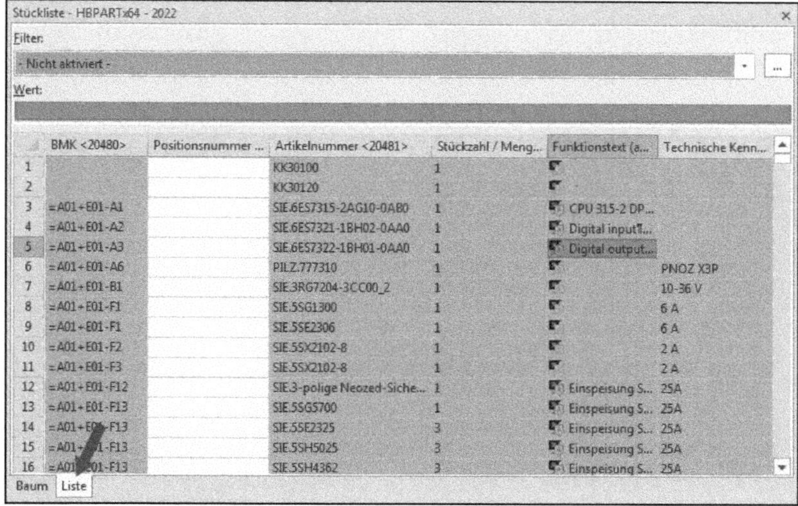

Bild 8.32 Stückliste-Navigator in der Listendarstellung

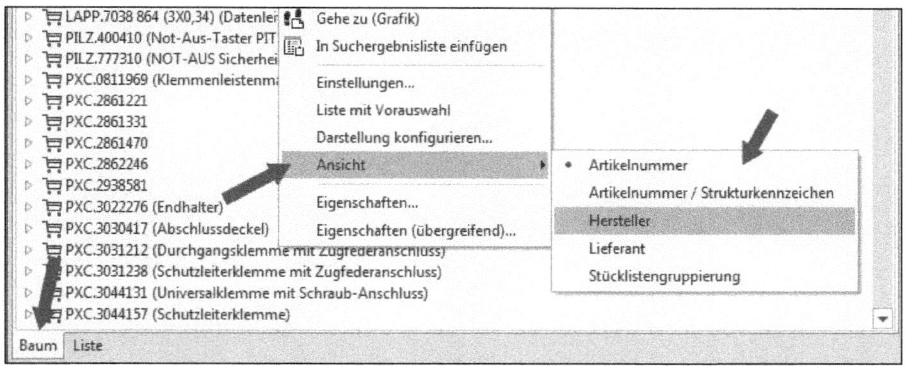

Bild 8.33 Kontextmenü im Stückliste-Navigator

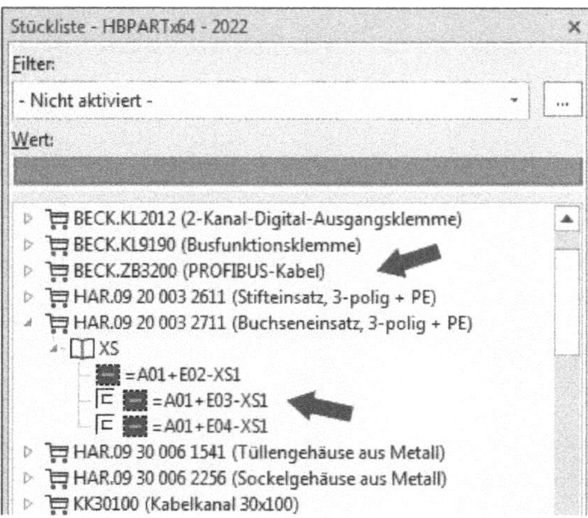

Bild 8.34
Ansicht sortiert nach Artikelnummer

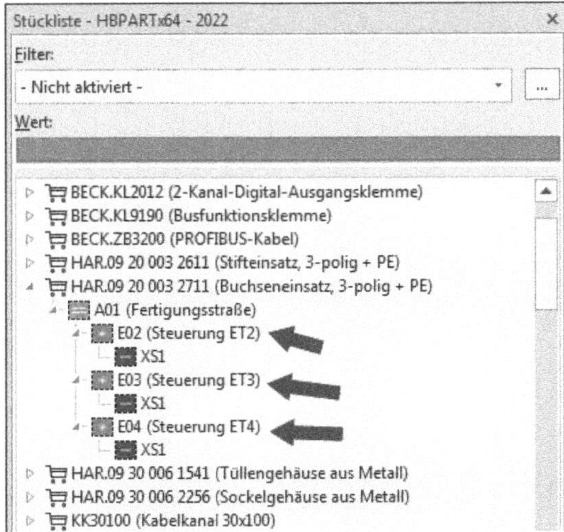

Bild 8.35
Ansicht sortiert nach Artikelnummer/ Strukturkennzeichen

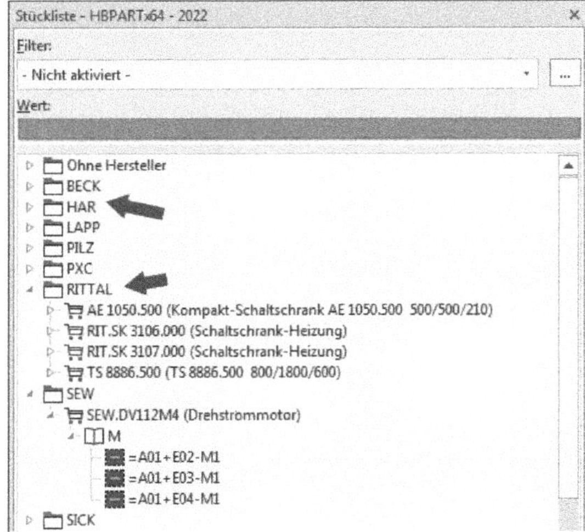

Bild 8.36
Ansicht sortiert nach Hersteller

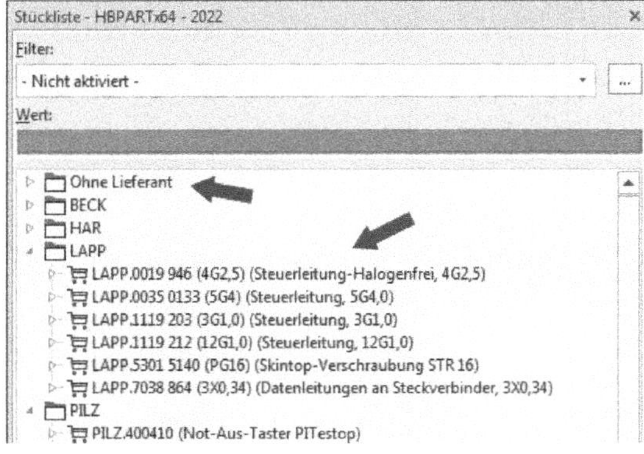

Bild 8.37
Ansicht sortiert nach Lieferant

Die Ansicht nach Stücklistengruppe ermöglicht eine weitere Strukturierung der Artikel in Bezug auf ihren Einsatz im Projekt (Bild 8.38).

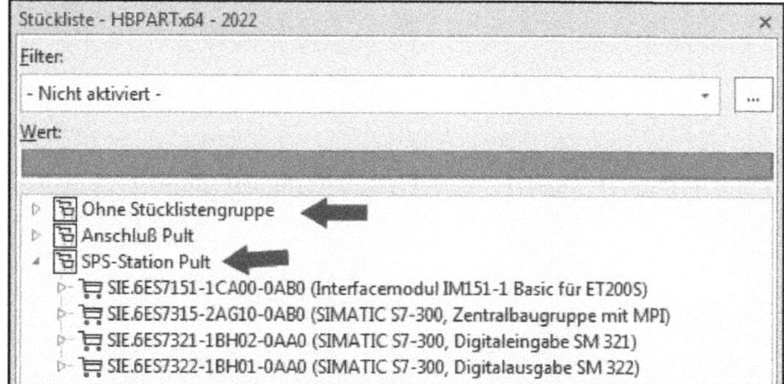

Bild 8.38 Ansicht sortiert nach Stücklistengruppe

Dabei kann es sich beispielsweise um alle Komponenten eines Bedienpults handeln. Damit im Stückliste-Navigator nicht mit weiteren Schemata gearbeitet werden muss, zum Beispiel nach einem Aufstellungsort, besteht die Möglichkeit, den Artikeln gezielt diese Information während der Projektbearbeitung zu übertragen.

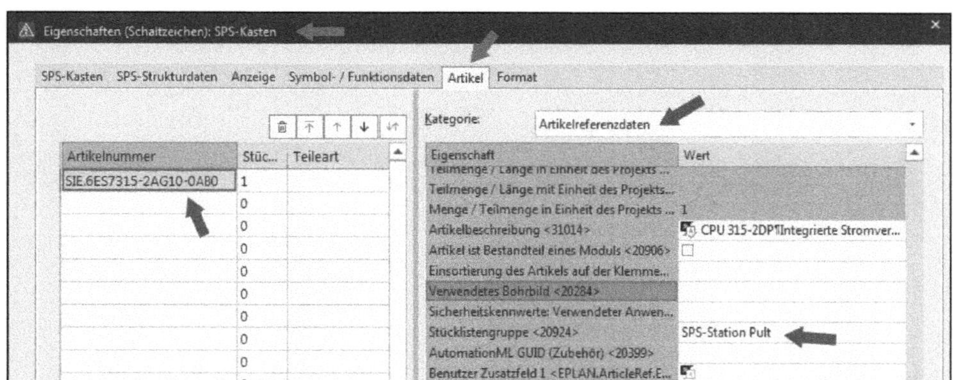

Bild 8.39 Eintrag in der Stücklistengruppe am Artikel in der Kategorie Artikelreferenzdaten (im Symbol)

Der Stückliste-Navigator ist eine große Hilfe, wenn es darum geht, Artikeldaten projektweit auf einfache und schnelle Weise zu bearbeiten (z.B. Austausch eines Artikels).

Funktionen des Kontextmenüs

Der Stückliste-Navigator bietet in seinem Kontextmenü eine Reihe verschiedener Funktionen an, um die Projektbearbeitung rund um die Artikel zu erleichtern (Bild 8.40).

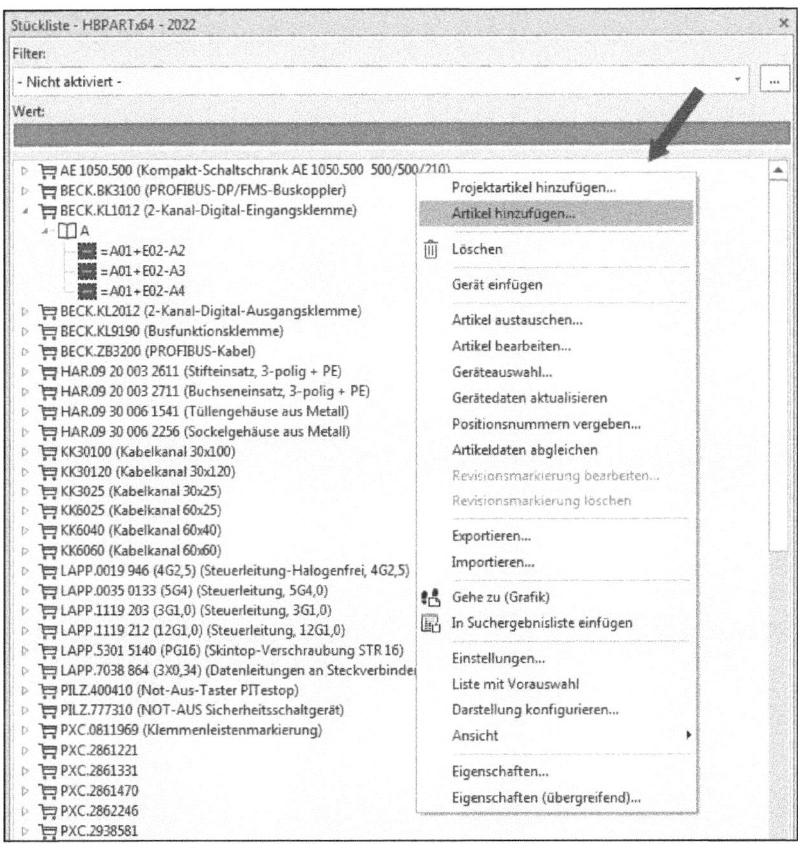

Bild 8.40 Kontextmenü Stückliste-Navigator

Projektartikel hinzufügen

Wird der Menüeintrag PROJEKTARTIKEL HINZUFÜGEN gewählt, öffnet EPLAN die *Artikelverwaltung*, und dem Projekt kann ein Artikel als *Projektartikel* hinzugefügt werden (Bild 8.41).

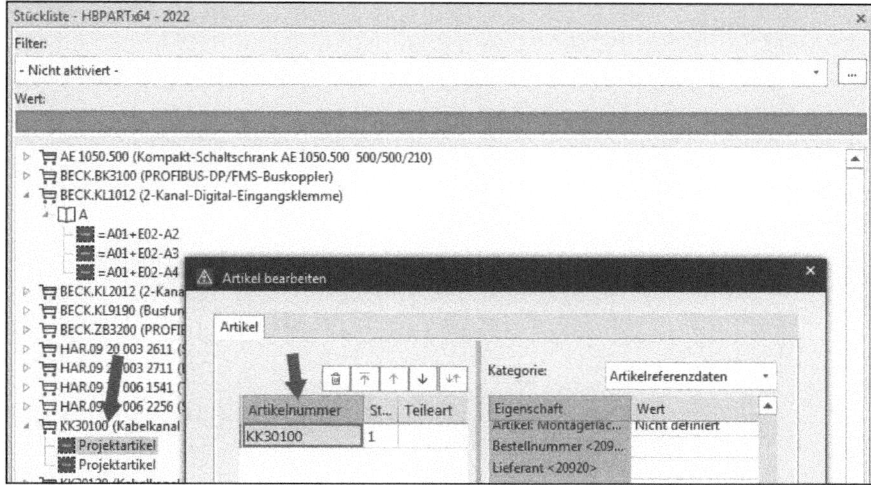

Bild 8.41 Projektartikel

Projektartikel besitzen erst einmal kein Betriebsmittelkennzeichen. Es sind im Normalfall Artikel, die zum Beispiel als beigestellte Teile (aber nicht eingebaut) oder nur als lose Artikel mitgeliefert werden. Projektartikel können auch gezielt gefiltert oder ausgewertet werden (Bild 8.42).

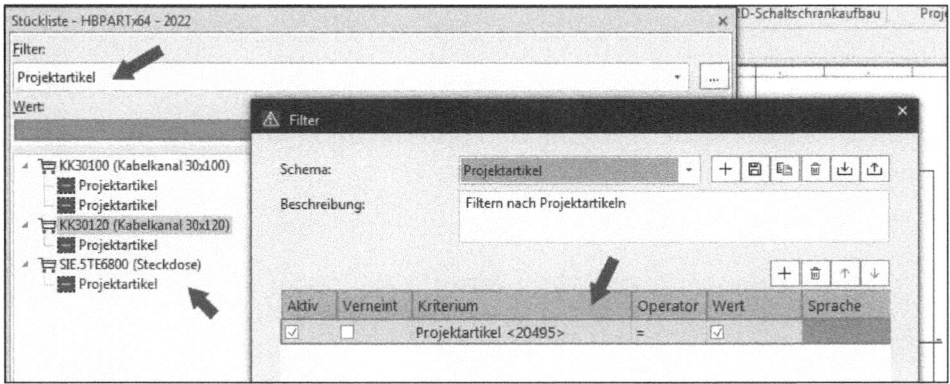

Bild 8.42 Filter auf Projektartikel

Artikel hinzufügen

Mit dem Menüeintrag Artikel hinzufügen können Artikel auf komfortable Weise einem vorhandenen Betriebsmittel hinzugefügt werden. Dafür wird das Betriebsmittel markiert und der Menüeintrag Artikel hinzufügen aufgerufen (Bild 8.43).

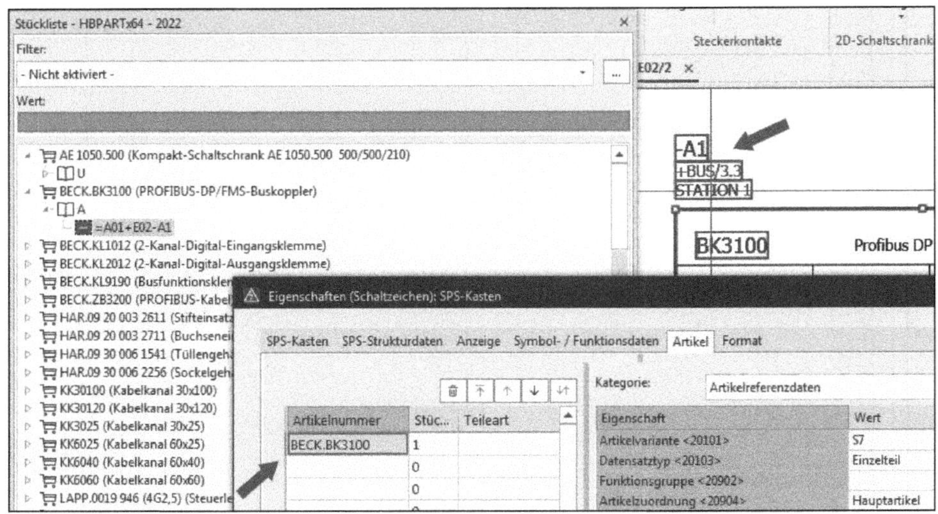

Bild 8.43 Vor dem Ausführen der Funktion Artikel hinzufügen

EPLAN startet nach dem Ausführen der Funktion ARTIKEL HINZUFÜGEN die Artikelverwaltung. Hier wird der gewünschte Artikel ausgewählt, markiert und mit OK im markierten Betriebsmittel übernommen (Bild 8.44 und Bild 8.45).

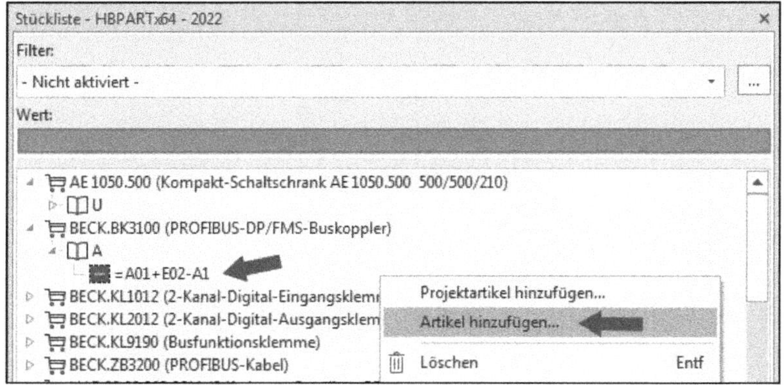

Bild 8.44 Funktion Artikel hinzufügen ausführen

Bei dieser Funktion ist natürlich auch Mehrfachauswahl möglich. Man könnte beispielsweise mehreren Schützen „in einem Rutsch“ die „vergessenen“ Überspannungsbegrenzer hinzufügen.

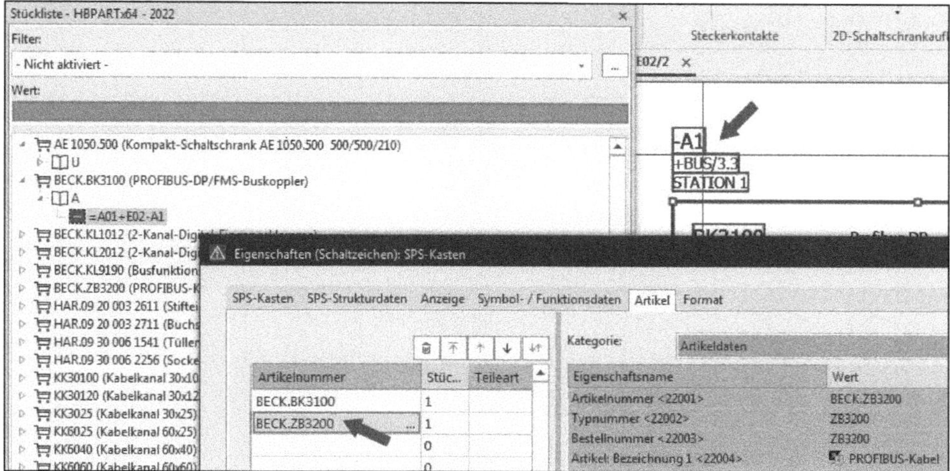

Bild 8.45 Dem Betriebsmittel wurde ein Artikel hinzugefügt.

Artikel austauschen

Dieser Menüpunkt bietet die Möglichkeit, auf schnelle und einfache Weise einen Artikel auszutauschen. Dazu wird der Artikel im **Stückliste-Navigator** markiert und der Menüeintrag ARTIKEL AUSTAUSCHEN gewählt (Bild 8.46). EPLAN öffnet anschließend die Artikelverwaltung, wo der auszutauschende Artikel gewählt und mit OK übernommen wird. EPLAN tauscht diesen Artikel nun augenblicklich gegen den eben gewählten aus.

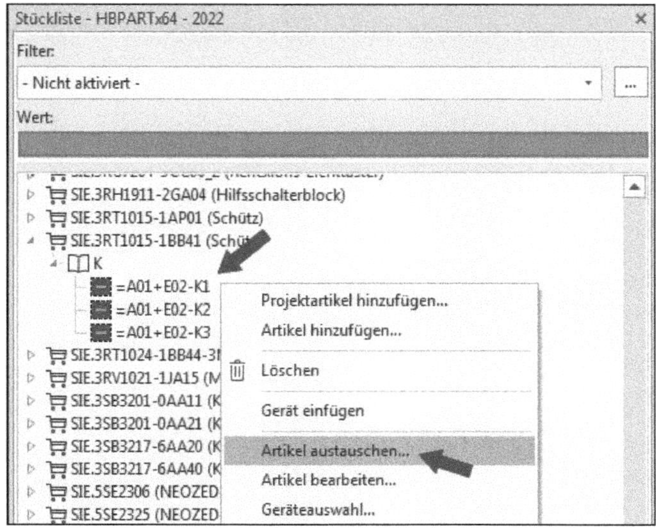

Bild 8.46 Artikel austauschen

Geräteauswahl

Dieser Menüpunkt ist eine interessante Ergänzung. Beispielsweise könnte man damit eine Schützauswahl für mehrere markierte Artikeldaten (Schützspulen) nachträglich durchführen.

Um das zu erreichen, werden die Artikel markiert und der Menüeintrag GERÄTEAUSWAHL ausgeführt (Bild 8.47).

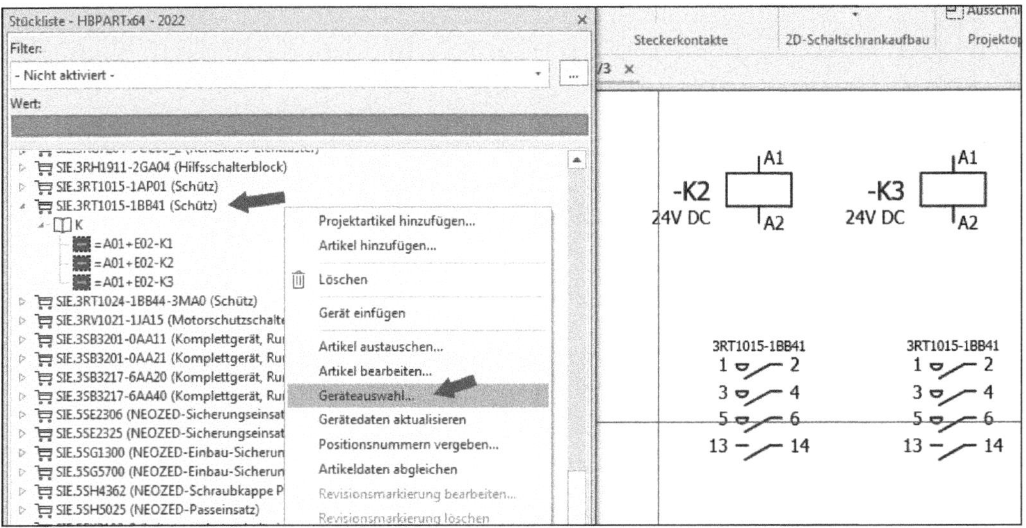

Bild 8.47 Kontextmenü Geräteauswahl

EPLAN ermöglicht nun, für jedes Betriebsmittel nach und nach eine Geräteauswahl durchzuführen (Bild 8.49).

TIPP: Damit EPLAN den alten Artikel komplett ersetzt, sollte in den Einstellungen zur Geräteauswahl der Haken bei *Alte Artikel mit aktueller Auswahl überschreiben* gesetzt sein. Sonst werden die neuen Artikel hinzugefügt.

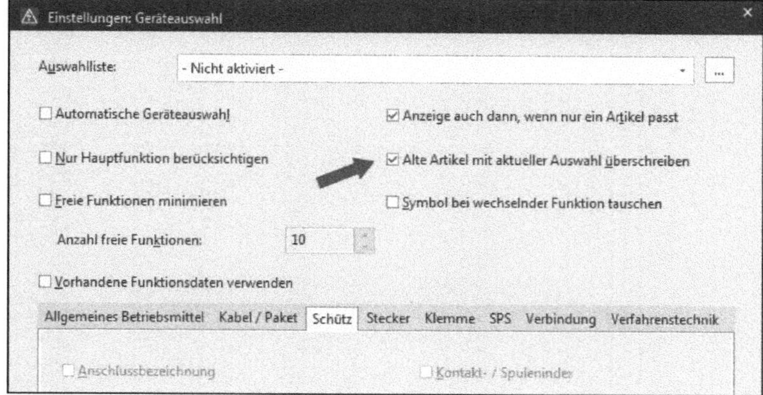

Bild 8.48 Dialog Einstellungen Geräteauswahl

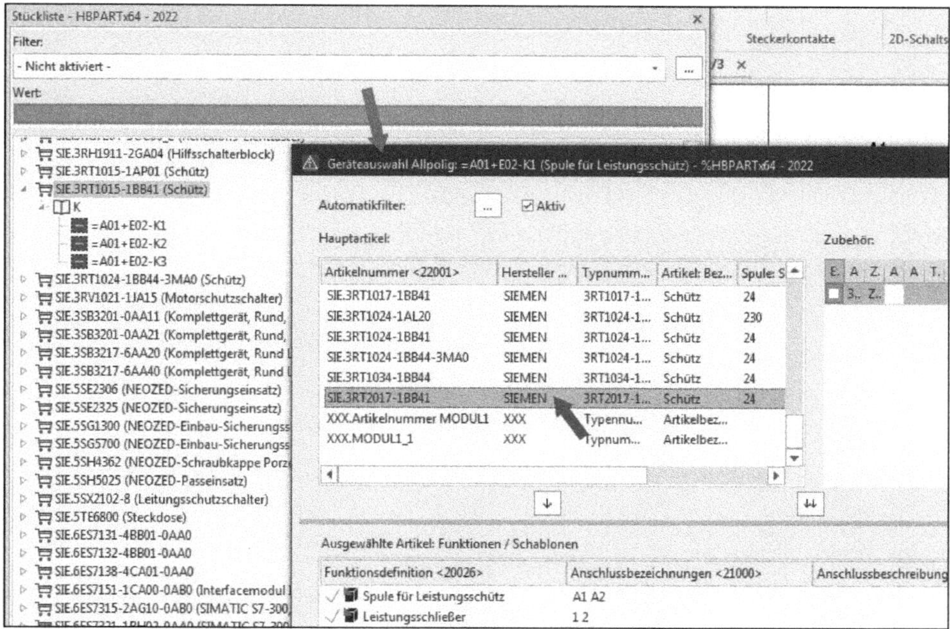

Bild 8.49 Dialog Geräteauswahl

Soll für ein Gerät beispielsweise keine Geräteauswahl durchgeführt werden, so reicht ein Tastendruck auf die ESC-Taste. EPLAN fragt daraufhin nach, ob es die gesamte Aktion abbrechen oder nur das eben gewählte Betriebsmittel überspringen soll (Bild 8.50).

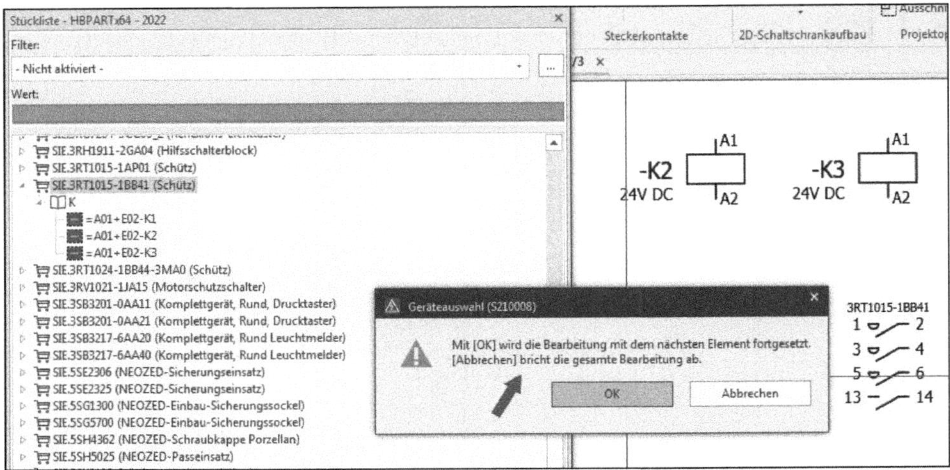

Bild 8.50 Möglicher Abbruch der Geräteauswahl

Gerätedaten abgleichen

Der Menüeintrag GERÄTEDATEN ABGLEICHEN bietet die Möglichkeit, gezielt für bestimmte, markierte Artikel einen Stammdatenabgleich mit der Artikelverwaltung durchzuführen (Bild 8.51). Dabei werden die Artikelgerätedaten mit denen in der Artikelverwaltung verglichen. Bei Bedarf werden die eingelagerten Artikeldaten im Projekt überschrieben bzw. ergänzt.

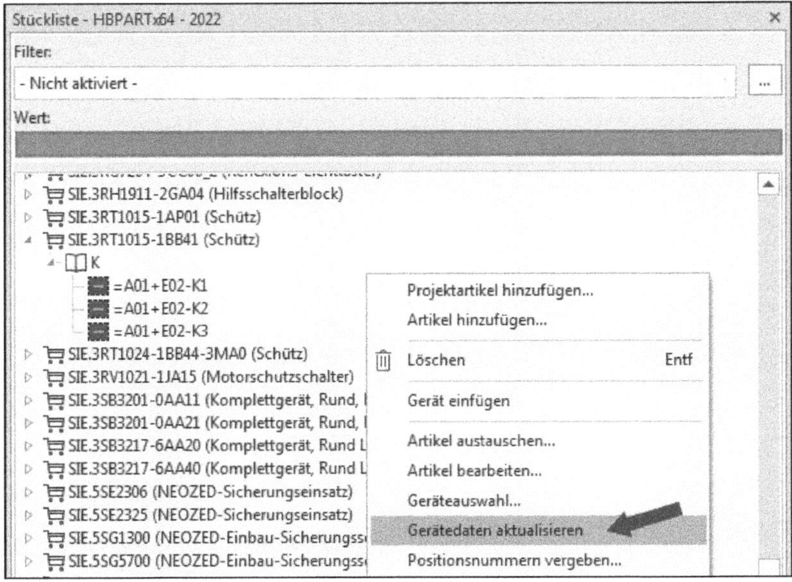

Bild 8.51 Kontextmenüeintrag Artikeldaten abgleichen

8.1.3 Geräteliste

Die Geräteliste ermöglicht es, mit einer bestehenden Artikelliste alle zu verbauenden und schon verbauten Artikel zu überwachen (Bild 8.52). Damit besteht die Möglichkeit, schon vor einer Projektbearbeitung die Anzahl der zu verarbeitenden Artikel anhand externer Listen vorzugeben. Das kann beispielsweise der Fall sein, wenn schon eine Kalkulation für das Projekt durchgeführt worden ist und man sich streng an diese halten muss. Jede Überschreitung der zur Verfügung stehenden Artikel würde EPLAN mit einem Symbol in der Spalte *Reserve* und der Angabe der überschrittenen Menge (beispielsweise –2) kennzeichnen (Bild 8.53).

Der Dialog GERÄTELISTE beinhaltet nur eine Listendarstellung. Eine Baumdarstellung wie in anderen Dialogen gibt es in der Geräteliste nicht (Bild 8.53).

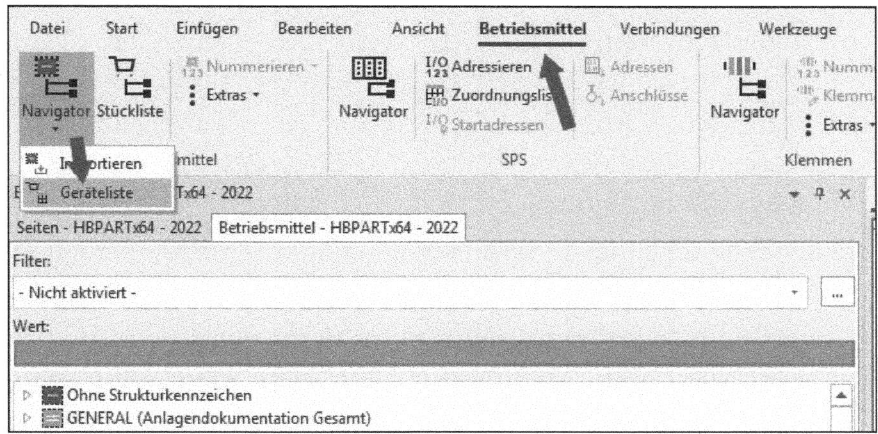

Bild 8.52 Aufruf der Geräteliste

Geräteliste - HBPARTx64 - 2022

Filter:

- Nicht aktiviert -

Wert:

Reserve <...	Artikelnummer <23200>	Anlagenteil <2...	Gerätebesc...	Erlaubte Stückzahl <23201>	Erlaubte Stückzahl (gesamt) <23204>	Verbaute St...
0	RIT.SK 3106.000			1	1	1
4	SIE.3RT1015-1AP01	Hinzugefügt		5	5	1
-8	SIE.3RT1015-1BB41			1	1	9
4	SIE.3RT1024-1BB44-3MA0	Extern		7	7	3
10	SIE.3RT1936-1ER00	Extern		10	10	0
-4	SIE.3SB3217-6AA40			1	1	5
10	SIE.3SB3601-1CA21	Feld	Extern für ...	10	10	0

Bild 8.53 Geräteliste

Funktionen des Kontextmenüs

Im Dialog GERÄTELISTE können Artikel über das Kontextmenü hinzugefügt oder anhand einer externen Liste importiert werden (Bild 8.54).

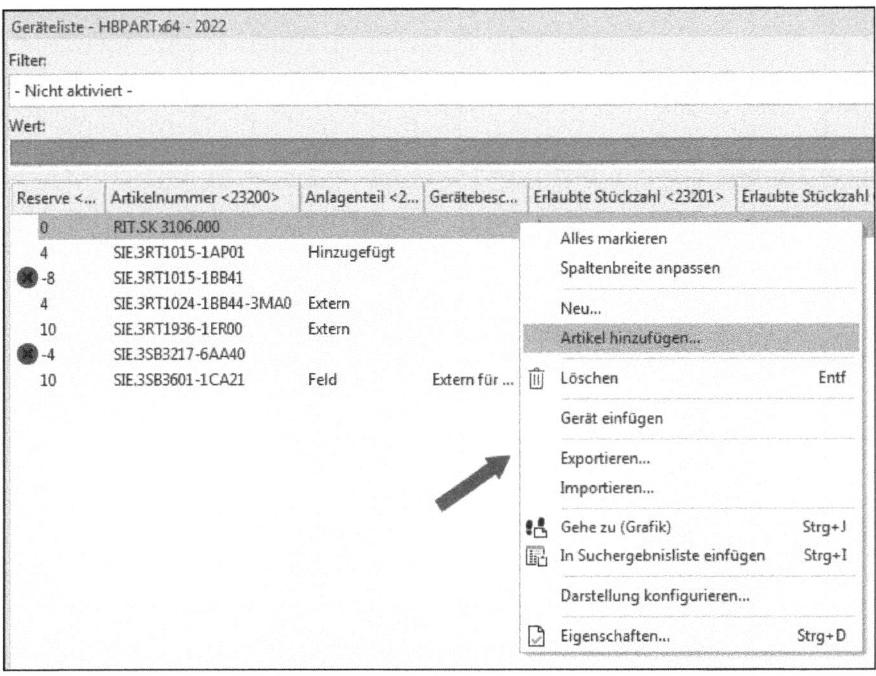

Bild 8.54 Kontextmenü

Artikel hinzufügen

Über den Kontextmenüeintrag ARTIKEL HINZUFÜGEN können Artikel direkt aus der Artikelverwaltung zur Geräteliste hinzugefügt werden (Bild 8.54 und Bild 8.55).

Nach der Übernahme des Artikels aus der Artikelverwaltung fügt EPLAN diesen Artikel in die Geräteliste mit einer Stückzahl von 1 ein. Mit einem Doppelklick auf den Artikel öffnet EPLAN den Dialog EIGENSCHAFTEN (Bild 8.56). Im Dialog EIGENSCHAFTEN können jetzt die erlaubte Stückzahl, der Anlagenteil, für den die Eigenschaften gelten, und/oder eine weitere Gerätebeschreibung festgelegt werden. Wichtig ist nur der Wert für die erlaubte Stückzahl. Alle anderen Einträge sind optional.

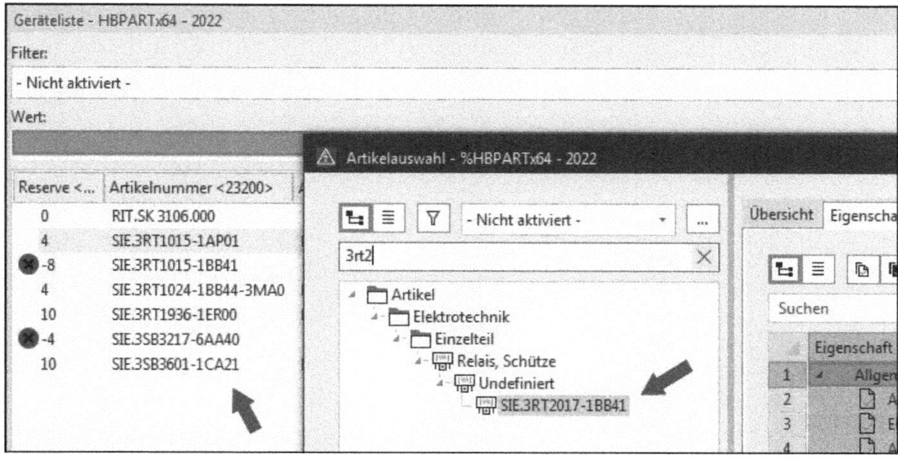

Bild 8.55 Artikel aus der Artikelverwaltung hinzufügen

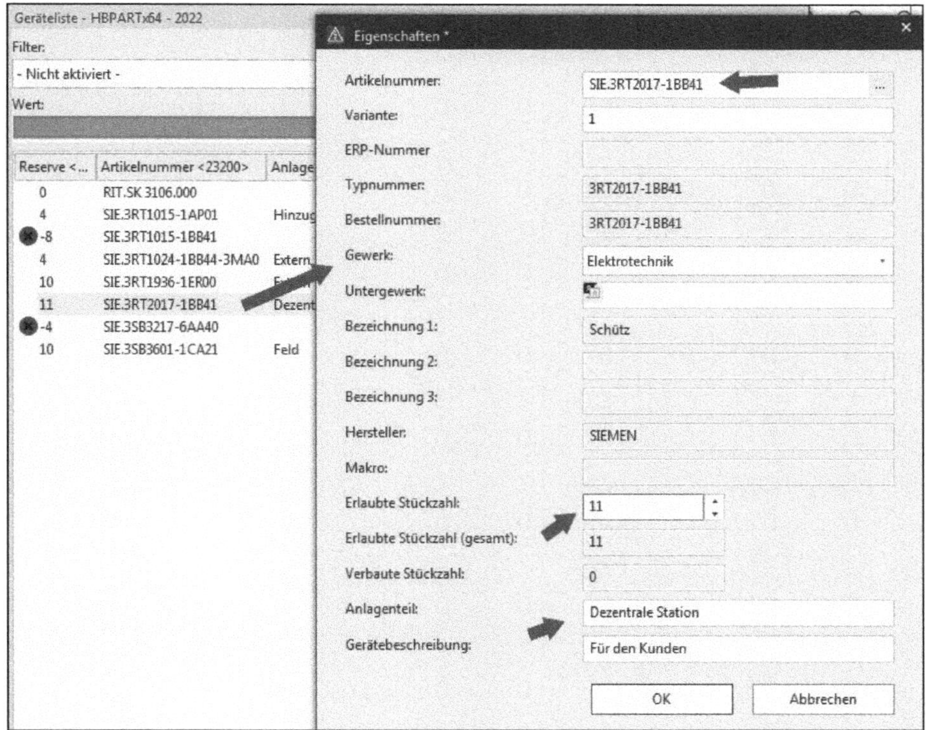

Bild 8.56 Bearbeiten der Eigenschaften

HINWEIS: Die Gerätebeschreibung eines Artikels hat nichts mit der Artikelbezeichnung 1 bis 3 eines Artikels zu tun. Die Gerätebeschreibung ist eine manuelle zusätzliche Information.

Nach Abschluss der Einträge kann der Dialog EIGENSCHAFTEN mit einem Klick auf den Button OK verlassen werden. EPLAN speichert die Einträge und prüft zugleich die erlaubte Menge gegen die schon im Projekt verbaute Menge und stellt das Ergebnis in den Spalten *Erlaubte Stückzahlen*, *Verbaute Stückzahlen* und in der Spalte *Reserve* entsprechend dar.

Negative Werte in der Spalte *Reserve* bedeuten, dass die erlaubte Stückzahl überschritten worden ist (Bild 8.57).

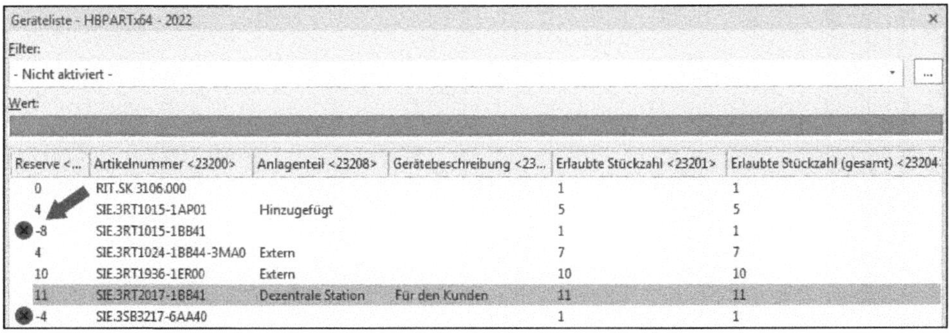

Geräteliste - HBPARTx64 - 2022

Filter:

- Nicht aktiviert -

Wert:

Reserve <...	Artikelnummer <23200>	Anlagenteil <23208>	Gerätebeschreibung <23...	Erlaubte Stückzahl <23201>	Erlaubte Stückzahl (gesamt) <23204
0	RIT.SK 3106.000			1	1
4	SIE.3RT1015-1AP01	Hinzugefügt		5	5
-8	SIE.3RT1015-1BB41			1	1
4	SIE.3RT1024-1BB44-3MA0	Extern		7	7
10	SIE.3RT1936-1ER00	Extern		10	10
11	SIE.3RT2017-1BB41	Dezentrale Station	Für den Kunden	11	11
-4	SIE.3SB3217-6AA40			1	1

Bild 8.57 Sofortige Kontrolle über die Mengen

Export/Import aus dem Navigator

Weitere Menüpunkte sind die Möglichkeiten, eine Geräteliste zu exportieren und zu importieren (Bild 8.58).

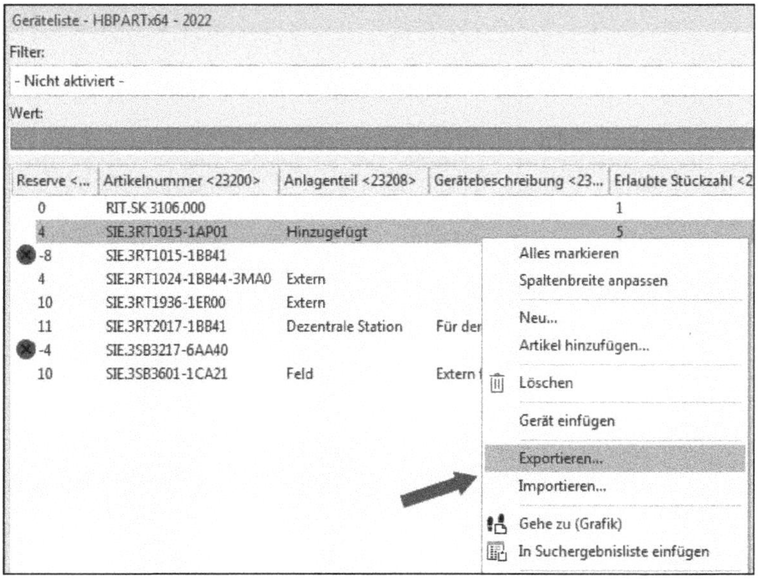

Geräteliste - HBPARTx64 - 2022

Filter:

- Nicht aktiviert -

Wert:

Reserve <...	Artikelnummer <23200>	Anlagenteil <23208>	Gerätebeschreibung <23...	Erlaubte Stückzahl <2
0	RIT.SK 3106.000			1
4	SIE.3RT1015-1AP01	Hinzugefügt		5
-8	SIE.3RT1015-1BB41			
4	SIE.3RT1024-1BB44-3MA0	Extern		
10	SIE.3RT1936-1ER00	Extern		
11	SIE.3RT2017-1BB41	Dezentrale Station	Für der	
-4	SIE.3SB3217-6AA40			
10	SIE.3SB3601-1CA21	Feld	Extern f	

Alles markieren
Spaltenbreite anpassen
Neu...
Artikel hinzufügen...
Löschen
Gerät einfügen
Exportieren...
Importieren...
Gehe zu (Grafik)
In Suchergebnisliste einfügen

Bild 8.58 Funktionen Importieren und Exportieren

Damit ist es recht leicht möglich, die Geräteliste aus einem Projekt zu exportieren und in ein anderes zu importieren. EPLAN öffnet beispielsweise nach dem Aufruf des Kontextmenüeintrages EXPORT den Dialog DATEI AUSWÄHLEN (Bild 8.59). Hier müssen jetzt nur noch der Dateiname und der Dateityp festgelegt werden. Als Dateityp stehen drei Möglichkeiten zur Auswahl, wie Bild 8.60 zeigt. Es empfiehlt sich der Dateityp *.csv.

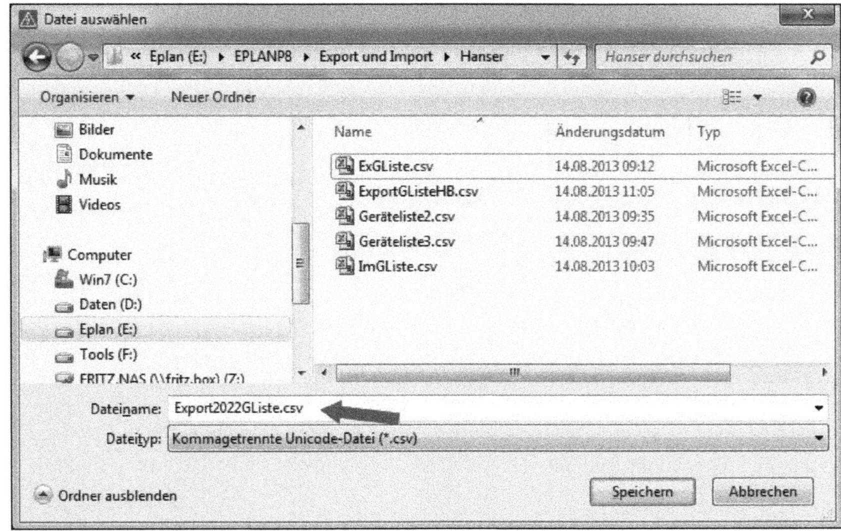

Bild 8.59 Dialog Datei auswählen

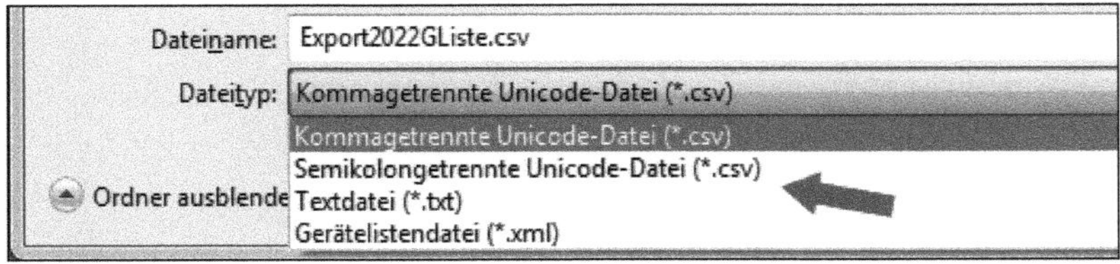

Bild 8.60 Mögliche Dateitypen

Nachdem alle benötigten Angaben getätigt wurden, kann der Dialog mit Klick auf den Button SPEICHERN verlassen werden. EPLAN exportiert die Geräteliste. Damit steht sie bei einem Import für andere Projekte zur Verfügung. Der Import wird über das Kontextmenü gestartet. EPLAN öffnet den Dialog DATEI AUSWÄHLEN (Bild 8.61).

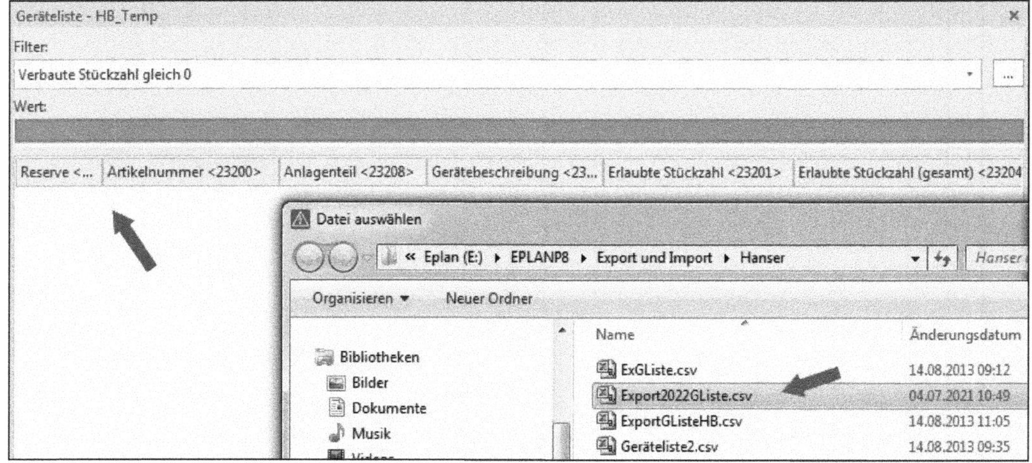

Bild 8.61 Import einer bestehenden Geräteliste

Hier muss die gewünschte Geräteliste ausgewählt und mit einem Klick auf den Button ÖFFNEN übernommen werden. EPLAN liest anschließend die Datei in die Geräteliste ein (Bild 8.62).

Geräteliste - HB_Temp

Filter: Verbaute Stückzahl gleich 0

Wert:

Reserve <...	Artikelnummer <23200>	Anl...	Ge...	Erlaubte Stückzahl <23201>	Erlaubte Stückzahl (gesamt) <23204>	Verbaute St...	Artikel: Bezeichnu
1	RIT.SK 3106.000			1	1	0	Schaltschrank-H
5	SIE.3RT1015-1AP01	Hinz...		5	5	0	Schütz
1	SIE.3RT1015-1BB41			1	1	0	Schütz
7	SIE.3RT1024-1BB44-3MA0	Extern		7	7	0	Schütz
10	SIE.3RT1936-1ER00	Extern		10	10	0	Überspannungst
11	SIE.3RT2017-1BB41	Deze...	F...	11	11	0	Schütz
1	SIE.3SB3217-6AA40			1	1	0	Komplettgerät, R

Bild 8.62 Importierte Geräteliste eines fremden Projekts

Darstellung konfigurieren

Der Kontextmenüpunkt DARSTELLUNG KONFIGURIEREN ermöglicht es, die Anzeige der Listendarstellung auf eigene Wünsche anzupassen (Bild 8.63). EPLAN öffnet anschließend den Dialog DARSTELLUNG KONFIGURIEREN (Bild 8.64).

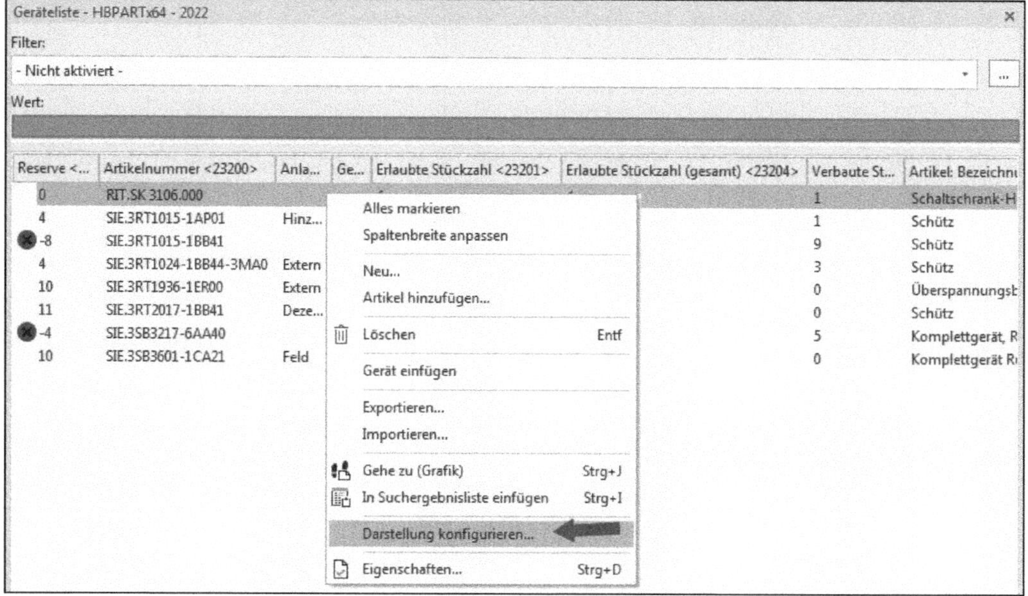

Bild 8.63 Kontextmenüeintrag Darstellung konfigurieren

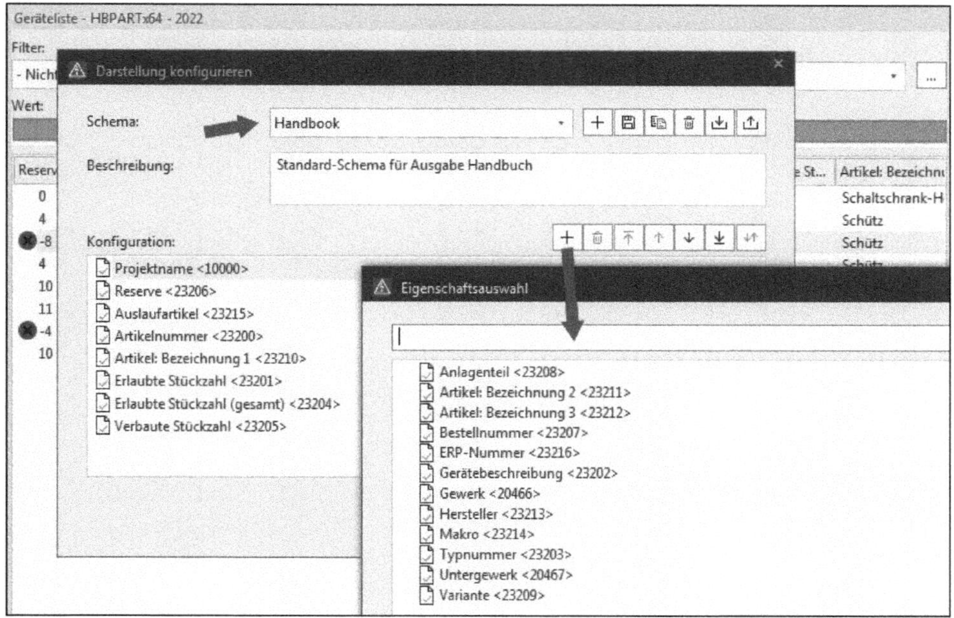

Bild 8.64 Darstellung konfigurieren

Im Dialog DARSTELLUNG KONFIGURIEREN können mit der bekannten Schema-Technik die verschiedenen möglichen Eigenschaften zur Anzeige gebracht oder anders in der Reihenfolge platziert werden. Nachfolgend werden einige Eigenschaften und deren Bedeutung kurz beschrieben.

Eigenschaft	Bemerkung
Projektname	Dieser wird nur angezeigt, wenn mehrere Projekte geöffnet sind.
Reserve	*Reserve* zeigt die Differenz zwischen *Erlaubte Stückzahl* (gesamt) und *Verbaute Stückzahl* der Artikel an. Wenn die Reserve < 0 ist, wird das am Anfang der Zeile durch ein Symbol gekennzeichnet.
Artikelnummer	Die Artikelnummer kann manuell eingegeben werden. Ansonsten kommt die Artikelnummer automatisch aus der Artikelverwaltung.
Variante	Die Variante wird automatisch aus den Daten der Artikelverwaltung gefüllt.
Typnummer	Die Typnummer wird automatisch aus den Daten der Artikelverwaltung gefüllt.
Bestellnummer	Die Bestellnummer wird automatisch aus den Daten der Artikelverwaltung gefüllt.
Artikel: Bezeichnung 1 bis 3	*Artikel: Bezeichnung 1 bis 3* wird automatisch aus den Daten der Artikelverwaltung gefüllt.
Hersteller	Der Hersteller wird automatisch aus den Daten der Artikelverwaltung gefüllt
Erlaubte Stückzahl	*Erlaubte Stückzahl* ist ein festgelegter Wert, wie oft ein Artikel in einem Projekt verbaut werden darf.
Erlaubte Stückzahl (gesamt)	*Erlaubte Stückzahl (gesamt)* ist ein ermittelter Wert (Summe) aller in der Geräteliste zur jeweiligen Artikelnummer eingetragenen erlaubten Stückzahlen.
Verbaute Stückzahl	*Verbaute Stückzahl* ist ein Wert, der angibt, wie oft eine Artikelnummer tatsächlich im Projekt verbaut wurde. Abweichungen zur erlaubten Stückzahl sind erlaubt und werden über eine Prüflaufmeldung erfasst, wenn sie aktiv im Prüflauf sind (P007008: Der in der Geräteliste vordefinierte Artikel <x> wird <y>-mal zu häufig im Projekt verwendet.).
Anlagenteil	Bei *Anlagenteil* ist eine beliebige Eingabe möglich: Dieser Wert kommt nicht aus der Artikelverwaltung.
Gerätebeschreibung	Bei *Gerätebeschreibung* ist eine beliebige Eingabe möglich: Dieser Wert kommt nicht aus der Artikelverwaltung.
Makro	Wenn ein Makro am Artikel hinterlegt ist, wird hier der Makroname aufgelistet (inklusive Pfadangaben).
Gewerk	Das Gewerk wird automatisch aus den Daten der Artikelverwaltung gefüllt.
Untergewerk	Das Untergewerk wird automatisch aus den Daten der Artikelverwaltung gefüllt.
Auslaufartikel	Der Auslaufartikel wird automatisch aus den Daten der Artikelverwaltung gefüllt.

■ 8.2 Menü Artikel

Im Menü STAMMDATEN/ARTIKEL befinden sich weitere Funktionen rund um die verwendeten Artikel in einem Projekt (Bild 8.65). Je nach Arbeitsweise kann es vorkommen, dass gewisse Artikeldaten nicht mehr vollständig im Projekt enthalten sind oder vervollständigt werden müssen. Manchmal ist es auch nicht gewollt, dass Artikeldaten mit dem Projekt nach extern gegeben werden. Dafür befindet sich ebenfalls eine Funktion im Menü (*Eingelagerte Artikeleigenschaften löschen*).

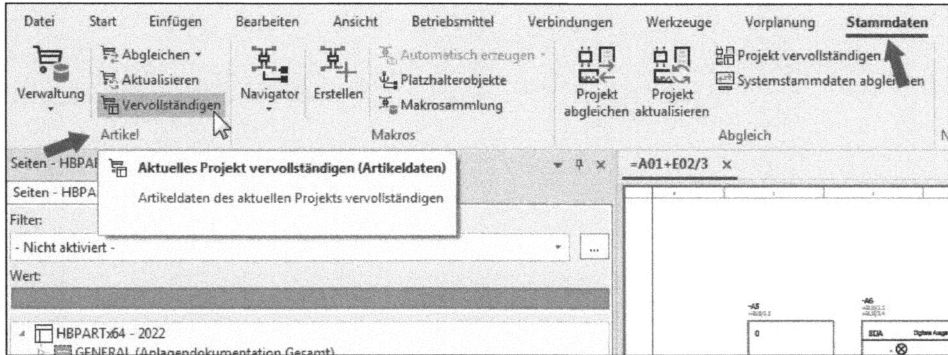

Bild 8.65 Menüaufruf Stammdaten/Artikel ...

HINWEIS: Artikeldaten werden bei ihrer ersten Verwendung mit all ihren zu diesem Stand hinterlegten Daten in das Projekt eingelagert (kopiert). EPLAN verwendet als Technik also keine Referenz auf den Systemartikel, sondern erzeugt im Projekt immer eine Kopie des Systemartikels, dann aber als Projektartikel.

8.2.1 Aktuelles Projekt abgleichen

Der Menüpunkt STAMMDATEN/ AKTUELLES PROJEKT ABGLEICHEN...wird gestartet, und EPLAN öffnet den in Bild 8.66 gezeigten Dialog ARTIKELABGLEICH.

Dieser Dialog besteht im Wesentlichen aus zwei Fenstern: Das linke Fenster zeigt alle im Projekt eingelagerten Artikeldaten. Das rechte Fenster zeigt alle Artikeldaten aus der zentralen Systemartikelverwaltung. Die Fenster enthalten mehrere Spalten, die im Folgenden genannten Funktionen haben.

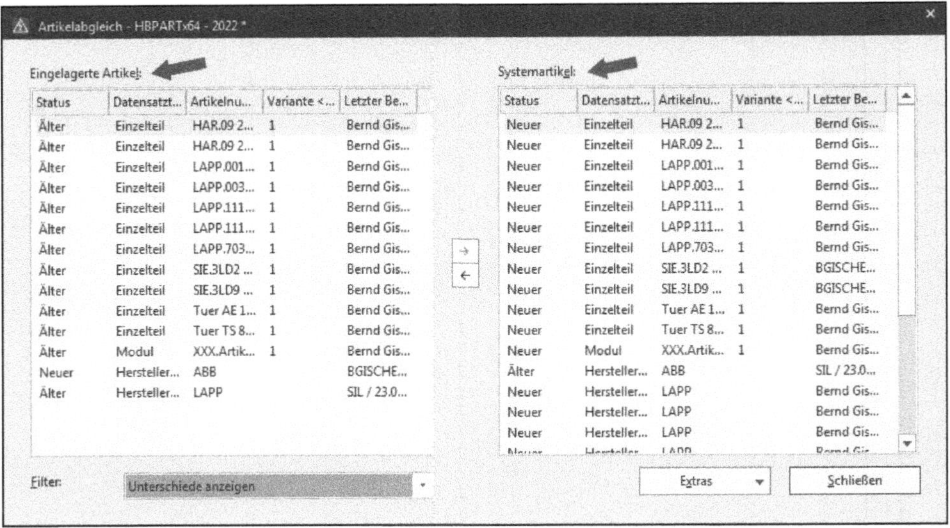

Bild 8.66 Dialog Artikelabgleich

Fenster Eingelagerte Artikel: Hier wird eine Auflistung der im Projekt verwendeten Artikel dargestellt. Neben den Spalten *Artikelnummer* etc. zeigt die Spalte *Status* die wichtigste Information zum eingelagerten Artikel an. Die folgende Tabelle erläutert einige dieser Einträge.

Status des eingelagerten Artikels	Bedeutung des eingelagerten Artikels
Identisch	Der eingelagerte Artikel ist identisch mit dem in der zentralen Artikelverwaltung vorhandenen Artikel.
Älter	Der eingelagerte Artikel besitzt einen älteren Stand gegenüber dem in der zentralen Artikelverwaltung vorhandenen Artikel. Beispielsweise kann das ein geänderter Lieferant sein.
Neuer	Der eingelagerte Artikel besitzt einen neueren Stand gegenüber dem in der zentralen Artikelverwaltung vorhandenen Artikel. Beispielsweise kann das eine technische Kenngröße sein, die am Artikel in der zentralen Artikelverwaltung fehlt.
Nur im Projekt	Der eingelagerte Artikel ist nur im Projekt vorhanden und fehlt in der zentralen Artikelverwaltung.

Fenster Systemartikel: Hier wird eine Auflistung aller Artikel angezeigt, die in der zentralen Artikelverwaltung vorhanden sind. Neben den Spalten *Artikelnummer* etc. zeigt die Spalte *Status* die wichtigste Information zum eingelagerten Artikel an. Die folgende Tabelle erläutert einige dieser Einträge.

Status des Systemartikels	Bedeutung des Systemartikels
Identisch	Der Systemartikel ist identisch mit dem im Projekt eingelagerten Artikel.
Neuer	Der Systemartikel besitzt einen neueren Stand gegenüber dem im Projekt vorhandenen Artikel.
Älter	Der Systemartikel besitzt einen älteren Stand gegenüber dem im aktuellen Projekt vorhandenen Artikel. Diese Artikel lassen sich aber aus Gründen des Datenschutzes der zentralen Artikelverwaltung nicht überschreiben bzw. abgleichen.
Nicht eingelagert	Der Systemartikel ist nur in der zentralen Artikelverwaltung vorhanden.

As diesen Statusmeldungen kann man im Groben sehen, welche Artikeldaten nicht aktuell sind, und diese dann entsprechend abgleichen. Da das aber unter Umständen bei sehr vielen Artikeln recht mühselig sein kann, hat EPLAN eine Filterauswahlliste mit in den Dialog eingebaut, die einem diese Arbeit abnimmt (Bild 8.67).

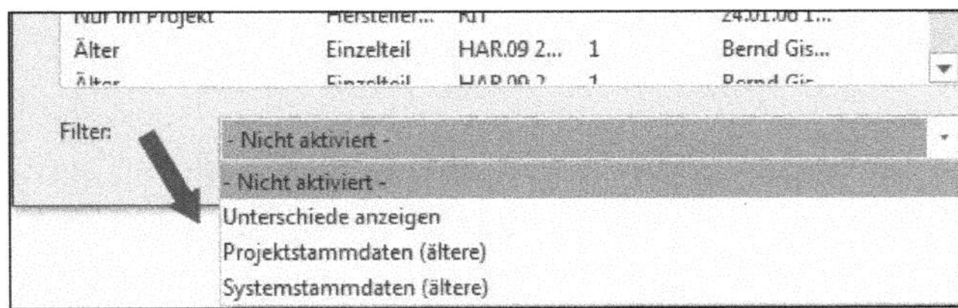

Bild 8.67 Filter Unterschiede Artikeldaten

Je nach Anforderung kann einfach der entsprechende Eintrag aus der Auswahlliste gewählt werden. Der Filter ist nach der Auswahl dann direkt aktiv (Bild 8.68).

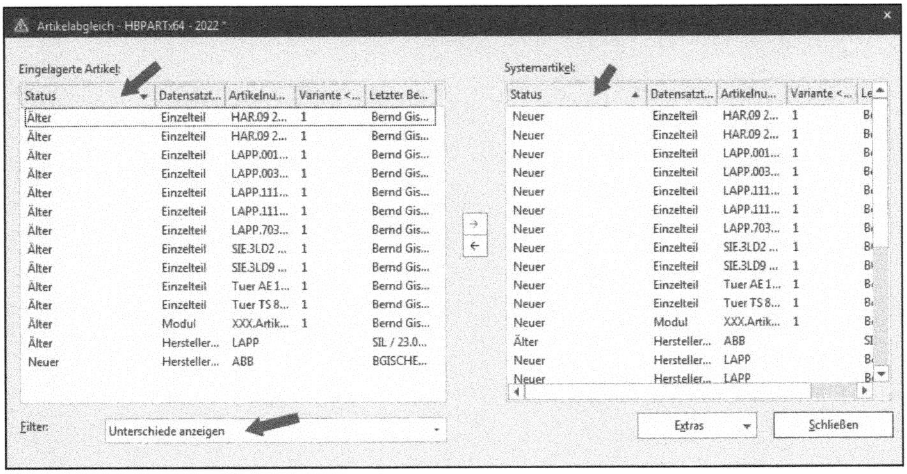

Bild 8.68 Filter Unterschiede anzeigen aktiviert

Mit den beiden Buttons in der Mitte des Dialogs ARTIKELABGLEICH können die Artikel, nachdem sie markiert wurden, abgeglichen werden (Bild 8.69).

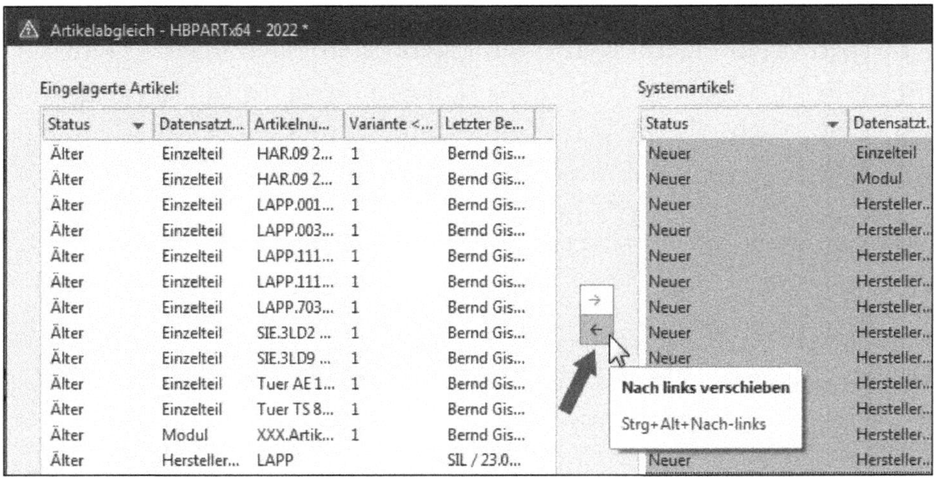

Bild 8.69 Artikeldaten abgleichen

Wurde der Button betätigt, „schiebt" EPLAN die neueren Artikel in das Projekt und gleicht die Artikeldaten neu ab. Es ist auch mit dieser Funktionalität möglich, Artikel, die es nur im Projekt gibt, in die zentrale Artikelverwaltung zu „schieben" (Bild 8.70). EPLAN erzeugt nach dem Verschieben die Artikel neu in der Artikeldatenbank mit den Informationen, die der Projektartikel enthält.

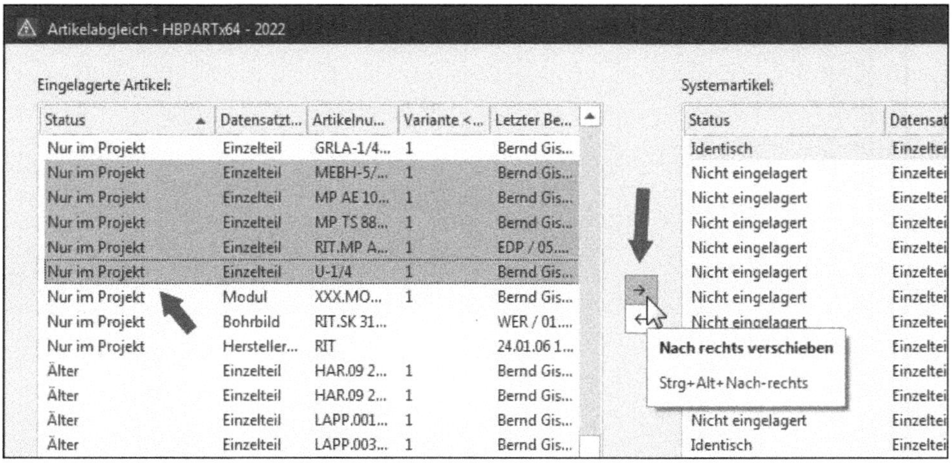

Bild 8.70 Projektartikel in die zentrale Artikelverwaltung einlagern

HINWEIS: Befinden sich im Projekt Artikel mit dem Status „Neuer" gegenüber dem Artikel in der Artikelverwaltung, ist es nicht möglich, diese Artikel in die zentrale Artikelverwaltung zu übertragen.

Button Extras

Wird der Button EXTRAS angeklickt, öffnet sich ein weiteres Menü (Bild 8.71). Der Menüpunkt AKTUELLES PROJEKT AKTUALISIEREN bringt veraltete, im Projekt eingelagerte Artikel automatisch per einfachem Mausklick auf den neusten Stand. Der Menüpunkt AKTUELLES SYSTEM VERVOLLSTÄNDIGEN überträgt alle Artikel, die sich nur im Projekt, aber nicht in der Systemartikelverwaltung befinden, per einfachem Mausklick in die Artikelverwaltung.

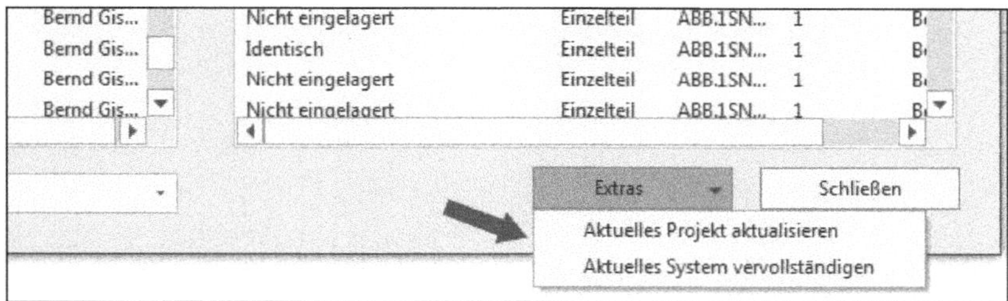

Bild 8.71 Menü Extras

8.2.2 Aktuelles Projekt aktualisieren

Wird der Menüpunkt STAMMDATEN/ARTIKEL/AKTUELLES PROJEKT AKTUALISIEREN angewählt, startet EPLAN direkt ohne weitere Abfrage die Überprüfung der Artikeldaten (Bild 8.72).

HINWEIS: Da es hier keine weitere Abfrage gibt, ist diese Funktion mit Vorsicht zu genießen.

EPLAN durchsucht mit dieser Funktion das aktuelle Projekt. Wenn EPLAN Artikeldaten findet, die älter als die Artikeldaten im System sind, werden diese automatisch ersetzt.

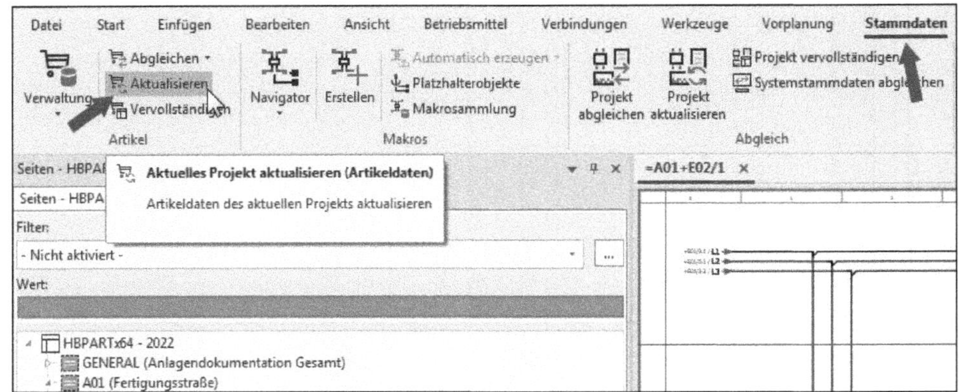

Bild 8.72 Menüaufruf Projekt aktualisieren

8.2.3 Aktuelles Projekt vervollständigen

Wird der Menüpunkt STAMMDATEN/ARTIKEL/AKTUELLES PROJEKT VERVOLLSTÄNDIGEN angewählt, startet EPLAN ebenfalls sofort die Überprüfung (Bild 8.73). EPLAN durchsucht mit dieser Funktion das Projekt nach fehlenden Artikeldaten. Fehlende Artikeldaten können entstehen, wenn an Hauptfunktionen schon Artikelnummern eingetragen wurden und diese Artikel erst später in der zentralen Artikelverwaltung angelegt werden.

HINWEIS: Da es keine weitere Abfrage von EPLAN gibt, ist diese Funktion mit Vorsicht zu genießen.

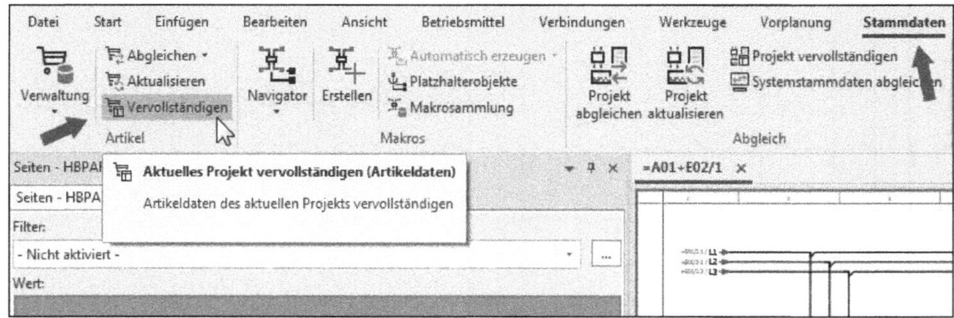

Bild 8.73 Menüaufruf Projekt vervollständigen

8.2.4 Eingelagerte Eigenschaften löschen

Wird der Menüpunkt DIENSTPROGRAMME/ARTIKEL/EINGELAGERTE EIGENSCHAFTEN LÖSCHEN... angewählt, startet EPLAN den Dialog EINGELAGERTE EIGENSCHAFTEN LÖSCHEN (Bild 8.74 und Bild 8.75). Mit dieser Funktion ist es möglich, Artikeleigenschaften aus dem Projekt zu löschen. Je nach Markierung kann die Funktion über das gesamte Projekt, einzeln markierte Seiten oder auch mit einzelnen Funktionen (Objekten) auf einer Seite durchgeführt werden.

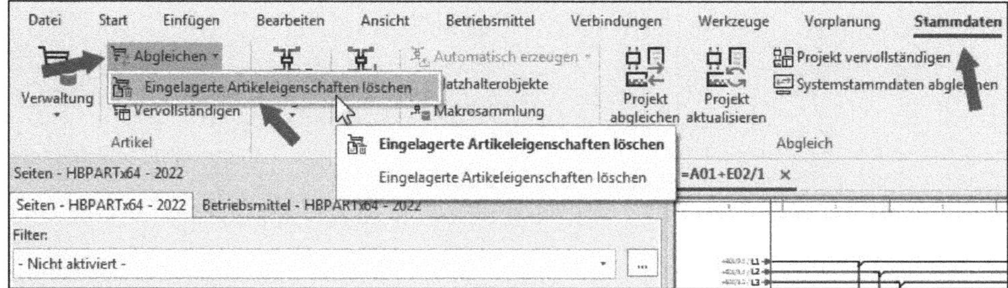

Bild 8.74 Menüaufruf

EPLAN startet nach dem Menüaufruf den Dialog EINGELAGERTE ARTIKELEIGENSCHAFTEN LÖSCHEN mit der bekannten Schema-Technik (Bild 8.75). In der Auswahlliste kann nun ein geeignetes Schema gewählt, importiert oder ein neues Schema erstellt werden.

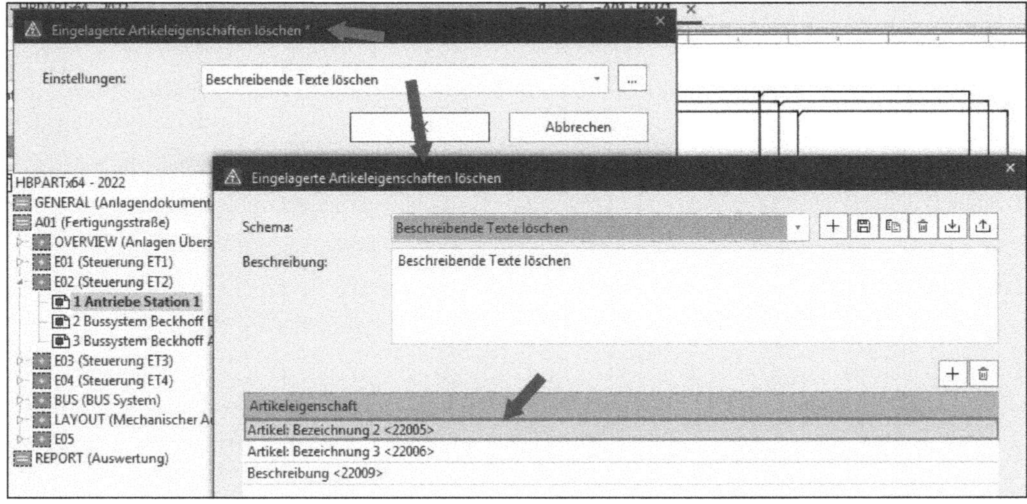

Bild 8.75 Auswahl Schema

Nach der Auswahl des Schemas wird der Dialog mit dem Klick auf den Button OK geschlossen. EPLAN löscht bzw. entfernt die gewählten Eigenschaften an den im Projekt eingelagerten Artikeln.

Welche der Artikeleigenschaften über diesen Menüpunkt löschbar sind, geht aus dem Dialog EIGENSCHAFTSAUSWAHL für ein Schema hervor (Bild 8.76).

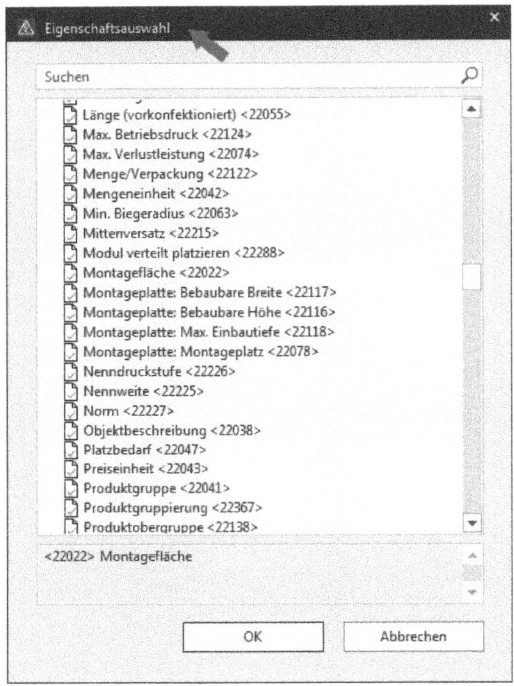

Bild 8.76
Auswahl Eigenschaften für das Schema

Es folgt eine kleine alphabetische Auflistung möglicher Artikeleigenschaften, die zur Auswahl stehen:

- **Abstand Boden**, Abstand Dach, Abstand Rückwand, Abstand Seitenwand, Abstand bei Anreihung, Abstand der Schienen, Abstand der Schienen von der Montageplatte, Adressbereich, Anschlussbezeichnung am Artikel, Anschlussquerschnitt, Anzahl der Schienen, Artikel: Bezeichnung 1 bis 3, Attribute [1] bis [6], Aufklipshöhe, Aufreihbar, Auslaufartikel, Auslösestrom, Außendurchmesser
- **Baugruppe verteilt platzieren**, Beschaffung, Beschreibung, Bestellnummer, Betriebsdruck, Bilddatei, Bohrbild, Breite, Breite Profil vertikal, Breite oben, Breite unten, Bus-Koppler, Bus-Verteiler, Bündeldurchmesser maximal, Bündeldurchmesser minimal

- **CPU**
- **Durchfluss**
- **ERP-Nummer**, Eigensicher, Einbauabstand Breite links, Einbauabstand Breite rechts, Einbauabstand Höhe oberhalb, Einbauabstand Höhe unterhalb, Einbauabstand Tiefe hinten, Einbauabstand Tiefe vorne, Eindeutige Artikel-ID, Einheit für Verbindungsquerschnitt/-durchmesser, Einkaufspreis/Preiseinheit Währung 1, Einkaufspreis/Preiseinheit Währung 2, Einkaufspreis/Verpackung Währung 1, Einkaufspreis/Verpackung Währung 2, Entfernung in X-Richtung des Einfügepunktes der Schiene in Abhängigkeit vom Nullpunkt des Halters, Erstellungsdatum, Externe Platzierung, Externes Dokument 1 bis 3
- **Farbe**, Freie Eigenschaften: Beschreibung [1], Freie Eigenschaften: Einheit [1], Freie Eigenschaften: Wert [1], Funktionsgruppe
- **Geräte-ID/GSD-Dateiname**, Gewerk „Elektrotechnik", Gewerk „Fluid", Gewerk „Hydraulik", Gewerk „Kühlung", Gewerk „Mechanik", Gewerk „Pneumatik", Gewerk „Schmierung", Gewerk „Verfahrenstechnik", Gewicht, Gewicht (kg/km), Grafikmakro (inkl. Verzeichnis), Gruppennummer
- **Halteleistung**, Hersteller, Höhe, Höhe Profil quer
- **Kabellänge**, Kennbuchstabe, Klemmen: AWG bis, Klemmen: AWG von, Klemmen: Querschnitt bis, Klemmen: Querschnitt von, Klemmen: Spannung IEC, Klemmen: Spannung UL, Klemmen: Strom IEC, Klemmen: Strom UL, Kupferzahl, Kurzschlussfest
- **Lebensdauer**, Lieferant, Lieferlänge
- **Makro**, Menge/Verpackung, Mengeneinheit, Min. Biegeradius, Mittenversatz, Montagefläche, Montageplatte: Bebaubare Breite, Montageplatte: Bebaubare Höhe, Montageplatte: Max. Einbautiefe, Montageplatte: Montageplatz
- **Objektbeschreibung**
- **Platzbedarf**, Preiseinheit, Produktgruppe, Produktobergruppe, Produktuntergruppe
- **Rabatt**, Regelbereich
- **SPS-Typbezeichnung**, Schaltleistung, Spannung, Spannungsart, Spannungsversorgung, Stecker: Anschlusstechnik, Stecker: Anzahl Steckerkontakte, Stecker: Steckerkontaktart, Strom, Symbolbibliothek, Symbolnummer
- **Technische Kenngrößen**, Teileart, Tiefe, Tiefe Boden, Tiefe Dach, Tiefe Profil quer, Tiefe Profil vertikal, Tiefe Rückwand, Tiefe Seitenwand, Typbezeichnung, Typnummer, Tür: Bebaubare Breite, Tür: Bebaubare Höhe, Tür: Max. Einbautiefe, Tür: Montageplatz, Tür: Scharnier L oder R (links oder rechts), Tür: Typ, Tür: Wandstärke, Türfalz, Türöffnung Versatz oben, Türöffnung Versatz rechts

- **Verbindungsanzahl**, Verbindungsquerschnitt/-durchmesser, Verkaufspreis Währung 1, Verkaufspreis Währung 2, Verlustleistung
- **Wandstärke**
- **Zertifizierung**: CE-Kennung, Zubehör
- **Überstand Boden hinten**, Überstand Boden links, Überstand Boden rechts, Überstand Boden vorne, Überstand Dach hinten, Überstand Dach links, Überstand Dach rechts, Überstand Dach vorne, Überstand Rückwand links, Überstand Rückwand oben, Überstand Rückwand rechts, Überstand Rückwand unten, Überstand Seitenwand hinten, Überstand Seitenwand oben, Überstand Seitenwand unten, Überstand Seitenwand vorne

8.3 EPLAN Data Portal (über ePULSE Dashboard)

In den vorangegangenen Abschnitten wurde bereits auf die Notwendigkeit korrekter Funktionsschablonen (d. h. der einzelnen Funktionsdefinitionen von Geräten), der Geräteauswahl oder fertiger Makros hingewiesen. Funktionsschablonen sind ein Dreh- und Angelpunkt beim Arbeiten mit EPLAN Electric P8. Die eigenen Artikel können mit diesen weiterführenden Informationen gefüllt werden, oder es wird die Lösung genutzt, die das EPLAN Data Portal anbietet.

8.3.1 Welche Vorteile bringt das EPLAN Data Portal?

Das EPLAN Data Portal stellt online Artikeldaten bereit, die während der bzw. zur späteren Projektierung genutzt werden können. Diese Artikeldaten werden im Normalfall vom Hersteller bereitgestellt, durchlaufen eine Eingangskontrolle durch EPLAN (wobei EPLAN als Softwarehersteller nicht die Richtigkeit der von den Herstellern angebotenen Daten im vollen Umfang prüfen kann) und werden abschließend im EPLAN Data Portal online gestellt. Der Anwender kann also Artikel (Geräte, Makros etc.) aus dem EPLAN Data Portal direkt nutzen, ohne sie in der eigenen Artikelverwaltung anlegen oder erstellen zu müssen.

8.3.2 Nutzungsvoraussetzungen

Um das EPLAN Data Portal nutzen zu können, muss ein gültiger Softwarewartungsvertrag vorliegen, und der Anwender muss sich in ePULSE angemeldet haben. Mit den Daten aus dem Vertrag kann das EPLAN Data Portal beliebig genutzt werden.

EPLAN unterscheidet je nach Stufe des Softwarewartungsvertrags zwischen bestimmten Nutzergruppen, aber das spielt für die Benutzung des EPLAN Data Portals keine große Rolle. Wie immer gilt: Je umfangreicher ein Softwarewartungsvertrag, umso größer sind die Möglichkeiten, das EPLAN Data Portal zu nutzen.

8.3.3 Vor dem ersten Start

Um das EPLAN Data Portal nutzen zu können, ist es vorab notwendig, ein ePULSE-Konto einzurichten. Nach dessen Einrichtung wird ePULSE gestartet (Menü ePULSE/EPLAN ePULSE Dashboard).

EPLAN startet das Dashboard mit den entsprechenden Einträgen unter anderem auch mit dem Data Portal (Bild 8.77 und Bild 8.78).

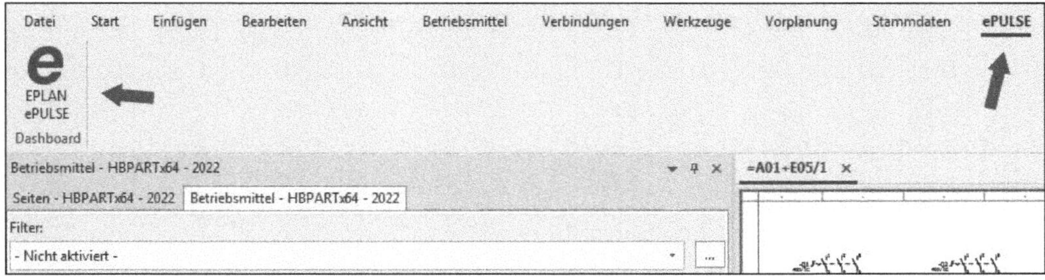

Bild 8.77 EPLAN ePULSE Dashboard

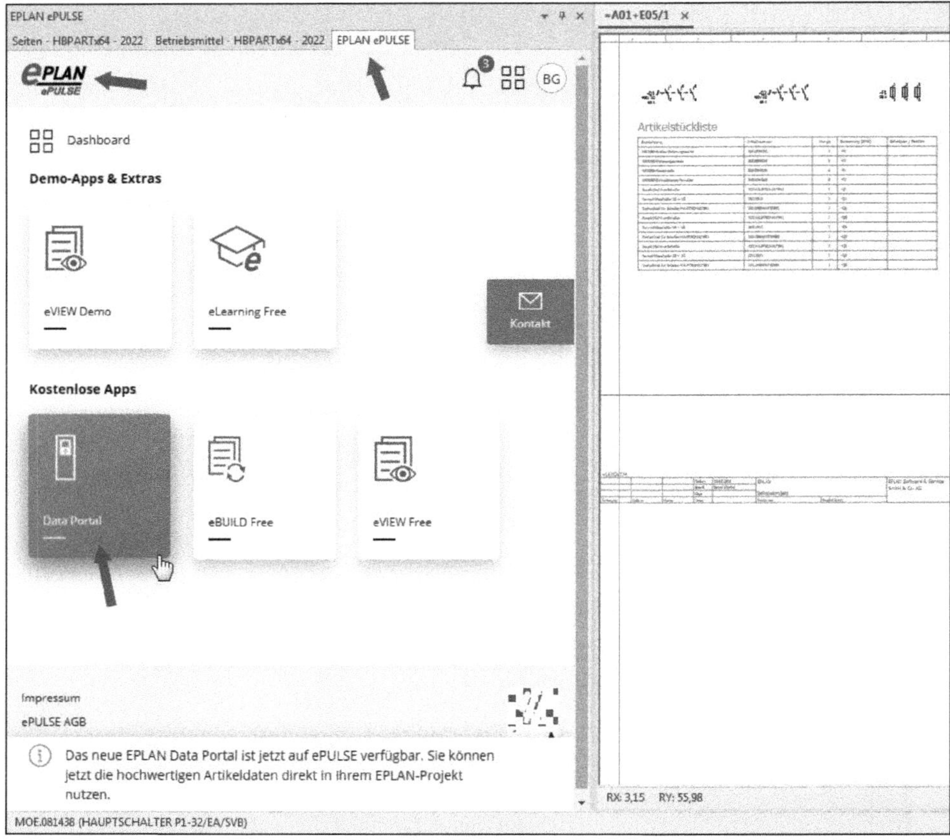

Bild 8.78 Menüaufruf des Data Portal

8.3.4 Data Portal-Navigator

Der Data Portal-Navigator ist der Dreh- und Angelpunkt des EPLAN Data Portals (Bild 8.79). Der Navigator lässt sich, wie in EPLAN üblich, beliebig an- bzw. abdocken (Bild 8.80). Er kann frei platziert oder an einer ebenso beliebigen Stelle angedockt werden wie beispielsweise im Projekt-Navigator mit den anderen Navigatoren.

Im Dialog des Navigators befinden sich unterhalb des Logos die Navigationsleiste bzw. rechts daneben weitere Schaltflächen mit Buttons für die Funktionen, wie SUCHFUNKTION oder die ONLINE-HILFE (Bild 8.81).

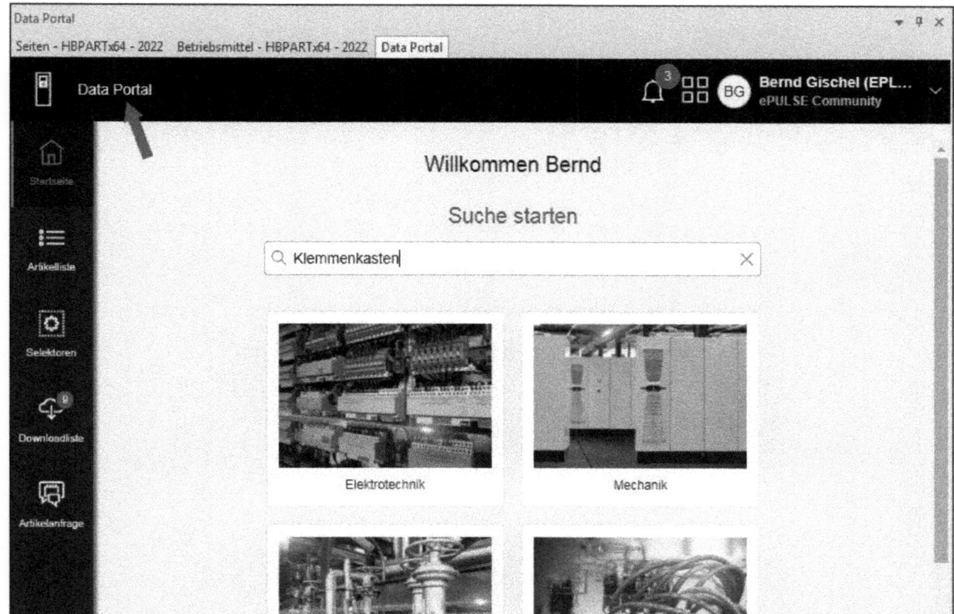

Bild 8.79 Menüaufruf des Data Portal-Navigators

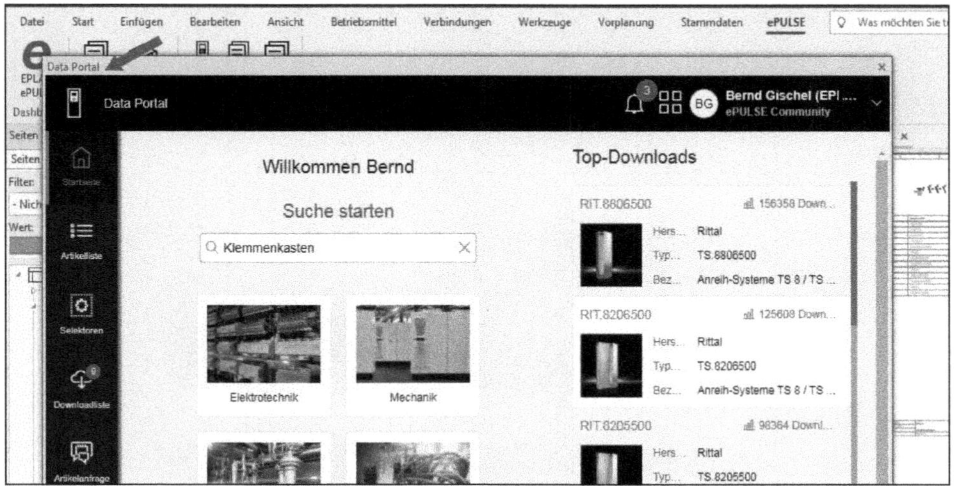

Bild 8.80 Abgedockter Data Portal-Navigator

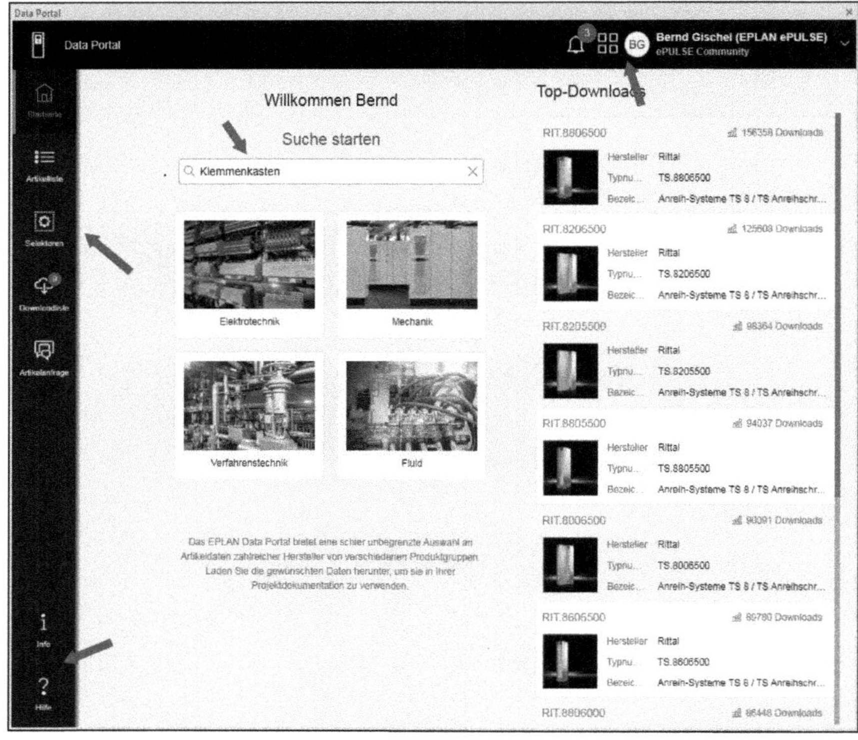

Bild 8.81 Navigations- bzw. Symbolleiste des Data Portal-Navigators

8.3.5 Funktionsweise des EPLAN Data Portals

Wie funktioniert das EPLAN Data Portal? Mit dem Portal können während der Projektierung fehlende Artikeldaten oder auch Makros auf den Stromlaufplanseiten und/oder in die Artikelverwaltung eingefügt werden.

HINWEIS: Das gilt natürlich nur, wenn die fehlenden oder zu suchenden Daten sich auch im Data Portal befinden.

8.3.6 Artikeldaten aus dem Portal einfügen

Anhand eines kleinen Beispiels soll gezeigt werden, wie ein Gerät im Portal gesucht und dann in die geöffnete Projektseite eingebunden wird. Voraussetzung: Der Data Portal-Navigator wurde gestartet. Anschließend wird in die Suchfunktion im Data Portal ein entsprechender Begriff eingegeben. EPLAN öffnet während der Eingabe schon Suchvorschläge. Wenn schon passend, können diese direkt mit der linken Maustaste übernommen werden. Mit ENTER wird die Suche gestartet (Bild 8.82).

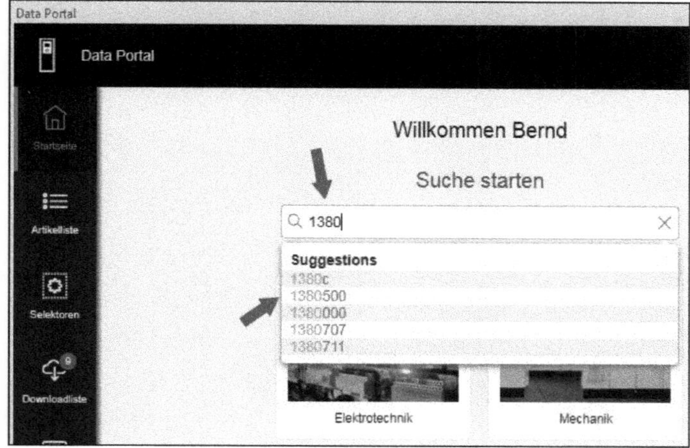

Bild 8.82 Funktion Suche

Findet EPLAN Artikel, die zum Suchausdruck passen, listet sie das Data Portal in einer Übersicht auf (Bild 8.83). Die Liste enthält neben den Kopfdaten, wie Hersteller, Untergruppe, Sprachen und Merkmale, die eigentlichen, durch die Suche gefundenen Artikel. Zur Liste gehören neben den eigentlichen Geräten und deren Artikelnummern noch weitere Informationen, wie Typ- und Bestellnummer oder eine Bezeichnung.

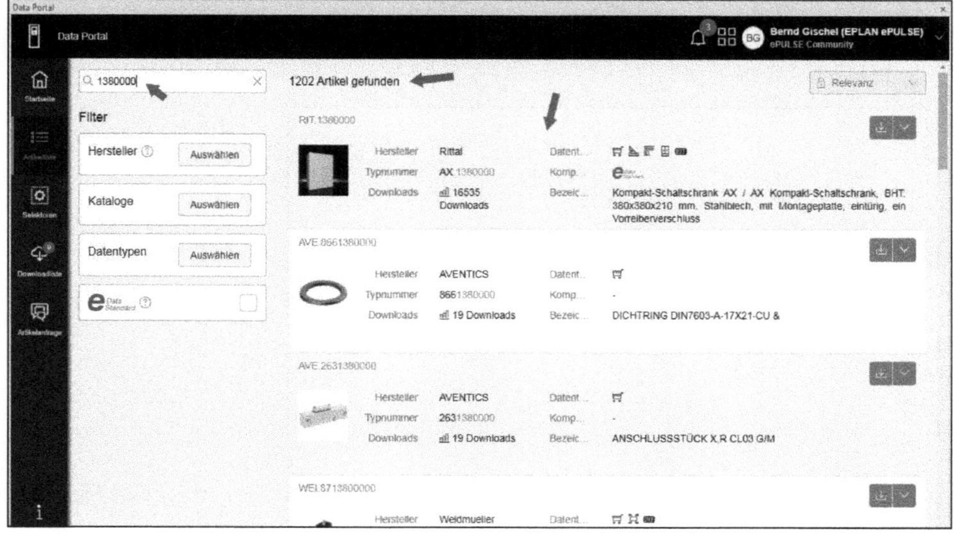

Bild 8.83 Auflistung gefundener Artikel

Die Suche kann von vornherein auf bestimmte Merkmale beschränkt werden (Hersteller, Kataloge, Datentypen oder eData Standard). Dazu wird auf der linken Seite einer der möglichen Filter inklusive der darin enthaltenen Filtermöglichkeiten gewählt (Bild 8.84). Diese Filtermöglichkeiten können auch immer (also auch später) auf die aktuellen Suchergebnisse angewendet werden.

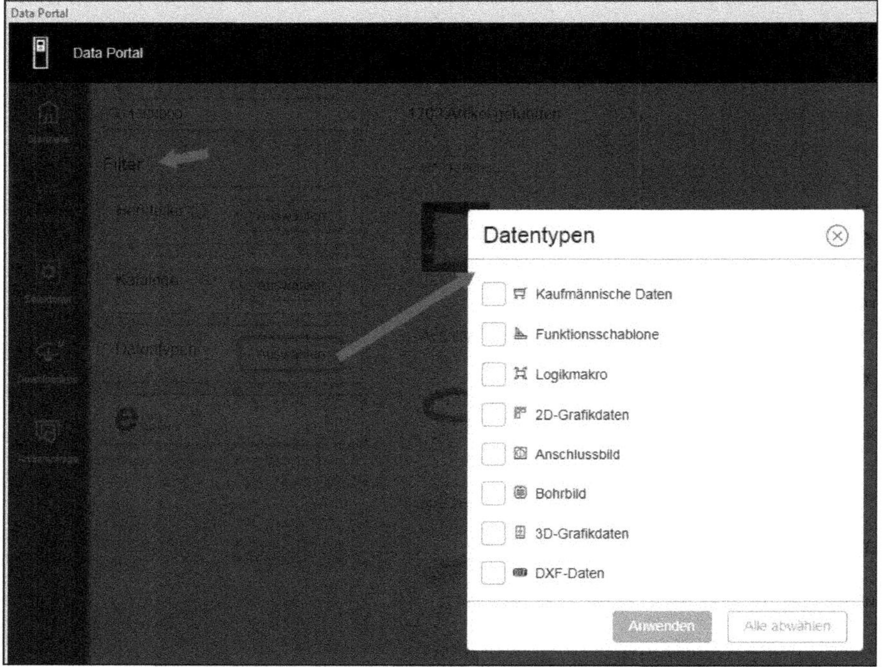

Bild 8.84 Mögliche Einschränkungen der Suche

HINWEIS: Die Suchergebnisse sind immer abhängig davon, wie die Suche, inklusive diverser Suchkriterien, eingestellt wurde bzw. welche Daten im EPLAN Data Portal bereits vorhanden sind (Bild 8.85).

Die gefundenen Geräte können jetzt direkt in die Projektierung übernommen oder zur späteren Bearbeitung in eine Downloadliste eingetragen werden (Bild 8.86).

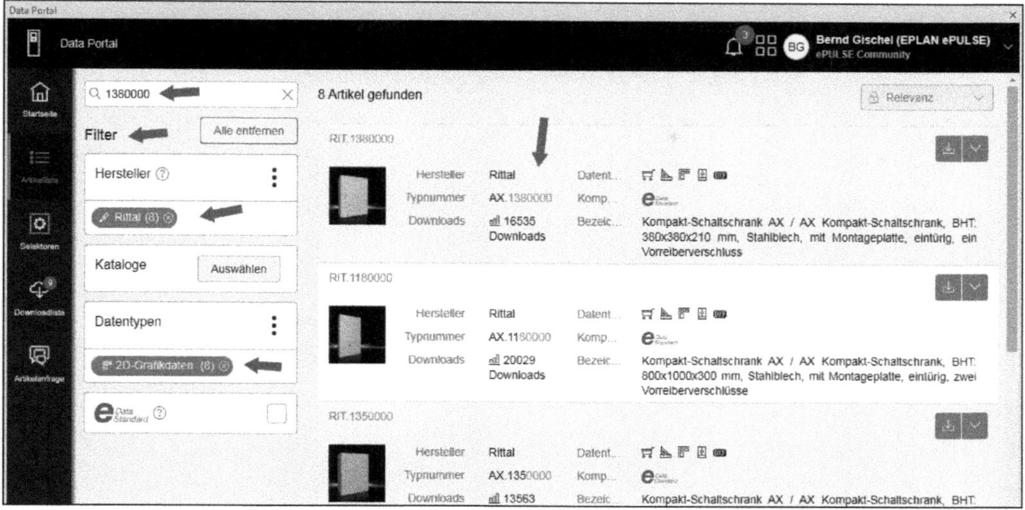

Bild 8.85 Suchergebnisse über Filter gesteuert

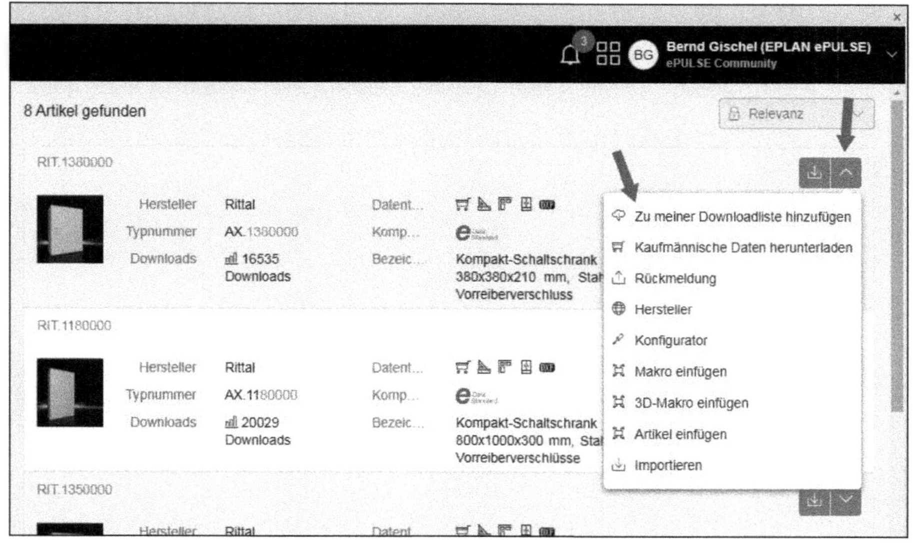

Bild 8.86 Weitere Funktionen für Suchergebnisse

Je nach Makroausführung können sich in diesem Makro noch weitere Varianten befinden. Dazu drücken Sie einfach die TAB-Taste. EPLAN wechselt nun im Makro die Varianten und bietet sie zum Platzieren auf die Projektseite an (Bild 8.87 und Bild 8.88).

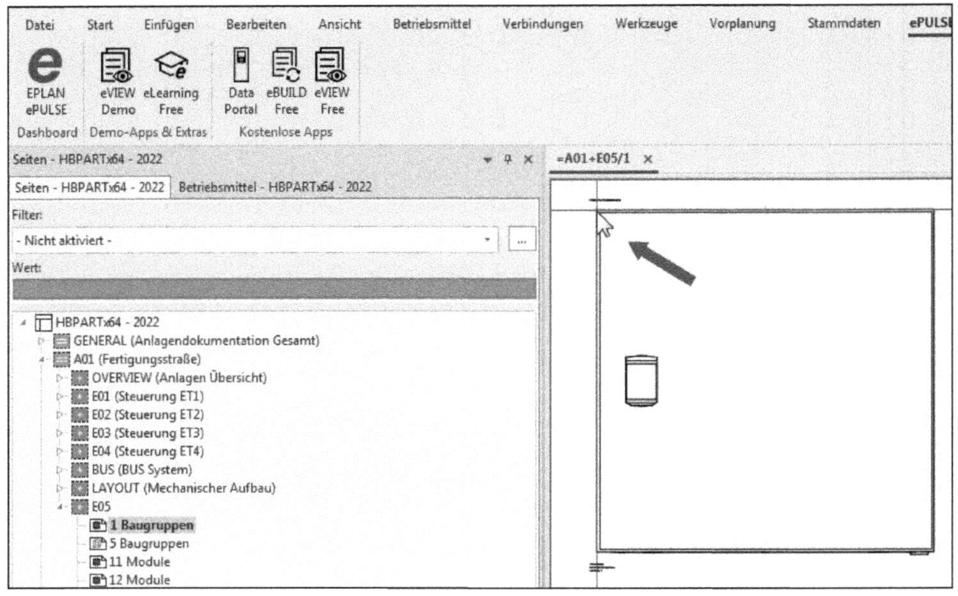

Bild 8.87 Ausgewähltes Makro direkt im grafischen Editor platzieren (Makro einfügen)

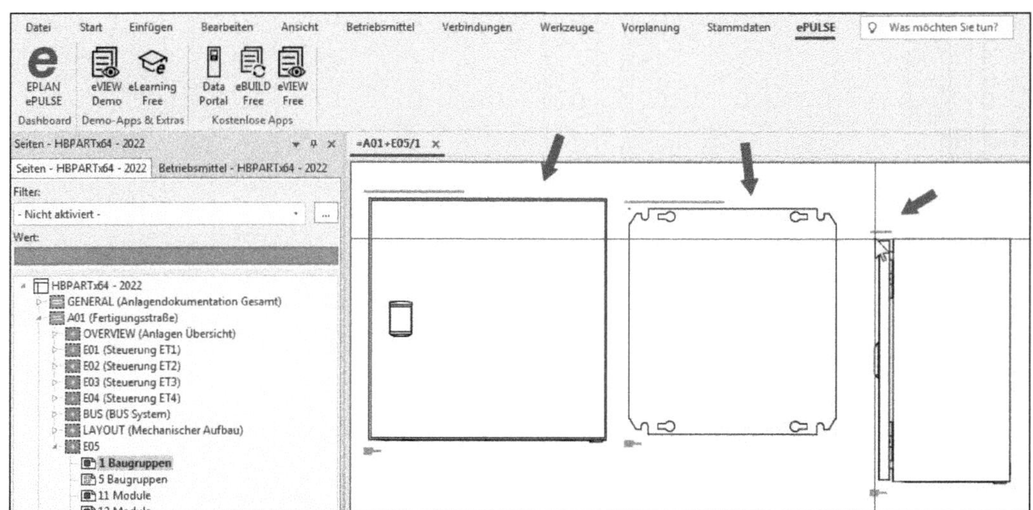

Bild 8.88 Weitere Makrovarianten platzieren

Die Downloadliste selbst wird am linken Rand mit dem Button DOWNLOADLISTE geöffnet (Bild 8.89).

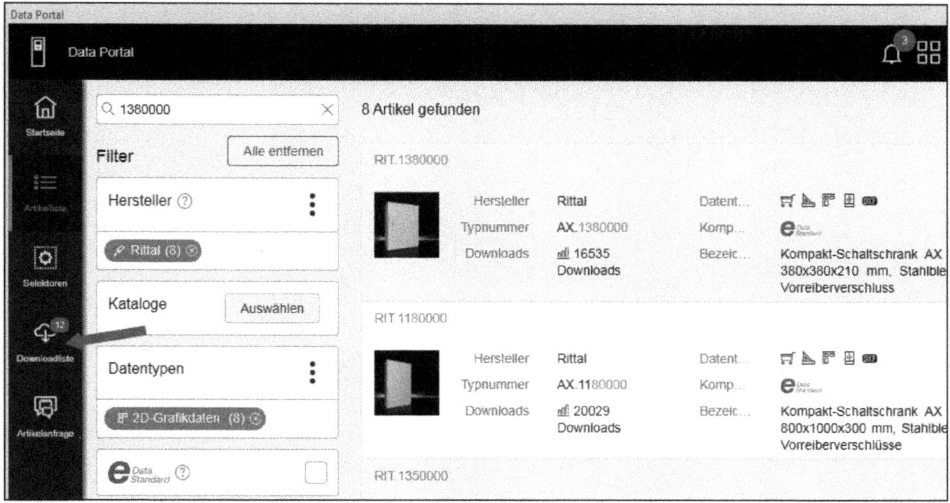

Bild 8.89 Downloadliste öffnen

Wird der Button betätigt, werden die markierten/gewählten Artikeldaten in den Dialog ARTIKELIMPORT übertragen (Bild 8.90 und Bild 8.91).

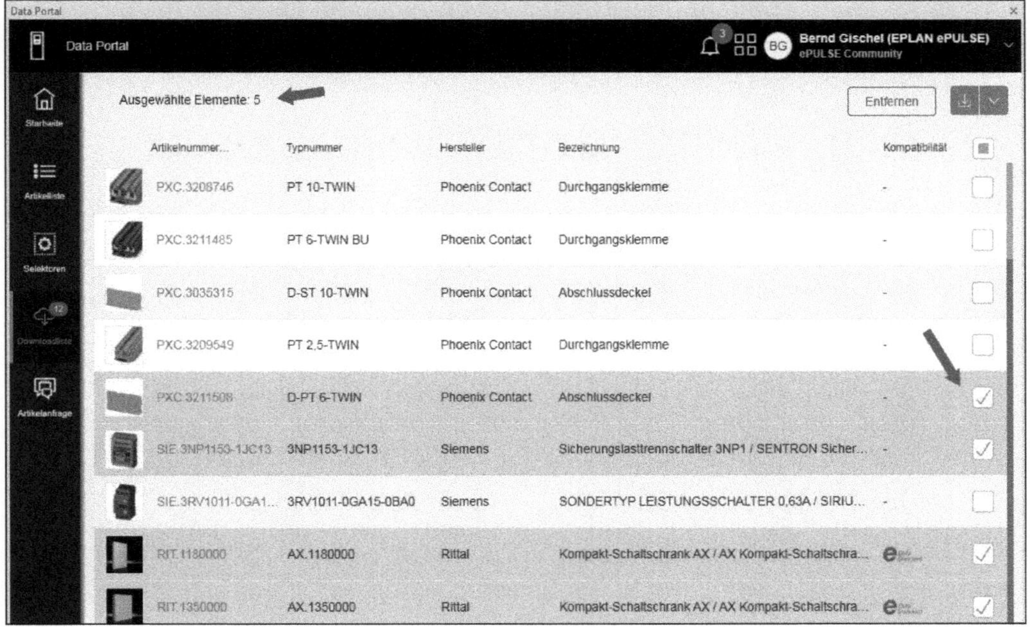

Bild 8.90 Artikel markieren und importieren

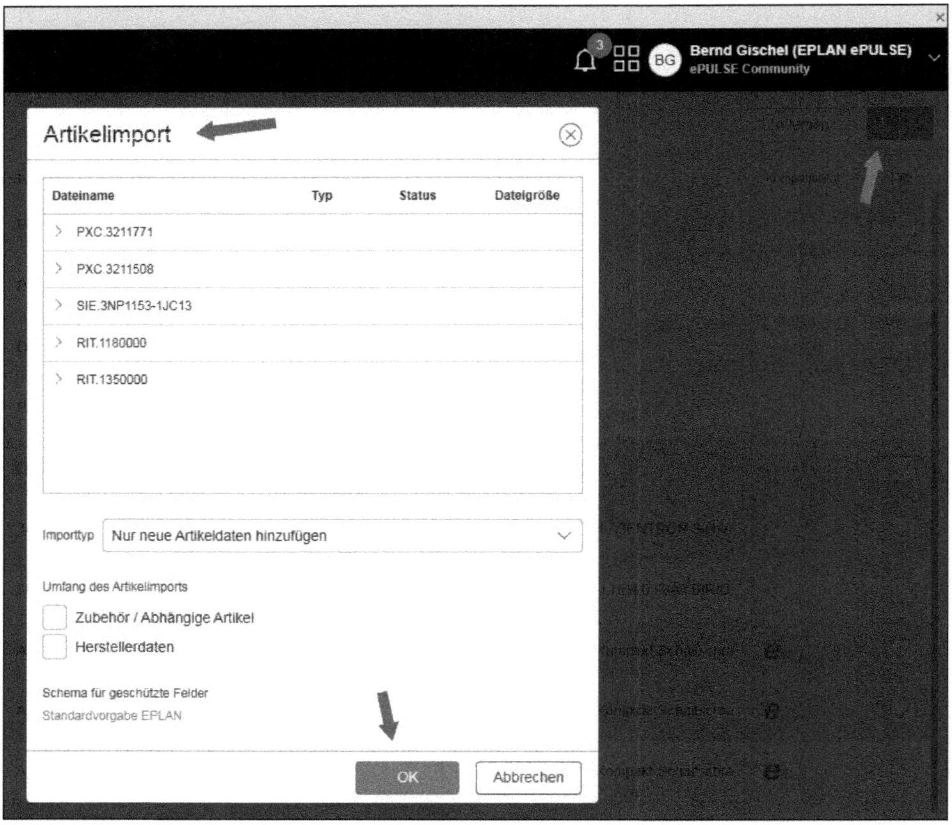

Bild 8.91 Artikel zum Importieren in die Artikelverwaltung vorbereiten

In diesen Dialog können nun mit dem Klick auf den Button OK die Daten zum Download vorbereitet werden. EPLAN startet anschließend den Download und überträgt die Daten, je nach Auswahl des Importtyps, zum späteren Importieren in die Artikelverwaltung.

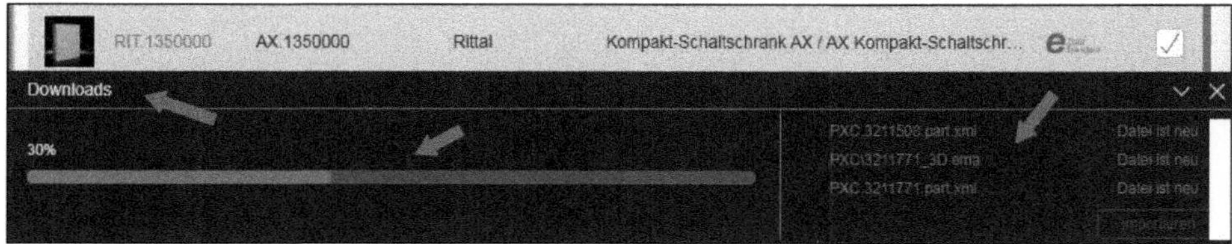

Bild 8.92 Die Artikeldaten werden heruntergeladen.

Mit dem Klick auf den Button IMPORTIEREN (Bild 8.93) werden die Artikeldaten endgültig in die Artikelverwaltung geschrieben (übertragen). Den erfolgreichen Import zeigt EPLAN mit einer Meldung an (Bild 8.94). Damit wäre ein Artikelimport abgeschlossen.

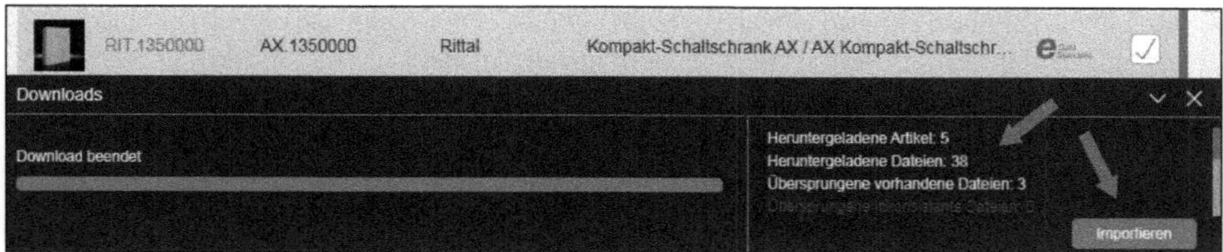

Bild 8.93 Artikeldaten in die Artikelverwaltung importieren

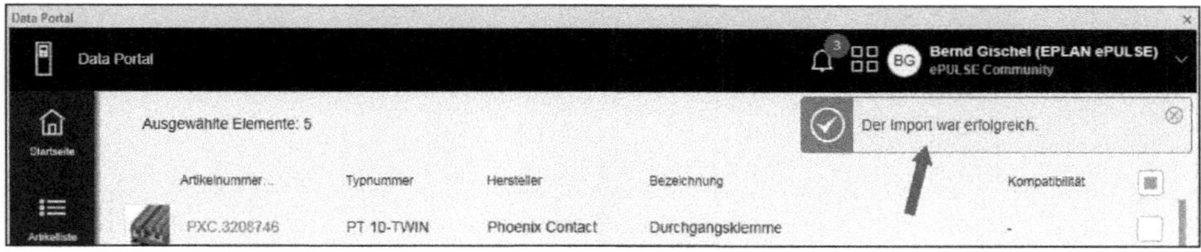

Bild 8.94 Erfolgsmeldung

9 Auswertungen für Artikel

Dieses Kapitel beschäftigt sich mit den Auswertungen von Artikeln und deren Daten: Welche Auswertungen gibt es? Welche Einstellungen werden wo für die Auswertungen gebraucht? Wie wende ich Vorlagen und Auswertungen am effektivsten an und wo liegen die Vorteile für den Anwender?

Im Menü WERKZEUGE/ERZEUGEN befinden sich die entsprechenden Funktionen, um grafische Auswertungen, wie Betriebsmittellisten oder Artikelstücklisten, zu generieren (Bild 9.1).

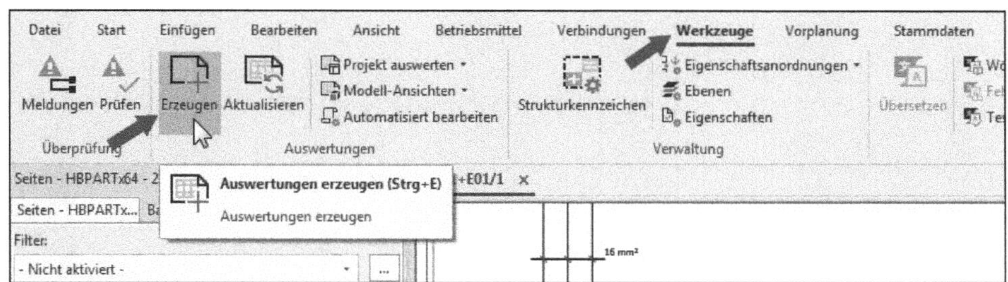

Bild 9.1 Auswertungen erzeugen

Mit dem Menüpunkt DATEI/EXPORTIEREN/FERTIGUNGSDATEN/BESCHRIFTUNGEN ist es dem Anwender möglich, diverse Auswertungen, wie Artikelsummenstücklisten, beispielsweise in ein Excel-Format zu exportieren (Bild 9.2). Damit bietet EPLAN dem Anwender die Möglichkeit, interne Ausgaben (Grafikausgaben für die Projektdokumentation) zu erzeugen und die ausgewerteten Daten in ein Fremdformat (Excel, Textformat etc.) zu übergeben, zum Beispiel für die Weitergabe der erzeugten Daten aus dem Stromlaufplan.

Grafische Auswertungen zu erzeugen ist aber nur eine Möglichkeit, die EPLAN bietet. Da man die erzeugten Daten zwar extern über die eben genannte Funktion *Beschriftungen (exportieren)* nachbearbeiten kann, diese aber anschließend nicht mehr mit dem EPLAN-Projekt und dessen geänderten Daten abgleichen kann, wurde ein zusätzlicher Funktionsumfang eingebaut, um Eigenschaften zu exportieren, diese dann außerhalb von EPLAN zu bearbeiten und wieder in das EPLAN-Projekt einzulesen.

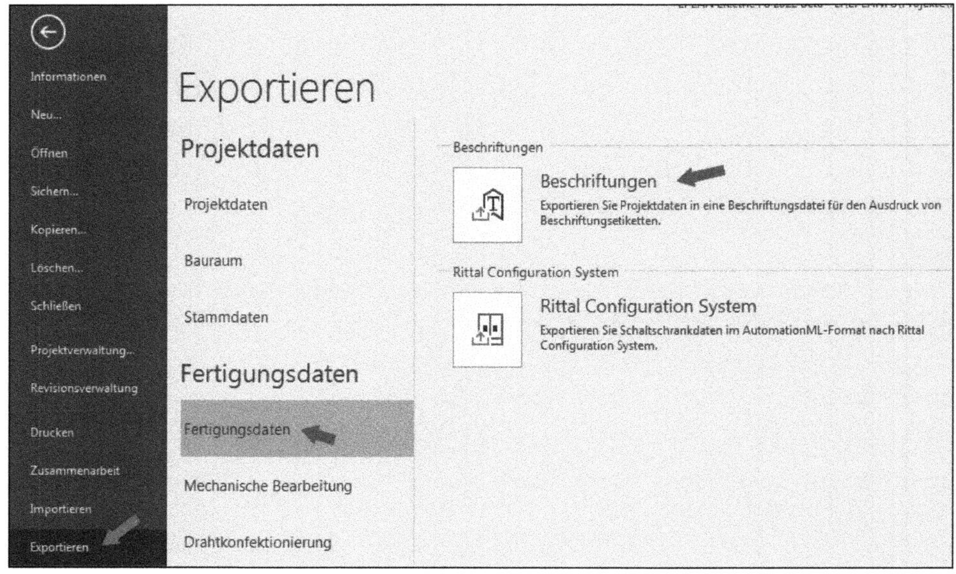

Bild 9.2 Fertigungsdaten (Beschriftungen) exportieren

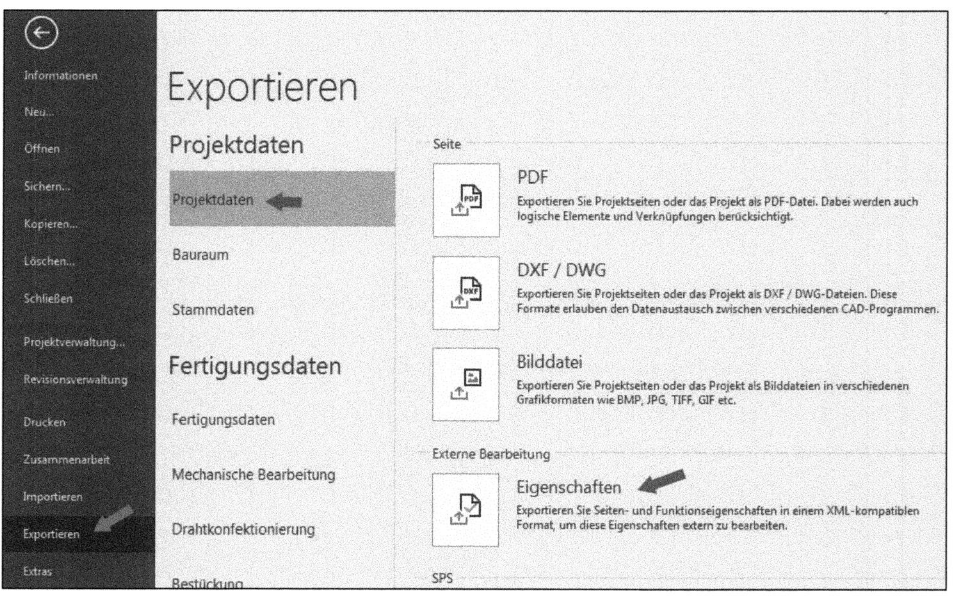

Bild 9.3 Menü Eigenschaften extern bearbeiten

Im Menü Datei/Exportieren/Projektdaten/Eigenschaften verbergen sich viele Möglichkeiten, um Eigenschaften zum Beispiel in Excel nachzubearbeiten und anschließend diese extern geänderten Daten wieder in das EPLAN-Projekt zu importieren (Bild 9.3). Auf diese Weise werden die Daten im Projekt durch EPLAN automatisch geändert, ohne dass man diese Änderungen in EPLAN selbst durchführen muss.

9.1 Was sind Auswertungen?

Auswertungen sind ausgewählte Projektdaten, die in grafischer Form auf neu erstellten Projektseiten z. B. eine Artikelstückliste ausgeben (interne Auswertung) oder Daten in eine Textdatei (externe Auswertung) schreiben können.

Daneben hält EPLAN noch eine besondere Form der Auswertung bereit. Es ist möglich, beispielsweise eine Stückliste als Auswertung direkt auf die Stromlaufplanseite mit den dort verwendeten Artikeln zu platzieren. Diese Art von Auswertung wird als *manuell platziert* bezeichnet und bietet dem Anwender mit der vielseitigen Formulargestaltung viele individuelle Einsatzmöglichkeiten.

Da EPLAN alle Daten online hält und die Verbindungsdaten vor einer Auswertung aktualisiert werden, ist es nicht nötig, dass der Anwender Aktualisierungen vornimmt.

9.2 Auswertungsarten

EPLAN unterscheidet zwischen den normalen Auswertungsseiten, den eingebetteten Auswertungen und den eingefrorenen Auswertungen. Normale Auswertungsseiten werden automatisch – je nach Vorgabe – neu im Projekt angelegt, während eingebettete Auswertungen manuell direkt auf der Seite platziert werden, auf der die Informationen (Artikeldaten etc.) erscheinen sollen. Eingefrorene Auswertungen wurden einmal automatisch erzeugt und dann „eingefroren“, damit diese Auswertungen ab sofort nicht mehr durch EPLAN geändert werden können, weder automatisch noch manuell durch Aktualisieren. Eingefrorene Auswertungen (= die Auswertungsseiten) müssen, wenn sie erneuert werden sollen, gelöscht und neu erzeugt werden.

9.3 Grafische Auswertungstypen (Formulare)

Alle grafischen Auswertungen basieren auf einem bestimmten Auswertungstyp. Jedes Formular hat einen bestimmten Anwendungsbereich von Formulareigenschaften, doch nicht alle Formulareigenschaften sind in jedem beliebigen Formulartyp einsetzbar. Einige ausgewählte Formulareigenschaften können auch in verschiedenen Formularen verwendet werden. Die folgenden Abschnitte listen mögliche Auswertungstypen für die Ausgabe von Artikeldaten mit einer kurzen Beschreibung auf.

EPLAN verwendet für die Auswertungen verschiedene **Auswertungstypen (Formulare)**. Die Auswertungstypen werden grob nach der Extension (Dateiendung) *.fnn unterschieden, wobei *nn* einer laufenden Nummer entspricht.

In diesem Buch werden nur Auswertungen behandelt, die überwiegend für die Ausgabe von Artikeldaten entwickelt worden sind. Weiterführende Informationen zu allen anderen Auswertungen finden Sie in der 6. Auflage des ebenfalls von mir verfassten *Handbuch EPLAN Electric P8* (Carl Hanser Verlag, ISBN 978-3-446-45919-9).

Es existieren folgende mögliche Auswertungen von Artikeldaten:

Beispiel Dateiname/Extension	Auswertungsart/Kurzbeschreibung Standardanwendung
BGI_F01_001.f01	Artikelstückliste; listet alle Artikel einzeln auf
BGI_F02_001.f02	Artikelsummenstückliste; listet die Summe gleichartiger Artikel auf
BGI_F03_001.f03	Betriebsmittelliste; listet die Artikeldaten inklusive weiterer Informationen wie die verwendete Symbolgrafik auf

9.3.1 Artikelstückliste *.f01

Eine Artikelstückliste wie in Bild 9.4 beinhaltet die Aufstellung aller Artikel ohne Bildung von Gesamtsummen. Das Formular entspricht dem einer normalen Einzelstückliste. Eine Besonderheit des Formulars gilt es zu beachten: Artikel mit der Menge „0“ werden standardmäßig erst einmal mit ausgegeben. Zusätzlich werden in den Standardformularen nichtplatzierte Artikel wie Projektartikel aufgelistet. Sollen diese Daten **nicht** mit ausgegeben werden, kann die Ausgabe über einen Filter eingeschränkt werden.

=REPORT+PART/1.a ×

Zur Beachtung: alle Beispiele sind nur Musterdaten und dienen allein zum Zweck und Vo

Artikelstückliste

Bezeichnung	Artikelnummer	Menge	Benennung (BMK)
Endhalter	PXC.3022276	2	=A01+E01-X4
Abschlussdeckel	PXC.3030417	1	=A01+E01-X4
Trennklemme, beidseitig mit Prüfbuchsenschrauben	PXC.3046456	1	=A01+E01-XTR
Endhalter	PXC.3022276	2	=A01+E01-XTR
PROFIBUS-DP/FMS-Buskoppler	BECK.BK3100	1	=A01+E02-A1

Bild 9.4 Beispiel einer Artikelstückliste (Dateiendung *.f01)

9.3.2 Artikelsummenstückliste *.f02

Die Artikelsummenstückliste (Bild 9.5) ist die Ausgabe aller Artikel, aber im Gegensatz zur Artikelstückliste werden hier alle gleichen Artikel als Summe ausgegeben. Das entspricht einer Mengenstückliste.

=REPORT+PARTSUM/3 ×

Zur Beachtung: alle Beispiele sind nur Musterdaten und dienen allein zum Zweck und Vorführung der Beispiele. Sie sind in der

Artikelsummenstückliste

Typnummer	Menge	Bezeichnung	Hersteller Artikelnummer
KL1012	3 Stück	2-Kanal-Digital-Eingangsklemme	BECK BECK.KL1012
KL9190	1 Stück	Busfunktionsklemme	BECK BECK.KL9190
KL2012	2 Stück	2-Kanal-Digital-Ausgangsklemme	BECK BECK.KL2012

Bild 9.5 Beispiel einer Artikelsummenstückliste (Dateiendung *.f02)

Auch für dieses Formular gilt: Artikel mit der Menge „0“ werden standardmäßig mit ausgegeben. Ebenfalls in der Auflistung erscheinen als Voreinstellung für die Standardformulare, die EPLAN mitliefert, nichtplatzierte Artikel. Sollen diese Daten **nicht** mit der Artikelsummenstückliste ausgegeben werden, besteht die Option, die Ausgabe über Filter zu beschränken.

9.3.3 Betriebsmittelliste *.f03

Die Betriebsmittelliste ermöglicht die Ausgabe aller im Projekt verwendeten Betriebsmittel mit ihren Informationen (Bild 9.6). Ob mit oder ohne grafische Darstellung der entsprechenden Schaltzeichen, hängt vom verwendeten Formular bzw. von der Eigenschaft <*13050 Schaltzeichengrafik*> ab. Im Formular werden standardmäßig auch nichtplatzierte Betriebsmittel mit in die Ausgabe aufgenommen, oder es werden entsprechende Filterfunktionen benutzt, um nur die Projektdaten auszugeben, die gewünscht sind.

=REPORT+DEVICE/25 ×

0	1	2	3	4

Zur Beachtung: alle Beispiele sind nur Musterdaten und dienen allein zum Zweck und Vorführung der Beispiele. S

Betriebsmittelliste

Betriebsmittelkennzeichen Artikelnummer Typnummer	Funktionstext Artikelbezeichnung	QVW	Symbol
=A01+E04-X2 PXC.3031238 ST 2,5-PE	Verteilung 24V DC Schutzleiterklemme mit Zugfederanschluss	=A01+E01/1.8	PE
=A01+E05-F1 SIE.3-polige Neozed-Sicherung 25A 3-polige Neozed-Sicherung 25 A kpl.	3-polige Neozed-Sicherung 25 A kpl.	=A01+E05/1.4	1 3 5 2 4 6
=A01+E05-F2 SIE.5SG5700		=A01+E05/31.2	1 3 5

Bild 9.6 Beispiel Betriebsmittelliste (Dateiendung *.f03)

■ 9.4 Einstellungen (Optionen für die Ausgabe)

Bevor Auswertungen für ein Projekt erzeugt werden, sind in der Regel einige Einstellungen notwendig bzw. sollten auf die eigenen Anforderungen abgeändert werden. Diese Einstellungen beziehen sich nur auf die Ausgabe von Daten, wie Formulareinstellungen oder wie EPLAN Pfad-Funktionstexte in den Formularen behandeln soll.

HINWEIS: Es ist nicht notwendig, Auswertungsläufe oder Ähnliches durchzuführen, da EPLAN alle Daten ständig online hält und diese daher aktuell sind. Selbst die Verbindungen werden, bevor EPLAN eine Auswertung erzeugt, vom System automatisch aktualisiert. ■

9.4.1 Projekteinstellung Anzeige/Ausgabe

In den Einstellungen *Anzeige/Ausgabe* werden einige grundlegende Angaben für die grafische Auswertung der Formulare eingestellt (Bild 9.7). Sie haben Einfluss darauf, wie Betriebsmittelkennzeichen in den Auswertungen dargestellt oder ab welcher Anzahl von Datensätzen bestimmte Auswertungen ausgegeben werden. Die Einstellungen *Anzeige/Ausgabe* erreicht man über den Menüaufruf Datei/Einstellungen/Projekte [Projektname]/Auswertungen/Anzeige/Ausgabe.

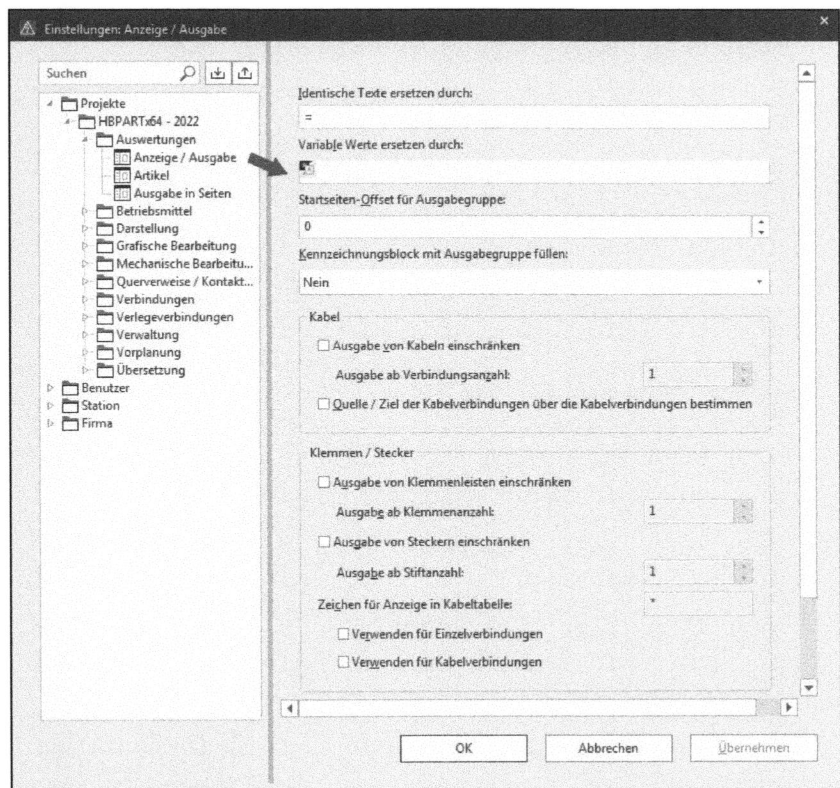

Bild 9.7 Einstellungen für die Anzeige und Ausgabe von Auswertungen

Identischen Funktionstext ersetzen durch: Es kommt oft vor, dass sich beispielsweise der Funktionstext bei einer Reihe von Klemmen im Auswertungsformular wiederholen würde. Ist diese Art der grafischen Ausgabe nicht gewünscht, sollten hier ein oder mehrere Zeichen für die Wiederholung des Funktionstextes festgelegt werden. Empfehlenswert ist zum Beispiel das Gleichheitszeichen „=“.

Variable Werte ersetzen durch: Diese Einstellung ist nur für die Artikelsummenstückliste gültig. Sie greift ein, wenn in einem Projekt Platzhalterobjekte mit verschiedenen Wertesätzen benutzt werden. EPLAN kann dann in der Auswertung

Artikelsummenstückliste anstelle der aktuellen Daten einen Platzhaltertext mit den Daten (beispielsweise einen Hinweis auf eine Extra-Seite im Projekt) aus diesem Feld füllen. Voraussetzung ist, dass im Formular die Eigenschaft <*13108*> *Variable Werte durch Text ersetzen* aktiviert wurde.

Startseiten-Offset für Ausgabegruppen und Kennzeichnungsblock für Ausgabegruppen: Diese Einstellungen sind für den Einsatz der Schaltzeichen-Eigenschaft *Ausgabebaugruppe* gedacht. Hier besteht die Möglichkeit, die Ausgabe von Auswertungen um eine weitere Ausgabevariante zu beeinflussen. Damit diese getroffenen Einstellungen greifen, sind gewisse Vorbedingungen nötig. Dazu gehört auch, dass sich am Schaltzeichen im Dialog SYMBOLEIGENSCHAFT ein Eintrag in der Eigenschaft *Ausgabegruppe* <*20033*> befindet (Bild 9.8). Ohne diesen Eintrag kann EPLAN ansonsten keine Auswertung nach einer Ausgabegruppe ausgeben.

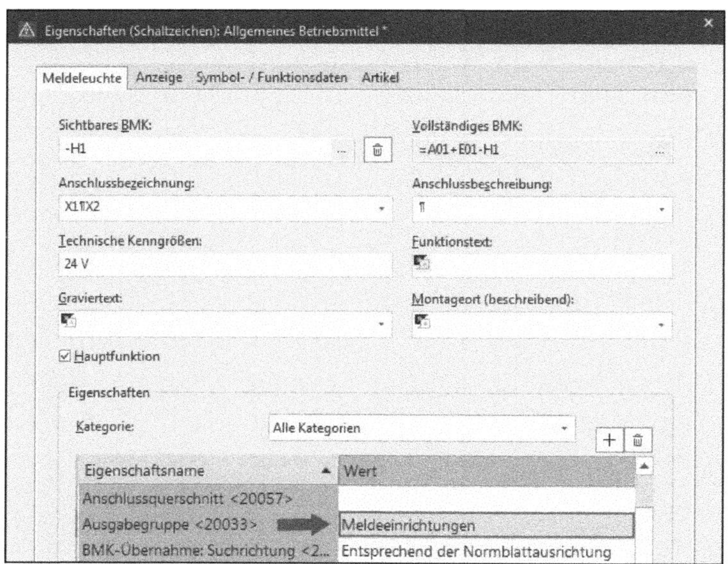

Bild 9.8 Eigenschaft (Schaltzeichen) Ausgabegruppe <20033>

Weitere Einstellungen für Klemmen/Stecker/Kabel: Hiermit werden nur bestimmte Projektdaten ausgegeben, die eine Mindestanzahl von Daten besitzen müssen. Ist beispielsweise für die Kabel eine Beschränkung auf fünf Adern vorgesehen, werden alle Kabel mit weniger als fünf Adern nicht grafisch ausgewertet. Die Standardeinträge sind auf *nicht aktiv* geschaltet und sollten im Normalfall auch so bleiben.

Zeichen für Anzeige in Kabeltabelle: Kann im Klemmenplan auf die korrekte Anzeige der Kabelader (oder Einzelverbindung) und deren Eigenschaftswerte *Adernfarbe* verzichtet werden, ist es möglich, anstelle der korrekten Farbbezeichnung einen Wert einzugeben, der anstelle der Adernfarbe in die grafische Ausgabe eingetragen wird. Beispielsweise könnte das ein „X“ sein. Es sind mehrere Zeichen zugelassen, bewährt hat sich allerdings nur ein einziges Zeichen, da es vom Platz her auch in die Formulare (Auswertungen) passen muss.

9.4.2 Projekteinstellung Artikel

Dieser Dialog (Bild 9.9) enthält Einstellungen, wie EPLAN die Artikel bei der Ausgabe grafischer Auswertungen behandeln soll.

Die Einstellungen zur Berücksichtigung von Artikeln erreicht man über das Menü OPTIONEN/EINSTELLUNGEN/PROJEKTE [PROJEKTNAME]/AUSWERTUNGEN/ARTIKEL.

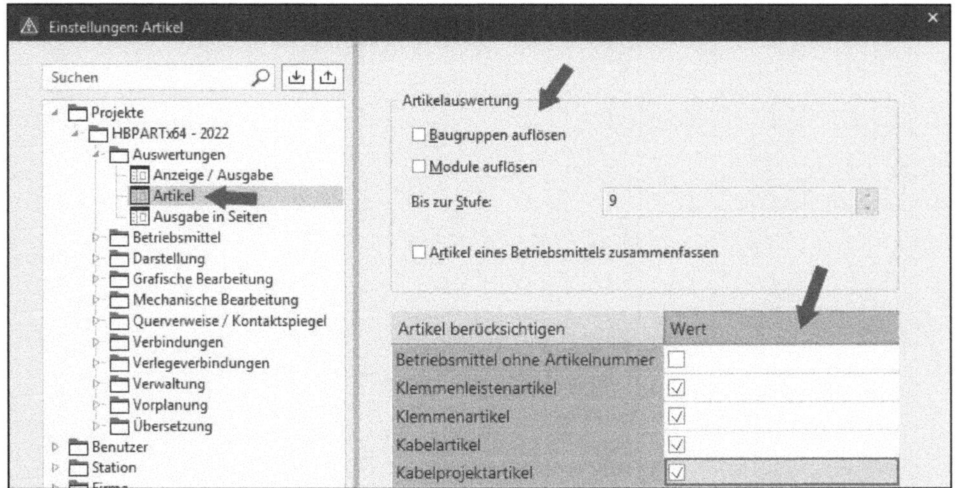

Bild 9.9 Einstellungen für die Ausgabe von Artikeln

Die Einstellungen sind für die Auswertung von Formularen rund um die Projektdaten *Artikel* gedacht. Das wären beispielsweise Artikelstücklisten oder Artikelsummenstücklisten. Diese Einstellungen greifen auch in den Anzeigen der Navigatoren, wie beispielsweise dem Stückliste-Navigator.

Artikelauswertung/Baugruppe & Module auflösen: Mit der Einstellung einer Stufe kann festgelegt werden, bis wohin EPLAN die Baugruppen (und Baugruppen innerhalb von Baugruppen) sowie Module für die Erzeugung grafischer Auswertungen auflösen und somit auswerten soll. Die maximal mögliche Auflösungsstufe beträgt 9.

Artikel eines Betriebsmittels zusammenfassen: Diese Einstellung bewirkt, dass in einer Artikelstückliste beispielsweise die Klemmen einer Klemmenleiste zusammengefasst werden und nicht jeder Klemmenartikel einzeln in der Artikelstückliste aufgeführt wird.

Artikel berücksichtigen: Durch das Aktivieren der einzelnen Optionen, wie Klemmenartikel oder Kabelartikel, kann die Auswertung dieser Artikel für die grafische Ausgabe beeinflusst werden.

Folgende Optionen sind zurzeit möglich:

- Betriebsmittel ohne Artikelnummer
- Klemmenleistenartikel
- Klemmenartikel
- Kabelartikel
- Kabelprojektartikel
- Verbindungsartikel
- Kabelverbindungsartikel
- Steckerartikel
- Steckerkontaktartikel
- Sammelschienenartikel
- Sammelschienenanschluss-Artikel
- Kabelbaum-Baugruppenartikel
- Kabelbaumkomponenten-Artikel
- Vorplanungsartikel

9.4.3 Projekteinstellung Ausgabe in Seiten

Grundsätzlich gehören Formulare zur Ausgabe von Auswertungen. Diese werden immer projektbezogen unter Datei/Einstellungen/Projekte [Projektname]/Auswertungen/Ausgabe in Seiten eingestellt bzw. aus den Vorlagen- oder Basisprojekten als Voreinstellungen für das Projekt übernommen (Bild 9.10).

Mit diesen Einstellungen wird eine Reihe von Bedingungen für die Grafikausgabe der Projektdaten als globale Vorgaben für das Projekt festgelegt.

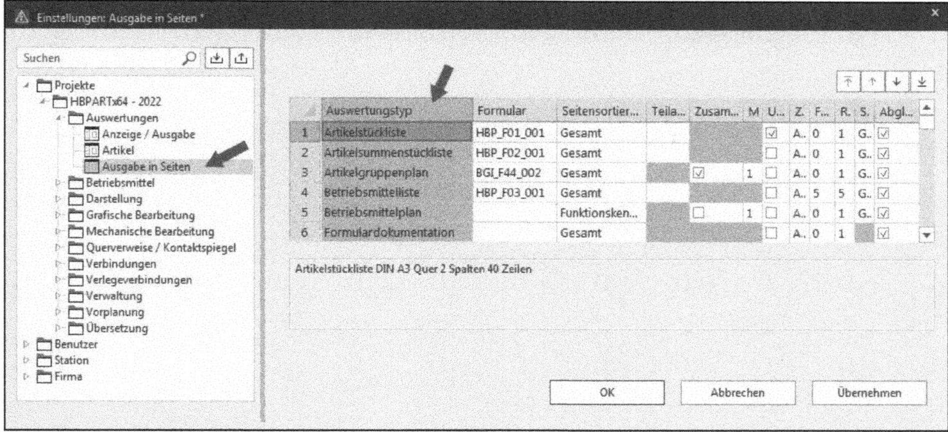

Bild 9.10 Einstellungen für die Ausgabe in Seiten

9.4.3.1 Spalte Auswertungstyp

Die Spalte *Auswertungstyp* (Bild 9.11) kann in dieser Tabelle nicht geändert werden. EPLAN zeigt hier verschiedene Auswertungstypen standardmäßig an - was nicht heißt, dass für ein Projekt alle diese Auswertungen erzeugt werden müssen. Der Anwender entscheidet, ob es zum Stromlaufplan nur eine Artikelstückliste geben soll oder das komplette Paket aller möglichen Auswertungen.

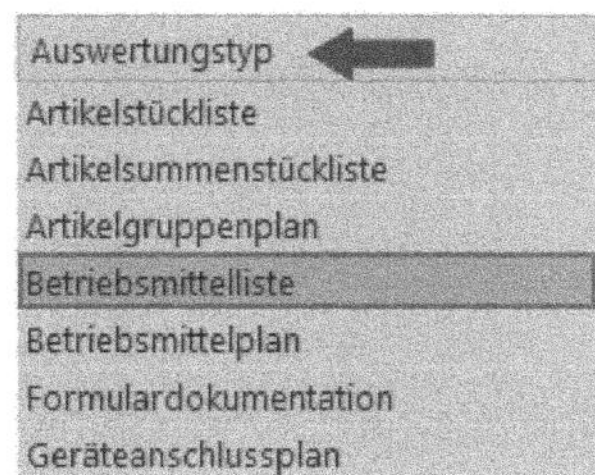

Bild 9.11
Spalte Auswertungstyp

9.4.3.2 Spalte Formular

In der Spalte *Formular* kann das gewünschte Formular eingestellt werden (Bild 9.12). Dazu müssen Sie in die Zeile mit dem FORMULAR klicken und aus der nun erscheinenden aufklappbaren Auswahlliste den Eintrag DURCHSUCHEN anklicken. Es öffnet sich der Dialog FORMULAR AUSWÄHLEN. Jetzt kann aus dem eingestellten Systemverzeichnis ein anderes Formular gewählt werden. Mit dem Button ÖFFNEN wird es in die Spalte *Formular* übernommen.

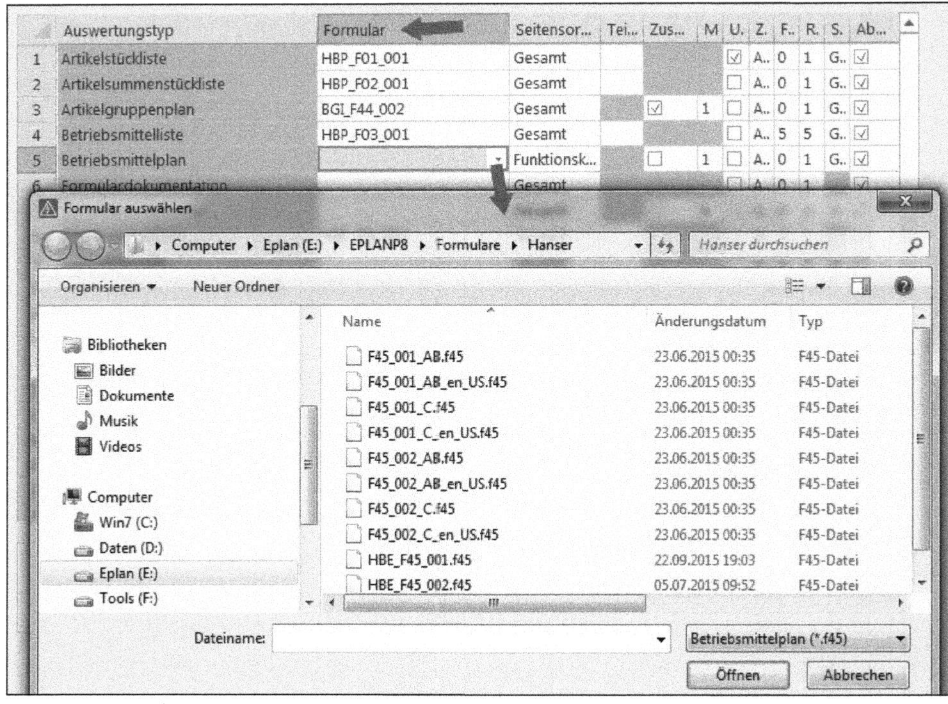

Bild 9.12 Spalte Formulare

HINWEIS: Das Formular wird automatisch mit in das Projekt eingelagert, wenn es noch nicht in den Projektstammdaten vorhanden ist. Dabei spielt es erst einmal keine Rolle, aus welchem Verzeichnis das neue Formular ausgewählt wurde. Sollte allerdings das Formular nicht aus dem Systemverzeichnis übernommen worden sein, weist EPLAN den Anwender darauf hin.

9.4.3.3 Spalte Seitensortierung

Die Spalte *Seitensortierung* ist entscheidend dafür, wie die grafischen Ausgabeseiten später im Projekt in die vorhandene Seitenstruktur eingeordnet werden (Bild 9.13). Die Auswahl *Gesamt* aus der Auswahlliste *Sortieren nach/in* würde alle Auswertungen unter dem gewählten Gesamtkennzeichen zusammengefasst einordnen. Möchte man beispielsweise alle Artikelstücklisten nach Einbauort ausgegeben haben, sollte der Eintrag *Einbauort* ausgewählt werden.

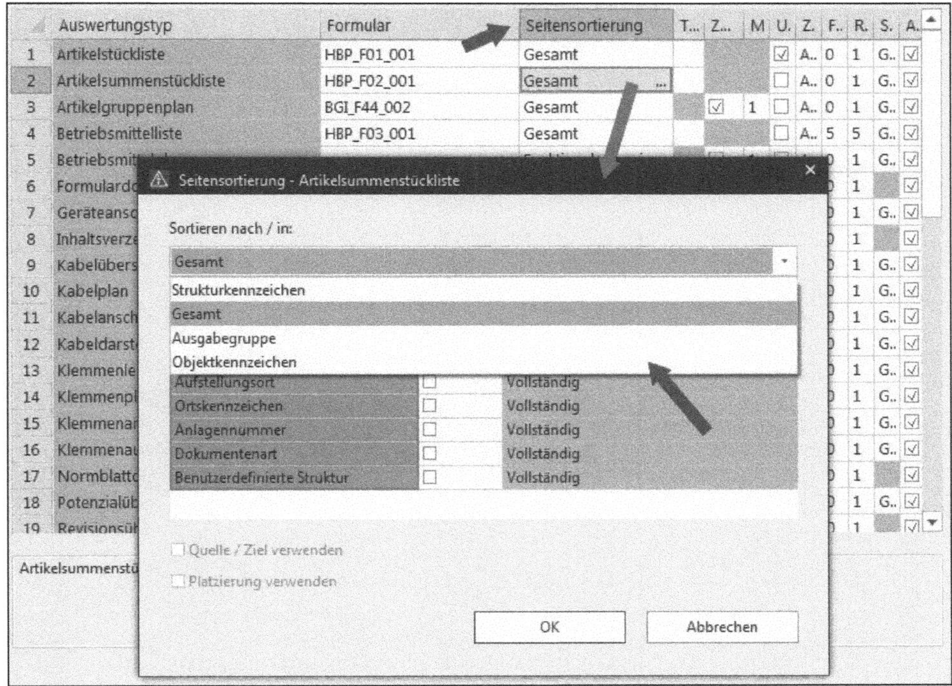

Bild 9.13 Spalte Seitensortierung

HINWEIS: Es stehen nicht für alle Auswertungstypen alle Seitensortierungen zur Verfügung. Beispielsweise wäre eine Ausgabe einer Formulardokumentation nach Anlage und Einbauort nicht möglich und auch nicht sinnvoll.

9.4.3.4 Spalte Teilausgabe

Eine interessante Einstellung ist die *Teilausgabe* (Bild 9.14). Für den Auswertungstypen, bei dem es möglich ist, kann neben einem Hauptformular, zum Beispiel einem Gesamtdeckblatt, jeweils ein Teildeckblatt pro Anlage automatisch erzeugt werden. Damit dies funktioniert, muss natürlich auch die Seitensortierung auf beispielsweise den Wert *Gesamt + Anlage* eingestellt werden. Mit dieser Einstellung erzeugt EPLAN dann als Ausgabe ein (Gesamt-)Deckblatt und für jede einzelne Anlage ein (Teil-)Deckblatt.

Dass die Formulare einen unterschiedlichen Aufbau und eine unterschiedliche Grafik haben können, sei hier noch zusätzlich erwähnt.

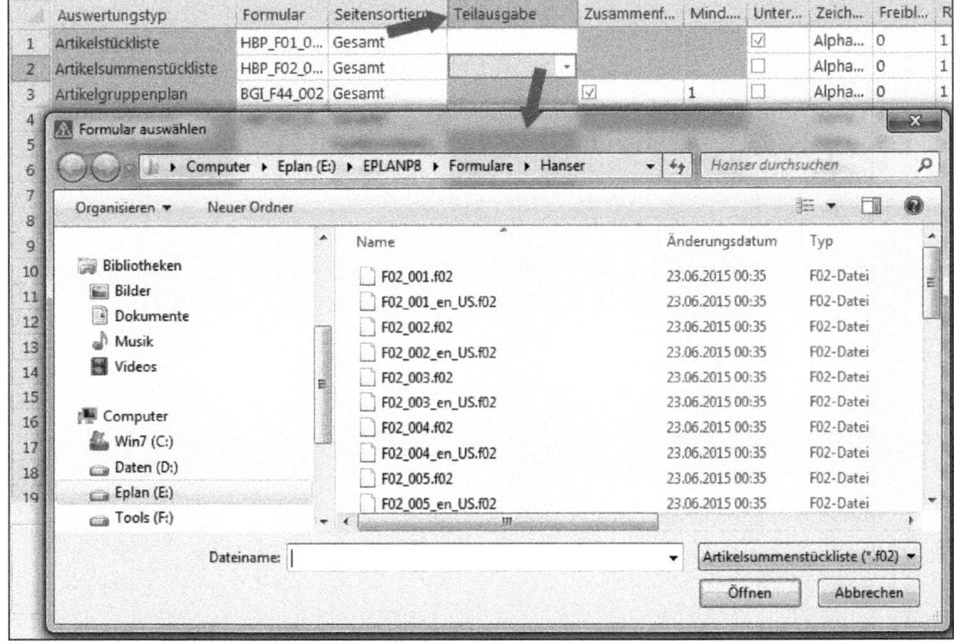

Bild 9.14 Spalte Teilausgabe

9.4.3.5 Spalte Zusammenfassen

Die Funktion *Zusammenfassen* ist eine ideale Möglichkeit, um zum Beispiel viele Klemmenleisten, die nur wenige Klemmen besitzen, auf **einer** grafischen Ausgabeseite wie in Bild 9.15 zu platzieren (nur begrenzt durch das Platzangebot der Ausgabeseite; danach erzeugt EPLAN eine neue Seite wie bisher).

	Auswertungstyp	Formular	Seitensortieru...	Teila...	Zusammenfassen	Mind.-...	Unter...
7	Geräteanschlussplan		Gesamt		☐	6	☐
8	Inhaltsverzeichnis	HBP_F06_0...	Gesamt				☑
9	Kabelübersicht		Gesamt				☐
10	Kabelplan		Gesamt		☑	1	☐
11	Kabelanschlussplan		Gesamt		☐	1	☐
12	Kabeldarstellungsplan		Gesamt				☐
13	Klemmenleistenübersicht		Gesamt				☐
14	Klemmenplan	HBE_F13_0...	Gesamt		☐	1	☐

Bild 9.15 Spalte Zusammenfassen

HINWEIS: Es können nur Formulare für die Option *Zusammenfassen* benutzt werden, die dynamisch sind. Statische Formulare können für die Einstellung *Zusammenfassen* **nicht** benutzt werden.

9.4.3.6 Spalte Mindestanzahl der Auswertungszeilen

Die Einstellung *Mindestanzahl der Auswertungszeilen* gibt eine bestimmte Anzahl von Datensätzen für eine Ausgabe vor, bevor EPLAN einen Seitenumbruch erzeugt (Bild 9.16).

	Auswertungstyp	Formular	Seitensortieru...	Teila...	Zusammenfassen	Mind.-Anzahl Auswertungszeilen
7	Geräteanschlussplan		Gesamt		☐	6
8	Inhaltsverzeichnis	HBP_F06_0...	Gesamt			
9	Kabelübersicht		Gesamt			
10	Kabelplan		Gesamt		☑	1
11	Kabelanschlussplan		Gesamt		☐	1

Bild 9.16 Spalte Mindestanzahl der Auswertungszeilen

HINWEIS: Diese Einstellung ist nur sinnvoll in Verbindung mit der Option *Zusammenfassen*. Ohne die Option *Zusammenfassen* hat eine Änderung der Mindestanzahl keine Auswirkung auf die grafischen Ausgaben.

Der Normaleintrag ist *1*. Damit gibt es keine Beschränkungen der Grafikausgabeseiten, und die Projektdaten werden hintereinander ausgegeben. Ändert man beispielsweise die *Mindestanzahl* auf *10*, werden mindestens zehn Klemmen einer Klemmenleiste auf der grafischen Ausgabeseite dargestellt, bevor EPLAN anschließend einen neuen Seitenumbruch erzwingt.

9.4.3.7 Spalte Unterseite

Diese Einstellung legt fest, ob EPLAN für die grafischen Ausgabeseiten Unterseiten erzeugen soll (Bild 9.17). Auswertungsseiten können in EPLAN nicht nur ganzzahlig erstellt werden, sondern es kann der Fall auftreten, dass die eigentliche Seitennummer für die Auswertung gleich bleiben soll. Somit müssen für die grafischen Ausgabeseiten *Unterseiten* angelegt werden.

	Auswertungstyp	Formular	Seitensortieru...	Teila...	Zusammenfassen	Mind...	Unterseite
1	Artikelstückliste	HBP_F01_0...	Gesamt				☑
2	Artikelsummenstückliste	HBP_F02_0...	Gesamt				☐
3	Artikelgruppenplan	BGI_F44_0...	Gesamt		☑	1	☐
4	Betriebsmittelliste	HBP_F03_0...	Gesamt				☐
5	Betriebsmittelplan		Funktionskenn...		☐	1	☐
6	Formulardokumentation		Gesamt				☐

Bild 9.17 Spalte Unterseite

9.4.3.8 Spalte: Zeichen (für Unterseite)

Diese Einstellung ist nur sinnvoll in Verbindung mit einem aktivierten Eintrag in der Spalte *Unterseiten*. Mit der Einstellung *Zeichen* wird das Format der Unterseite festgelegt (Bild 9.18). Es gibt mehrere Auswahlmöglichkeiten, aber alle Unterseiten werden generell mit einem Punkt von der Hauptseite getrennt.

Beispiel:

- *Alphabetisch klein* → Auswertungsseiten beginnen mit *20; 20.a; 20.b; 20.c*
- *Alphabetisch groß* → Auswertungsseiten beginnen mit *15; 15.A; 15.B; 15.C*
- *Numerisch* → Auswertungsseiten beginnen mit *301; 301.1; 301.2; 301.3*
- *Alphabetisch klein (ab Seite 1)* → Auswertungsseiten beginnen mit *5.a; 5.b; 5.c*
- *Alphabetisch groß (ab Seite 1)* → Auswertungsseiten beginnen mit *7.A; 7.B; 7.C*
- *Numerisch (ab Seite 1)* → Auswertungsseiten beginnen mit *43.1; 43.2; 43.3*

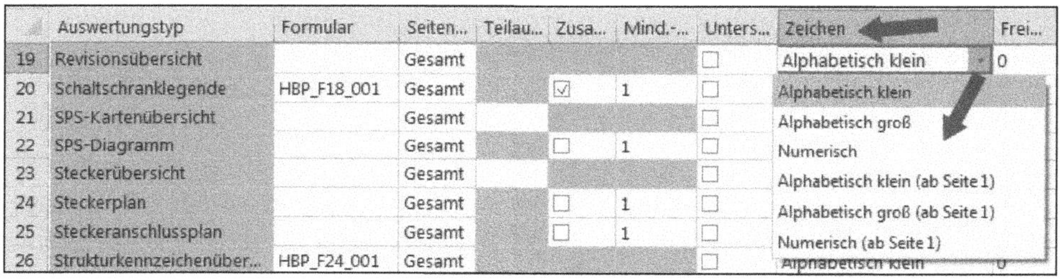

	Auswertungstyp	Formular	Seiten...	Teilau...	Zusa...	Mind.-...	Unters...	Zeichen	Frei...
19	Revisionsübersicht		Gesamt				☐	Alphabetisch klein	0
20	Schaltschranklegende	HBP_F18_001	Gesamt		☑	1	☐	Alphabetisch klein	
21	SPS-Kartenübersicht		Gesamt				☐	Alphabetisch groß	
22	SPS-Diagramm		Gesamt		☐	1	☐	Numerisch	
23	Steckerübersicht		Gesamt				☐	Alphabetisch klein (ab Seite 1)	
24	Steckerplan		Gesamt		☐	1	☐	Alphabetisch groß (ab Seite 1)	
25	Steckeranschlussplan		Gesamt		☐	1	☐	Numerisch (ab Seite 1)	
26	Strukturkennzeichenüber...	HBP_F24_001	Gesamt				☐	Alphabetisch klein	0

Bild 9.18 Spalte Zeichen

9.4.3.9 Spalte Freibleibende Seiten

EPLAN kann einen gewissen Abstand zwischen den Auswertungsseiten und den eigentlichen Stromlaufplanseiten halten bzw. automatisch einplanen, die sogenannten *freibleibenden Seiten* (Bild 9.19). Wie groß dieser Abstand ist, wird mit dieser Einstellung festgelegt.

Beispiel: Die letzte Stromlaufplanseite ist 2. Die Einstellung der freibleibenden Seiten soll 5 betragen. 2 + 5 = 7; damit beginnen die Auswertungsseiten bei der Seitennummer 8.

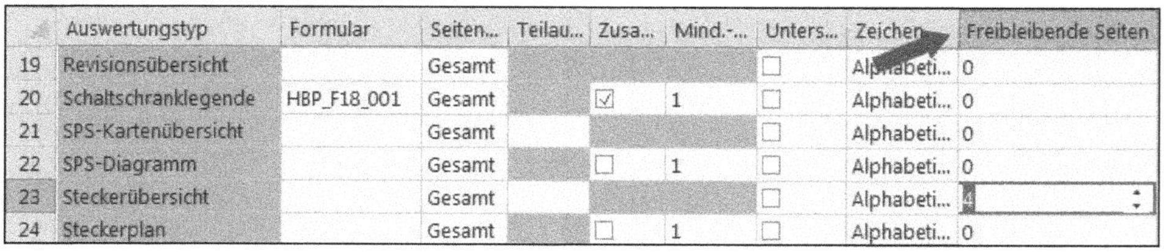

	Auswertungstyp	Formular	Seiten...	Teilau...	Zusa...	Mind.-...	Unters...	Zeichen	Freibleibende Seiten
19	Revisionsübersicht		Gesamt				☐	Alphabeti...	0
20	Schaltschranklegende	HBP_F18_001	Gesamt		☑	1	☐	Alphabeti...	0
21	SPS-Kartenübersicht		Gesamt				☐	Alphabeti...	0
22	SPS-Diagramm		Gesamt		☐	1	☐	Alphabeti...	0
23	Steckerübersicht		Gesamt				☐	Alphabeti...	4
24	Steckerplan		Gesamt		☐	1	☐	Alphabeti...	0

Bild 9.19 Spalte Freibleibende Seiten

9.4.3.10 Spalte Runden

Die Einstellung *Runden* bezieht sich auf die Einstellung der frei zu bleibenden Seiten (Bild 9.20).

Beispiel: Es soll auf 10 gerundet werden. Ist die letzte Stromlaufplanseite Seite 12, mit einem Abstand von 5 (die Einstellung frei bleibender Seiten ergibt dann 17), würde mit der Einstellung *Runden = 10* die erste Auswertungsseite die Seitennummer 20 tragen.

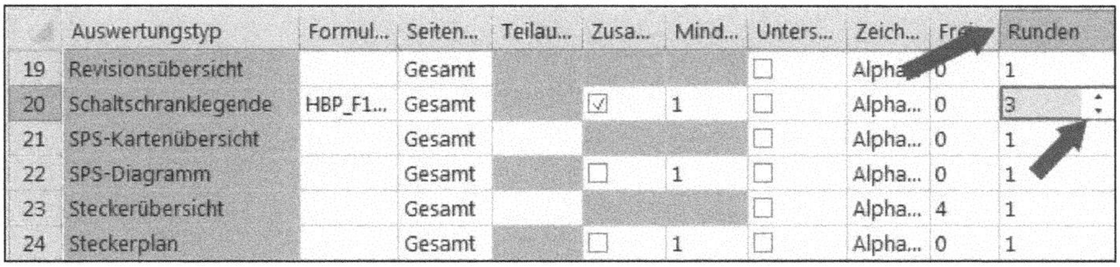

	Auswertungstyp	Formul...	Seiten...	Teilau...	Zusa...	Mind...	Unters...	Zeich...	Fr...	Runden
19	Revisionsübersicht		Gesamt				☐	Alpha...	0	1
20	Schaltschranklegende	HBP_F1...	Gesamt		☑	1	☐	Alpha...	0	3
21	SPS-Kartenübersicht		Gesamt				☐	Alpha...	0	1
22	SPS-Diagramm		Gesamt		☐	1	☐	Alpha...	0	1
23	Steckerübersicht		Gesamt				☐	Alpha...	4	1
24	Steckerplan		Gesamt		☐	1	☐	Alpha...	0	1

Bild 9.20 Spalte Runden

9.4.3.11 Spalte Strukturkennzeichen bei Gleichheit ausblenden

Diese Einstellung prüft, ob die verwendeten Strukturkennzeichen (beispielsweise die Anlage oder der Aufstellungsort) in der grafischen Ausgabe mit ausgegeben oder unter bestimmten Bedingungen unterdrückt werden sollen (Bild 9.21). Sie ermöglicht also zusammenfassend gesagt, das Betriebsmittelkennzeichen (BMK) in den Auswertungen „einzukürzen", also auf die entsprechende Gleichheit zu überprüfen.

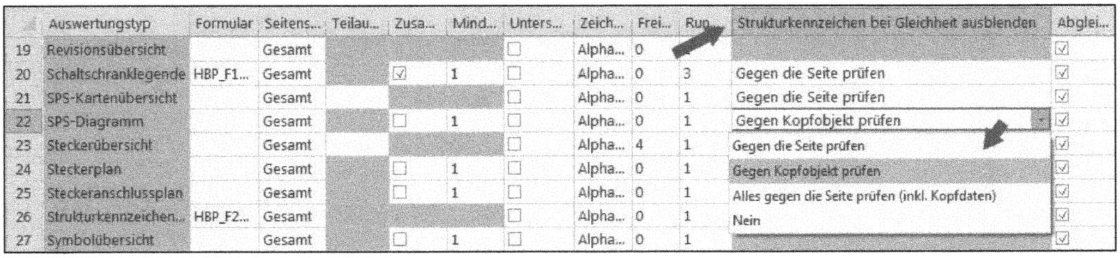

	Auswertungstyp	Formular	Seitens...	Teilau...	Zusa...	Mind...	Unters...	Zeich...	Frei...	Ru...	Strukturkennzeichen bei Gleichheit ausblenden	Abglei...
19	Revisionsübersicht		Gesamt				☐	Alpha...	0			☑
20	Schaltschranklegende	HBP_F1...	Gesamt		☑	1	☐	Alpha...	0	3	Gegen die Seite prüfen	☑
21	SPS-Kartenübersicht		Gesamt				☐	Alpha...	0	1	Gegen die Seite prüfen	☑
22	SPS-Diagramm		Gesamt		☐	1	☐	Alpha...	0	1	Gegen Kopfobjekt prüfen	☑
23	Steckerübersicht		Gesamt				☐	Alpha...	4	1	Gegen die Seite prüfen	☑
24	Steckerplan		Gesamt		☐	1	☐	Alpha...	0	1	Gegen Kopfobjekt prüfen	☑
25	Steckeranschlussplan		Gesamt		☐	1	☐	Alpha...	0	1	Alles gegen die Seite prüfen (inkl. Kopfdaten)	☑
26	Strukturkennzeichen...	HBP_F2...	Gesamt				☐	Alpha...	0	1	Nein	☑
27	Symbolübersicht		Gesamt		☐	1	☐	Alpha...	0	1		☑

Bild 9.21 Spalte Ausblenden der Strukturkennzeichen bei Gleichheit

Es gibt vier Möglichkeiten zur Auswahl:

- **Gegen die Seite prüfen:** Hierbei werden die Strukturkennzeichen des BMK gegen die Strukturkennzeichen der Auswertungsseite geprüft. Findet EPLAN hier Übereinstimmungen, wird das BMK um diese Übereinstimmung gekürzt in der Auswertung ausgegeben.

- **Gegen Kopfobjekt prüfen:** Diese Einstellung ist für funktionsbezogene Auswertungen, wie Klemmen- oder Kabelpläne, gedacht. Hier prüft EPLAN das ausgegebene BMK gegen das Kopfobjekt einer Auswertungsseite (ein Kopfobjekt wäre eine Klemmenleistendefinition oder eine Kabeldefinition) und kürzt das auszugebende BMK um die gefundenen gleichen Strukturkennzeichen.
- **Alles gegen die Seite prüfen (inklusive Kopfdaten):** Diese Einstellung ist für funktionsbezogene Auswertungen, wie z. B. einen Klemmenplan, verfügbar. Wenn Strukturkennzeichen oder Bestandteile der Strukturkennzeichen der ausgegebenen Betriebsmittel mit den Strukturkennzeichen der Seite übereinstimmen, dann werden die Strukturkennzeichen auch im Kopfbereich nicht angezeigt.
- **Nein:** Mit dieser Einstellung werden immer die kompletten Strukturkennzeichen ausgegeben.

HINWEIS: Nicht alle Auswahlmöglichkeiten sind auch für alle Auswertungstypen verfügbar.

9.4.3.12 Spalte Abgleichen

Das *Abgleichen* ist eine wichtige Einstellung, um Projektstammdaten immer aktuell zu halten, also mit den Systemstammdaten abzugleichen (Bild 9.22). EPLAN bezeichnet mit Abgleichen, dass (hier bei Formularen) beim Öffnen des Projekts dieses automatisch mit den Systemstammdaten abgeglichen wird. Voraussetzung dafür ist, dass das Abgleichen auf *aktiv* gesetzt ist (Häkchen gesetzt).

	Auswertungstyp	Formul...	Seiten...	Teilau...	Zusa...	Mind...	Unters...	Zeich...	Frei...	Run...	Strukt...	Abgleichen
13	Klemmenleistenüber...		Gesamt				☐	Alpha...	0	1	Gege...	☑
14	Klemmenplan	HBE_F1...	Gesamt		☐	1	☐	Alpha...	0	1	Gege...	☑
15	Klemmenanschlusspl...		Gesamt		☐	1	☐	Alpha...	0	1	Gege...	☑
16	Klemmenaufreihplan		Gesamt		☐	1	☐	Alpha...	0	1	Gege...	☑
17	Normblattdokument...		Gesamt				☐	Alpha...	0	1		☑
18	Potenzialübersicht		Gesamt				☐	Alpha...	0	1	Gege...	☑
19	Revisionsübersicht		Gesamt				☐	Alpha...	0	1		☑

Bild 9.22 Spalte Abgleichen

HINWEIS: Bedingung für das Abgleichen ist, dass die Einstellung *Projektstammdaten beim Öffnen abgleichen* unter DATEI/EINSTELLUNGEN/PROJEKTE [PROJEKTNAME]/VERWALTUNG/ALLGEMEIN ebenfalls gesetzt (= aktiv) ist.

Ist bei den Formularen in der Spalte *Abgleichen* **kein** Häkchen gesetzt, wird das Formular trotz der gesetzten Projekteinstellung **nicht** abgeglichen (Bild 9.23). Das muss für ein Projekt immer abgewogen werden. Sollen die (eingelagerten) Projektstammdaten ihren ursprünglichen Bearbeitungsstand behalten, ist das Abgleichen zu vermeiden. Diese Einstellung sollte dann nicht aktiviert werden.

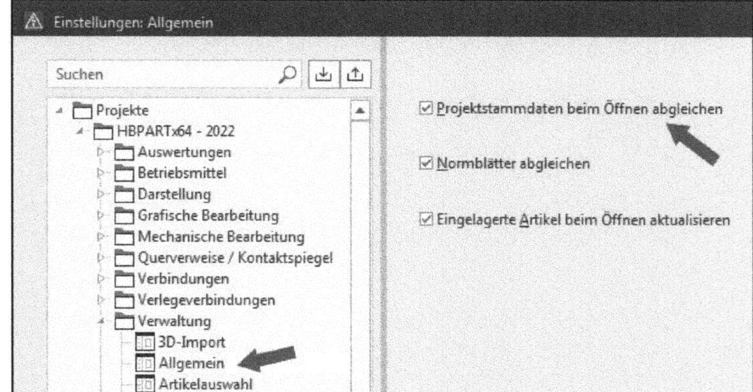

Bild 9.23 Einstellung, um Stammdaten automatisch abgleichen zu lassen

■ 9.5 Auswertungen erzeugen

Dieser Abschnitt behandelt das Erzeugen von Auswertungen und die verschiedenen Arten der Erzeugung in den wichtigsten Punkten. EPLAN kann Auswertungen ohne und mit Vorlagen erstellen - ohne Vorlagen, wenn es einmal schnell gehen muss bzw. wenn keine Vorlagen vorhanden sind, aber auch mit Vorlagen, wenn diese vorhanden oder selbst erstellt bzw. aus anderen Projekten importiert worden sind.

Vorlagen sind jedoch keine Bedingung, um in EPLAN Auswertungen zu erstellen. Sie ermöglichen eine Projektbearbeitung, wo momentan noch keine Struktur für Auswertungen festgelegt wurde und daher die Ausgabe der Auswertungen beliebig ist.

9.5.1 Dialog Auswertungen

Um während der Projektbearbeitung grafische Auswertungen zu erzeugen, wird über WERKZEUGE/ ERZEUGEN der Dialog AUSWERTUNGEN gestartet (Bild 9.24). Der Dialog unterteilt sich hauptsächlich in die Registerkarten *Auswertungen* und *Vorlagen* sowie den rechten Teil, der die Daten der Auswertungen enthält, wie beispielsweise ab welcher Seite die Auswertung erzeugt, welche Filter- und Sortiereinstellungen benutzt werden sollen und viele mehr.

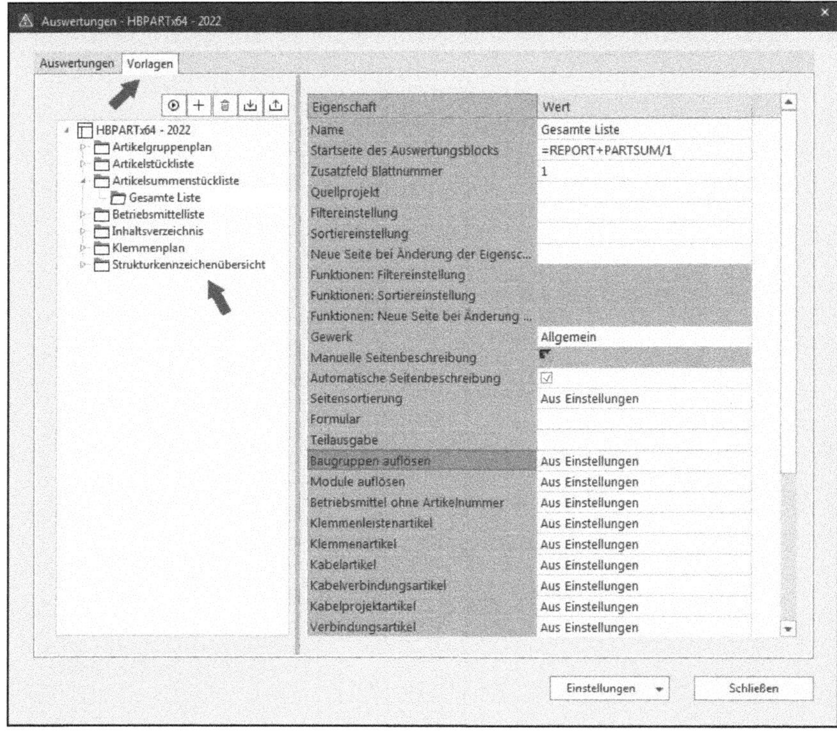

Bild 9.24 Dialog Auswertungen

Die Registerkarte *Auswertungen* ist vor dem ersten Auswerten von Projektdaten im Normalfall leer, also ohne irgendwelche Daten ebenso wie die Registerkarte *Vorlagen* (Bild 9.25).

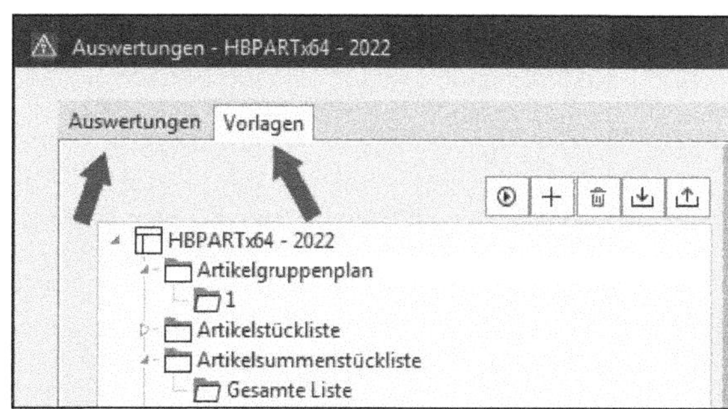

Bild 9.25 Registerkarten Auswertungen und Vorlagen

HINWEIS: Sollte das Projekt mit der Option *Gesamt* mit Auswertungen kopiert worden sein, befinden sich logischerweise die alten Auswertungen auf der Registerkarte *Auswertungen* (Bild 9.26). Es können dann auch schon Vorlagen vorhanden sein.

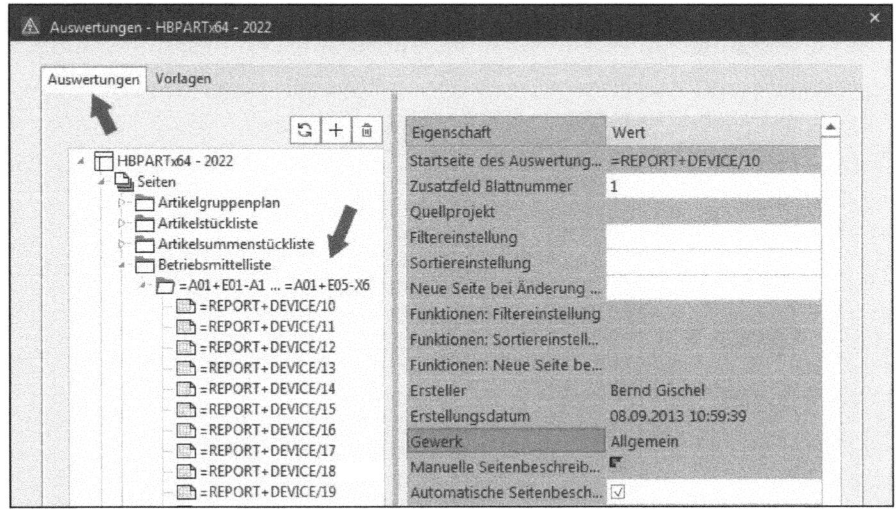

Bild 9.26 Registerkarte Auswertungen

Nach dem ersten Erzeugen von grafischen Auswertungen der vorhandenen Projektdaten, wie beispielsweise einer Artikelstückliste, enthält die Registerkarte *Auswertungen* eine Übersicht der nun im Projekt vorhandenen Auswertungen. Normale Grafikausgaben (jede Grafikausgabe eine neue Seite) werden dann im Ordner *Seiten* dargestellt und erhalten zur optischen Unterscheidung kleine grafische Symbole vorgesetzt. Die grafischen Symbole unterscheiden sich wie folgt:

	Der Knoten enthält generell Auswertungsseiten.
	Der Knoten enthält funktionsbezogene Auswertungen wie zum Beispiel Klemmenpläne.
	Der Knoten enthält alle Seiten, die zu einem Auswertungsblock gehören (funktionsbezogene Auswertungen).
	Der Knoten enthält Auswertungsübersichten wie zum Beispiel eine Kabelübersicht.
	Der Knoten enthält alle Seiten, die zu einem Auswertungsblock gehören (Auswertungsübersichten).
	Der Knoten enthält platzierte Auswertungsseiten.
	Der Knoten enthält in Seiten eingebettete Auswertungen.

9.5.2 Auswertungen erzeugen ohne Vorlagen

Generell können in EPLAN Auswertungen direkt erzeugt werden. Dafür braucht man keine Vorlagen zu erstellen. Um eine Auswertung direkt zu erstellen, wird einfach auf das Icon NEU ... (+) im Dialog AUSWERTUNG auf der Registerkarte *Auswertungen* geklickt.

9.5.2.1 Ausgabe von Projektdaten zur Grafikausgabe auf neuen Auswertungsseiten

EPLAN öffnet nun den Dialog AUSWERTUNG FESTLEGEN. Jetzt wird die gewünschte Auswertung (Auswertungstyp) im Fenster ausgewählt. Pro Aufruf des Dialogs ist immer nur die Wahl **einer** Auswertung möglich.

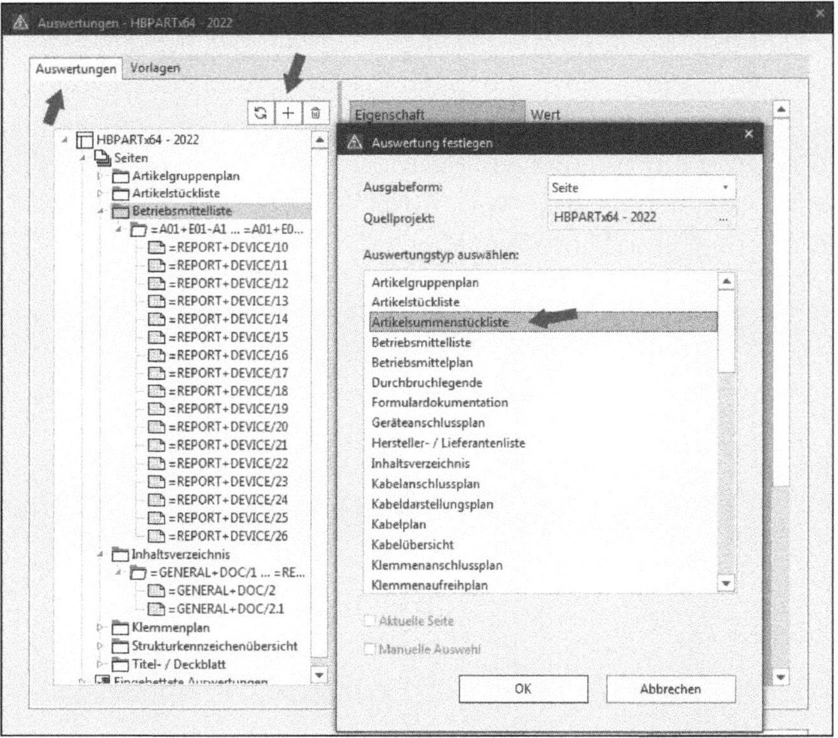

Bild 9.27 Auswertung festlegen

Mehrere Auswertungen zusammen zu erzeugen sollte über geeignete Vorlagen erledigt werden. Nach Auswahl der Auswertung, beispielsweise einer Artikelsummenstückliste, können die restlichen Optionen im Dialog AUSWERTUNG FESTLEGEN geändert werden (Bild 9.27).

Für die *Ausgabeform* (Bild 9.28) stehen zwei Möglichkeiten zur Verfügung:

- die Ausgabe in (von EPLAN neu zu erzeugende) Seiten
- die Ausgabe als manuelle Platzierung (auf eine vorhandene Seite)

Die Möglichkeit *Auswahl des Quellprojekts* wird hier nicht weiter betrachtet, da es im Normalfall das aktuelle Projekt ist, aus dem die Daten für die Auswertung kommen sollen. Es besteht aber die Möglichkeit, ein anderes Projekt als Quell(daten) projekt auszuwählen.

Die Checkboxen *Aktuelle Seite* und *Manuelle Auswahl* werden an dieser Stelle erst einmal vernachlässigt, da alle Artikel ausgegeben werden sollen (Bild 9.28).

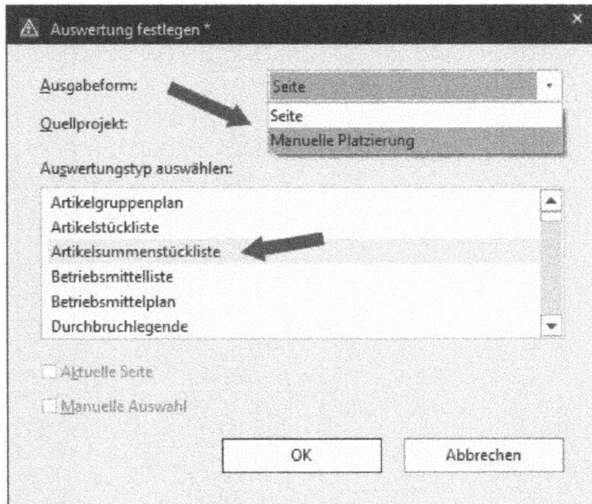

Bild 9.28
Auswahl Ausgabeform

EPLAN bietet im Dialog EINSTELLUNGEN nun die Einsortierung im Projekt über unter anderem bestimmte fertige Filter und/oder Sortierungen bzw. eigene Filter- und Sortierungsschemata an. Je nach Auswertungstyp sind hier die Möglichkeiten aber eventuell beschränkt. Soll EPLAN Filter oder Sortierungen anwenden, muss ein entsprechender Eintrag aus den Auswahllisten gewählt und übernommen werden. Nur dann ist ein Filter oder eine Sortierung aktiv. Ist eine dieser Auswahllisten ausgegraut, ist für diesen Bereich der grafischen Ausgabe kein Filter oder keine Sortierung möglich (Bild 9.29).

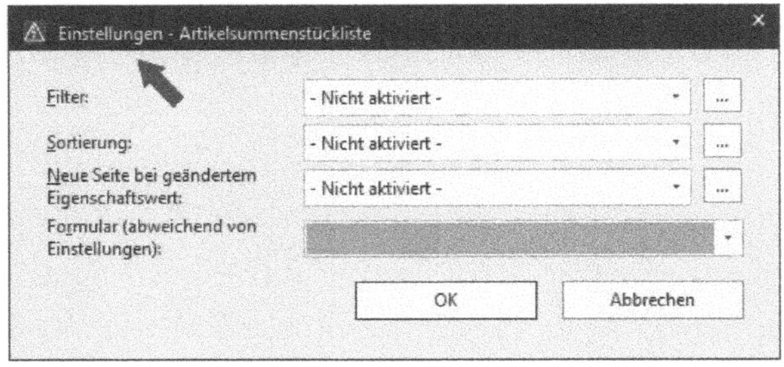

Bild 9.29
Filter- und Sortiermöglichkeiten einer Auswertung

Nach dem Klick auf den Button OK startet EPLAN daraufhin den Dialog [AUSWERTUNGSTYP] (GESAMT). Hier können weitere Eingaben zur Einsortierung, wie die Auswahl der *Strukturkennzeichen* oder für bestimmte Einträge der Seiteneigenschaften, vorbelegt werden, wie zum Beispiel eine *Automatische Seitenbeschreibung* (Bild 9.30).

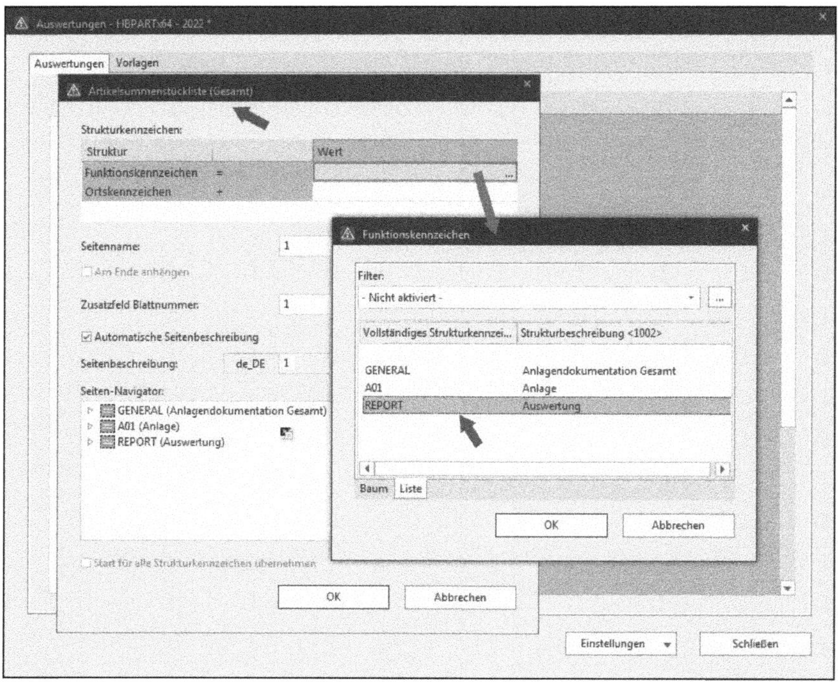

Bild 9.30 Sortierung der Ausgabe festlegen

Diese automatischen Seitenbeschreibungen bildet EPLAN dann automatisch aus den Formulareigenschaften, wo natürlich den Formulareigenschaften *<13019 Format für die automatische Seitenbeschreibung>* etwas zugeordnet sein muss.

Bei den restlichen Angaben im Dialog handelt es sich um die üblichen Eingaben, die nicht weiter erläutert werden. Nach Verlassen des Dialogs mit dem Button OK erzeugt EPLAN endgültig die grafischen Auswertungsseiten und sortiert sie nach den Angaben in das Projekt ein. Die Auswertung *Artikelsummenstückliste* wurde beispielsweise als grafische Ausgabe erzeugt und als Auswertungsseite im Projekt eingefügt (Bild 9.31).

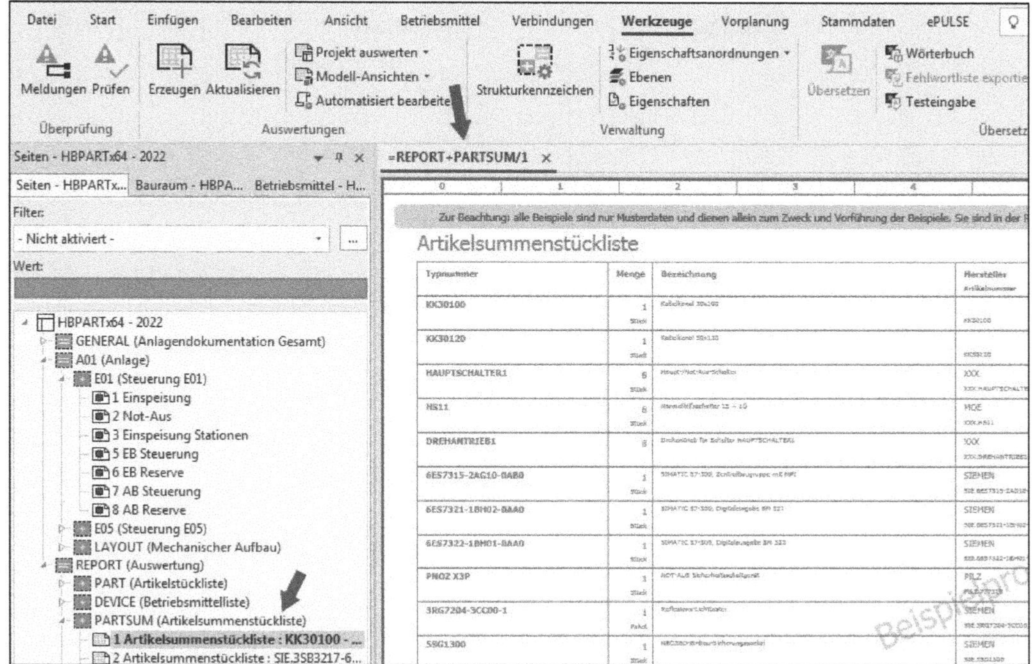

Bild 9.31 Erzeugte Ausgabe der Auswertung Artikelsummenstückliste

9.5.2.2 Manuelle Auswahl der Projektdaten der aktuellen Seite zur Grafikausgabe

EPLAN ermöglicht mit dem Aktivieren der Auswahl *Aktuelle Seite* im Dialog AUSWERTUNG das Erzeugen einer Ausgabe der sich aktuell auf der geöffneten Seite befindlichen Daten, wie beispielsweise der dort platzierten Geräte (Bild 9.32).

TIPP: Bevor man eine Auswertung über die Funktion *Aktuelle Seite* erzeugen lassen kann, sollte die Stromlaufplanseite, also dort, wo die Daten der aktuellen Seite anschließend als Auswertung platziert werden sollen, geöffnet und aktiv sein. Ein Blättern zwischen den Seiten ist nach erfolgter Auswertung zwar möglich, aber damit „verliert" man die zuvor erzeugte Auswertung.

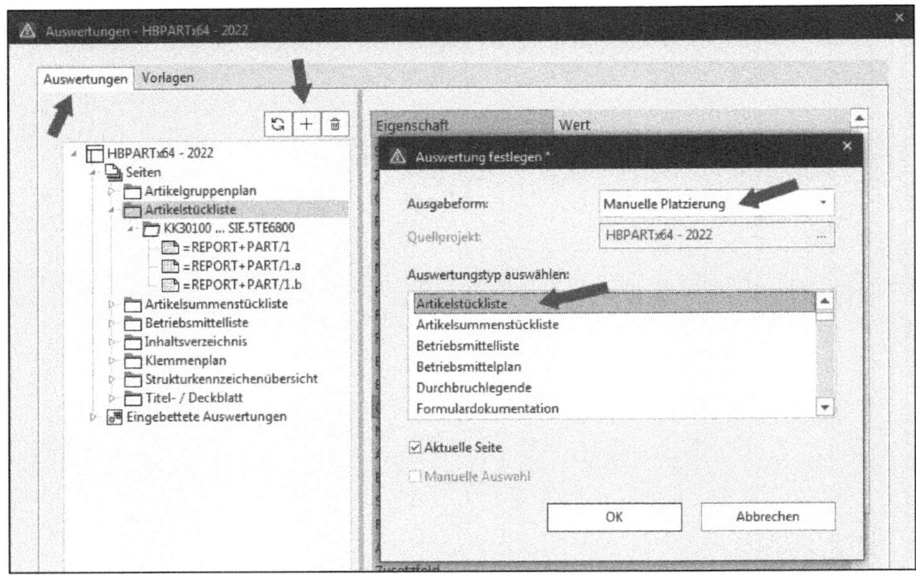

Bild 9.32 Manuelles Platzieren einer Auswertung mit den Daten der aktuellen Seite

Für die grafische Ausgabe wird das in den Einstellungen eingetragene Formular genommen. Nach Klick auf den Button OK fragt EPLAN im folgenden Dialog EINSTELLUNGEN – [AUSWERTUNGSTYP] noch eventuelle Sortier- und Filterkriterien ab, erzeugt anschließend die Auswertung der aktuellen Daten und hängt die grafische Ausgabe an den Cursor. Diese kann nun auf der aktuellen Seite platziert werden (Bild 9.33 und Bild 9.34).

=A01+E01/3a

alle Beispiele sind nur Musterdaten und dienen allein zum Zweck und Vorführung der Beispiele. Sie sind in der Regel weder tec

-F15 25A

Artikelstückliste

Auswertung platzieren (Absolut)
Punkteingabe: X-Y
100,00 mm 256,00 mm

Bezeichnung	Artikelnummer	Menge	Benennung (BMK)
NOT-AUS Sicherheitsschaltgerät	PIZ.777310	1	=A01+E01-A7
3-polige Neozed-Sicherung 25 A kpl.	SIE.3-polige Neozed-Sicherung 25A	1	=A01+E01-F15
Steuerleitung, 5G4,0	LAPP.0035 0133 (5G4)	1	=A01+E01-W14
Universalklemme mit Schraub-Anschluss	PXC.3044131	1	=A01+E01-X5
Endhalter	PXC.3022276	1	=A01+E01-X5
Universalklemme mit Schraub-Anschluss	PXC.3044131	1	=A01+E01-X5
Universalklemme mit Schraub-Anschluss	PXC.3044131	1	=A01+E01-X5
Universalklemme mit Schraub-Anschluss	PXC.3044131	1	=A01+E01-X5
Schutzleiterklemme	PXC.3044157	1	=A01+E01-X5
Schutzleiterklemme	PXC.3044157	1	=A01+E01-X5
Universalklemme mit Schraub-Anschluss	PXC.3044131	1	=A01+E02-X3
Endhalter	PXC.3022276	1	=A01+E02-X3
Universalklemme mit Schraub-Anschluss	PXC.3044131	1	=A01+E02-X3

Bild 9.33 Die Auswertung hängt am Cursor zum Platzieren.

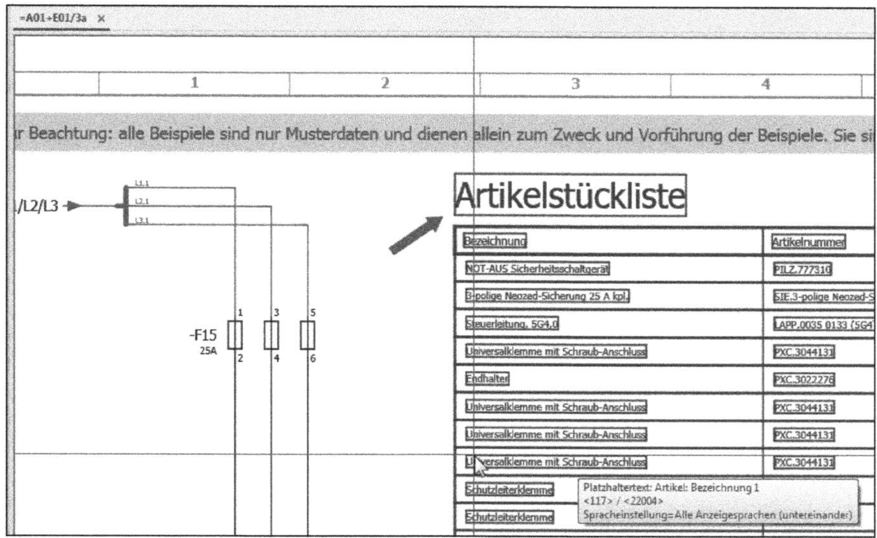

Bild 9.34 Endgültig platzierte Auswertung

Damit ist eine einfache Möglichkeit gegeben, um ohne langwierige Suche der genauen Daten aus der manuellen Auswahlliste genau die Daten als Auswertung auf einer Seite auszugeben, die sich auch darauf befinden.

HINWEIS: Nicht alle Auswertungstypen funktionieren mit der Option *Manuelle Auswahl.*

9.5.3 Kontextmenüs der Registerkarte Auswertungen

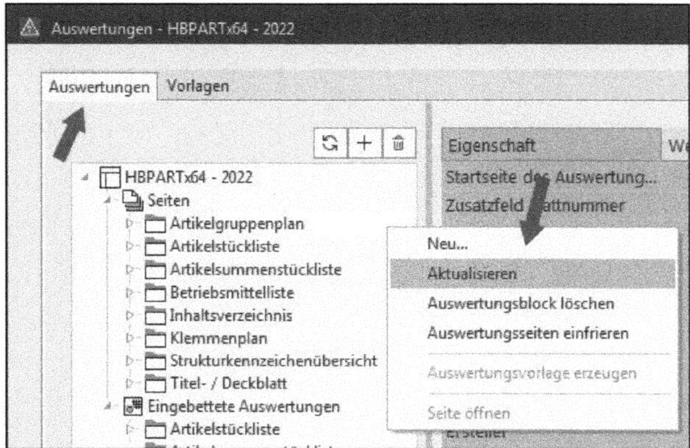

Bild 9.35 Kontextmenü Registerkarte Auswertungen

9.5.4 Auswertungen mit Vorlagen erzeugen

Neben den bisher bekannten Funktionen, wie *Auswertungen erstellen* oder *Auswertungen manuell platzieren*, stellt EPLAN noch weitere Funktionen zur Verfügung. Auswertungen sollten natürlich auch einmal gelöscht oder innerhalb des Dialogs (beispielsweise bei Änderung einer Einstellung) schnell einmal aktualisiert werden können.

Diese Funktionen liegen unter anderem im Kontextmenü der rechten Maustaste (im Feld der Registerkarte *Auswertungen* mit der Maus links klicken, anschließend mit der rechten Maustaste betätigen, siehe Bild 9.36).

Neben den üblichen Funktionen AUFKLAPPEN und ZUKLAPPEN des Auswertungsbaumes über einen Mausklick auf das vorgestellte kleine Dreieck enthält das Kontextmenü weitere Funktionen:

- NEU erstellt eine neue Auswertung und hat die gleiche Funktion wie das Icon „+“ im Dialog AUSWERTUNGEN
- AKTUALISIEREN: Mit dieser Funktion werden eine oder mehrere Auswertungen aktualisiert. Das ist unter anderem nützlich, wenn man zum Beispiel die Sortierung der Auswertungen geändert hat und sich nur einmal das Ergebnis anschauen möchte, wo die grafischen Ausgabeseiten platziert werden.
- AUSWERTUNGSBLOCK LÖSCHEN: Damit werden die Auswertungen (also die grafischen Ausgabeseiten) aus dem Projekt entfernt. Auch hier besteht die Möglichkeit, einzelne oder mehrere Auswertungen gleichzeitig zu bearbeiten.
- AUSWERTUNGSSEITEN EINFRIEREN: Damit werden die markierten Auswertungen „eingefroren“ und aus der Liste der Auswertungen im Dialog entfernt. EPLAN bringt vor dem Ausführen dieser Funktion noch einen Sicherheitshinweis. Damit kann die Aktion noch vor dem Ausführen abgebrochen werden.
- AUSWERTUNGSVORLAGE ERZEUGEN: Ist eine Auswertung zum Erstellen von anderen Auswertungen geeignet, kann hiermit per Mausklick eine Vorlage erzeugt werden. Die Vorlage befindet sich anschließend in der Registerkarte *Vorlagen*.
- SEITE ÖFFNEN: Dies ist eine nützliche Funktion, da der Anwender von hier aus direkt auf die markierte Auswertung im Projekt navigieren kann.

Was sind eigentlich *Vorlagen*? Man könnte den Begriff auch anders umschreiben. Es sind spezielle *Vorgaben*, wie, wohin und in welchem Umfang EPLAN die grafischen Ausgaben von verschiedenen Projektdaten erzeugen soll.

Die Vorgehensweise zum Erstellen einer Vorlage gleicht dem Erstellen von reinen Auswertungen, nur dass nach dem Fertigstellen der Vorlage keine Auswertungen erzeugt werden.

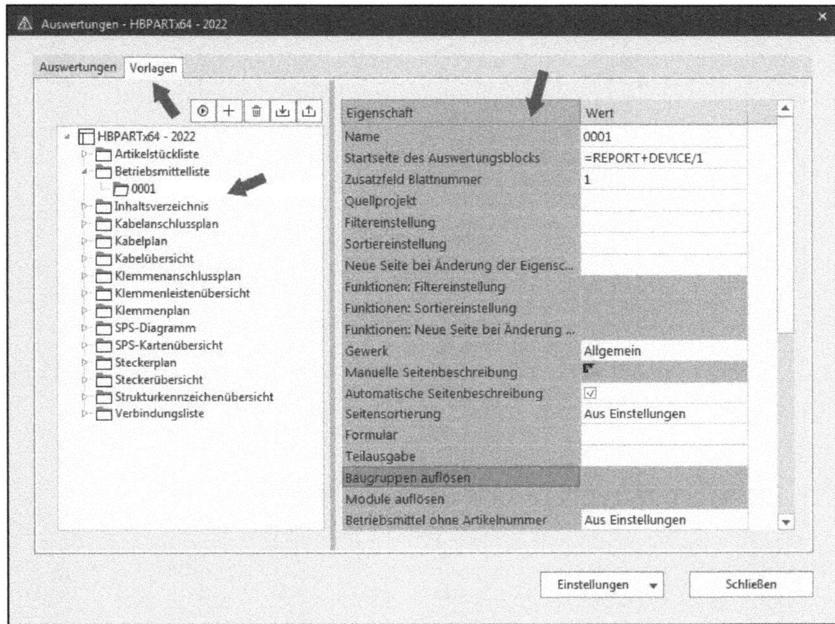

Bild 9.36 Registerkarte Vorlagen

HINWEIS: Folgende Einschränkungen gelten für das Erzeugen von Auswertungen anhand von Vorlagen: Die *Ausgabeform* ist fest auf die Auswahl *Seite* festgelegt. Auch eine *Manuelle Auswahl* kann nicht festgelegt werden.

Und wie werden Vorlagen angelegt? Das „Wie" verteilt sich auf die verschiedenen Einstellungen einer Vorlage. Um den Auswertungstyp festzulegen, wird der Dialog AUSWERTUNGEN über das Menü WERKZEUGE/ERZEUGEN gestartet, und es wird auf die Registerkarte *Vorlagen* gewechselt.

Mit dem Klick auf das Icon „+"starten Sie den Dialog AUSWERTUNG FESTLEGEN. Hier wird nun der gewünschte *Auswertungstyp* ausgewählt. Diese Auswahl bestätigen Sie mit OK (Bild 9.37).

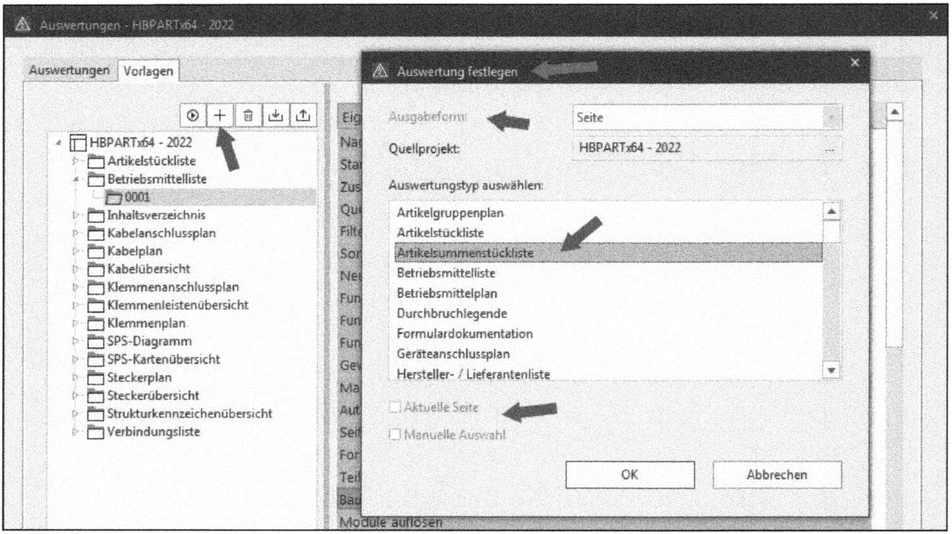

Bild 9.37 Auswertungstyp festlegen

Im folgenden Dialog EINSTELLUNG – [AUSWERTUNGSTYP] können, wie in EPLAN üblich, vorgegebene Filter- und Sortiermöglichkeiten genutzt oder eigene eingestellt werden. Ebenso ist es möglich, ein von den Standardeinstellungen abweichendes Formular auszuwählen (Bild 9.38).

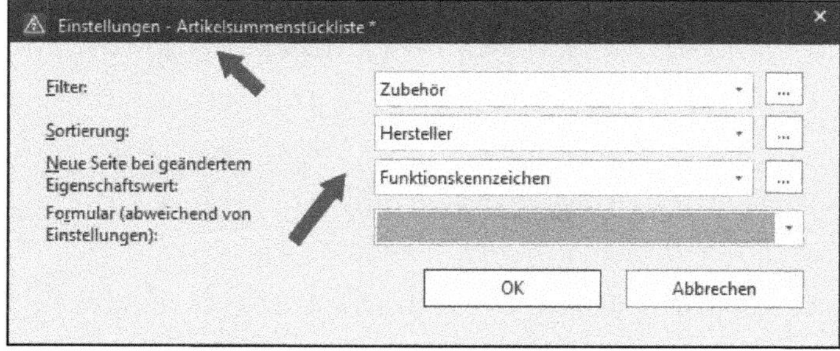

Bild 9.38 Dialog Filter/Sortierung

HINWEIS: Je nach Auswertungstyp kann der Dialog EINSTELLUNGEN – [AUSWERTUNGSTYP] unterschiedlich aussehen bzw. einige der Möglichkeiten gar nicht anzeigen.

Nachdem eventuelle Filter und Sortierungen der Daten festgelegt worden sind, folgt das *Festlegen der Strukturkennzeichen* für die Ausgabe und Einsortierung der Auswertungsseiten (Bild 9.39). Die Strukturkennzeichen können direkt in die Eingabefelder geschrieben oder, falls sie schon vorhanden sind, über den Auswahlbutton (3-Punkte-Button) aus der folgenden Tabelle ausgewählt und übernommen werden.

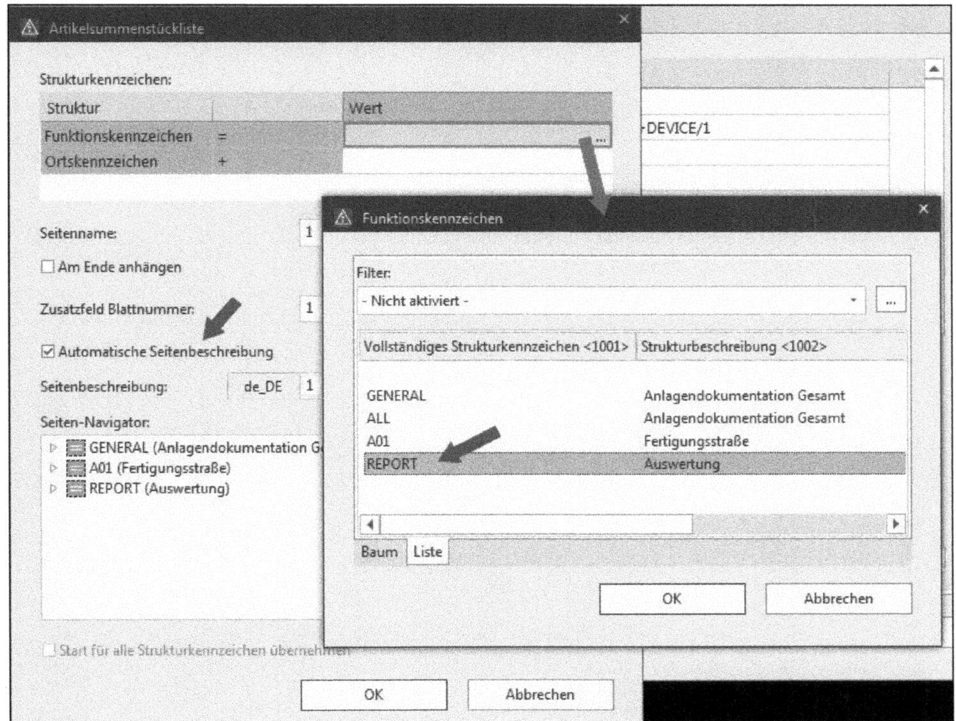

Bild 9.39 Festlegung der Einsortierung der Auswertungsseiten

Sind alle Eingaben erledigt, können die Dialoge mit einem Klick auf den Button OK gespeichert und geschlossen werden. Die Vorlage mit den entsprechenden Einstellungen wurde nun von EPLAN der Registerkarte *Vorlagen* hinzugefügt (Bild 9.40).

Um die Vorlagen funktionell auseinanderzuhalten, gibt EPLAN automatisch eine Struktur beim Anlegen vor (nach Auswertungstyp). Eine Vorlage bekommt erst einmal den Standardnamen 1, und weitere folgende Vorlagen werden entsprechend hochgezählt, d.h., die zweite Vorlage eines gleichen Auswertungstyps bekommt den Namen „2“.

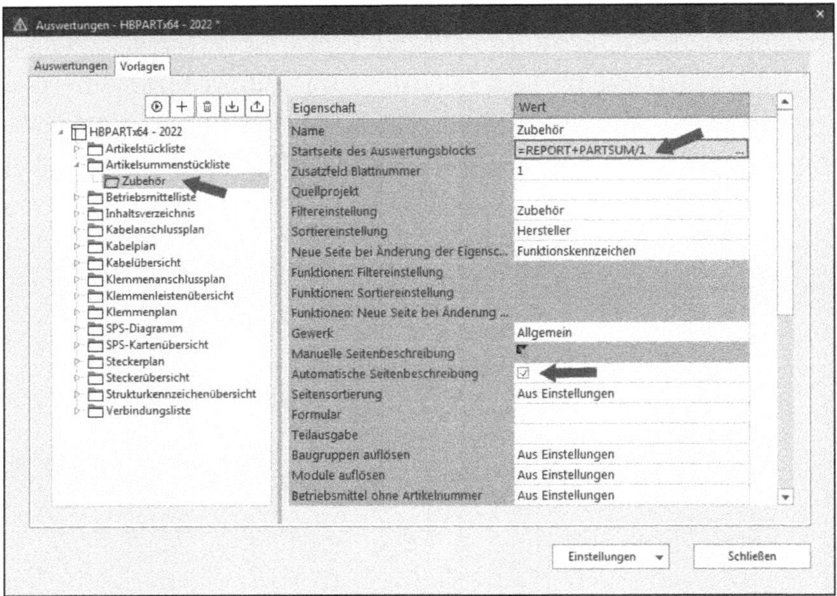

Bild 9.40 Fertig hinzugefügte Vorlage

HINWEIS: Werden vorher Filter festgelegt, vergibt EPLAN den Namen des Filters für die Vorlage.

Da es mehrere Vorlagen für das Erzeugen von Auswertungstypen geben kann, ist es möglich, die Namen der Vorlagen nachträglich manuell abzuändern. Dazu klickt man in die Zeile *Eigenschaft Name: Wert* und vergibt einfach einen anderen Namen (Bild 9.41).

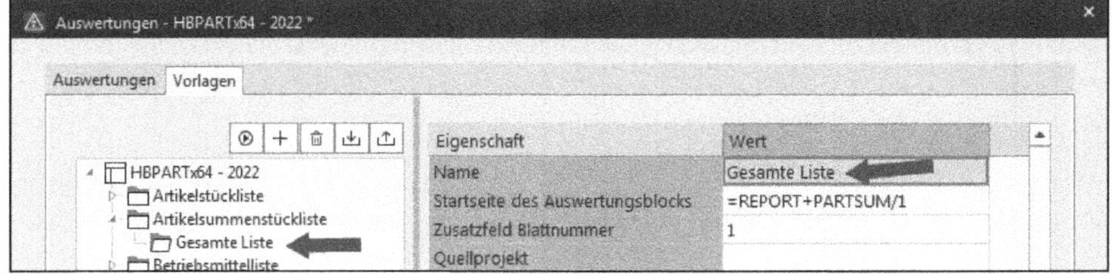

Bild 9.41 Namen der Vorlage geändert

Damit ist das Erstellen einer Vorlage abgeschlossen. Würde man jetzt diese Vorlage markieren und das Icon AUSWERTEN betätigen, würde EPLAN die Auswertungsseiten erzeugen und in die vorgegebene Struktur des Projektes einsortieren (Bild 9.42).

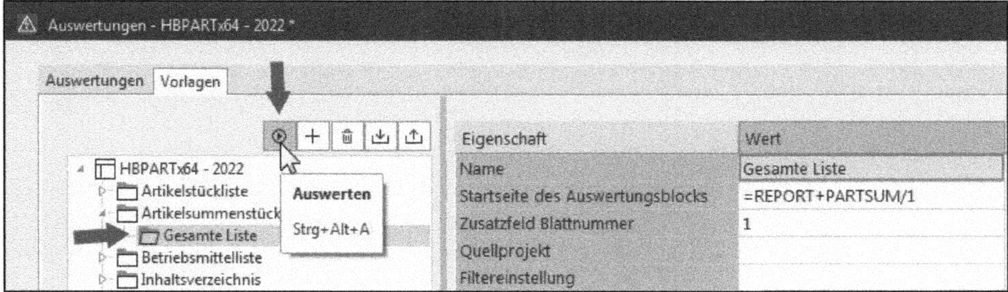

Bild 9.42 Diese Vorlage auswerten

Diese Information und noch einige mehr sind über die *rechte Seite* der Registerkarte *Vorlagen* erreichbar. In der Tabelle sind dazu weitere Eigenschaften und die dazugehörigen Werte aufgeführt.

Im Gegensatz zur Registerkarte *Auswertungen* (wo diese Tabelle auch existiert) können hier aber für grundlegende Eigenschaften die entsprechenden Werte geändert werden (Bild 9.43).

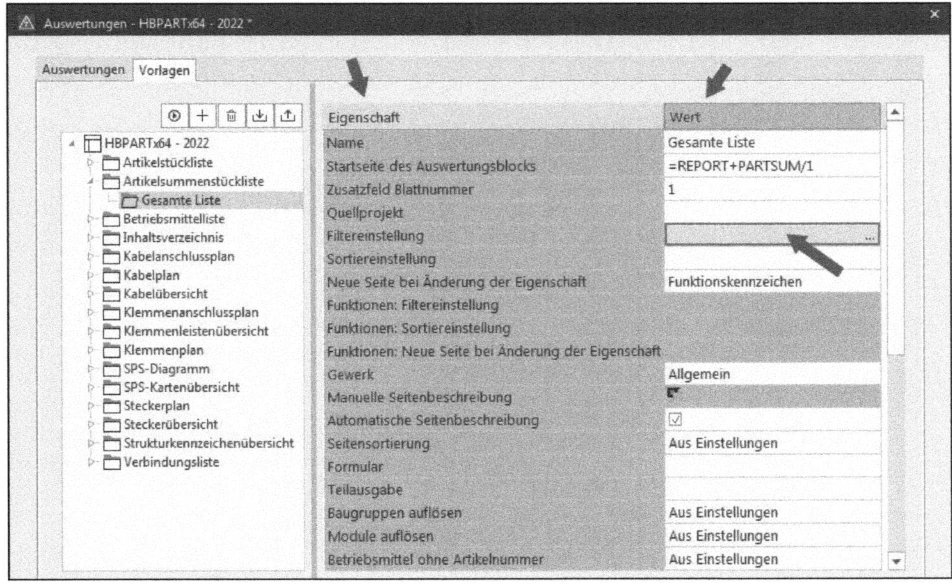

Bild 9.43 Grundsätzliche Eigenschaften zur Struktur und Ausgabe

Name: Hier verbirgt sich der Vorlagenname. Er ist manuell änderbar und kann an die persönlichen Anforderungen angepasst werden.

Startseite des Auswertungsblocks: Dies ist die Startseite der grafischen Auswertung, die auch nachträglich änderbar ist. Dazu klicken Sie in das Feld und wählen den erscheinenden Auswahlbutton (3-Punkte-Button) Es folgt der schon bekannte Dialog zur EINGABE DER STRUKTURKENNZEICHEN.

Zusatzfeld Blattnummer dient der zusätzlichen Angabe, die in den Seiteneigenschaften der Auswertungsseiten erscheint.

Filtereinstellung: Dieses Feld ist mit den ausgewählten Filtereinstellungen gefüllt und nach dem Anklicken änderbar. Über den Auswahlbutton (3-Punkte-Button) ist es möglich, ein neues Filterschema zuzuordnen.

Sortiereinstellung: Dieses Feld ist identisch mit dem Feld der nachträglichen Bearbeitung der Eigenschaft *Filtereinstellung*, also nachträglich anpassbar.

Neue Seite bei Änderung der Eigenschaft ermöglicht die Vorgabe, einen Seitenwechsel bei Änderung einer bestimmten Eigenschaft automatisch vornehmen zu lassen, ist in der Regel jedoch nicht änderbar.

Filter-/Sortiereinstellung und **Neue Seite bei Änderung der Eigenschaft:** Diese Filter wirken sich direkt auf die Funktionen eines Betriebsmittels, wie beispielsweise auf eine Klemme, aus.

Manuelle Seitenbeschreibung ist beliebig nachträglich änderbar.

Automatische Seitenbeschreibung: Wird diese Eigenschaft aktiviert, wird die Eigenschaft *Manuelle Seitenbeschreibung* auf nicht editierbar umgestellt.

Seitensortierung: Dieses Feld wird im Normalfall leer sein, da die grundsätzlichen Werte bereits in den Voreinstellungen (EINSTELLUNG AUSGABE IN SEITE) eingestellt werden. Doch auch dieser Wert ist änderbar.

Formular: Hier ist es möglich, ein Formular abweichend von den Standardeinstellungen (Einstellung Ausgabe in Seite) einzutragen. Dieses Formular hat dann Vorrang vor den globalen Einstellungen.

Teilausgabe: Dieses Feld ist änderbar, aber nur für einen Teil der Auswertungstypen, die auch eine Teilausgabe unterstützen, wie zum Beispiel das Inhaltsverzeichnis.

Baugruppen und Module auflösen; Betriebsmittel ohne Artikelnummer; im Weiteren diverse Einstellungen für Klemmen-, Stecker-, Kabel-, Kabelbaum-, Sammelschienen-, Projekt- und/oder Verbindungsartikel: Diese Einstellungen sind nachträglich änderbar, betreffen aber nur den Teil der Auswertungstypen *Artikel*.

Projektfilter: Die Einstellung eines Projektfilters ermöglicht es, Auswertungen zu erzeugen, die an eine Bedingung geknüpft sind. Bedingte Auswertungen kann man abhängig von bestimmten Projekteigenschaften erzeugen.

Vorlage aktiv: Diese Einstellung ist nicht editierbar und wird von EPLAN automatisch gesetzt bzw. nicht gesetzt. Das Häkchen ist abhängig davon, ob der Projektfilter erfüllt wird oder nicht. Bei erfüllter Bedingung ist das Häkchen gesetzt, bei nicht erfüllter Bedingung entfernt EPLAN das Häkchen. Es wird damit auch keine Auswertung erzeugt.

Vorlagen exportieren und importieren

Wurden für Projekte sinnvolle Vorlagen für die grafischen Auswertungen erzeugt, kann EPLAN sie auch für andere Projekte benutzen. EPLAN bietet an dieser Stelle Export- und Importfunktionen an. Dies gilt aber nur für Vorlagen. Vorhandene Auswertungen können nicht ex- bzw. importiert werden.

Um Vorlagen zu ex- oder importieren, wird der Dialog AUSWERTUNG über das Menü WERKZEUGE/ERZEUGEN geöffnet. Anschließend wechseln Sie auf die Registerkarte *Vorlagen*, falls der Fokus nicht automatisch erscheint. Die Funktionen *Exportieren* bzw. *Importieren* sind unter anderem erreichbar über das Kontextmenü (aufrufbar mit der rechten Maustaste, siehe Bild 9.44).

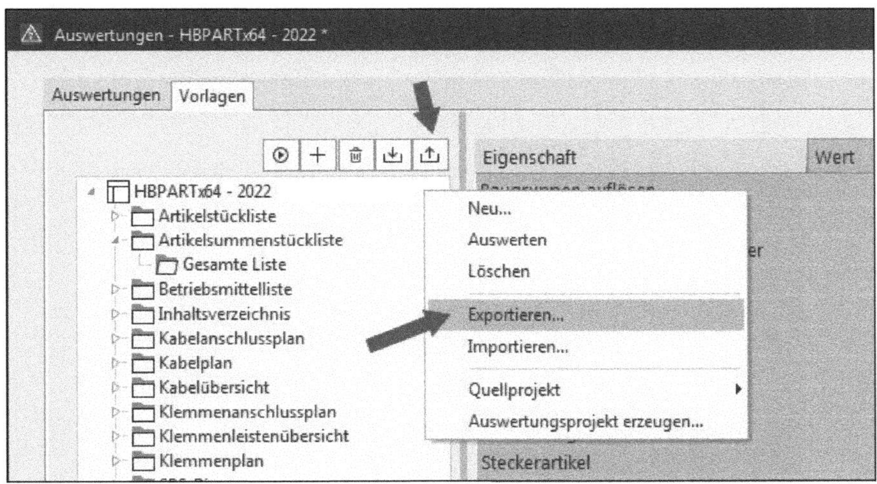

Bild 9.44 Vorlagen exportieren oder importieren

EPLAN lässt dem Anwender offen, welche Vorlagen er exportieren oder importieren möchte. Wird der Baum beispielsweise an der obersten Stelle markiert, werden alle darunterliegenden Vorlagen gemeinsam exportiert. Es besteht aber auch die Möglichkeit, nur einzelne Vorlagen zu exportieren. Dazu wird der Vorlagenbaum geöffnet, die entsprechende Vorlage markiert und die Funktion EXPORTIEREN ausgeführt.

EPLAN startet daraufhin den Dialog AUSWERTUNGSVORLAGEN/EXPORTIEREN. Hier muss ein Dateiname für die Vorlage festgelegt und dieser mit dem Button SPEICHERN bestätigt werden. Damit wurde die Vorlage exportiert.

Das Importieren vorhandener Vorlagen funktioniert genau anders herum. Dabei wird der Dialog AUSWERTUNGEN geöffnet und die Funktion IMPORTIEREN gestartet (rechte Maustaste im Kontextmenü). EPLAN öffnet den Dialog AUSWERTUNGSVORLAGEN IMPORTIEREN. Hier wird die gewünschte Vorlage ausgewählt und mit dem Button ÖFFNEN geöffnet. EPLAN fügt nun die neue Vorlage zum Projekt hinzu.

9.6 Sonstige Funktionen

Logischerweise wird man sich nicht ständig neue Auswertungen erstellen und sich neue Vorlagen für die Auswertungen erarbeiten. Im Normalfall werden Auswertungen mit bestimmten Auswertungstypen erst gegen Ende einer Projektbearbeitung einmalig komplett erstellt und anschließend nur noch bei Änderungen von Projektdaten, wie Artikeländerungen oder ein anderer Kabeltyp, auf den neuesten Stand gebracht. EPLAN bietet dazu zwei weitere Funktionen an, die dies auf schnelle Weise ermöglichen.

9.6.1 Auswertungen aktualisieren

Eine Funktion, die EPLAN anbietet, ist, *vorhandene* Auswertungen zu AKTUALISIEREN. Diese Funktion ist über das Menü WERKZEUGE/AKTUALISIEREN aufrufbar (Bild 9.45).

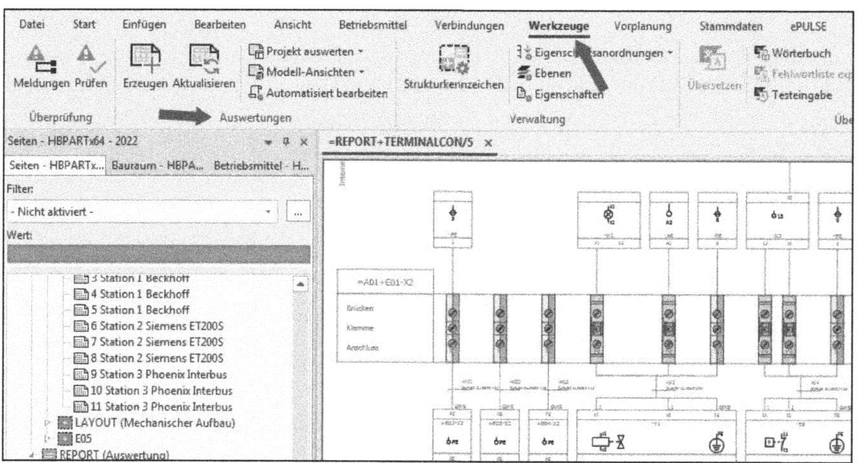

Bild 9.45 Auswertungen aktualisieren

Im Gegensatz zur Funktion PROJEKT AUSWERTEN betrifft die Funktion AKTUALISIEREN immer nur die aktuell geöffnete oder im Seiten-Navigator markierte Auswertung (Seite, das kann auch eine manuell platzierte Auswertung sein) im Projekt. Führt man dann die Funktion AKTUALISIEREN aus, wird die entsprechende Auswertung direkt ohne weitere Abfrage aktualisiert. Findet das Aktualisieren auf einer Schaltplanseite statt, meldet EPLAN, dass der Anwender sich nicht auf einer Auswertungsseite befindet bzw. keine Auswertung in der Seitenübersicht markiert ist.

9.6.2 Projekt auswerten

Die Funktion PROJEKT AUSWERTEN ist über das Menü WERKZEUGE/PROJEKT AUSWERTEN erreichbar. Mit dem Anwählen dieser Funktion werden alle Auswertungen (die als Auswertungsvorlagen vorhanden sind) komplett ausgewertet. Das kann bei größeren Projekten eine gewisse Zeit in Anspruch nehmen.

TIPP: Wird der Menüpunkt gewählt, beginnt EPLAN sofort (ohne eine Zwischenabfrage) mit der Auswertung des Projekts. Es ist aber möglich, die Funktion im Dialog PROJEKT AUSWERTEN über den Button ABBRECHEN zu beenden. Dann bleiben die Auswertungen auf dem bisherigen Stand bzw. werden wieder auf diesen zurückgesetzt.

9.6.3 Einstellungen zur automatischen Aktualisierung

Wem das alles nicht genügt, der kann in den Benutzereinstellungen festlegen, ob Auswertungsseiten beim Öffnen bzw. auch beim Drucken und Exportieren automatisch aktualisiert werden sollen. Diese Einstellung ist keine Projekteinstellung, sondern eine benutzerbezogene. Zu finden ist sie unter DATEI/EINSTELLUNGEN/BENUTZER/DARSTELLUNG/ALLGEMEIN.

Hier sind die beiden Einstellungen *Auswertungen beim Öffnen von Seiten aktualisieren* bzw. *Auswertungen beim Drucken und Export aktualisieren* relevant (Bild 9.46).

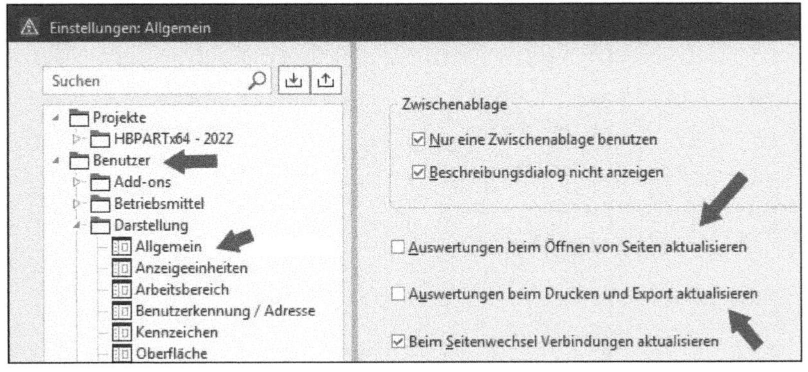

Bild 9.46 Benutzereinstellungen, um Auswertungen automatisch zu aktualisieren

HINWEIS: Man sollte aber bedenken, dass ein ständiges automatisiertes Aktualisieren eine Projektbearbeitung zum Beispiel beim Blättern in den Projektseiten verlangsamt.

Auch dauert das Öffnen von Auswertungsseiten mit der aktivierten Benutzereinstellung länger. Schließlich werden die Auswertungen dann immer auf den aktuellen Projektstand gebracht. Es gilt also abzuwägen, ob diese Auswertungsseiten ständig aktuell gehalten werden sollen. In meinen Augen ist das nicht unbedingt nötig, aber EPLAN bietet diese Einstellungen an. Es bleibt also dem Anwender überlassen.

9.7 Beschriftungen

Die zweite Möglichkeit, eine Auswertung von Projektdaten zu erzeugen, ist die Funktion, die sich im Menü DATEI/EXPORTIEREN/FERTIGUNGSDATEN/BESCHRIFTUNGEN befindet (Bild 9.47). Mit dieser Funktion werden keine grafischen Ausgabeseiten erzeugt, sondern die Projektdaten werden in externe Dateien geschrieben. Diese externen Dateien können weitergegeben oder bearbeitet werden, zum Beispiel um Artikelstücklisten im Excel-Format außer Haus zu geben.

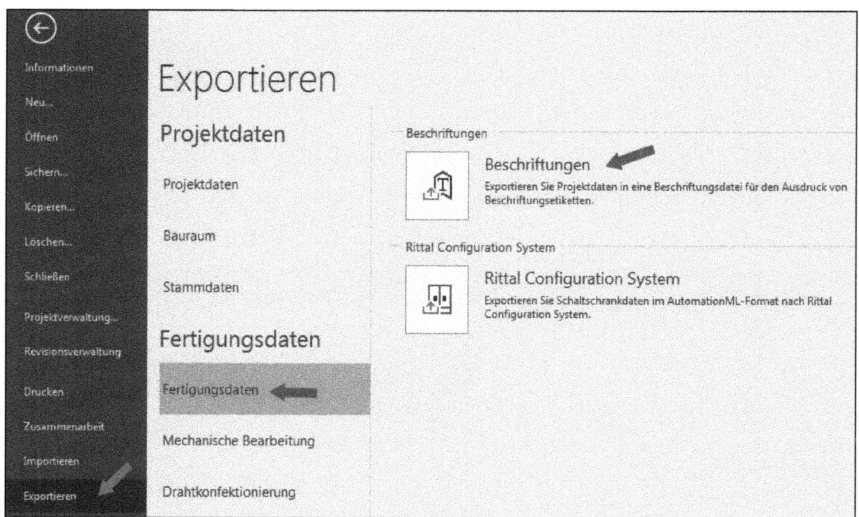

Bild 9.47 Auswertungen/Beschriftung

Dieser Abschnitt beschäftigt sich mit den grundlegenden Einstellungen für die Ausgabe von Beschriftungen. Wird die Funktion BESCHRIFTUNGEN gestartet, öffnet EPLAN den Dialog FERTIGUNGSDATEN EXPORTIEREN/BESCHRIFTUNG AUSGEBEN (Bild 9.48).

Der Dialog bietet grundsätzlich folgende Einstellmöglichkeiten:

Einstellungen: Hier kann man per Beschriftungsschema festlegen, welche Daten überhaupt ausgegeben werden sollen. Die Ausgabe kann gezielt gefiltert werden sowie beispielsweise auch die Sortierung der ausgegebenen Daten steuern.

Auswertungstyp: Das Feld dient nur zur Anzeige, welcher Auswertungstyp als Grundlage das eingestellte Beschriftungsschema hat.

Sprache: Diese Einstellung steuert die Sprachausgabe der Beschriftungsdatei. Es stehen nur Sprachen zur Verfügung, die auch im Projekt eingestellt sind. EPLAN bietet zur Ausgabe zwei Möglichkeiten an: entweder eine einzelne Sprache oder alle Projektsprachen gleichzeitig.

Zieldatei: Hier erfolgt aus dem eingestellten Schema der Eintrag des Namens der Ausgabedatei für die zu erzeugenden Beschriftungsdaten.

Werte für Wiederholungen (pro Etikett oder der Gesamtausgabe): Alle Werte größer 1 erhöhen die Ausgabe der Beschriftungsdaten um genau den Wert, der eingetragen wird. Der Standardeintrag ist hier 1 (einmalige Ausgabe der Daten).

Ausgabeart: Die erzeugte Datei wird exportiert, oder es besteht die Möglichkeit, die Datei nach dem Export mit dem eingestellten Editor öffnen zu lassen, um sie zu kontrollieren bzw. nachzubearbeiten.

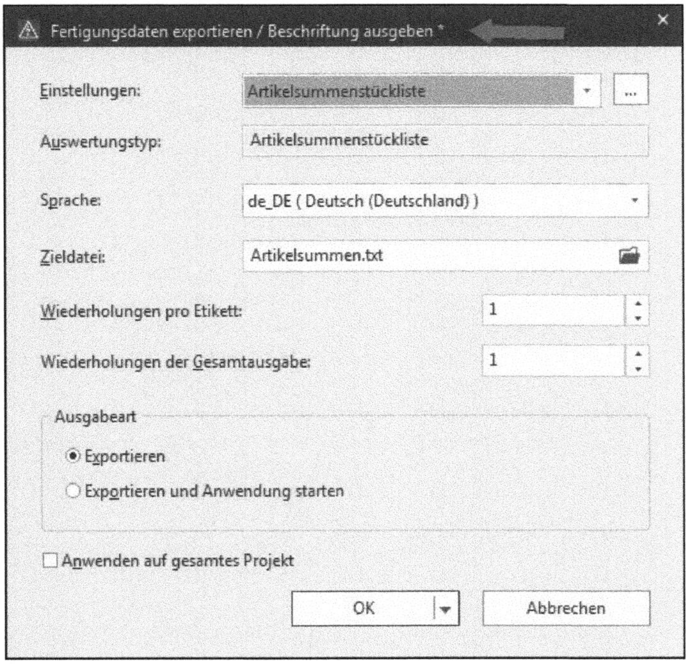

Bild 9.48 Dialog Beschriftung ausgeben

HINWEIS: Welcher Editor benutzt wird, hängt vom Eintrag in den Benutzereinstellungen ab. Der Eintrag ist unter DATEI/EINSTELLUNGEN/BENUTZER/SCHNITTSTELLEN/FERTIGUNGSDATENEXPORT/BESCHRIFTUNG zu finden. Hier wählen Sie in den Schemata den Button OPTIONEN (Bild 9.49).

Anwenden auf gesamtes Projekt: Diese Einstellung bewirkt, dass unabhängig davon, welche Daten markiert sind, immer die Daten des gesamten Projekts geschrieben werden.

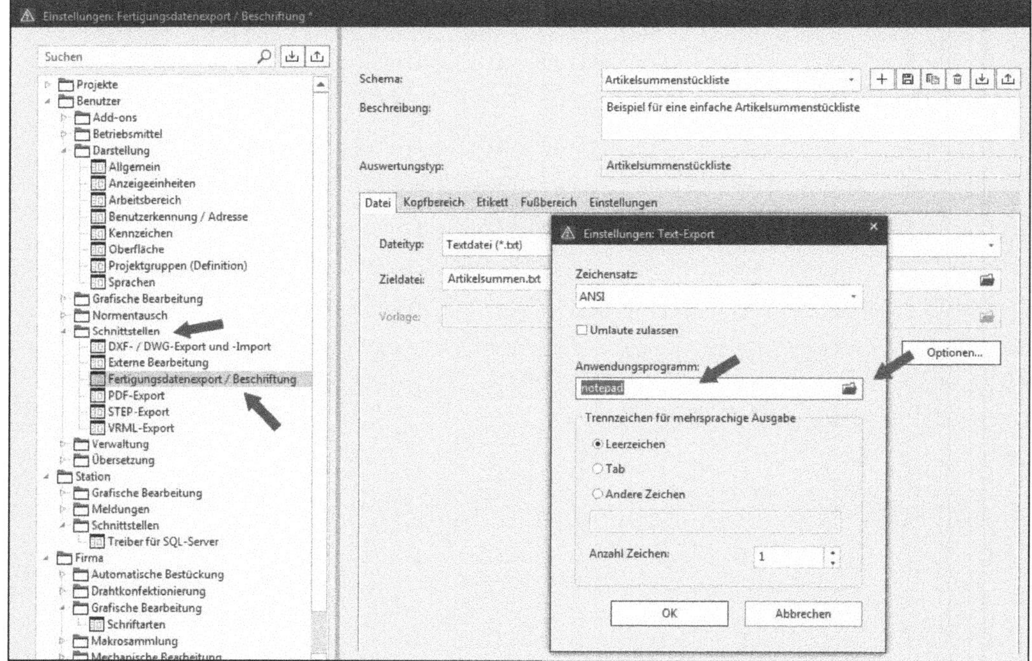

Bild 9.49 Benutzereinstellungen, Angabe des Texteditors

9.7.1 Vorbereitende Einstellungen

Der wichtigste Punkt im Dialog FERTIGUNGSDATEN EXPORTIEREN/BESCHRIFTUNG AUSGEBEN sind die *Einstellungen*: Welche Daten sollen hier in welchem Zusammenhang ausgegeben werden? Das wird hier über fertige oder eigene Schemata festgelegt. Um eine Einstellung hinzuzufügen, wird neben dem Auswahlfeld *Einstellungen* der Auswahlbutton (3-Punkte-Button) angeklickt. Nun öffnet sich der Dialog EINSTELLUNGEN/BESCHRIFTUNG (Bild 9.50).

Der Dialog wird im Groben in zwei Bereiche unterteilt: den Bereich der Informationen über das Schema selbst (Name des Schemas, Beschreibung und Auswertungstyp) und im unteren Teil der Bereich mit den Registerkarten für die verschiedenen Daten und Einstellungen, wie Datei, Kopfbereich, Etikett, Fußbereich und weitere Einstellungen für die Ausgabe, wie Filter, Sortierungen etc.

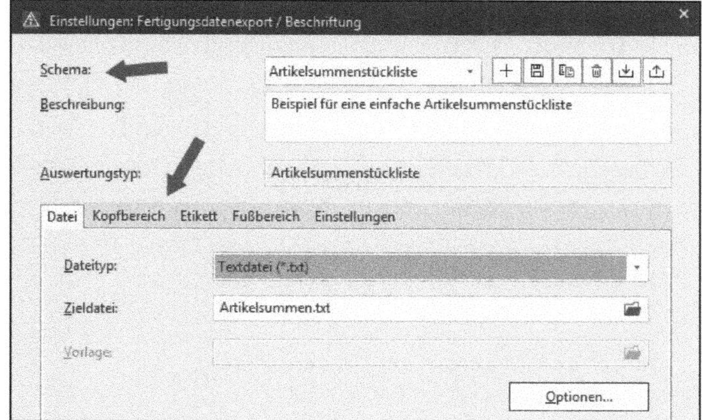

Bild 9.50 Dialog Beschriftungen mit dem Schema und den dazugehörigen Einstellungen

Wichtig für das Erstellen einer Beschriftungsdatei ist der zu erstellende Dateityp (Excel, Textdatei etc.). Davon hängen weitere Einstellungen ab, wie zum Beispiel mit welchem Programm die erzeugte Datei geöffnet wird. EPLAN bietet hier mehrere verschiedene Dateitypen an (Bild 9.51).

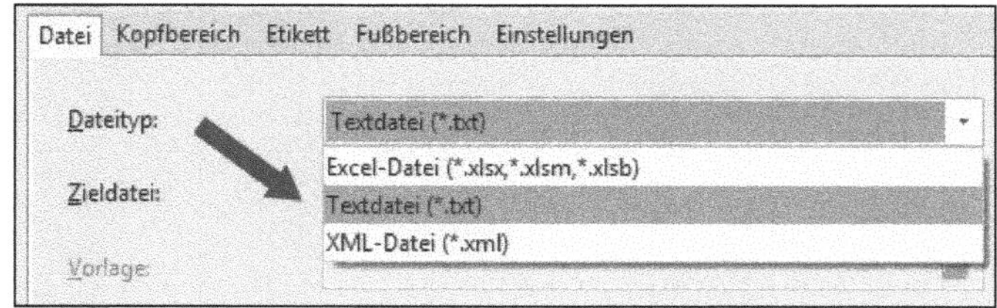

Bild 9.51 Auswahl des Dateityps

Excel-Datei .xl*: Diese Dateiformate können, wie der Name schon sagt, mit Excel geöffnet werden. Während eine Textdatei im Normalfall unformatiert ausgegeben wird, kann das Excel-Format genutzt werden, um beispielsweise Kabelpläne in einer Excel-Vorlage formatiert auszugeben. Somit entstehen ähnliche Auswertungsdateien, wie sie mit den grafischen Ausgabeseiten erzeugt werden. Mit dem Button OPTIONEN kann hier zusätzlich die Spaltenbezeichnung in verschiedener Form ausgegeben werden.

Textdatei .txt: Mit diesem Dateityp wird eine normale Textdatei erzeugt. Sie kann mit einem üblichen Texteditor bearbeitet werden. Für eine Textdatei sind unter dem Button OPTIONEN noch weitere Einstellungen möglich. So kann hier z. B. der auszugebende Zeichensatz, wie ANSI oder Trennzeichen, für eine mehrsprachige Ausgabe eingestellt werden.

XML-Datei .xml: Der letzte mögliche Dateityp erzeugt ein XML-File, das mit entsprechenden XML-Editoren angesehen und weiterverarbeitet werden kann. Für diesen Dateityp stehen keine weiteren Optionen zur Verfügung.

Für eine Ausgabe der Beschriftungsdateien sollte vor der Ausgabe das richtige Dateiformat gewählt werden. Um Projektdaten wie Betriebsmittelkennzeichen für Kabel (zum Beispiel für die Beschriftung von Kabelschildern) auszugeben, wäre im Normalfall das Dateiformat *.txt* ausreichend. In der Praxis gilt es immer abzuklären, welches Datenformat am besten in nachgelagerten Systemen verarbeitet werden kann.

9.7.2 Beschriftungsausgabe als Textausgabe

Aus der Auswahlliste im Dialog FERTIGUNGSDATEN EXPORTIEREN/BESCHRIFTUNG AUSGEBEN wird ein passendes Schema ausgewählt (Bild 9.52).

Neben dem Schema sollte die Ausgabe der Projektsprachen und der Name der Zieldatei vor einem Export noch einmal überprüft werden. Damit wären prinzipiell alle Eingaben komplett, die Beschriftungsdatei kann jetzt erzeugt werden. Es muss nur noch die entsprechende Ausgabeart eingestellt werden, je nachdem, was gewünscht ist.

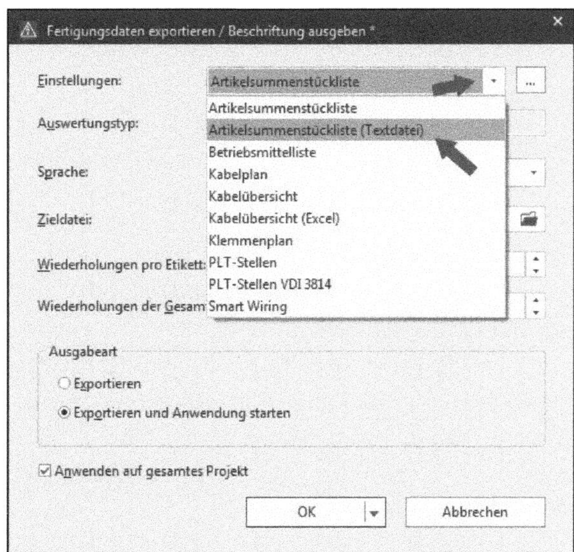

Bild 9.52 Auswahl eines passenden Beschriftungsschemas

Soll die Datei nur exportiert werden, reicht die Einstellung *Exportieren*. Soll die Datei anschließend noch direkt nachbearbeitet werden, sollte die Einstellung *Ausgabeart* auf *Exportieren und Anwendung starten* eingestellt werden. Des Weiteren muss noch die Angabe erfolgen, ob nur die markierten Objekte (beispielsweise bestimmte markierte Seiten im Seiten-Navigator) oder das gesamte Projekt exportiert werden sollen.

Das Endergebnis sieht im Beispiel (geöffnet mit einem Texteditor) wie in Bild 9.53 aus.

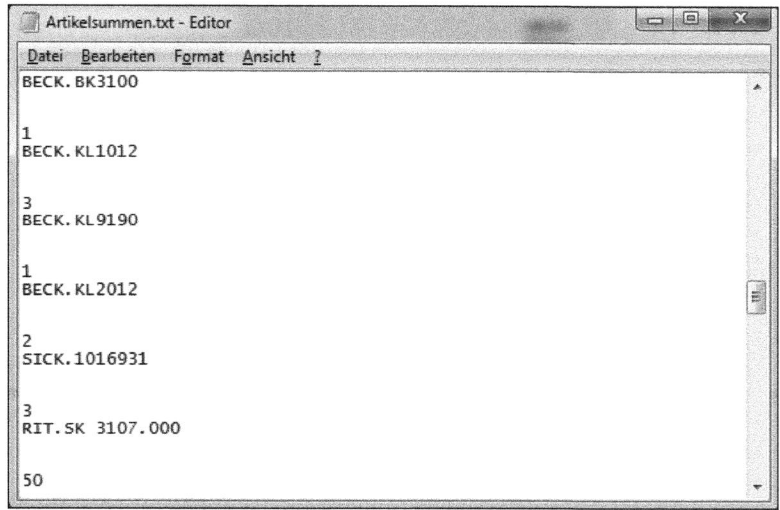

Bild 9.53 Erzeugte Textdatei mit Informationen

9.7.3 Beschriftungsausgabe als Excel-Datei (ohne Vorlage)

Neben der Textausgabe ermöglicht EPLAN auch eine Ausgabe im Excel-Format *.xl**. Damit können Grafikausgaben, wenn nötig, in Excel nachgebildet werden (Bild 9.54).

Die Vorgehensweise für die Vorarbeiten ist ähnlich der Ausgabe einer Textdatei. Das heißt, es wird wieder ein Schema erzeugt, dem Formatelemente zugeordnet werden. Für die Excel-Ausgabe ist allerdings folgender Punkt zu beachten: Es **kann** eine Vorlage (Template) mit in das Schema eingelagert werden. Diese Vorlage wird vor der Ausgabe der Daten in Excel mit Variablen erstellt und dem Schema zugeordnet. In diese Variablen schreibt EPLAN später die per Schema vorgegebenen Projektdaten.

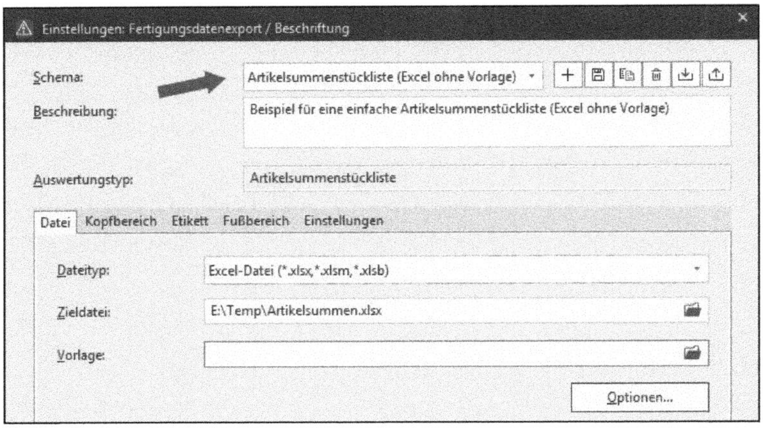

Bild 9.54 Schema für eine Ausgabe in Excel ohne Vorlage

Das folgende Beispiel wird aber **ohne** eine Excel-Vorlage erläutert, da diese nicht zwingend nötig ist. Die Daten werden, wie schon bekannt, aus dem Pool der verfügbaren Eigenschaften in das Feld der *Ausgewählten Formatelemente* verschoben.

HINWEIS: Eine Excel-Vorlage **kann** man, **muss** man aber nicht benutzen.

Wichtig (aber nicht unbedingt nötig) für eine Ausgabe in Excel ist der Button OPTIONEN in der Registerkarte *Datei*, den Bild 9.55 zeigt. Wird hier die Einstellung *Spaltenbezeichnung mit ausgeben* angeklickt, können in Excel die Spaltenköpfe mit den Namen der entsprechenden Formatelemente (beispielsweise das vollständige BMK) bezeichnet werden.

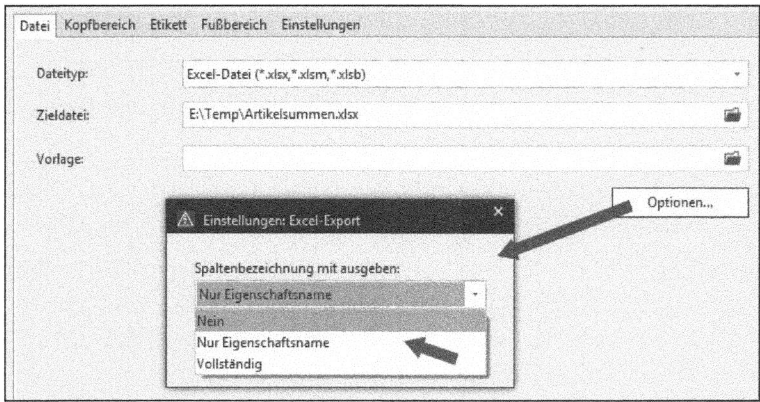

Bild 9.55 Button Optionen

Sind diese Bedingungen erfüllt, die Daten im Schema richtig hinterlegt und das Schema gespeichert, kann EPLAN die Ausgabe der Projektdaten in das Excel-Format starten. Das geschieht über den Menüaufruf DIENSTPROGRAMME/AUSWERTUNGEN/BESCHRIFTUNG. Es folgt der Dialog BESCHRIFTUNG AUSGEBEN (Bild 9.56). Hier wird das gewünschte Schema gewählt und die entsprechende Ausgabeart eingestellt. Die Ausgabe wird nun mit OK gestartet. EPLAN erzeugt die Daten, übergibt sie in das Excel-Format und öffnet anschließend Excel mit der erzeugten Excel-Tabelle (siehe Bild 9.57, je nach Einstellung im Dialog BESCHRIFTUNG AUSGEBEN).

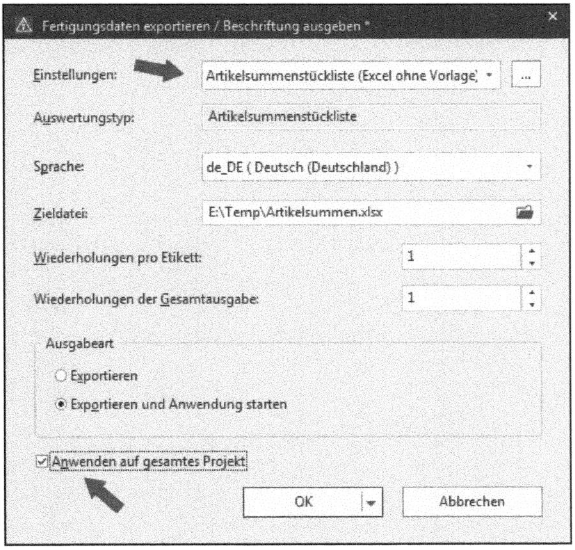

Bild 9.56 Schema zur Ausgabe

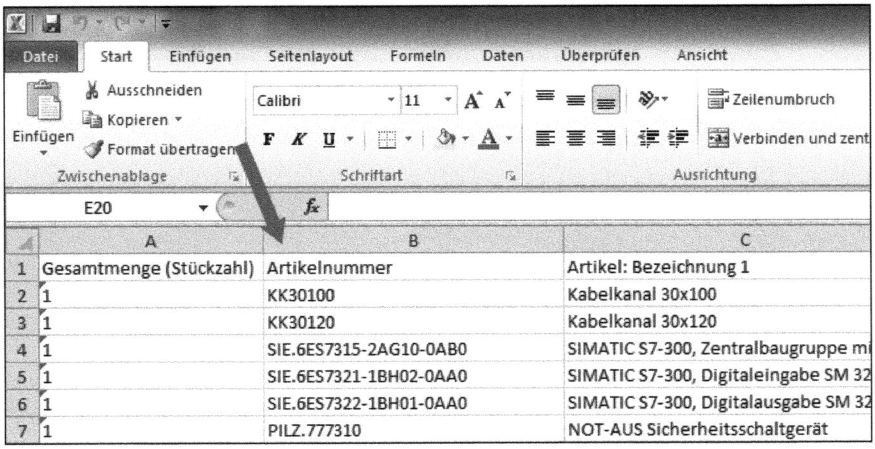

	A	B	C
1	Gesamtmenge (Stückzahl)	Artikelnummer	Artikel: Bezeichnung 1
2	1	KK30100	Kabelkanal 30x100
3	1	KK30120	Kabelkanal 30x120
4	1	SIE.6ES7315-2AG10-0AB0	SIMATIC S7-300, Zentralbaugruppe mi
5	1	SIE.6ES7321-1BH02-0AA0	SIMATIC S7-300, Digitaleingabe SM 32
6	1	SIE.6ES7322-1BH01-0AA0	SIMATIC S7-300, Digitalausgabe SM 32
7	1	PILZ.777310	NOT-AUS Sicherheitsschaltgerät

Bild 9.57 Erzeugte Excel-Datei mit den Daten aus EPLAN

9.7.4 Beschriftungsausgabe als Excel-Datei (mit Vorlage)

Neben der Excel-Ausgabe ohne eine Vorlage ermöglicht EPLAN auch eine Ausgabe im Excel-Format **.xl**. mit einer Excel-Vorlage. Damit können speziell formatierte Excel-Tabellen erstellt werden. EPLAN liefert einige Excel-Vorlagen mit, die zur Vorlage für eigene Excel-Vorlagen genutzt werden können (Bild 9.59).

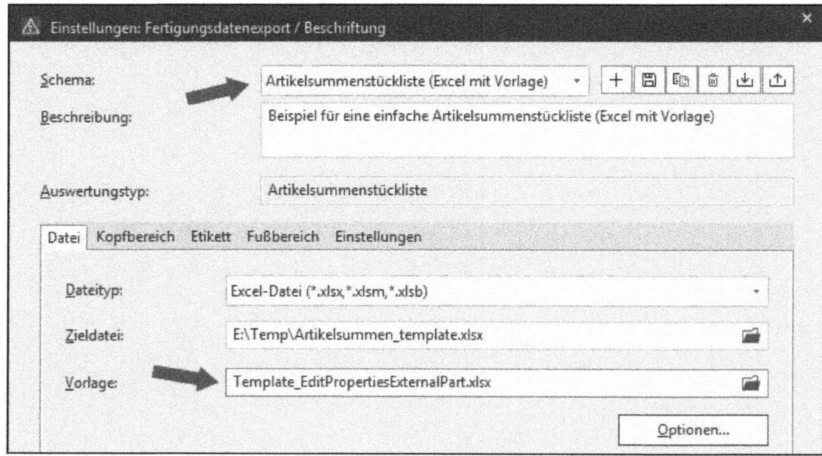

Bild 9.58 Schema für eine Ausgabe in Excel mit Vorlage

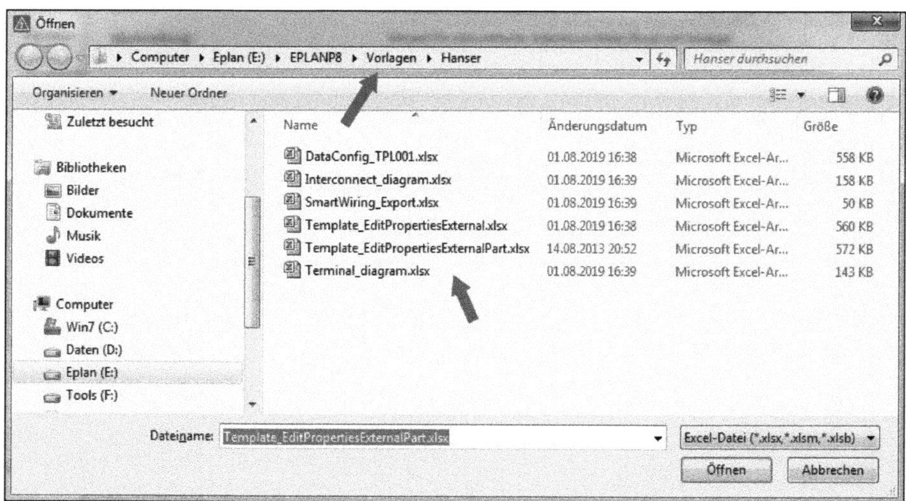

Bild 9.59 Excel-Vorlagen im EPLAN-Standardverzeichnis Vorlagen

Das folgende Beispiel wurde mit einer Excel-Vorlage erstellt. Für eine Ausgabe in Excel inklusive einer Vorlage ist die Einstellung des Buttons OPTIONEN in der Registerkarte *Datei* ausgegraut (Bild 9.60).

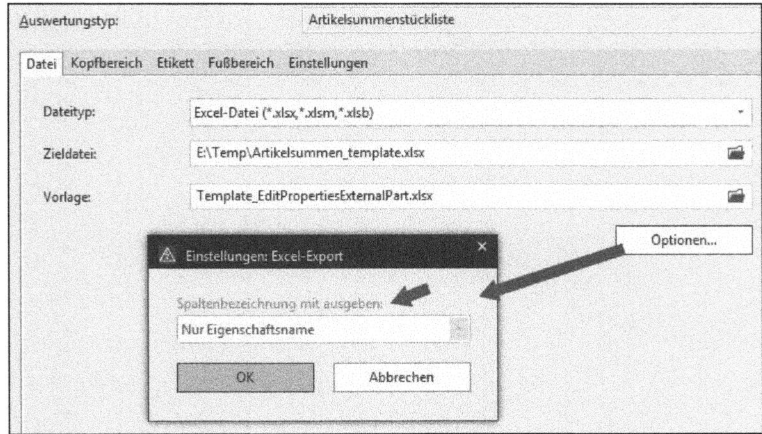

Bild 9.60 Optionen sind nicht möglich.

Sind alle Einstellungen erledigt, die Daten im Schema richtig hinterlegt und das Schema gespeichert, kann EPLAN die Ausgabe der Projektdaten in das Excel-Format starten. Das geschieht über den Menüaufruf DATEI/EXPORTIEREN/FERTIGUNGSDATEN/BESCHRIFTUNGEN. Es folgt der Dialog FERTIGUNGSDATEN EXPORTIEREN/BESCHRIFTUNG AUSGEBEN. Hier wird das entsprechende Schema gewählt und die entsprechende Ausgabeart eingestellt (Bild 9.61).

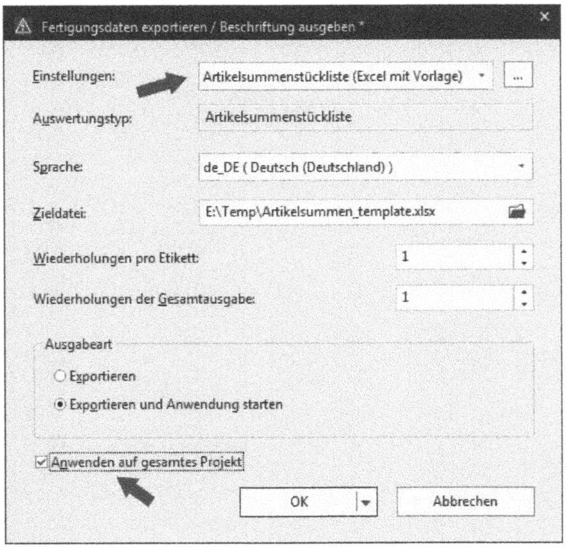

Bild 9.61 Schema zur Ausgabe mit einer Vorlage

Die Ausgabe wird nun mit OK gestartet. EPLAN erzeugt die Daten, übergibt sie ins Excel-Format und öffnet anschließend Excel mit der erzeugten Excel-Tabelle (siehe Bild 9.62, je nach Einstellung im Dialog FERTIGUNGSDATEN EXPORTIEREN/BESCHRIFTUNG AUSGEBEN).

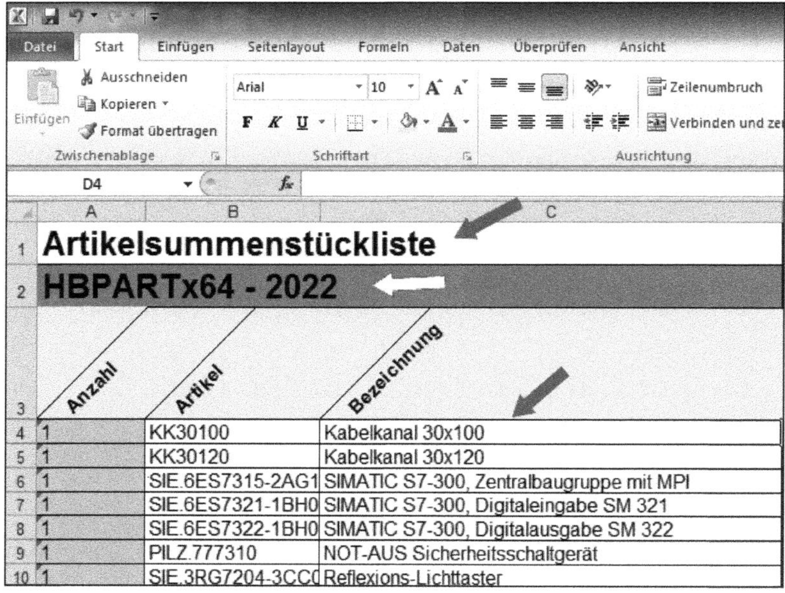

Bild 9.62 Erzeugte Excel-Datei mit den Daten aus EPLAN

Index